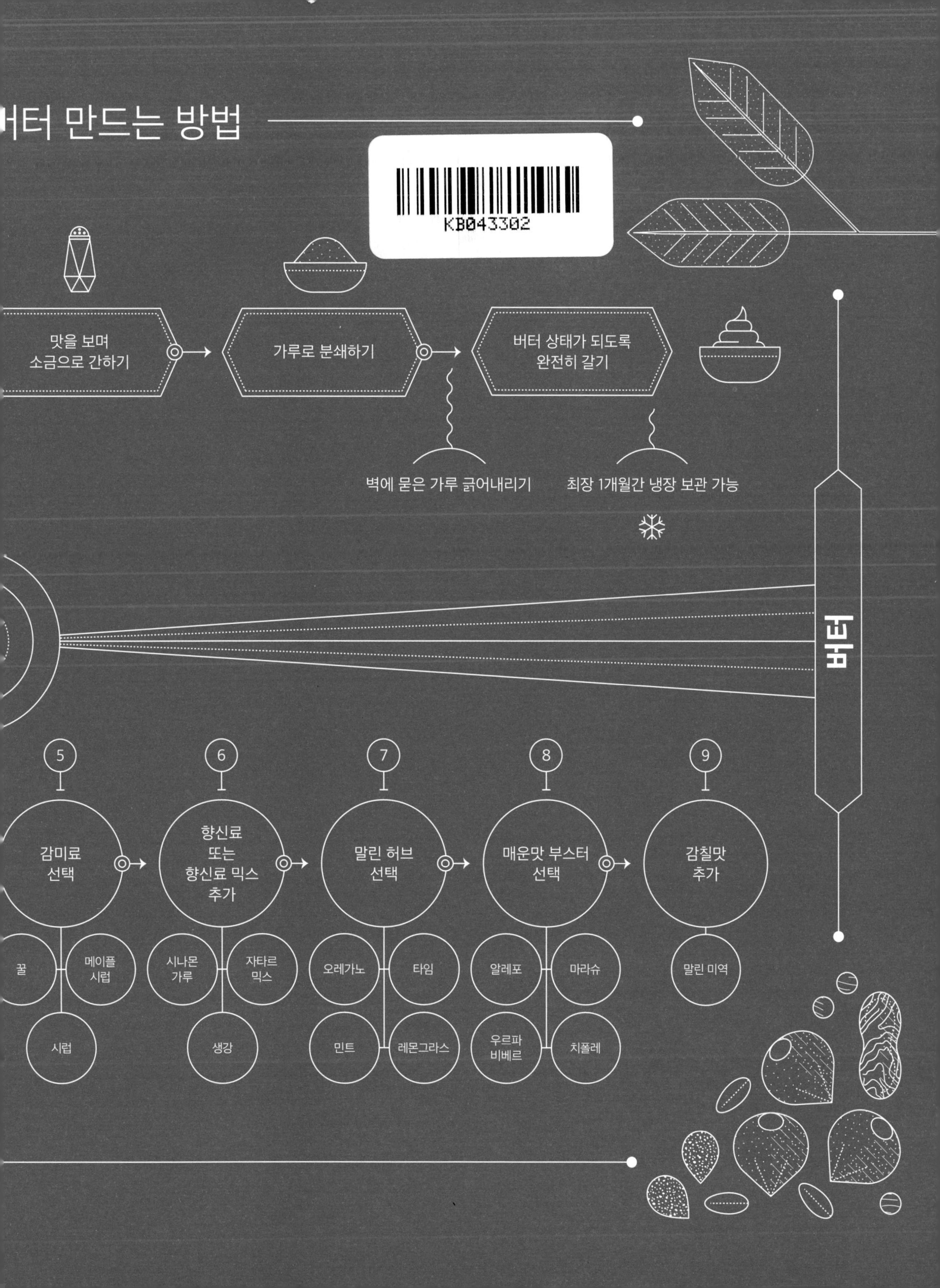

버터 만드는 방법
KB043302
맛을 보며
소금으로 간하기
가루로 분쇄하기
버터 상태가 되도록
완전히 갈기
벽에 묻은 가루 긁어내리기
최장 1개월간 냉장 보관 가능
버터
5
6
7
8
9
감미료
선택
향신료
또는
향신료 믹스
추가
말린 허브
선택
매운맛 부스터
선택
감칠맛
추가
꿀
메이플
시럽
시럽
시나몬
가루
자타르
믹스
생강
오레가노
타임
민트
레몬그라스
알레포
마라슈
우르파
비베르
치폴레
말린 미역

왜 우리는 어떤 요리를 다른 것보다 더 좋아할까? 그 해답은 풍미에 있다. 풍미는 음식의 냄새와 맛 이상을 의미한다. 음식의 소리, 색, 형태, 질감과 밀접하게 연관된 감정, 때로는 기억이 개입된다. 분자생물학자이자 요리사인 닉 샤르마(Nik Sharma)는 이 모든 요소를 총체적으로 설명하기 위해 '풍미의 공식'으로 정리했다. 이 획기적인 요리책은 완전히 새로운 방식으로 더 나은 요리를 할 수 있도록 우리를 인도한다. 과학과 미학이 만나는 이 책은 100가지가 넘는 매혹적이고 맛있는 레시피를 제시한 풍미 탐구서로서 음식에서 최대한 풍미를 끌어올리는 법과 다양한 연구와 정보를 요약한 일러스트, 150점의 개성 넘치는 음식 사진이 수록되어 있다.

닉 샤르마는 요리계의 아카데미상인 '제임스 비어드 어워드'에 두 번이나 노미네이트 된 저자로서 풍미를 구성하는 요소들과 과학적인 설명, 저자의 경험들과 사례를 통해 '풍미의 공식'을 쉽고 실질적으로 가르쳐주며, 좀 더 재미있게 요리하고, 더 맛깔나게 음식을 만들 수 있도록 돕는다. 요리를 좋아하는 모든 이들의 서가에 평생 꽂아두고 간직할 만한 훌륭한 안내서, 최고의 요리를 위한 음식 과학과 100가지 레시피를 다룬 요리 과학서이다.

책에 소개된 식재료 중 한국에서 구하기 쉽지 않은 재료들은 이 책의 번역가이자 레스토랑(스프레드 17) 운영자 이한나 셰프가 대체할 수 있는 한국의 식재료들을 찾아 기입함으로써 한국 독자들이 직접 요리를 따라 만들 수 있도록 많은 노력을 기울였다.

"풍미에 관심 있는 사람이라면(물론 요리하는 모든 사람이 늘 고려하는 부분이지만) 이 책을 꼭 읽어야 한다. 이 책은 풍미가 어떻게 작용하고, 우리의 기억과 감정이 요리와 음식에 어떤 영향을 미치는지를 보여주는 아주 흥미로운 책이다. 단 한 권의 책으로 이렇게 많은 내용을 배울 수 있는 것은 정말 오랜만이다. 나는 지금도 이 책을 참고하며 요리에 활용하고 있다."

—다이애나 헨리Diana Henry
(《A Bird in the Hand》로 '제임스 비어드 상'을 수상한 음식 작가이자 셰프)

"닉 샤르마는 당장이라도 부엌으로 달려가고 싶게 만드는, 거부하기 힘든 책을 우리에게 선사했다. 그가 소개한 레시피는 단 하나도 흘려넘기지 않고 다 만들어보고 싶게 한다! 이 책은 우리가 먹는 음식에 숨겨진 여러 가지 복잡한 결을 이해할 수 있도록 도와주고, 그런 것들이 우리에게 얼마나 중요한지를 일깨워준다."

—패티 히니츠Pati Jinich
(셰프이자 요리 작가, PBS의 요리 프로그램 〈Pati's Mexican Table〉의 진행자)

"눈을 뗄 수 없을 만큼 아름답고 유익하다. 이 책은 마스터피스다."

—나이젤 슬레이터Nigel Slater
(채식 요리책 《Greenfeast》의 지은이)

"닉 샤르마는 맛과 관련해 '왜'라는 질문과 '어떻게'라는 질문에 대해 과학적으로 접근할 뿐만 아니라 오랜 세월 요리해온 요리사로서 그 해답을 제시한다. 나는 이 책에서 소개하는 다문화적 풍미에 그 누구라도 매료될 것이라고 보장한다(개인적으로 '미소 된장을 넣은 초콜릿 브레드 푸딩'과 '커피 가루를 입혀서 구운 스테이크'에 눈독을 들이고 있다). 누구든 음식을 더 맛있게 만들고 싶은 사람이라면 닉이 철저하게 연구한 내용과 멋지게 촬영한 사진으로 가득한 이 책을 즐겁게 읽을 것이라고 확신한다."

—데이비드 리보비츠David Lebovitz
(《My Paris Kitchen》, 《Drinking French》의 지은이)

"이 책에서 닉은 음식의 과학과 미학을 연결한다. 그의 레시피는 요리를 성공적으로 만들기 위한 기술적 측면을 설명하면서 장만하기 어려운 채소나 허브를 좀 더 효과적으로 다루는 방법, 주요 식재료와 관련된 '왜'와 '어떻게'라는 질문에 대해 자세한 해답을 제시한다. 도를 반죽할 때 어떤 느낌인지, 열에 조리한 아스파라거스 색이 어떻게 해야 화사하게 살아나는지, 혹은 그릴에서 굽는 옥수수에서 나는 지글거리는 소리로 뒤집는 시점을 판단하는 법 등 닉의 레시피는 실질적인 방법론을 제시한다. 이 책은 부엌에서 일어날 수 있는 모든 변수를 알려준다거나, 감으로만 요리할 수 있다고 주장하지 않는다. 그보다 화학과 인간의 감정 모두를 아우르는 종합적이고 입체적인 접근법으로 요리하고 음식을 즐기는 방법을 알려준다."

—스텔라 파크스Stella Parks
(페이스트리 셰프, 《BraveTart: Iconic American Desserts》의 지은이)

"닉 샤르마는 음식 과학 및 화학에 우리의 감각과 기억, 감정을 접목시켜 풍미에 대한 모든 것을 설명한다. 이 책을 읽는 동안 우리는 맛있는 팁과 요긴한 아이디어들, 수많은 정보와 지식, 푸드 스타일링, 나라에 따라 달라지는 풍미 조합 등을 한눈에 보여주는 '지도'까지 풍부하게 접할 수 있다. 이 책은 풍미를 좀 더 새롭고 방대하게, 그리고 더 재미있게 접근하는 책이다. 우리를 흥미진진하게, 행복하게 요리하고 음식을 즐길 수 있도록 만든다. 어느 페이지를 펼쳐도 입맛 돌게 하는 요리를 접할 수 있는 보물 상자다."

—엘리스 메드리츠Alice Medrich
(요리 작가이자 디저트 셰프)

감정
비주얼
소리
식감
향
\+ 맛

풍미

풍미의 법칙

마음을 사로잡는 요리의 과학적 비결
+ 100가지 기본 레시피

닉 샤르마 지음
이한나 옮김 · 정우현 감수

나비클럽

인도 고아 지방의 요리를
빛나게 해준
플로이드 카르도즈에게

늘 나를 웃게 해주는
마이클에게

THE FLAVOR EQUATION

First published in English by Chronicle Books LLC, San Francisco, California.

Korean edition is arranged with CHRONICLE BOOKS LLC, San Francisco through BC Agency, Seoul.

일러두기

1. 외국 인명과 지명은 한글맞춤법 외래어표기법에 따라 표기하는 것을 원칙으로 삼되, 몇몇 경우 현지 발음에 가깝게 표기했다.
2. 한국 독자들이 실제 요리하는 데 도움이 되도록 낯선 식재료나 조리 도구에 대한 부연 설명, 혹은 대체용품이나 대체 식재료에 대해 옮긴이 주로 보완했다. 옮긴이 주 가운데 요리 레시피에 들어간 것들은 기호(●)를 붙여서 해당 레시피의 맨 뒤쪽에 배치했다.

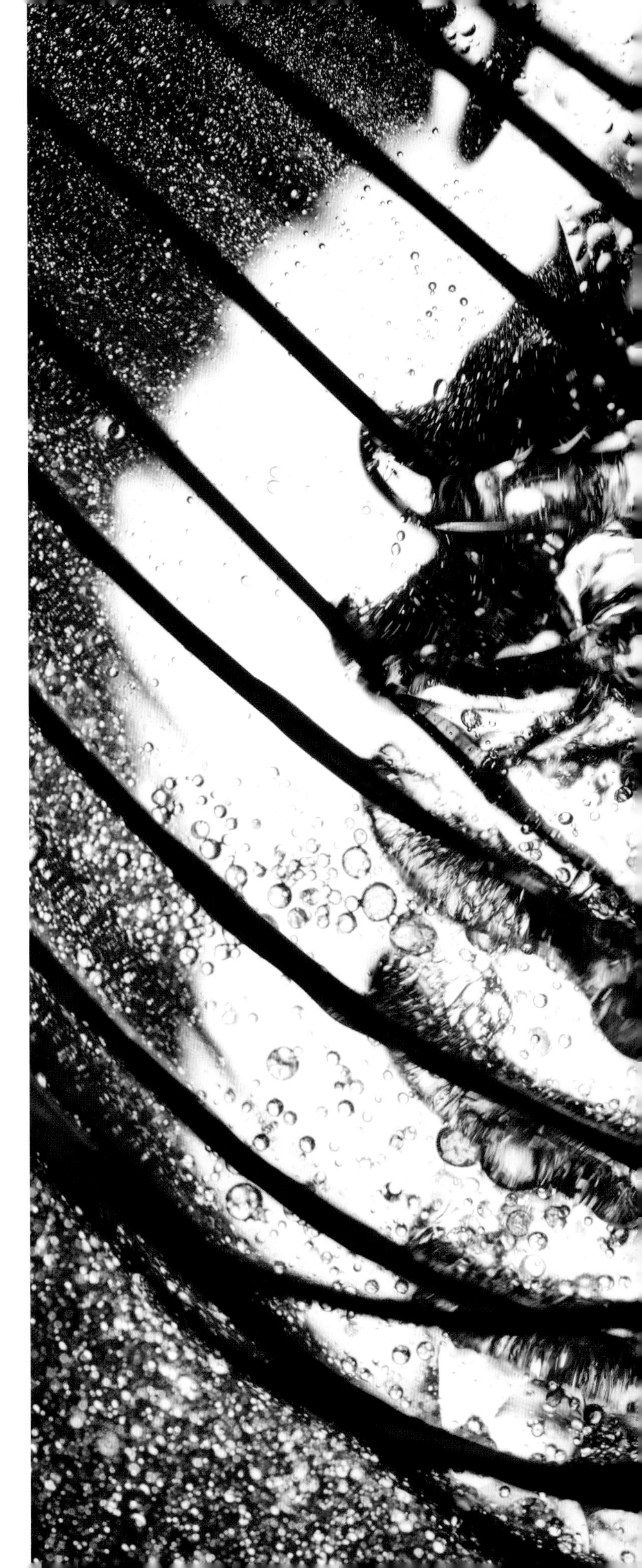

추천의 글

저는 지난 40년간 음식 과학을 이해하고자 여러 가지 노력을 기울였습니다. 지금 봐도 아주 훌륭한 필독서인 해럴드 맥기Harold McGee의 《음식과 요리On Food and Cooking》를 찾아서 읽어보았고, 음식과 과학의 거리를 좁히는 데 중요한 역할을 한 셜리 코리허Shirley Corriher의 두 저서 《쿡와이즈CookWise》와 《베이크와이즈BakeWise》도 참조했습니다. 또 저는 유머 감각이 탁월한 이야기꾼이자 《아인슈타인이 들려준 요리 이야기What Einstein Told His Cook》라는 책을 쓴 밥 월크Bob Wolke와 함께 일한 적도 있습니다. 요리 관련 종합 미디어 회사인 밀크스트리트Milk Street에 소속된 음식 과학자 가이 크로스비Guy Crosby와도 수년간 동료로 지냈습니다.

크로스비가 늘 하던 업무 중 하나는 여러분의 일상적인 궁금증, 예를 들면 "폭풍우 몰아치는 날에는 왜 마요네즈가 잘 만들어지지 않을까요(아니, 그런 날 마요네즈를 만들 수 있나요)?"라든가, "레드 와인에 담가서 굽던 오리 고기가 왜 오븐 안에서 터져버렸을까요?"와 같은 질문에 답해주는 일이었습니다.

언젠가 크로스비는 제가 했던 질문들에 제가 이해할 수 있는 범위 내에서 답했다고 이야기한 적이 있습니다. 제가 음식 과학을 더 연구하고 더 깊이 이해할수록 그의 답변은 더 복잡해졌습니다. 가령 글루텐에 대한 설명은 글루텐 함량으로 시작해서 글루테닌과 글리아딘 이야기로 옮겨 갔고, 나중에는 더 깊이 들어가 프롤라민에 대한 토론으로까지 이어졌습니다. 이런 경험을 생각하다 보니 제가 초등학교 6학년 때 과학 수업에서 했던 질문에 과학 선생님이 보인 반응이 떠오릅니다. 분자가 선생님이 항상 가지고 다니는 다양한 색상의 나무 공과 장부촉처럼 생겼느냐고 물었는데, 선생님은 짧고 단호하게 "아니야"라고 답했습니다. 제가 "왜요?"라고 되묻자, 선생님은 "지금은 이 정도면 됐어"라고 대답했습니다. 크로스비나 과학 선생님의 대답 속에 담긴 의미는 명확합니다. 눈에 보이는 것들의 이면에는 현재 익숙하지 않다 하더라도 늘 존재하는 것이 많다는 것이죠. 가정에서 일상적으로 요리하는 사람들의 시선이 닿지 않은 곳에서도 마찬가지입니다.

이제 이 책의 지은이 닉 샤르마 이야기를 할 차례입니다. 몇 년 전 밀크스트리트 라디오에서 닉을 인터뷰했을 때, 그가 고향인 인도와 미국의 요리 전통을 접목하는 데 보인 진정성과 제2의 고향이 된 나라(그는 봄베이에서 자랐고 나중에 미국으로 이주했습니다)에 품은 진심 어린 애정이 제 마음을 사로잡았습니다. 그의 아버지 고향인 북인도와 어머니 고향인 서부 연안 고아 지방의 음식 문화는, 미국 남부 로컨트리의 해산물 요리와 북부 버몬트의 수육 요리인 팟 로스트pot roast만큼이나 서로 공통점이 거의 없습니다. 이렇게 서로 다른 지역의 음식 문화를 접할 수 있었던 가정 환경은 그에게 좋은 토양이 되었습니다. 그가 만드는 음식에는 언제나 그가 어린 시절에 경험했던 맛이 반영되었고, 이 장점은 무엇을 요리하든, 어디서 요리하든 훌륭하게 발휘되었습니다.

《풍미의 법칙》은 무엇보다 맛을 가장 우선시하는 사람이 쓴 책입니다. 이 책은 아미노산이나 젤 혹은 삼투압을 깊이 파고들어 연구하려는 공대생이 아닌 모든 사람을 대상으로 음식에서 풍미flavor를 최대한 뽑아내는 방법을 알려주고자 합니다. 닉에게 풍미는 본능적이고 복잡한 것입니다. 풍미란 감정, 비주얼, 소리, 식감, 향, 맛을 가리킵니다. 그런가 하면 화사한 신맛, 쌉싸름한 쓴맛, 짭조름한 짠맛, 달콤한 단맛, 기분 좋은 감칠맛을 뜻하기도 합니다. 다양한 지역의 요리 문화가 반영된 인도 요리는 이런 복잡성을 여실히 보여준다고 할 수 있습니다.

북유럽 요리는 대체로 단순한 밝은 장조長調의 느낌이라면, 세계 다른 곳의 부엌에서는 도드라지는 색깔을 지닌 반음계半音階의 음식, 또 다른 곳에서는 특별히 튀는 톤이 없는 무조無調의 음식을 만드는 과정에서 저마다 걸맞은 풍미의 음악을 연주하며 먹는 사람으로 하여금 집중하게 하고, "지금 먹은 것이 뭐지?"라는 질문을 불러오는 요리를 내놓고 있습니다. 그리하여 우리는 한입만 먹어도 요리에 담긴 은근하면서도 대담한 노력이 고스란히 전해지는 경험을 하게 됩니다.

닉 샤르마를 비롯한 많은 이들이 우리에게 좋은 음식이란 불 앞에 서서 요리한 수년의 시간, 뛰어난 칼질 실력, 페이스트리를 장인급으로 만들어내는 솜씨와 같은 기술이 있어야만 만들 수 있는 것이 아님을 가르쳐줍니다. 정확한 이해를 바탕으로 음식의 풍미를 한껏 끌어올린 요리야말로 훌륭한 요리가 아닐까 합니다. 이런 요리는 임기응변으로 뚝딱 만들어내거나 대단한 기술이 아닌, 사려 깊은 태도에서 나옵니다. 닉은 질감과 풍미의 '밀당'을 생각하면서 새롭게 토마토 수프, 양고기 요리, 치킨 샐러드, 과일 디저트, 갈비 요리법을 알려줍니다. 이런 요리법이라면 누구나 정통 요리 교육을 받지 않고도 평범한 요리사에서 대단한 요리사로 변신할 수 있을 것입니다.

크리스토퍼 킴벌

(밀크스트리트 창립자)

서론

가정에서 만든 요리나 레스토랑에 나오는 음식들이 멋지거나 맛있게 느껴지는 이유는 뭘까? 무엇이 그 음식들을 따뜻하고 특별하게 만들까? 왜 우린 어떤 요리를 다른 것보다 더 좋아할까? 그 해답은 풍미에 있다.

풍미는 사람마다 다른 것을 의미한다. 부모님 혹은 조부모님이 사랑으로 만든 음식의 냄새와 맛일 수도 있고, 한 음식 문화가 젊은 세대로 대물림되는 기회이기도 하다. 어떤 경우에는 세상이 너무 잔인하다고 느껴질 때 위안을 준 요리를 떠올리게 하고, 이민자에게는 고향에 대한 그리움을 환기하고 새롭게 정착한 제2의 고향을 받아들이려는 노력의 흔적이기도 하다.

풍미는 고유의 냄새와 맛 이상을 의미한다. 풍미에는 음식의 소리, 색, 형태, 질감과 밀접하게 연관된 감정, 때로는 기억이 개입된다. 이 모든 요소를 총체적으로 설명하는 것을 나는 '풍미의 법칙'이라고 부른다.

감정
비주얼
소리
식감
향
\+ 맛

풍미

신선하고 아삭한 사과는 그 자체로 향과 맛이 훌륭하다. 이렇게 향이 좋고 살짝 달콤새콤한 맛의 사과를 썰어서 아몬드 버터에 찍어 먹으면 새로운 결의 풍미가 살아난다. 그다음에는 사과 조각을 캐러멜 소스에 찍어서 먹어보면 직전에 먹은 것과는 다른 맛을 경험할 수 있다. 이런 것이 바로 풍미다. 먹는 행위를 경이롭고 흥미로운 경험으로 만드는 향과 맛의 조합.

일반적으로 정의할 때 풍미는 향과 맛을 의미하지만, 이 책에서 내가 말하는 풍미는 시각, 후각, 청각, 입안에서 느껴지는 질감과 밀접하게 연관되는 감정과 기억까지, 우리가 먹을 때 얻는 특별한 경험을 형성하는 요소들을 가리킨다.

나는 집안 형편상 요리 학교에 갈 수 없었지만, 외할머니와 어머니, 그리고 한때 일했던 가게인 '슈거, 버터, 플라워'의 훌륭한 페이스트리 셰프 동료들 같은 요리사들 곁에서 배웠고, 수많은 요리책과 신문 칼럼을 섭렵하기도 했다. 열정 넘치는 신출내기 요리사 시절, 내 머릿속은 언제나 질문으로 가득 차 있어서 기회만 되면 스승이 되어주신 분에게 잔뜩 질문을 던졌다. 왜 어떤 건 잘 되고, 다른 건 잘 안 되는지, 왜 사람마다 음식에 다르게 반응하는지….

음식을 만들고 음식에 대한 글을 쓰는 사람으로서 나는 그동안 살아오면서 인도와 미국에서 쌓아온 경험, 만난 사람들, 방문했던 장소 모두를 녹여낸 음식을 통해 나의 과거를 현재와 미래에 접목하고 있다. 어떤 향과 맛은 시간이 갈수록 더 특별해진다. 많은 요소가 풍미를 구성한다는 사실을, 그리고 이런 다양한 요소들이 먹는 경험에 영향을 미친다는 사실을 예전에는 충분히 알지 못했다.

나는 레시피를 살펴보는 것이야말로 가장 훌륭한 학습 도구임을 알게 되었다. 레시피는 그저 요리하는 방법을 알려주는 가장 기본적인 뼈대 이상의 것으로, 그 요리를 소개하는 저자의 시선과 과거를 언뜻 들여다볼 수 있게 해준다. 설명 뒤에는 어떤 재료를 왜 넣어야 하는지 그 논리가 숨어 있다. 개인적으로 기억에 오래 남는 레시피는 해당 요리를 만들 때 가장 핵심적인 역할을 하는 요소와 그것의 효과를 설명한 경우이다. 이런 정보 조각들은 어떤 방법이 효과적인지 알려준다. 또 실패를 해결할 단서와 아이디어를 제공해 나만의 레시피를 개발하는 데 도움을 준다.

우리가 '맛있다'라고 정의하는 것은 여러 요소가 모인 하나의 총체적 경험이다. 각각의 요리 재료가 어떻게 반응하는지, 왜 그렇게 반응하는지, 맛에 어떤 영향을 미치는지를 이해하면서 나는 좀 더 나은 요리사가 될 수 있었다. 그리고 이런 지식은 여러분을 더 좋은 요리사로 만들 수 있다. 이 책에서 나는 풍미의 다섯 가지 요소를 각각 다루면서 우리가 매일 하는 요리에서 이것들이 어떤 역할을 하는지를 파악해보고자 한다. 이 책《풍미의 법칙》은 풍미가 어떻게 만들어지는지를 이해하고, 실제 요리에 어떻게 쓰면 효과적인지 알려주어 자신 있게 요리할 수 있도록 도와줄 것이다.

만일 여러분이 산성 재료가 많이 들어간 소스에 전분을 넣었는데 걸쭉해지지 않는다면 왜 그런지 그 이유를 파악할 필요가 있을 것이다. 나는 미국으로 건너온 뒤로 파니르Paneer(인도식 리코타 치즈.—옮긴이)를 만들려고 꽤 오랫동안 노력했다. 하지만 도무지 마트에서 파는 것이나 인도에서 먹었던 것과 비슷한 질감이 나오지 않았다. 나중에야 유단백질類蛋白質의 구조와 변성 때문에 사용하는 동물 젖의 종류가 문제였음을 알게 되었다. 감칠맛이 풍부한 국물을 내고자 할 때, 핵심적인 감칠맛 분자들이 풍미를 어떻게 끌어내는지 안 덕분에 나는 고기 없이도 풍미가 확 살아나는 맛있고 진한 국물을 만들 수 있었다. 이처럼 이 책에서는 다양한 방법을 배울 수 있다.

따지고 보면 부엌과 식탁에서 일어나는 많은 일들은 단지 향과 맛뿐만 아니라 우리가 보고 듣는 행위, 그리고 그것들이 불러일으키는 감정들까지 아우르는 실험의 결과물이다. 어떤 행동은 기억과 연관되기도 하고, 또 어떤 것들은 진화와 유전학적 방식으로 설명되기도 한다. 두디Doodhi라는 인도 호박, 카렐라Karela라는 쓴 멜론, 순무는 내 부엌에서 피하는 재료들이고, 당연히 내가 개발하는 레시피 목록에서도 빠져 있다. 푹 익은 바나나도 먹지 않는다. 유독 이런 식재료의 질감과 향과 맛을 좋아하지 않아서이기도 하지만, 앞서 언급한 두 가지 식재료는 어린 시절에 부모님이 강제로 먹인 탓에 평생 트라우마가 되어서 그렇다. 성인이 된 뒤로는 이런 식재료는 멀리하는 쪽으로 내 입장을 정리했다.

우리가 음식과 맺는 관계는 복잡하며, 유전적·환경적 영향을 받는다. 어떤 사람들은 쓴맛보다 단맛을 선호하는 정도가 유난히 강한 경향을 보이는데, 이는 유전으로 설명할 수 있다. 우리가 태어난 곳, 문화, 교류하는 사람들 역시 우리의 식습관과 선호도를 결정한다. 나는 맥아 식초와 라임 향기, 인도 고아 지역에서 쓰는 매콤한 소시지를 좋아하는데, 그 이유는 내가 어릴 때부터 먹고 자란 익숙한 음식이기 때문이다. 과학 기술의 발달과 여행을 통해 세계 곳곳의 문화를 접할 기회가 늘어나면서 우리는 새로운 것을 많이 배우고 경험하게 되었고, 이런 새로움은 차츰 익숙함으로 바뀌었다. 다른 나라 혹은 일부 지역에서만 다루던 식재료나 음식을 이제는 요리책에서 만나기도 하고, 가까운 마트에서 어렵지 않게 구할 수도 있다. 한 가지 예를 든다면, 만주 지역에서 만들어 마셨던 발효차인 콤부차는 이제 미국 대형 마트에서 쉽게 찾을 수 있는 품목이 되었을 뿐 아니라, 레스토랑과 칵테일 메뉴로도 다양하게 활용된다.

잠시 되돌아가서, 내 개인적 요리 여정과 풍미에 대한 집착에 관해 이야기해볼까 한다. 요리하는 사람들 모두가 그렇듯이, 나의 음식 및 풍미와의 로맨스는 부모님의 부엌에서 시작되었다. 나는 인생의 첫 20년을 봄베이(지금은 뭄바이라는 이름으로 바뀌었으나 내게는 영원히 내가 태어나고 자란 봄베이로 남을 것이다)에서 보냈다. 내가 요리를 시작한 계기는 필요와 호기심이었다. 부모님은 맞벌이인 데다 요리에 특별히 관심을 갖진 않아서 그저 뚝딱 만들어 자식들 배를 채우는 수단으로 여겼다. 매일 똑같은 음식을 먹는 것이 지겨워진 나는 어머니의 요리책과 어머니가 각종 잡지와 신문에서 스크랩한 레시피를 뒤지기 시작했다.

나의 외할머니 루시 카발호는 정말 훌륭한 요리사였기에 나는 기회만 생기면 외할머니를 뵈러 갈 구실을 만들었다. 외할머니 댁에 가는 것은 곧 할머니의 맛있는 음식을 많이 먹을 수 있다는 의미였다. 외할머니의 음식을 맛보면서 나는 뭘 어떻게 해야 이렇게 맛있게 만들 수 있는지 알아내려 애썼고, 집을 혼자 지킬 나이가 되면서부터 부엌에 발을 들이기 시작했다. 어머니와 외할머니가 말린 향신료를 볶을 때 향이 어떻게 바뀌는지 유심히 관찰했다. 또 파라타paratha(버터를 듬뿍 넣어 겹겹이 파삭한 켜가 생기는 납작한 인도 빵)가 뜨거운 프라이팬 안에서 "이젠 제발 날 뒤집어줘!" 하고 노래하는 시점이 언제인지도 알게 되었다. 이처럼 감각에 의지하는 신호에 주의를 기울이며 요리하는 사람으로서 성장할 수 있었다.

나는 아주 어릴 때부터 생물학과 화학을 좋아했는데, 고등학교 첫 화학 수업에서 한 실험을 통해 비로소 요리가 과학과 밀접한 관련이 있음을 확신하게 되었다. 선생님이 수소 이온농도지수pH와 산, 염기(알칼리/비누)를 이해하는 실험을 하기 위해 강황을 묻힌 필터 용지를 비누 용액에 담그자, 순식간에 밝은 주황빛을 띤 노란색으로 바뀌다가 이내 진한 붉은색이 되었다. 그런 다음에 선생님은 같은 용지를 식초에 담갔다. 그러자 곧장 노란색으로 바뀌었다. 나는 집에서도 같은 결과가 나올지 궁금해졌다. 수업이 끝날 무렵, 강황 묻힌 용지를 몇 장 몰래 집에 가져와 같은 방법으로 실험해보니 똑같은 결과가 나왔다.

시간이 지나면서 나는 더 대담하고 지능적으로 학교 실험물을 몰래 집에 가져왔다. 다행히 부모님은 나의 관심사를 응원해주었고, 어느 해 크리스마스에 유리 시험관 여섯 개, 시험관 받침대 하나, 베이킹소다와 쇠 줄밥, 그리고 몇 가지 화학 약품이 포함된 멋진 화학 실험 세트를 선물로 주셨다. 그러고 나서 몇 주 사이에 시험관을 가스불 위에서 직접 가열하다 몇 개 깨뜨렸는데도 더 재미난 일을 찾고 싶은 마음은 커져만 갔다. 다음에는 아버지가 봄베이 남쪽 끝에 있는 실험 장비 판매점에 데려가주셨고, 나는 유리 붕규산염 시험관과 비커 몇 개를 골랐다. 주말이면 늘 나무판자를 꺼내 나만의 '실험실'을 차렸다. 초창기에는 망고나 시금치 잎사귀를 으깬 뒤, 거기에 몰래 가져온 위스키를 부어 색소 분리하는 작업을 여러 번 했다. 뜨거운 비커를 실수로 침대에 올려놓는 바람에 시트에 구멍을 낸 적도 있다. 그리고 당연히 꾸중을 들었고.

봄베이 시절에 나는 생화학과 미생물학 수업을 들었는데, 거기서 오렌지 껍질과 사과 껍질에서 펙틴을 추출하는 방법, 옥수수

낱알과 감자에서 차가운 알코올로 전분을 추출하는 법, 인도 요리인 도사Dosa와 이들리Idli(도사는 쌀과 블랙 렌틸콩을 불린 후 갈아서 발효해 물로 희석한 뒤 크레프처럼 얇게 부쳐 처트니 같은 인도식 소스를 곁들여 먹는 요리이고, 이들리는 같은 재료와 방식으로 갈아서 발효한 반죽을 특수한 틀에 넣고 찐 빵의 일종으로, 인도식 소스와 같이 먹거나 요리에 곁들여 낸다.—옮긴이)의 반죽에 들어 있는 이스트와 박테리아가 잘 보이도록 염색하는 법, 과즙을 발효하는 방법 등을 배웠다. 학교에서 수강한 다른 수업에서도 여전히 안테나는 음식을 향해 뻗어 있었다. 항체를 다루는 면역학 수업을 들으면서도 파파야가 항체 구조를 파악하는 데 어떤 역할을 하는지에만 정신이 쏠리는 식이었다. 신선한 파파야에 들어 있는 프로테이스protease 효소는 항체 단백질을 잘게 자르는 성질이 있는데, 과학자들은 항체 단백질의 구조를 파악하는 데 그런 특성을 이용한다. 인도에서 고기를 양념에 잴 때 가끔 익히지 않은 파파야를 쓰는데, 그 이유가 파파야가 단백질을 분해하면서 연육 작용을 하기 때문이라는 것을 이 수업을 통해 알게 되었다. 이런 사실을 알게 된 덕택에 집에서 만드는 음식들을 더 깊이 들여다볼 수 있었고, 요리할 때 어떤 작용이 벌어지고, 그런 작용이 왜 효과적인지 명확히 이해할 수 있었다.

요리책에서 레시피를 서술하는 일반적 형식과 우리가 수업 시간에 실험한 내용을 기록하는 방식은 상당히 유사했다. 심지어 완충제나 배양액을 조제할 때도 레시피와 비슷한 설명서를 볼 수 있었다! 필요한 재료가 순서대로 적혀 있고, 한꺼번에 여러 재료가 들어가야 할 때는 양이 가장 많은 재료부터 적은 순으로, 마치 요리사가 음식 레시피를 적어 내려가는 방식대로 기록되어 있었다. 실험할 땐 여러 차례 반복해서 정말로 같은 결과가 나오는지를 확인해야 했고, 어떤 질문에 대한 답을 되도록 정확하게 찾기 위해 여러 가지 방법을 동원해야 했다. 나중에 나는 '브라운 테이블'이라는 개인 블로그를 운영했는데, 그때 든 생각은 이런 것이었다. 그동안 살아오면서 과학에 투자한 시간은 결국 음식에 대한 글을 쓰고 레시피를 개발할 수 있게 하는 훈련의 과정이 아니었을까 하는. 그런 시간이 내가 부엌에서 빠르게 해결 방법을 찾아내고, 요리 과정에서 배우고, 전에 떠올린 아이디어들을 복기하고 더욱더 개선하게 해주었으니 말이다.

대학원 과정을 밟기 위해 온 미국 유학은 나에게 새로운 세상을 탐구할 기회를 주었다. 내가 만난 사람들, 내가 방문했던 여러 레스토랑은 마치 전 세계의 다양한 문화를 보여주는 만화경 같았다. 나는 새로운 풍미와 질감을 맛보고 경험하기 위해 자주 외식을 했고, 미국에서 먹는 음식과 인도에서 먹었던 음식의 유사점과 차이점을 알아보기 시작했다. 고기와 감자는 어디를 가더라도 컴포트 푸드comfort food(어떤 향수나 좋은 기억을 불러일으키는 음식. 특히 가정에서 자주 먹어서 마음에 위안을 주는 음식을 일컫는다.—옮긴이)였고, 유럽 디저트에는 인도 디저트에 주로 들어가는 향신료인 카다멈Cardamom 역할을 하는 바닐라가 들어갔다. 반면에 완전히 다른 면도 있었다. 내가 미국에서 맛보고 요리법을 배운 유럽 요리는 주재료의 풍미가 더 빛날 수 있도록 받쳐주는 부재료에 의존하는 경우가 많은데, 이는 상반된 특징을 지닌 여러 가지 재료가 충돌하면서 조화를 이루도록 조합하는 인도 요리와 다른 특징이었다. 한편 멕시코 요리와 케이준 요리(미국 루이지애나주 중심의 요리 문화로 프랑스, 아메리칸 인디언, 아프리카 음식 문화가 섞여 있다. 향신료, 버터와 밀가루로 곡물 요리를 걸쭉하게 만드는 루roux를 많이 사용해 투박하고 선이 굵은 요리가 많다.—옮긴이)의 대담하고 대조적인 조합으로 풍미를 내는 방식은 인도 요리를 떠올리게 했다.

내가 요리의 풍미를 내는 방식은 지인이나 가족의 방식과 다르다는 것을 느끼던 중에 얼마 전 이를 확인해주는 흥미로운 연구 보고서를 접했다. 연구자들은 북아메리카와 한국의 레시피 데이터베이스 수천 개를 뒤져서 서로 다른 나라 사람들이 요리의 풍미 내는 방식을 비교했다(다만, 분명히 짚고 넘어가야 할 점은 이 보고서에서 북아메리카와 동아시아권 요리가 너무 단순하게 정의되어 있을 뿐 아니라 데이터 자체도 한계가 있다는 것이다. 따라서 이 연구 결과를 토대로 만든 도표를 설명하기 전에 먼저 각 지역 요리의 차이점을 이해할 필요가 있다).

연구자들은 몇 개의 온라인 데이터베이스에 두드러지게 나타난 재료들을 추려낸 다음, 각 재료에 들어 있는 여러 풍미 물질의 유형과 양을 비교했다. 그 과정에서 세계 다른 지역에서 주로 내는 풍미와 그 풍미가 어떻게 활용되고 있는지 더 깊이 이해하게 되었다. 북아메리카에서는 버터를 선호한다면(41퍼센트), 동아시아에서는 간장을 많이 쓰는 식이었다(47퍼센트). 그다음으로, 연구자들은 레시피 데이터베이스에서 가장 많이 언급된 대표적인 재료로 특정 지역 요리를 파악할 수 있는지 알아보았다. 이때 같은 풍미 물질을 지닌 재료들을 선으로 연결했는데, 선이 굵을수록 더 많은 물질을 공유한다는 의미였다. 각각의 재료를 둘러싼 원의 크기는 요리 재료의 선호도를 가늠하게 하는데, 원이 클수록 요리에 더 자주 쓰이는 재료임을 의미한다. 북아메리카 요리들은 주로 우유, 버터, 바닐라, 달걀, 사탕수수 당밀, 밀을 사용하는데, 이 재료들은 다수의 풍미 화합물을 공유한다(예를 들면 버터와 바닐라에는 적어도 같은 풍미 분자가 20개가 넘는다고 한다). 반면 아시아 요리에 들어가는 파, 참기름, 쌀, 대두, 생강은 서로 공유하는 풍미 분자 수는 적지만 요리할 때 함께 활용되는 경우가 많다(예를 들면 참기름과 파의 풍미 분자는 5개 정도만 같다고 한다). 이런 연구 결과를 반영한 13쪽의 도표는 요리를 대하는 방법이나 음식에 풍미를 낼 때 다른 양상이 나타난다는 것을 보여준다.

그런 다음, 연구자들은 약간의 수학적 접근을 동원해 북아메리카, 서유럽, 남유럽, 중남미, 동아시아, 이렇게 총 다섯 지역의 요리에서 가장 많이 쓰이는 고유의 식재료 여섯 가지와 식재료 조합을 선정하는 작업을 했다. 북아메리카와 서유럽의 요리는 서로 밀접한 연관성이 나타나는 데 반해 남유럽 요리는 서유럽 요리보다는 중남미 요리와 비슷한 점이 많았는데, 이는

문화와 지역에 따라 달라지는 풍미 조합

문화와 지역의 차이는 요리에 쓰는 식재료와 풍미 조합에 영향을 미친다.

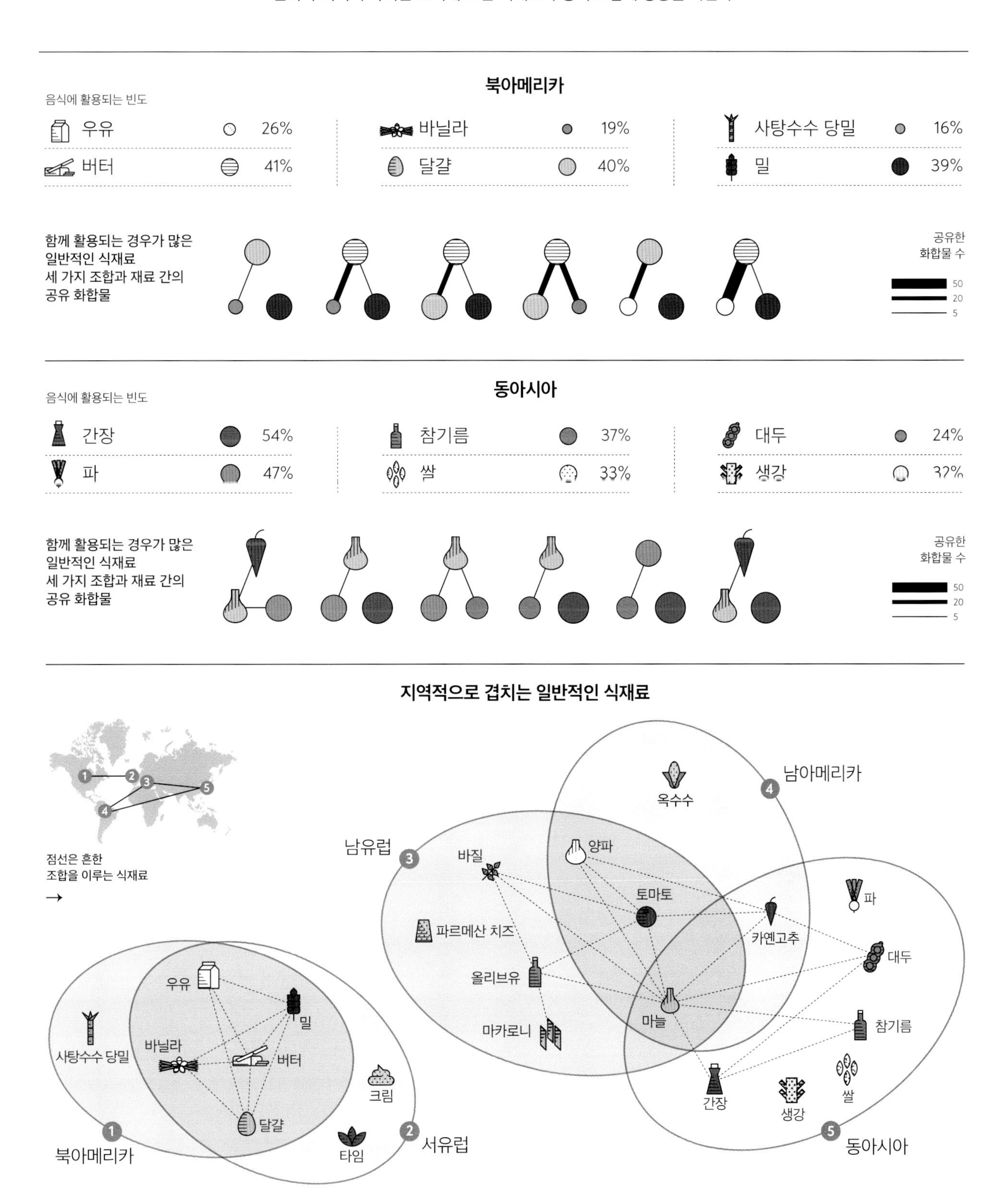

출처: Ahn, Y., Ahnert, S., Bagrow, J. et al. "Flavor network and the principles of food pairing." *Scientific Reports* 1, 196 (2011).

중남미 나라들에 대한 서유럽권의 식민 통치 역사의 영향으로 설명된다. 나는 이런 다양한 결과를 통해 내가 요리하면서 풍미를 이해하거나 조합할 때 일반적인 원칙이라고 여겼던 것이 꼭 그렇지만도 않음을 알게 되어서 흥미로웠다.

이 도표를 통해 우리는 우리가 먹는 음식의 풍미, 우리가 선택하는 요리, 요리할 때 하는 선택과 반응은 우리가 성장한 문화로부터 상당히 영향을 받는다는 사실을 알 수 있다. 온라인상의 데이터와 요리책이 계속 수집되고 연구될수록, 아마도 다양한 국가, 지방, 지역을 아우르는 지역 요리regional cusine를 다룰 때 지역마다 선호하는 풍미와 지역 간의 관계성을 보다 심도 있게 그 특징을 잘 파악한 시각이 나오리라 믿는다. 또한 식민화를 통해 고추가 멕시코에서 전 세계로 뻗어 나가 한국, 인도, 중국 등의 요리 문화에서 필수 요소가 된 것처럼, 사람들이 다른 지역으로 이주하면서 함께 가져오는 새로운 풍미가 이주한 지역의 요리와 섞이고 새로운 환경에 동화되었다는 사실도 알 수 있다. 한편 시간이 지날수록 풍미 분자 사이의 경계가 흐려지기도 한다. 이 책에 수록된 나의 레시피들을 훑어보면 가장 많이 등장하는 재료가 라임, 양파, 고수, 고추, 황설탕 또는 인도의 비정제 설탕인 재거리jaggery, 토마토, 올리브유와 포도씨유라는 사실을 알 수 있을 것이다. 여기에 나열한 재료는 풍미 프로필flavor profile(단맛, 신맛, 매운맛 등의 맛, 식감, 온도 등 풍미를 구성하는 모든 요소를 일컫는다.—옮긴이)로 봤을 때는 그다지 공통점이 없어 보이지만 요리에 함께 쓰면 서로 잘 어울리는 것들이다.

풍미는 일종의 규칙이나 가이드라인 이상의 의미가 있다. 나는 미국에서 살기 시작하면서 예전에 알던 것들을 현재의 경험에 대입하는 방법을 터득했다. 내가 처음으로 중국 음식을 맛본 것은 인도에서 살 때였는데(인도식 중국 요리는 오래전 중국계 민족인 하카 사람들이 콜카타 지역으로 이주한 뒤에 탄생한 요리다), 이 음식은 미국에서 먹을 수 있는 중국 음식과는 다르다. 인도 요리에 자주 쓰이는 여러 향신료가 인도에 새 터전을 마련한 중국계 이주민들의 삶 속에 파고들어 다양한 풍미가 완벽하게 어우러진 새로운 맛을 탄생시킨 것이다. 나 역시 나만의 방법으로 요리를 하면서 음식의 풍미 내는 방식을 조금씩 바꿔나갔다. 케일 샐러드에 부드러운 파니르를 구워서 곁들이기도 하고, 카프레제 샐러드에 발사믹 식초 대신 타마린드를 써보기도 했다. 이렇게 원래 쓰이던 재료 대신 비슷한 미덕을 지닌 다른 재료를 활용한 요리를 해보는 과정에서 나만의 특별한 조합이 생겨났다.

풍미의 여러 가지 미묘한 차이와 효과를 이해하고 요리에 활용하는 방법을 차츰 알아가자, 음식과 풍미가 경험을 통해 어떻게 진화하는지 나의 시선으로 글로 쓰고 공유하고 싶어졌다. 내 블로그와 일간지 《샌프란시스코 크로니클San Francisco Chronicle》의 칼럼을 비롯해 여러 매체에 기고한 요리 관련 글은 그렇게 시작된 작업이었다. 그러다 결국 연구직을 그만두고 캘리포니아에 있는 '슈거, 버터, 플라워'라는, 케이크와 페이스트리를 파는 작은 가게에서 페이스트리 셰프로 일하기 시작했다. 그곳에서 페이스트리에 풍미를 더하는 방법은 물론 푸드 스타일링과 음식을 먹음직스럽게 보여주는 방법을 배웠다. 또 동료 셰프들에게서 지방과 밀가루와 설탕을 섞는 비율에 따라 디저트에 다른 질감을 내는 방법도 익혔다.

나는 점차 재료와 먹거리를 더 유심히 관찰하면서, 마트에서 구입한 것보다 바로 따서 먹는 딸기가 훨씬 과즙이 풍부하다는 사실과 같은 실질적이고 실용적인 지식을 쌓아나갔다. 말린 붉은 고추를 뜨거운 기름에 넣으면 기름이 붉게 물들면서 매운맛이 나지만 찬물에서는 그렇지 않다는 사실처럼, 재료의 조합에 따라 어떻게 다른 반응이 나타나는지를 차츰 파악했다. 그린 카다멈처럼 향이 강한 향신료를 케이크 반죽에 넣는 시점에 따라 향이 달라지는 현상을 눈여겨보면서, 반죽에서 마무리 단계보다는 버터에 바로 넣을 때 향이 훨씬 오래간다는 사실을 알게 되었다. 동료 셰프들, 그리고 나를 집으로 초대해 집밥을 차려준 사람들에게 나는 끊임없이 질문을 던졌다. 여행을 가면 여행지의 농부들과 식재료 생산자들에게 양배추는 왜 삶기에 적합한 것이 있고 구이에 적합한 것이 따로 있는지, 왜 벌의 종류나 벌이 찾는 꽃 종류에 따라 꿀맛이 확 달라지는지 물어보곤 했다.

남편이랑 함께 오클랜드로 이사 온 뒤로는 페이스트리 가게 일을 그만두고 새로운 일을 시작했다. 도심지의 고객들에게 요리를 해주거나 배달하는 스타트업 회사에 푸드 포토그래퍼로 입사했는데, 이 일은 내게 정말로 값진 배움의 기회가 되었다. 예전에는 매장에서 만난 고객들이나 내 블로그를 접한 독자들이 알려주는 정보에 주로 의존했다면, 이제는 앱에서 수집된 데이터를 가지고 어떤 음식의 클릭 횟수가 더 많은지를 분석하는 데이터 엔지니어의 정보를 접할 수 있었다. 무엇보다 색, 모양, 음식에 대한 설명이 소비자가 음식을 선택하는 데 얼마나 크게 영향을 미치는지를 알게 되었다. 이 직장에서 1년 반을 보낸 뒤, 나는 프리랜서로 전환해 음식 관련 글을 쓰고, 레시피를 개발하고, 음식 사진을 촬영하는 작업을 하면서 요리책 《시즌Season》을 출판했다.

풍미를 이루는 다양한 요소들

풍미를 만들어내는 요소를 크게 두 부류로 나눈다면, 한쪽은 감정과 기억이고, 다른 한쪽은 비주얼, 소리, 식감, 향, 맛 같은 감각을 통해 이루어지는 해석이다. 독자 여러분도 가장 최근에 만든 요리를 한번 떠올려보시라. 카프레제 샐러드를 만들었다고 가정하고 어떻게 만들었는지 차례대로 기억을 떠올려보자. 우선 눈에 확 띄는 색깔에 모양과 향이 좋은 토마토를 골라서 칼로 썰었을 것이고, 썰 때 과육이 날카로운 칼날에 갈라지는 것을 느꼈을 것이다. 그런 뒤에 크리미하고 부드럽고 동그란 모차렐라 치즈 덩어리를 그 위에 올렸을 것이다. 그 위에 아삭한 소금과 그라인더로 간 후추, 새콤달콤한 발사믹 식초를 살짝 뿌리고 은은한 향이 나는 올리브유를 뿌린 뒤, 바질 잎도 손으로 듬뿍 뜯어 무심한 듯 올렸을 것이다. 이렇듯 요리의 각 단계마다 수많은 일이 일어난다. 요리하는 내내 우리의 감각은 모든 것에 깊이 집중하도록 우리를 이끌어준다. 그런 뒤 잠시 뒤로 물러났다가 음식을 한입 먹는 순간에 다시 등장해 짠맛, 단맛, 신맛, 감칠맛은 물론이고 신선한 허브 향과 지방의 풍부함을 느끼게 해준다. 이 모든 요소 때문에 많은 사람이 카프레제 샐러드를 좋아하는 것이다.

풍미를 구성하는 요소로 가장 많이 거론되는 것은 향과 맛이다. 별다른 기교 없이 간단하게 만든 요리도 향과 맛만으로 저녁 식사에 초대한 손님들의 마음을 사로잡을 수 있다. 브라운 그레이비가 먹음직스러워 보이는 색은 아니더라도 열에 아홉이 맛있다고 느끼는 이유는 그 안을 꽉꽉 채운 다양한 향과 맛 분자 덕분이다. 여기에 라임 즙을 살짝 뿌리고 신선한 허브를 넣으면 한 차원 더 맛이 좋아진다.

어떤 음식이 특별히 생각날 때 가장 먼저 떠올리는 것은 향이다. 나는 고아 지방의 코코넛 케이크인 바트Baath에 들어가는 코코넛과 로즈워터rosewater(장미 꽃잎과 꽃받침을 수증기 증류법으로 추출한 장미수로, 식용 및 미용 목적으로 사용된다. 구입할 때는 '식용 로즈워터'로 검색하면 된다.—옮긴이)의 달콤한 조합을 떠올릴 때면 금세 가슴 벅찬 행복한 기분이 된다. 요리를 배우기 시작하면서 눈물 날 만큼 매운 양파도 열을 가하면 부드러운 단맛으로 바뀐다는 것을 알게 되었다. 고추가 잔뜩 들어간 돼지고기 빈달루Vindaloo(아주 매콤하고 새콤한 고아 지방의 커리.—옮긴이)의 매운맛을 양파와 약간의 설탕으로 중화하는 것도 이런 성질을 이용한 방법이다. 나의 할머니는 불 옆에 늘 소금통과 커다란 붉은색 식초병을 두고 요리할 때 식초부터 넣어 맛을 본 뒤에 소금을 넣으셨다. 어릴 땐 별생각 없이 그런가 보다 했는데 시간이 한참 지나서 내가 직접 요리를 해보고 나서야 신맛 나는 재료를 먼저 넣은 뒤에 염분을 넣는 데에는 현명하면서도 과학적인 의도가 있었음을 알게 되었다. 바로 신맛은 짠맛을 더 강하게 느끼게 한다는 것을. 할머니는 그 같은 비법으로 가족이 먹을 요리에서 염분의 양을 지혜롭게 줄인 것이다.

한편 지방맛taste of fat은 과학자들 사이에서 약간 논란이 있으나, 맛을 낼 때 중요한 역할을 한다는 점은 의심의 여지가 없는 사실이어서 이 책에서 별도의 자리를 꼭 만들어야겠다고 생각했다. 매운맛은 아마 가장 묘한 현상일 것이다. 그렇게 신경을 자극해 고통을 주어도 사람들은 다양한 종류의 고추를 좋아하니 말이다. 그래서 매운맛에도 별도의 장을 배정했다. 많은 이들이 매운맛 식재료에 열광하고 일부러 음식에 넣는 데에는 분명 이유가 있을 것이다.

이 책을 통해 여러분은 매일매일 하는 요리의 비주얼, 소리, 질감, 향, 맛이 우리의 감정이나 기억과 어떻게 결합하는지 이해하게 될 것이다. 이 책에서 나는 요리할 때 활용되는 개념의 배경 설명과 실용적인 '사례 연구'는 물론, 요리법을 알려주는 레시피, 그리고 그 과정에서 요리 과학이 어떻게 작동하는지를 보여줄 것이다.

이 책은 각각의 레시피마다 사용된 재료들의 다양한 작용과 반작용 뒤에 숨어 있는 과학이 무엇인지, 그런 일이 어떻게, 왜 일어나는지 설명함으로써 여러분이 좀 더 능숙하고 자신감 있고 창의적이고 유연하게 요리할 수 있도록 도와줄 것이다. 또한 여러분이 풍미를 중심에 두고 중요한 개념들을 이해하게 해주어 요리할 때 자신만의 풍미를 낼 수 있도록 안내할 것이다.

아울러 요리 분자들이 어떤 식으로 작동하는지 더 알고 싶거나 요리 재료에 대한 초보적인 생화학 지식, 또는 인체 생물학과 풍미의 관계가 궁금한 분들을 위해 기초적인 과학적 설명도 곁들였다.

이 책《풍미의 법칙》은 내가 여러 해 동안 요리하면서 풍미를 내는 데 도움이 된 다양한 요소와 지식을 종합적으로 소개한다. 누구든 맛있고 기억에 남는 요리를 만들 수 있다. 자, 그럼 함께 풍미 여행을 떠나볼까.

1부

풍미의 법칙

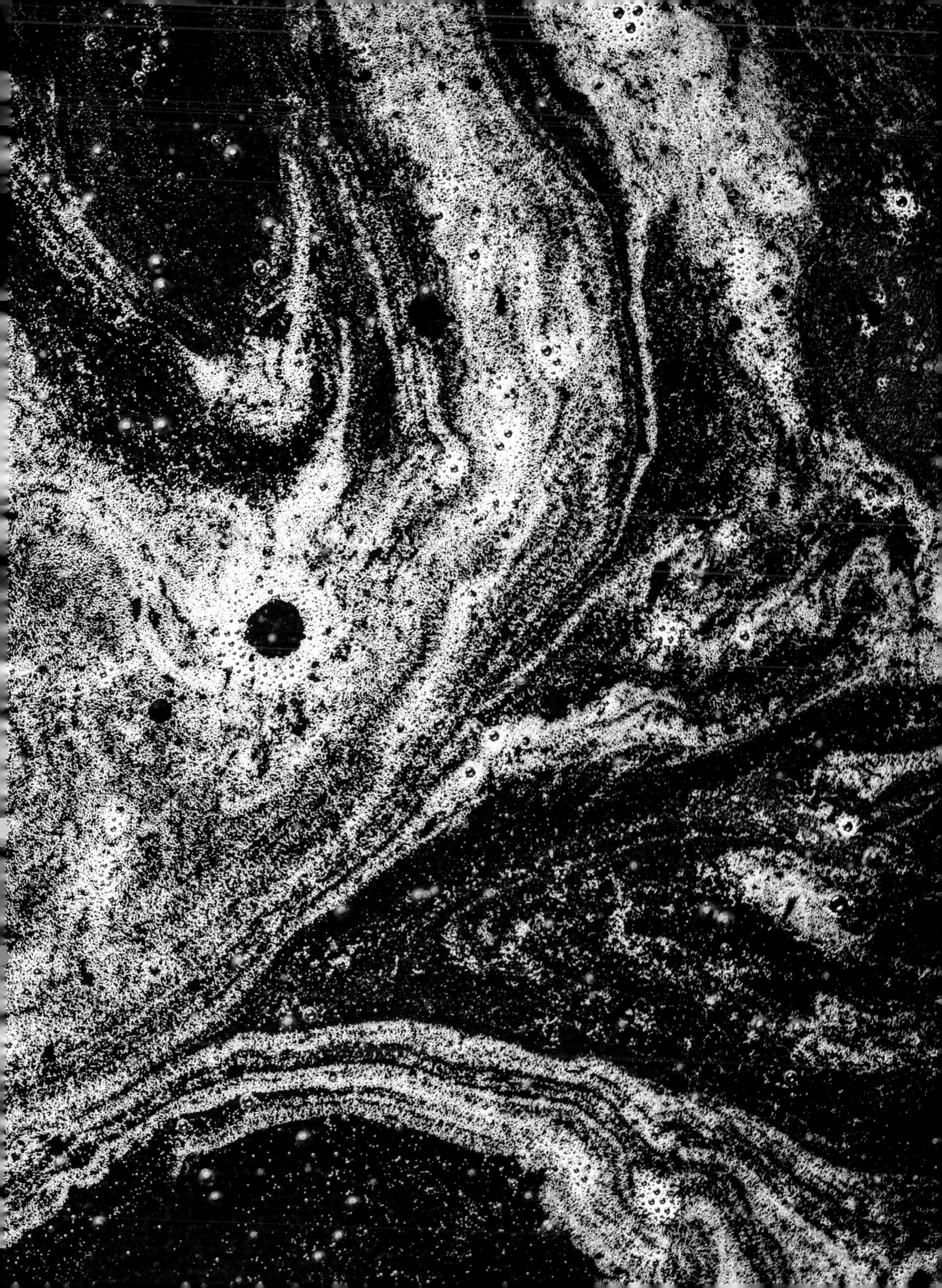

감정

우리는 음식을 만들거나 먹을 때 기억이 밀려오는 경험을 한다.

나는 이 책을 집필하면서 서로 관련 없는 몇 가지 일을 겪었는데, 이 책을 다시 훑어보거나 어떤 구체적인 레시피를 생각할 때마다 그때의 기억이 밀려오곤 했다. 대추야자 시럽(324쪽) 레시피를 작성하면서 시험할 무렵에 오클랜드에서 살았는데, 어느 대낮에 이웃집에 도둑이 드는 바람에 전화로 경찰서에 긴급 출동을 요청했고, 다행히 경찰이 제때 달려와 집이 털리는 일을 막을 수 있었다. 그리고 시간이 흘러 이 책이 출판된 시점은 이미 로스앤젤레스로 이사 간 뒤였는데, 새집으로 직접 운전해서 가기로 한 날 남편 차에 '흑후추 닭 볶음'(260쪽)을 싣고 가기로 해서 미리 잔뜩 만들어서 냉동해두었다. 이 음식들을 접할 때면 그때의 기억이 자동 반사처럼 소환된다. 대추야자 시럽을 만들 때마다 그날 이웃집에 도둑이 든 일이, 흑후추 닭 볶음을 볼 때면 로스앤젤레스로 이사하던 그때가 생각난다.

음식의 풍미와 감정은 서로 연결되어 있고 서로 영향을 미친다. 새콤달콤한 커스터드custard(달걀이나 달걀 노른자에 우유, 생크림 같은 액체 유제품, 설탕을 섞은 다음, 열을 가해 걸쭉하게 만들거나 묵 상태로 굳힌 요리.—옮긴이)의 일종인 레몬 커드lemon curd를 한입 먹는 순간, 우리는 말로 표현할 수 없는 행복한 기분에 사로잡힌다. 감기에 걸렸을 때 뜨거운 닭 국물 한 그릇은 아픈 사람에게 꼭 필요한 안정감을 선사한다. 반면에 긴장했을 때는 입맛도 사라지게 마련이다.

사람들은 종종 요리할 때 가장 중요한 재료는 사랑이라고 쓰고, 그렇게 말한다. 내가 가장 애틋하게 떠올리는 기억으로는 불 앞에서 요리하시던 할머니의 모습을 바라보았던 일, 할아버지가 절인 우설을 종잇장같이 얇게 저며서 이것을 올려 먹을 빵에 버터 바르는 법을 알려주시던 일이다. 우리가 먹는 음식과 경험하는 풍미는 시간이 지나면서 차곡차곡 쌓여 뭔가를 먹을 때 말할 수 없는 기쁨에서 깊은 혐오에 이르기까지 다양한 정서적 반응을 불러일으킨다. 우리의 뇌는 이렇게 경험한 반응을 유심히 지켜보다가 기억으로 저장한다. 풍미와 감정 사이의 학습은 지속적으로 이루어지는데, 물론 여기에는 보는 순간 곧바로 줄행랑치게 하는 풍미도 포함된다. 향을 맡기만 해도 아무 이유 없이 비위 상하는 순무가 내게는 그런 경우다.

나는 청소년 시절부터 말썽을 부려서 혼날 것 같으면 퇴근하고 집에 돌아오신 부모님께 언제나 뜨거운 차를 만들어드렸다. 이 방법은 제법 효과가 있어서, 내가 어떤 잘못을 저질렀건 간에 생강과 카다멈을 넣어 나만의 방법으로 만든 달콤하고 뜨거운 차는 부모님의 화를 누그러뜨렸다. 그 덕에 훨씬 약한 벌을 받는 데 그치거나, 운이 아주 좋으면 조용히 넘어가는 날도 있었다. 맛은 우리의 판단에 영향을 미친다. 한 연구에 따르면, 달콤한 음료를 마신 사람들은 쓴 음료를 마신 사람들보다 도덕적 행동에 더 호의적인 반응을 보인다고 한다.

우리는 빵집에서 맛있는 빵을 보면 바로 먹고 싶어진다. 초콜릿 케이크 첫입의 맛은 환상적이다. 오븐에서 막 꺼낸 따뜻한 빵은 거부할 수 없는 맛있는 냄새를 풍긴다. 우리가 무언가를 먹을 때 음식 속에 들어 있는 풍미 요소들은 우리의 코와 입 표면에 있는 수용기受容器와 교감하다가 신경을 타고 연쇄적으로 화학 신호와 전기 신호를 뇌로 보낸다. 설탕의 달콤함이 일으키는 기분 좋은 반응이나 쓴 음식이 불러오는 불쾌한 반응처럼, 뇌는 각각의 풍미에 대한 보상과 혐오 메커니즘을 발동시킨다.

그렇다고 선택하는 음식의 기호가 바뀌지 않는다는 말은 아니다. 우리의 뇌는 어떤 맛을 극복할 수 있는 강한 능력이 있다. 예를 들면 커피처럼 처음 맛보았을 때 그다지 좋은 느낌이 들지 않았어도 여러 번 마시다 보면 점점 좋아지기도 한다. 그리고 한때 맛있다고 느꼈던 음식도 나중에 맛없게 느껴지거나 더는 찾지 않게 되기도 한다. 먹고 나서 배탈 났던 음식이 그런 경우다. 가장 좋아했던 음식일지라도 불편한 경험을 하고 나면 입에 대기도 싫어지게 마련이다.

이 같은 감정과 맛 사이의 관계는 특히 여러 사람이 모이는 행사에서 두드러지게 나타난다. 축하하는 자리에 나오는 다양한 음식의 맛과 색깔과 질감은 찬란하고 화려하며, 대접받는 사람들에게 특별하고 긍정적인 감정을 불러일으킨다. 특별한 행사가 있을 때마다 인도의 내 가족과 지인들은 향신료를 아낌없이 사용해 맛있는 냄새가 풀풀 나는 쌀 요리인 비리아니Biryani, 기름에 지진 빵, 걸쭉한 스튜, 주로 장식용으로 쓰이는 아주 얇은 식용 은색 종이인 바라크Varak에 감싸여서 나오는 섬세한 디저트를 준비했다. 장례식 음식은 이보다 훨씬 수수했다. 경우에 따라 그저 소박하게 으깬 감자

감정과 맛

감정과 맛은 서로 영향을 주고받는다.

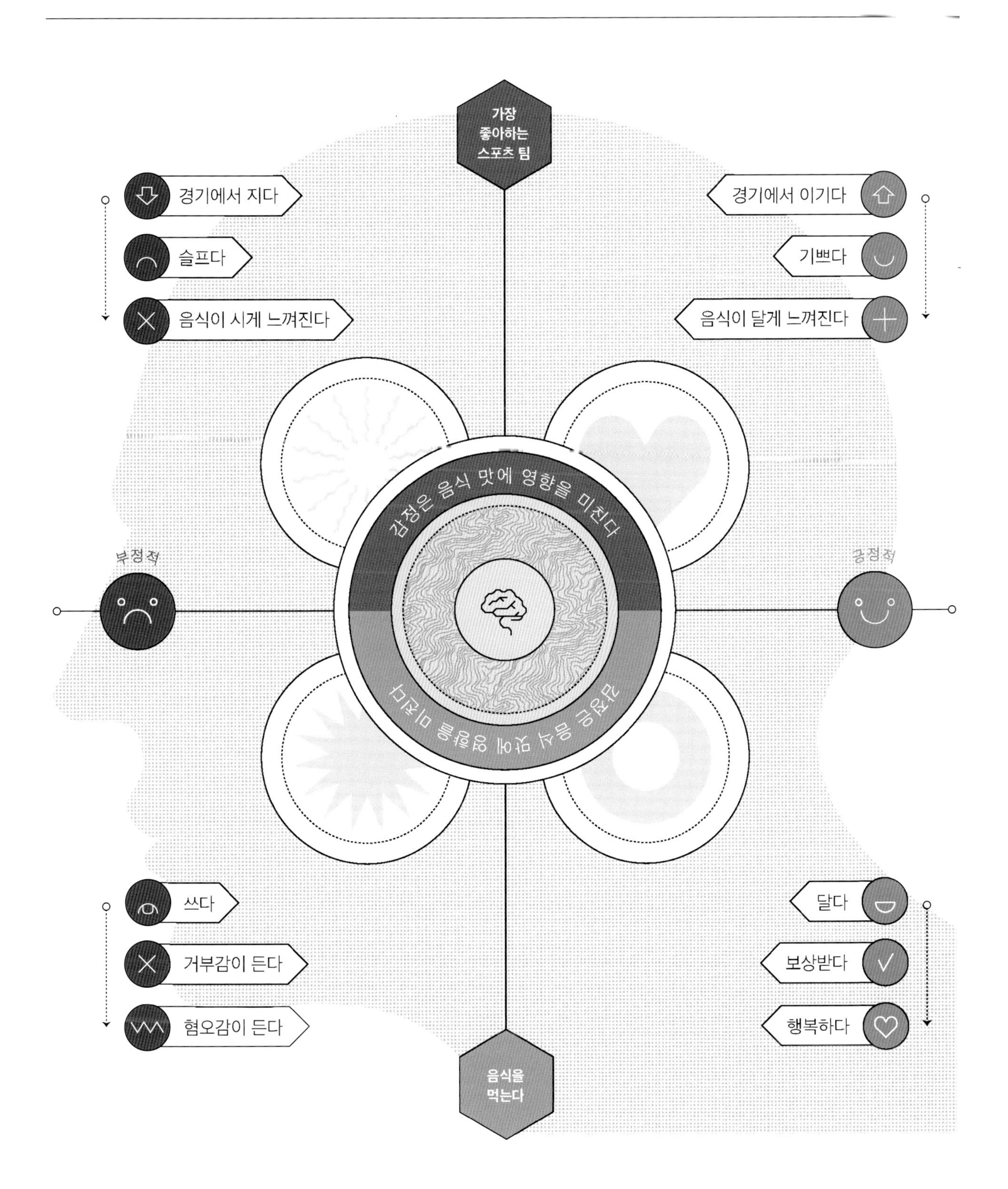

요리나 쌀밥 한 그릇 같은 컴포트 푸드를 내거나, 돌아가신 분이 생전에 좋아하셨던 음식을 준비해서 같이 나누며 좋았던 시절을 추억하기도 했다. 전 세계 모든 사람이 이렇듯 음식을 통해 마음속 깊이 품은 생각과 감정을 공유한다.

음식이 지닌 다양한 풍미는 우리가 느끼는 감정에 영향을 미치고, 감정은 우리가 풍미를 느낄 때 영향을 미친다.

음식을 먹어보고 알아가는 동안 우리의 뇌는 이를 열심히 지켜보며 기억의 형태로 메모한다. 풍미의 법칙을 구성하는 다양한 요소 가운데 기억과 가장 밀접하게 관련되는 것은 향이다. 내가 지금 사는 캘리포니아는 거의 1년 내내 건조하고 따뜻한 날씨가 이어지기 때문에 가끔은 연일 비가 내리는 인도의 장마철이나 워싱턴 D.C.의 여름비가 그리워진다. 그럴 때면 빗방울이 땅에 떨어질 때 일어나는 공기 냄새를 상상한다. 비오는 날 우리가 맡는 페트리코어petrichor라는 신선한 내음은 식물 자체의 유분, 오존, 그리고 빗물이 떨어질 때 토양 방선균의 포자에서 퍼져 나오는 화합물인 지오스민geosmin이 흙 냄새와 섞인 것이다.

이따금 어릴 적에 즐겨 먹었으나 이제는 찾기 힘든 과자나 요리가 그리워질 때가 있다. 그러면 그 음식이 어떤 냄새였는지 상상하다가 문득 떠오르면 더욱더 그리워져서 어디서 구할 수 있는지, 혹은 집에서 만들어 먹을 수 있는지 열심히 찾아보게 된다. 의사가 질병을 발견하고 진단할 때 우선 냄새 맡는 능력을 척도로 삼기도 한다. 냄새를 잘 맡지 못하는 현상은 기억력을 점차 상실해가는 알츠하이머병의 초기 증세로 간주된다고 한다. 음식과 기억의 관계를 생각해볼 기회가 있다면, 가장 먼저 떠오르는 것이 무엇인지 한번 생각해보라. 아마도 냄새일 가능성이 클 것이다.

레스토랑에서 일하는 셰프들은 기억에 남을 만한 요리를 만들어 충분히 만족할 만한 식사 경험을 손님에게 선사하기 위해 최선을 다한다. 집에서 요리하는 사람은 가족이나 손님을 위한 식사를 준비한다는 조금 다른 목적이 있긴 하지만, 맛있는 음식을 만들어서 먹이고 싶은 마음은 마찬가지다. 사람들은 종종 요리하면서 조작을 통해 기억하고 있던 어떤 느낌을 소환하기도 한다. 한 예로 마늘, 양파와 같은 파속 식물Allium 먹는 것을 금기시하는 인도 문화권에서는 이런 재료의 대용으로 비슷한 맛을 내는 아사페티다Asafetida(미나리과인 아위에서 채취한 향신료.—옮긴이)를 사용한다. 아사페티다에는 파속 식물에 함유된 다이메틸 트라이설파이드dimethyl trisulfide라는 유기 황화합물과 유황 물질이 들어 있어서 마늘이나 양파를 사용할 수 없을 때 그와 비슷한 향을 낼 수 있다. 나의 할머니는 할아버지를 먼저 떠나보내시고 혼자 되셨을 때, 오랜 미신대로 '순수하지 못한 생각'을 불러일으키는 양파와 마늘을 포기하는 대신 아사페티다를 요리에 쓰기 시작했다. 뜨거운 기름을 만난 아사페티다는 할머니에게 양파와 마늘에 대한 풍미 기억을 유발하는 향을 발산했다.

비건 요리사들은 칼라 나마크kala namak(139쪽 참조)라는 인도의 검은 소금을 쓰는데, 이 소금에서는 삶은 달걀과 비슷한 유황 냄새가 난다. 달걀을 섭씨 70~100℃로 가열하면 흰자 단백질인 난백 알부민이 펴지는데, 이 과정에서 아미노산의 유황 성분 반응기가 드러나면서 산화되어 유황 냄새, 혹은 우리가 익히 아는 달걀 냄새가 나는 황화수소 가스를 배출한다.

달걀을 삶으면 난황의 철분이 난백 알부민의 유황에 반응하면서 달걀 냄새가 더 강해진다. 이런 반응이 약하게 일어나면 좋은 냄새가 나지만, 썩은 달걀처럼 반응이 크게 일어나는 경우 역한 냄새를 풍긴다. 칼라 나마크에는 유황과 철(그리고 염화나트륨까지)이 풍부하게 들어 있다. 이 소금을 물에 섞으면 달걀 냄새를 풍기는 황화수소가 배출되는데, 셰프들은 이런 특성을 요리에 활용한다(312쪽 참조). 이처럼 유황 분자를 가지고 있으면서 유황과 유사한 향을 내는 재료로 예전에 달걀을 먹고 저장된 냄새(유황)의 기억을 불러일으킬 수 있다.

비주얼

우리는 음식을 먹을 때 눈으로 먼저 먹는다.

이 말은 내가 블로그를 막 운영하기 시작했을 때 얻은 교훈이다. 사람들은 내가 블로그에서 소개하는 레시피로 요리하기 전에 먼저 재료와 요리 사진을 본다. 이런 사진 이미지들의 색과 모양은 식욕을 당기게 하고 나중에 먹을 음식을 파악할 수 있게 도와준다. 지역 농부들이 여는 농부 장터는 다양한 스펙트럼의 색과 모양을 선보이는 곳이다. 예를 들어 밝은 주황색 호박, 신선한 파 묶음, 가판대에 쌓인 선홍색 체리까지 구석구석 물건들이 진열된 모습은 그곳에 온 손님들을 유혹하며 시선을 끈다. SNS 플랫폼에서 음식과 요리 영상이 끊임없이 인기를 끄는 것도 이미지의 영향력을 제대로 반증하는 한 가지 예일 것이다.

그럼에도 불구하고 "책 표지로만 책 내용 전체를 판단하지 마라"라는 말도 틀린 말은 아니다. 특히 거무튀튀한 갈색 음식처럼, 시각적으로 왠지 식욕이 떨어지게 하는 요리인 경우가 그러하다. 맛있는 음식이 늘 맛있어 보이는 것은 아니다. 그래서 다양한 갈색 톤 커리, 스튜나 그레이비(육류 요리나 매시드 포테이토를 먹기 좋게 촉촉하게 만들어주고 감칠맛을 더하는 소스. 고기 요리할 때 나오는 육즙에 밀가루와 전분을 넣어서 걸쭉한 질감을 낸다.—옮긴이) 같은 요리를 스타일링하고 촬영할 때 어떻게 하면 이런 음식들을 맛있어 보이고 매력적이게 보여줄 수 있을지가 내게는 언제나 큰 도전이었다. 그럴 때마다 빛을 발하는 것이 장식용 고명 역할을 하는 가니시garnish였다. 고수나 파슬리, 민트 같은 허브 잎사귀 몇 개만 있으면 화사하고 파릇파릇한 색감으로 시각적 대비를 만들어 더 맛있어 보이게 할 수 있었다.

음식의 색은 염료나 색소 분자가 있는 덕분에 만들어지는데, 우리는 요리할 때 재료의 여러 가지 색을 최대한 잘 활용하려고 신경 쓴다. 완숙 달걀을 식초와 붉은 비트 즙에 절이면 흰자 부분은 비트 즙 때문에 옅은 핑크색으로 물든다. 인도에서는 필라프Pilaf(쌀 혹은 반쯤 삶아서 말린 밀을 빻은 불구르Bulgur를 기름에 볶다가 향신료와 여러 가지 채소, 육류 등의 부재료를 넣고 육수를 부어 익히는 요리.—옮긴이)나 비리아니 같은 쌀 요리에 예쁜 색을 내고자 할 때 종종 사프란이나 강황, 혹은 비트 즙을 물이나 우유에 섞어서 쌀알을 물들인다.

대학 시절, 화학 실험 시간에 나는 탄소 성분으로 된 유기 용제에 시금치를 넣고 갈아서 걸쭉한 페이스트를 만든 적이 있다. 이 페이스트로 흡수성 좋은 흰 압지에 점 몇 개를 찍어 다른 유기 용제에 노출시켰더니, 압지에 스며든 용제액을 따라 시금치 용액의 녹색 점이 점차 번지면서 노랑과 주황, 또 다양한 색조의 녹색 띠로 층층이 분리되었다. 이 다양한 색상은 녹색 시금치에 숨어 있던 색소 때문에 나타난 것이다. 그런 다음에 익힌 시금치로 똑같은 실험을 했더니 완전히 다른 색이 나타났다.

이처럼 음식에 존재하는 다양한 색소는 열이나 산 같은 환경의 변화에 반응해 다른 모습으로 바뀌기도 하고, 요리의 완성된 형태에 영향을 미치기도 한다. 통조림 시금치가 신선한 시금치와는 다른 색감의 녹색인 이유는 가공 과정에서 이미 시금치 색소에 열이 가해졌기 때문이다.

녹색 채소는 클로로필chlorophyll(엽록소)이라는 색소를 가지고 있는데, 브로콜리, 완두콩, 그린빈을 데친 다음에 재빠르게 볶는 식으로 단시간에 조리하면 더 화사한 녹색으로 바뀌는 것을 볼 수 있다. 채소에 열을 가하면 조직 세포들 사이에 갇혀 있던 가스가 배출되어 팽창하면서 세포벽이 무너지며, 그 결과 녹색 클로로필 색소가 더 선명하게 나타나는 것이다. 열은 또한 클로로필을 분해해 갈색 색소로 바뀌게 하는 클로로필레이스chlorophyllase라는 식물 효소를 파괴한다.

하지만 녹색 채소를 너무 오래 조리하면 우중충한 올리브색이 감도는 회색으로 바뀐다. 장시간 열에 노출된 세포에서 산이 흘러나와 클로로필 분자의 중심에 있던 마그네슘 원자를 밀어내면서 우중충한 녹색이 되는 것이다. 따라서 채소를 데칠 때는 물에 레몬즙이나 식초 같은 산 성분을 넣지 말아야 한다. 반대로, 알칼리성인 베이킹소다를 넣으면 식물에서 산이 배출되지 못하게 해서 색소에 포함된 마그네슘을 가두어 화사한 녹색을 유지하게 해준다.

익힌 채소는 먹기 전에 레몬 즙을 뿌리기도 하는데, 이때는 산 성분이 색에 전혀 영향을 미치지 않는다. 하지만 펙틴이 풍부한 채소에 베이킹소다를 쓰면 물러지거나 곤죽이 되므로 베이킹소다의 양과 조리 시간을 잘 조절해야 한다.

가열하면 색이 바뀌는 채소가 있는데, 특히 안토시아닌 색소를 많이 함유한 종류가 그렇다. 안토시아닌은 수용성 성질이 강해 물에 넣고 가열하면 액포라는 저장 공간에 있던 색소가 밖으로

시금치의 산화

열을 가하면 색소의 색이 바뀐다.

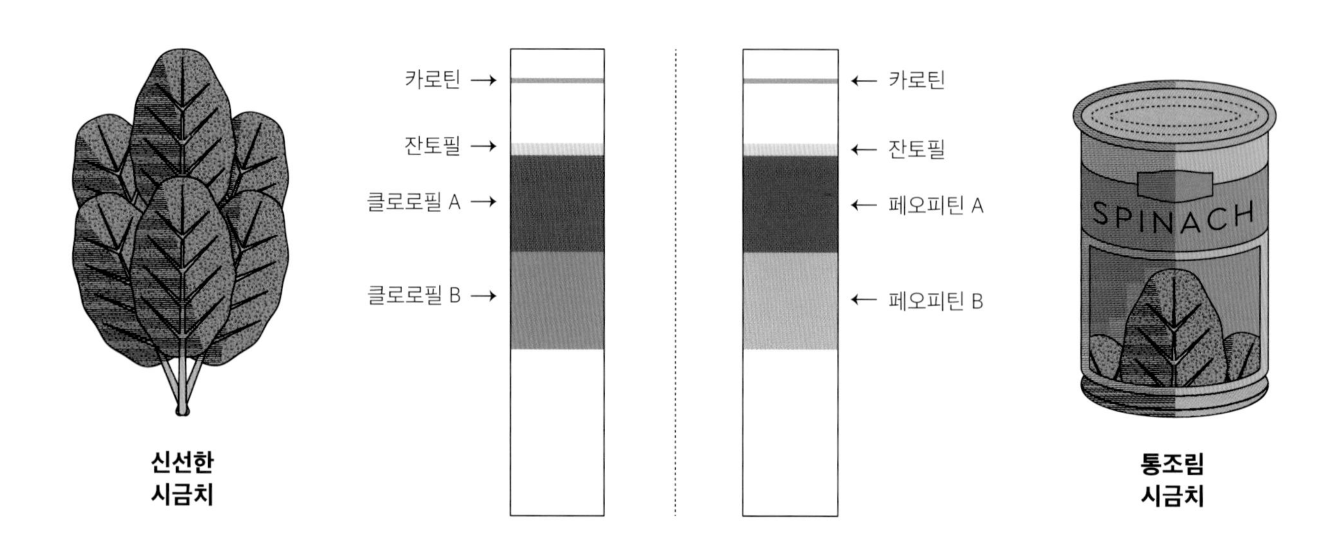

스며 나온다. 또 열을 가하면 안토시아닌 색소가 파괴되는데, 이 과정에서 보라색이 사라지고 숨어 있던 클로로필 색소가 모습을 드러낸다. '로열 버건디'라는 이름의 보라색 콩과 보라색 아스파라거스는 가열하면 녹색으로 바뀌고, 적양배추는 장시간 가열하면 색이 바랜다. 반면 그와 다른 종류의 안토시아닌을 다량 함유한 블루베리는 파이 필링을 만들 때처럼 가열해도 색을 잃지 않는다. 블루베리 필링에 들어가는 레몬 즙의 산과 블루베리 자체에 함유된 산이 낮은 pH를 유지하게 해주고, pH 2.1 상태로 블루베리 즙을 가열하면 안토시아닌이 안정된 상태를 유지한다. 이 상태에서 설탕을 많이 넣으면 더 안정적인 상태가 되어 색을 거의 잃지 않는다. 블루베리에는 몇 가지 유형의 안토시아닌과 복합체를 이루면서 안토시아닌을 보호하는 역할을 하는 다당류 펙틴도 풍부하게 들어 있다(124쪽에서 소개한 '커피-미소 된장 타히니 소스를 올린 과일 오븐 구이'는 이 점을 잘 활용한 요리다).

블루베리에 들어 있는 푸른 색소인 안토시아닌은 pH의 변화에 민감하다. 신선한 블루베리나 얼린 블루베리에 물을 약간 넣고 으깨면 진한 붉은색 즙이 나오는데, 여기에 베이킹소다를 넣으면 색이 다시 푸르게 바뀐다. 블루베리를 으깨면 껍질에 들어 있던 안토시아닌이 흘러나와 과육에 들어 있는 산과 반응해 붉은색으로 변한다. 이 붉은 즙에 물을 많이 넣어 희석하거나 베이킹소다를 조금 넣으면 유리 수소 이온[H+]의 수가 줄어들고 산성이 중화되어 안토시아닌이 다시 푸른색으로 돌아간다.

쟁여두고 쓰려고 내가 잔뜩 만들어놓는 칠리 오일(282쪽 참조)이나 인도식 쓰찬 소스(318쪽 참조)의 기름 색은 화사한 진홍색이다. 두 소스에 공통으로 들어가는 고추와 토마토에는 카로티노이드 계열에 속하는 지용성 색소가 들어 있는데, 이 색소는 뜨거운 기름에 녹아들어 기름을 진한 붉은색으로 만든다. 카로티노이드에는 토마토와 붉은 고추의 붉은색 리코펜, 옥수수의 제아잔틴zeaxanthin 같은 잔토필xanthophyll(식물의 잎에서 발견되는 황색 안료.—감수)이 포함된다. 녹색 식물의 카로티노이드는 클로로필 뒤에 숨어 있다가 클로로필이 분해될 때 제 모습을 드러낸다. 수확 전의 파프리카가 녹색에서 점차 붉은색으로 익어가는 모습이 그런 예다. 오렌지와 고구마에 들어 있는 주황색 베타카로틴 같은 일부 색소는 비타민 A의 생성을 돕는다. 이런 색소 중에 풍미 화합물을 만드는 색소도 있는데, 녹차의 베타카로틴은 차의 풍미 화합물을 구성하는 핵심 요소다.

음식의 색은 여러 재료의 반응에 의해 만들어지기도 한다. 신선한 과일이나 채소에 멍이 들거나 칼로 썰면 세포가 파괴되는데, 이 과정에서 생성되는 효소는 맛없어 보이게 하는 갈변을 일으킨다. 요리하는 사람들은 레몬 즙을 넣은 냉수에 재료를 푹 담그는 방식 등으로 이런 현상을 저지하거나 누그러뜨리는 작업을 한다. 음식에 열을 가해서 일어나는 설탕의 캐러멜화caramelization와 마야르 반응Maillard reaction(이 현상은 앞으로 차차 다룰 것이다) 역시 수많은 달콤하고도 짭조름한 감칠맛이 나는 요리에서 먹음직스러워 보이게

일반 식품에 포함된 색소 표

과일, 채소, 육류에서 다양한 색을 내는 색소는 물이나 지방에 녹는지 아닌지에 따라 크게 두 부류로 나뉜다.

물에 녹는 식품 색소	색소의 하위 유형	색깔	해당 색소가 함유된 식재료
안토시아닌		산성 pH = 빨강에서 분홍까지 중성 pH = 보라 알칼리성 pH = 파랑, 초록, 노랑에서 무색까지(pH 값이 올라갈수록)	블루베리, 석류, 포도, 보라색 콩류
안토잔틴		무색 또는 연노랑	콜리플라워, 시금치, 양파, 녹황색 채소류
베타레인	베타시아닌	빨강	비트, 아마란스, 루바브, 근대, 백년초
	베타잔틴	노랑	빨간 비트와 노란 비트, 노란 근대, 노랑-주황 백년초
미오글로빈		육류는 원래 보라색을 띤 붉은색인데 산소에 노출되면 종류에 따라 조금씩 다른 톤의 붉은색으로 변함. 쇠고기는 선홍색, 양고기는 암적색, 돼지고기는 회색빛을 띤 핑크색, 송아지 고기는 연한 핑크색이 된다. 시간이 갈수록 미오글로빈이 메트미오글로빈으로 전환되면서 갈색을 띤 붉은색으로 바뀜.	육류
헤모글로빈		산소에 노출될 때는 빨강, 산소를 제거하면 초록	피, 피가 묻은 육류
폴리페놀과 타닌		갈색	모과, 레드 와인, 수맥 가루

지방에 녹는 식품 색소

식품 색소	하위 유형		색깔	해당 색소가 함유된 식재료
클로로필	클로로필 a		파랑-초록	녹황색 채소류, 파프리카, 콩, 완두콩, 녹색 고추
	클로로필 b		우중충한 노랑-초록	치커리
카로티노이드	카로틴	알파카로틴	노랑	당근, 고구마, 녹황색 채소류, 망고
		베타카로틴	주황	당근, 오렌지, 녹황색 채소류, 살구
	잔토필	리코펜	빨강	토마토, 수박
		루테인	노랑	달걀 노른자
		캡산틴	빨강	파프리카, 붉은 고추
		크로세틴	노랑	사프란
		빅신	빨강	아나토 열매
커쿠민			주황빛을 띤 노랑은 알칼리성 pH(예: 베이킹소다)에 노출되면 빨강으로 변함.	강황

하는 갈색 색소를 생성하는 역할을 한다.

우리는 살아오면서 음식의 색과 맛을 연관 짓는 방법을 터득한다. 오렌지를 보면 달콤한 맛을 기대하고, 다양한 색감을 자랑하는 붉은 고추를 보면 몸에서 열이 확 나는 듯한 기분이 들 것이다. 나는《샌프란시스코 크로니클》에 칼럼을 기고하면서 빨간색, 노란색, 주황색 방울토마토로 직접 스타일링하고 촬영한 음식 사진을 함께 보낸 적 있는데, 이 사진이 독자들에게 상당한 혼란을 일으켰던 모양이다. 칼럼에 별도의 설명 없이 실린 노란색과 주황색의 동글동글한 토마토 사진을 보고 독자들이 레시피에서 언급하지 않은 마늘이 아닌지, 그게 아니라면 혹은 레시피에 빠뜨리고 넣지 않은 재료가 있는지 문의하는 이메일을 보내온 것이다. 사실 토마토는 사람들이 일반적으로 알고 있는 것보다 훨씬 다양한 모양과 크기와 색을 가지고 있는데도 전형적인 토마토의 색과 크기와 모양에 익숙하다 보니 그런 반응이 나온 것 같다. 하지만 무엇보다도 사람들이 요리를 판단할 때 사진에, 그리고 재료를 판단할 때 색에 얼마나 의지하는지 알게 해준 경험이었다.

음식의 색소를 더 맛있게 활용하는 요긴한 방법

+ 안토시아닌은 pH의 변화에 따라 색이 변하므로 레몬 즙과 같은 산이나 베이킹소다와 같은 알칼리를 이용해 음식에 푸른색을 내거나 보라색에서 붉은색으로 바뀌게 할 수 있다.

+ 비트에 들어 있는 베타시아닌이라는 붉은 색소는 시중에서 가루 형태로 구할 수 있고, 요리에 핑크색을 내고 싶을 때 사용할 수 있다. 이 가루를 물이나 우유에 타서 비리아니나 풀라오(Pulao) 같은 인도의 쌀 요리나 디저트에 색을 낼 때 쓰기도 한다(200쪽의 '팔루다 아이스크림'과 196쪽의 '페퍼민트 마시멜로' 참조).

+ 다음은《스위트—런던 오토렝기의 디저트Sweet: Desserts from London's Ottolenghi》라는 요리책에서 배운 방법이다. 레드 비트로 케이크나 디저트 종류를 만들 때 비타민 C(아스코르브산) 한 알을 곱게 빻아서 채 썬 비트 위에 뿌린 다음에 잘 버무려서 굽기 전에 케이크 반죽에 넣는다(채 썬 레드 비트 250g당 비타민 C는 1500mg 넣는다). 레드 비트의 보라색 베타레인 색소가 효소를 만나면 갈변을 일으키는데, 비타민 C는 이 같은 효소의 활성화를 억제해 보라색이 유지되게 해준다. 레몬 즙은 비타민 C 공급원으로서 좋은 재료이지만 구연산 함량이 높아서 케이크의 식감에 영향을 미칠 수 있으니 꼭 필요한 경우가 아니면 넣지 않는 편이 좋다. 베타레인 색소는 알칼리성 pH에 민감해서 베이킹소다와 만나면 색이 칙칙해지거나 갈변하므로 함께 쓰지 않는 것이 좋다(쓰더라도 앞서 설명한 대로 비타민 C를 이용하거나 굽기 직전에 넣어야 갈변을 최소화할 수 있다).

+ 감칠맛 요리에 화사한 주황빛이 도는 노란색을 내고 싶다면 칼딘(Caldine) 요리(인도 고아 지방에서 많이 만들어 먹는 수프 혹은 스튜로, 주로 생선과 코코넛 크림 혹은 코코넛 밀크가 들어간다.—옮긴이)에서처럼 강황을 쓰면 된다. 다만, 강황은 pH에 민감해서 베이킹소다와 같은 알칼리가 조금만 들어가도 붉은색으로 변한다. 사프란처럼 비싼 향신료를 쓸 때 본전을 뽑으려면 소금(감칠맛 요리의 경우)이나 설탕(달콤한 요리의 경우)에 사프란 가닥을 절구에 함께 넣고 빻아서 쓰면 좋다. 소금과 설탕이 연마제 역할을 해서 사프란을 잘 분쇄되게 한다. 남은 사프란 가닥은 가니시(184쪽의 '폴렌타 키르'와 193쪽의 '사프란 회오리 번' 참조)로 쓰면 좋다.

+ 조리대나 손이 색소로 착색될까 걱정된다면 23쪽 도표에 적힌 색소의 용해도를 알아두면 좋다. 물에 녹는 색소는 일반적으로 기름에는 녹지 않으니, 기름에 닿아도 상관없는 음식을 할 때는 손과 조리대에 기름을 먼저 바르고 요리하라. 물과 기름이 섞이지 않는 원리 때문에 색소가 조리대에 묻지 않는다.

+ 노란색 당근 같은 식재료는 요리하기 전에 폴리페놀 산화 효소에 노출되어 갈변되지 않게 하려면 레몬 즙을 몇 방울 떨어뜨린다.

+ 보라색 당근, 베리 종류 과일, 채소에 들어 있는 안토시아닌 색소가 변하지 않게 하려면 유청 단백질(요거트나 응유(curdled milk)의 액체 성분에 들어 있는 단백질)을 몇 티스푼 넣는다.

기하학적 형상과 배치

나는 사진 촬영을 위해 모양을 다양하게 배치하고 구성하는 작업을 자주 한다. 사진 1에서 둥근 접시들은 그릇에 담긴 마요네즈로 시선이 갈 수 있게 배치했고, 그릇들과 교차되게 그 옆에 나이프를 놓아 디테일을 살렸다. 사진 2에서는 사각형들이 미로 효과를 내도록 배치해 마치 케이크가 위로 떠오르는 것 같은 효과를 냈다. 두 사진 모두 음식의 색이 돋보이도록 중성적 배경을 선택했다.

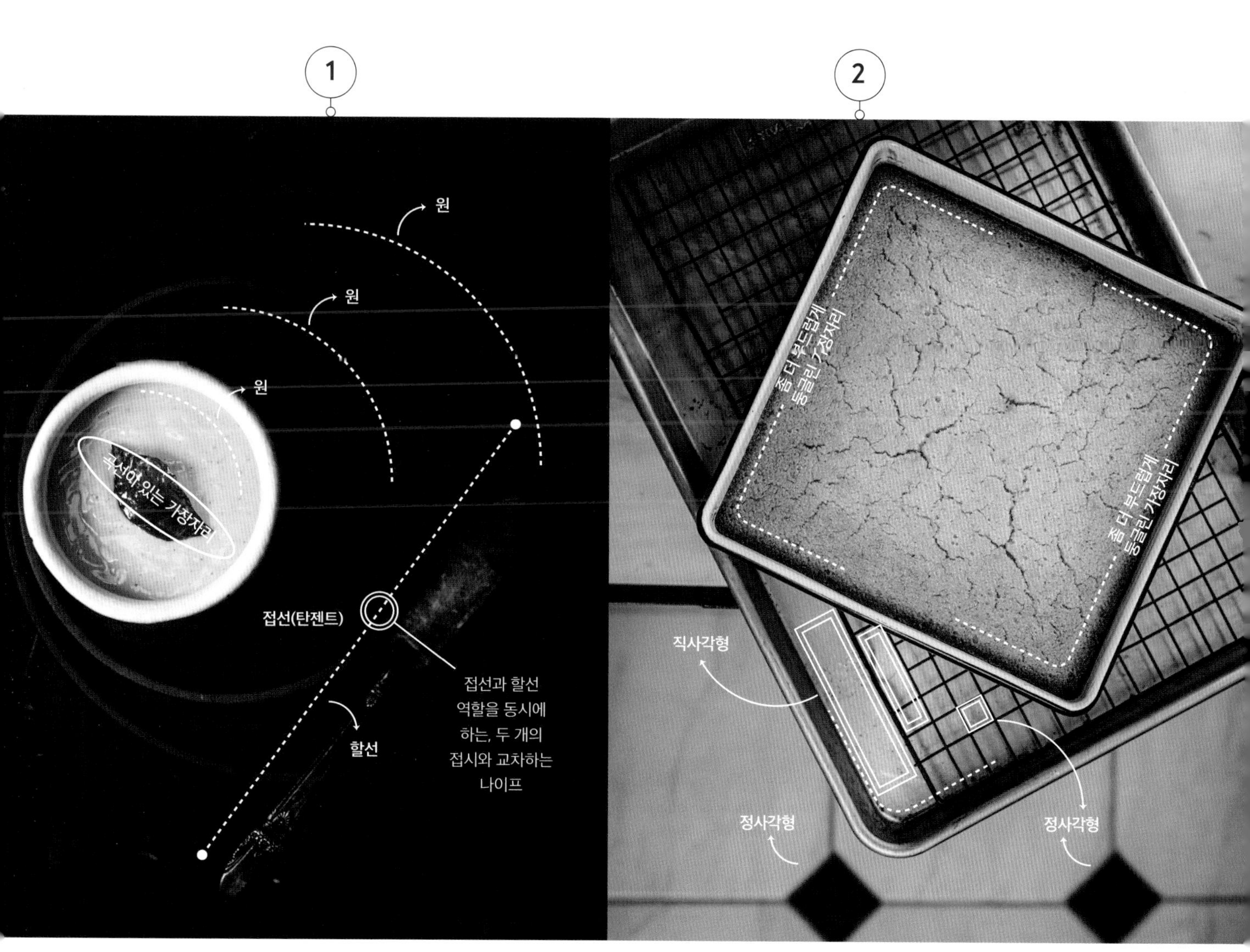

두 사진에서 노란색, 초록색(사진 1)과 황갈색(사진 2)이 눈에 확 띄면서 음식에 시선이 가도록 모든 요소를 배치한 점을 참조하라.

내가 한때 사진작가로 일했던 음식 배달 스타트업 회사는 데이터 엔지니어와 분석가를 두고 소비자들이 앱에 올린 음식 사진들에 어떤 반응을 보이는지, 어떤 요소가 사람들의 이목을 끄는지를 파악했다. 그들은 푸드 스타일링과 프레젠테이션presentation(음식 사진을 찍기 위해 피사체들의 색, 모양, 톤 앤드 매너tone and manner, 그릇과 음식의 배치 등 시각적 효과를 최대한 주제에 맞게 보여주기 위한 제반 작업.—옮긴이)(이 부분은 특히 내 업무에 중요한 정보를 제공했다), 셰프들이 주로 쓰는 제철 식재료가 나오는 시기와 그 종류, 식재료에 드는 비용 등 수많은 변수를 연구했다. 분석가들은 특정 음식을 조회해 소비자들이 머무르는 시간과 그 음식의 구매 여부 등을 파악하는 과정에서 소비자의 구매 행동을 좀 더 분석하기 쉽게 하는 전환율(홍보나 마케팅으로 유입된 소비자가 검색, 앱 다운로드, 회원 가입, 구매, 별점과 리뷰 등 기대하는 결과를 얼마나 수행했는지를 백분율로 나타낸 수치.—옮긴이)을 산출했고, 이를 토대로 사람들이 선호하는 메뉴의 여러 옵션을 제공할 수 있었다. 셰프들은 반복적으로 나타나는 소비자 행동, 음식 선호도, 소비자 피드백을 참고한 레시피를 개발해 메뉴에 포함시켰다. 음식의 비주얼도 소비자의 기대치와 행동에 영향을 미쳤다. 소비자들은 자신들이 주문한 음식이 사진에서 스타일링된 모양과 똑같기를 바랐다. 이 같은 행동 데이터는 셰프에게 소비자가 원하는 메뉴를 디자인하는 데 좋은 원천이 되었고, 무엇보다 나에게 음식을 더욱더 먹음직스러워 보이게 하는 푸드 스타일링과 프레젠테이션을 더 깊이 이해하게 해주었다.

사진에 필요한 음식 스타일링을 배우는 동안 나는 재료의 색과 형태를 더 자세히 관찰했고, 음식에 시선이 가도록 받쳐주는 역할을 하는 소품들과 섞어서 배치하기 시작했다. 홈 디자인 관련 출판물, 특히 건축 잡지에 실린 사진에서 작가들이 어떤 다양하고 실험적인 방법으로 형태를 배치해 이미지를 구성하는지를 참고하며 색감이 서로 잘 어울리게 맞춰보는 방법을 터득해갔다. 여러분이 그동안 내가 찍은 사진을 살펴본다면, 음식 스타일링에서나 손님 접대 식탁에서 둥근 모양에 애착을 자주 보이는 데 반해 직사각형은 대체로 피한다는 점을 눈치챘을 것이다.

내가 음식을 스타일링하고 촬영할 때 기하학적 형태와 색을 어떻게 배치하는지 두 장의 사진으로 설명해보겠다(25쪽의 이미지 참조). 왼쪽 이미지를 보면, 서로 다른 크기의 둥근 접시를 한쪽으로 쏠리는 링 형태로 겹쳐놓고 크기가 점차 커지는 검은색 접시의 중앙에 상반되는 색과 크기의 작고 하얀 그릇을 놓아 그 속에 담긴 마요네즈에 눈길이 가도록 배치했다. 이때 나이프 한 자루를 바깥쪽 검은색 접시 두 개 위에 비스듬히 놓았다(이렇게 하면 어떤 크기의 접시에 시선을 두느냐에 따라 나이프가 원에 닿아 있는 접선으로 보이거나, 원의 한쪽 끝과 다른 쪽 끝을 연결하면서 자르는 할선으로 보이는 디테일을 살릴 수 있다). 오른쪽 이미지에서는 직사각형과 정사각형을 일종의 패턴으로 보이게 배치했고, 특히 형태들이 서로 다른 각도로 포개지도록 놓아 케이크가 마치 보는 이에게 다가오는 듯한 착시를 일으키게 했다. 그리고 두 경우 모두 음식 색깔에 시선이 확 쏠리도록 중성적 색의 배경과 소품을 선택했다.

알고 보니 나처럼 특정한 기하학적 형태를 선호하는 개인적 취향에는 과학적 근거가 있었다. 형태에 대한 사람들의 반응을 연구한 한 보고서에 따르면, 이 실험에 참여한 사람들은 날카롭게 각진 모양보다는 곡선 형태를 더 선호하는 것으로 나타났다. 그러는 한 가지 이유는 톱니 모양의 칼이나 깨진 유리처럼 날카로운 모서리는 위협적이거나 위험하다는 신호를 보내기 때문이라고 한다. 또 다른 연구에서도 손목시계처럼 둥근 형태든 사각형이든 감정과 무관한 사물의 이미지를 사람들에게 보여주는 뇌 이미지화 관련 실험을 했더니 각진 사물에서는 두려운 감정을 처리하고 유발하는 뇌의 편도체가 활성화되는 결과가 나왔다고 한다. 대다수 사람들이 사각 케이크팬보다 둥근 케이크팬을 더 좋아하는 것처럼, 사람들은 일반적으로 곡선 형태의 사물을 선호한다고 한다.

그렇다고 예외가 없는 것은 아니다. 특히 어떤 형태가 경험을 통해 습득된 특정한 맛과 연관될 때 그렇다. 초콜릿 생산업체인 캐드버리Cadbury가 항상 만들어온 직사각형 초콜릿 판형 대신 모서리를 부드럽게 둥글린 판형으로 바꾸자 소비자들의 분노가 들끓은 적이 있다. 분명 같은 레시피였는데도 모서리를 둥글린 새 버전은 너무 달다는 반응이 나왔다. 사람들은 흔히 단맛은 곡선 형태와, 쓴맛은 각진 형태와 각각 연관 짓는다. 초콜릿의 쌉싸름함을 좋아하는 많은 소비자가 오랜 경험을 통해 오리지널 초콜릿바의 직사각 형태는 초콜릿 품질 및 맛과 직결된다고 생각하게 된 것이다. 그래서 둥그스름한 형태로 바뀐 초콜릿은 쌉싸름하지 않고 달게 느껴진 것이다.

음식 엔지니어도 음식의 형태로 풍미에 대한 인식을 개선하려고 노력한다. 초콜릿 이야기를 계속 이어가자면, 네슬레 연구 센터에서 인간의 입 모양을 연구하던 엔지니어들은 풍미를 더 잘 느낄 수 있는 다양한 형태의 초콜릿을 개발했다. 형태에 따라 초콜릿이 녹는 속도가 빨라지거나 느려지면서 풍미 분자가 나오는 속도도 달라져서, 초콜릿의 향, 당도, 쌉쌀함을 인지하는 정도에 영향을 미치게 한 것이다.

음식의 비주얼과 풍미를 느끼는 것 사이의 상관 관계는 복잡하긴 해도 음식을 시각적으로 어떻게 보여주느냐에 따라 먹는 사람에게 흥분되고 만족스러운 경험을 선사할 수 있다는 점에서 재미있는 기회를 열어주는 영역이다.

사례 연구: 색과 형태의 맛

우리는 색은 물론이고 형태와 식품을 서로 연관 짓는다. 사람들이 환경에 따라 어떻게 풍미를 인식하는지 연구하는 영국 옥스퍼드 대학교 크로스모덜 연구소의 실험심리학자 찰스 스펜스Charles Spence에게서 힌트를 얻어, 나는 간단한 과학적 설문 조사를 실시한 적이 있다. 일반적으로 어떤 색이나 형태를 봤을 때 연상되는 맛이 무엇인지 사람들에게 물어보았다. 결과는 흥미로웠다. 그중에는 우리를 둘러싼 환경에서 인지하는 사항들이 많다 보니 예상 가능한 대답이 있었다. 예컨대 녹색은 쓴맛(씁쓸한 녹황색 채소류)을, 삼각형처럼 비교적 날카로운 모서리를 가진 형태는 짠맛(소금 결정)을 연상시킨다는 대답이 그런 예다.

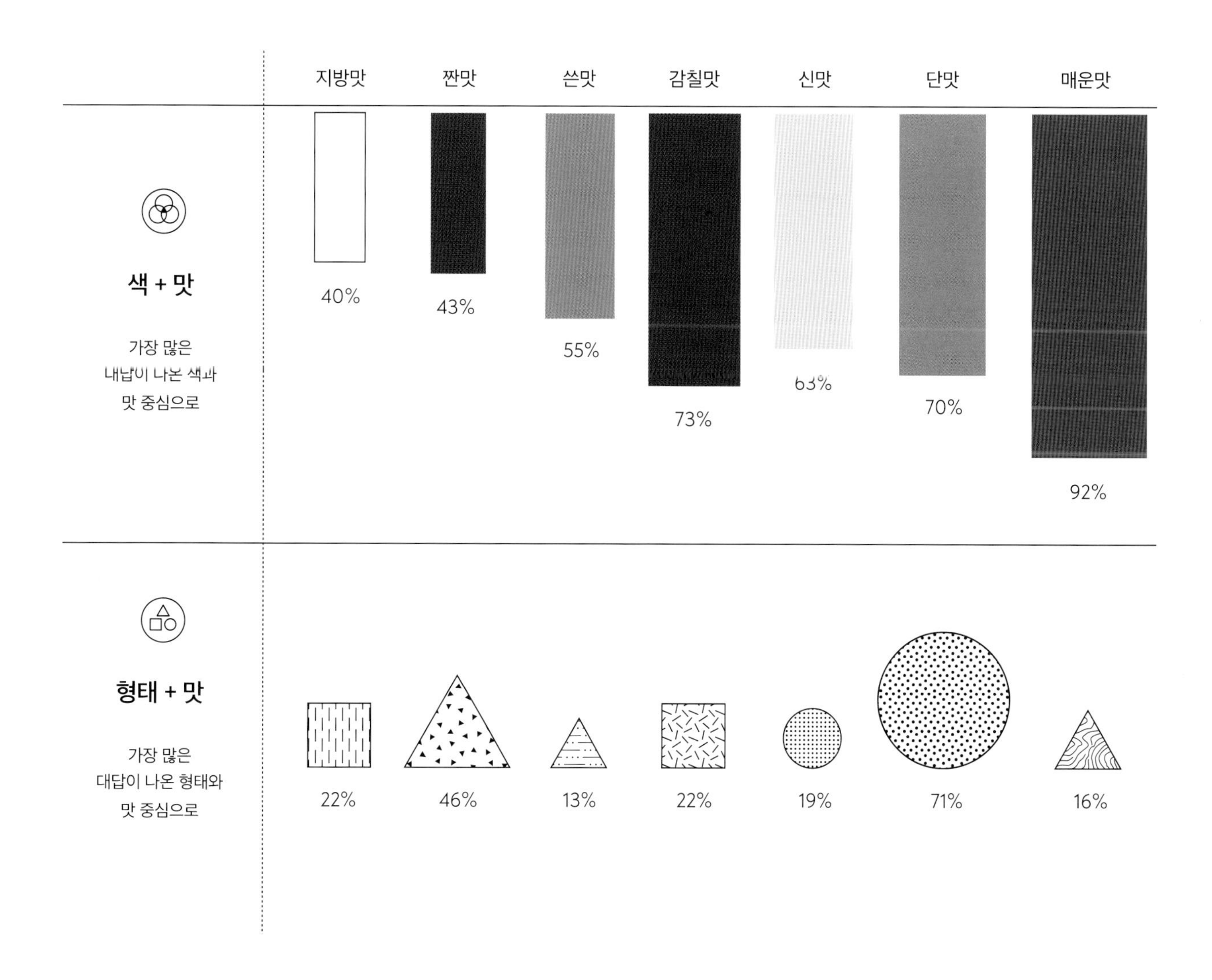

소리

라디오와 TV 프로듀서, 음식 과학자, 제품 디자이너는 하나같이 많은 시간과 돈을 들여 사람들에게 소리로 식품의 호감도를 높이는 방법을 궁리한다.

우리는 요리하면서 소리에 꽤 많이 의지한다. 음식을 먹거나 요리할 때 나는 소리에 으레 귀를 기울인다.

인기리에 방송된 영국의 요리 서바이벌 프로그램 〈브리티시 베이크 오프The Great British Bake Off〉에서 심사 위원들은 종종 소리로 참가자의 실력을 판단했다. 크루아상이 얼마나 바삭한지 알아내기 위해 껍질을 두드려보기도 하고, 바삭한 페이스트리를 잘랐을 때 나는 소리가 얼마나 와삭거리는지 주의를 집중했다. 품질을 소리로 판단하기도 한다. 셀러리를 부러뜨렸을 나는 아삭 하는 소리, 포테이토칩의 바삭거림, 파파둠Papadum(파파드Papad, 파파돔Papadom, 파파담Papadam 등으로 불리거나 표기하는 이 남아시아 요리는 전병처럼 아주 얇고 바삭한 음식이다. 렌틸콩 가루나 쌀가루 반죽을 만두피처럼 납작하고 둥글게 밀어서 찐 다음, 2~3일 정도 말렸다가 기름에 튀기거나 기름 없이 팬에 구워서 만드는데, 아삭하고 바스러지는 질감이다. 주로 처트니 같은 소스를 곁들여 에피타이저로 내거나 메인 요리에 곁들인다.—옮긴이)이 바스러질 때, 그리고 수박을 두드렸을 때 나는 소리 등으로 신선도를 판단한다. 소리는 음식 먹을 때 즐겁고 만족스러운 기분이 들게 한다. 밥가루를 입혀서 바삭하게 튀긴 당근을 씹는 소리(178쪽 참조)나 찻잔에 뜨거운 차를 붓는 소리를 한번 떠올려보라. 소리가 강렬할수록 더 맛있게 느껴진다. 자몽 소다(120쪽 참조)에 넣는 클럽 소다를 막 땄을 때 나는 기포 소리는 이미 따서 시간이 지난 소다보다 더 크고 빠르다.

요리할 때 나는 어떤 소리는 우리에게 다음에 무엇을 해야 할지 알려주는 신호다. 뜨겁게 달군 동물성 지방이나 식물성 기름에 향신료를 넣어 풍미를 낸 향신유인 타드카Tadka를 만들 때, 뜨거운 기름에 머스터드 씨가 터지면서 타닥거리는 소리는 우리에게 씨에 들어 있던 풍미가 기름에 충분히 배었음을 알려주고, 몇 초 뒤 수그러든 소리로 불 끌 때가 되었다는 신호를 보낸다. 집에서 영화 보면서 먹을 팝콘을 만들 때면 열로 팽창한 옥수수 알갱이들의 탁탁 터지는 소리로 조리 시간을 가늠할 수 있고, 물이 끓는 주전자 안에서 기포가 활발하게 움직이는 소리로 차를 내릴 수 있을 정도로 물이 뜨거워졌다는 것을 짐작할 수 있다. 어떤 이들, 특히 시각 장애가 있는 사람들에게는 요리할 때 소리가 필수 요소다. 알람, 스톱워치, 소리 나는 온도계 같은 도구가 종료 시점을 판단할 수 있게 도움을 준다. 최근에는 인공 지능 등 첨단 기술을 동원한 다양한 제품의 등장으로 소비자들의 선택권이 더 넓어졌고, 나아가 '스마트' 주방용품 바람을 타고 우리 삶에 파고들어, 이젠 언제 팬이나 오븐에서 음식을 꺼내야 할지까지 알려준다.

소리는 풍미를 느끼는 데에도 영향을 끼친다. 보통 레스토랑에서는 더 좋은 식사 경험을 할 수 있도록 세심하게 선곡한 음악을 틀어놓는데, 여기서 한 발 더 나아간 곳도 있다. 셰프 헤스턴 블루멘털Heston Blumenthal이 운영하는 영국의 레스토랑 팻덕The Fat Duck은 바닷가 파도 소리를 들으며 미역과 해산물로 구성된 메뉴인 '바다의 소리Sound of the Sea'를 즐길 수 있는 서비스를 제공한다. 이처럼 바다에서 나는 식재료와 파도 소리의 조합에는 손님에게 더 근사한 식사 경험을 선사하고 싶은 레스토랑의 숨은 의도가 있다.

우리는 내이의 안쪽에 위치한 달팽이관이라는 기관 속 작은 털 세포(진짜 털이 아니라 털 모양의 세포), 즉 청각 수용기를 통해 소리를 듣는다. 털 세포는 소리를 인지하는 부동 섬모라는 털 모양의 다발을 가지고 있다. 공기의 진동파가 외이에 난 통로를 따라 들어와 고막에 도달하면 고막이 진동하는데, 소리의 강도에 따라 진동의 세기가 달라진다. 이 진동이 액체로 가득 찬 달팽이관에 전달되고, 그 안의 액체가 소리의 진동에 반응하며 움직인다. 달팽이관 표면에 있는 털 세포들은 소리의 진동을 감지하고 이를 10만 분의 1초 만에 전기화학 신호로 전환한 다음, 신경을 통해 뇌로 데이터를 보낸다. 뇌는 들어온 정보를 처리해 무슨 소리인지, 소리의 상태가 어떤지를 알려주어 우리가 반응할 수 있게 한다.

때로는 간단한 연설, 노래, 기도를 통해, 혹은 공이나 벨 같은 악기를 울려서 식사가 시작되었음을 알리는 경우가 있다. 이런 '소리'들은 식사 자리의 분위기를 잡아줄 때도 있고, 어떻게 해서 마련된 자리인지를 설명해주는 신호 역할을 한다. 혹은 누군가의 추모가 담길 수도 있고, 그 자리에 온 손님들에게 식재료의 원산지를 알리거나 특별한 주제에 귀 기울이게 한다.

셰프 그랜트 애커츠Grant Achatz가 운영하는 시카고의 레스토랑 알리니어Alinea에서는 소리를 식사 경험의 아주 중요한 수단으로 활용한다. 먼저 소리를 완전히 소거한 다음, 다시 소개하는 방식으로 진행한다고 한다. 예컨대 얼린 완두콩을 넣은 '잉글리시 완두콩 수프'처럼 아삭한 식감이 다양하게 포함된 코스 요리로 구성된 식사를 시작하기 전, 손님 전원에게 아무 소리도 내지 말아달라는 부탁이 적힌 카드를 한 장씩 나눠준다. 레스토랑 안이 아주 조용해지면 드디어 손님들도 같이 참여하는 무대가 시작된다. 얼린 완두콩 수프가 리듬을 타고 볼에 떨어지는 소리를 시작으로, 손님들은 수프의 완두콩을 와그작 씹는 소리로 이어지는 화려하고 극적인 소리와 풍미를 경험하게 된다.

비행기 안의 기압 변화나 소음이 탑승객들이 기내 음료나 식사 메뉴를 선택하는 데 어떤 영향을 미치는지 살펴보는 연구가 진행된 적 있는데, 이를 위해 순항 고도를 유지하는 일반 비행기의 기내 기압이나 소리가 (혹은 둘 다) 재현되었다. 결과를 보니, 여러 복합적 요소 때문에 냄새와 맛을 인지하는 감각이 저하되는 것으로 나타났다. 또 기내의 기압이 높아지면 습도가 낮아져 코와 후각 수용기 표면의 세포들이 건조해지면서 음식을 먹을 때 소금이나 설탕, 감칠맛(우마미うま味, umami 또는 글루타메이트glutamate)의 양을 인지하는 능력도 같이 저하되었다. 비행 중에 엔진의 소음과 같은 소리가 맛을 느끼는 정도에 영향을 미치는지 알아보고자 과학자들은 피실험자들에게 신맛, 짠맛, 단맛, 쓴맛, 감칠맛의 다섯 가지 기본 맛 분자가 들어간 용액을 맛보게 했다. 몹시 시끄러운 유사 기내 소음이 있는 환경에서, 그리고 그런 소음이 없는 환경에서 실험이 진행되고 피실험자들의 반응이 녹취되었다. 결과를 보니 다섯 가지 기본 맛 중 단맛과 감칠맛에 현저하게 다른 반응이 나타났고, 특히 소음이 심한 환경에서는 감칠맛을 더 강하게 느낀 반면에 단맛을 느끼는 강도는 약했다.

소리는 식사할 때 부정적으로 작용할 수도 있다. 큰 소리는 주의를 분산시켜서 집중하기 어렵게 만든다. 나는 포테이토칩 같은 음식을 먹을 때 나는 소리에 소스라치게 놀란다는 여성을 만난 적이 있다. 그녀는 이런 소리가 들릴 때면 그 공간을 벗어나야 할 정도로 심하게 놀란다고 한다. 이 여성의 증상은 청각과민증misophonia으로, 특정한 소리에 강한 정서적·정신적 반응을 일으킨다. 바삭거리는 소리나 음식 씹는 소리가 계속 들려오면 점점 더 불안해질 수도 있다고 한다.

지금까지 음식에서 나는 소리는 물론 음악, 그리고 공간이나 환경 에 존재하는 주변 음향의 사례를 통해 소리가 우리의 맛 경험에 어떤 영향을 미치는지 살펴보았다. 우리가 내뱉는 말도 맛을 느낄 때 영향을 미친다. 예를 들면 한 연구에서 설탕을 녹여서 만든, 살짝 쓴맛이 도는 '벌집 사탕'(198쪽)을 피실험자들에게 먹게 하는 동시에 '쓰다'와 '달다'라고 녹음된 음성을 차례로 틀어주었다. 결과를 보니, '쓰다'라는 말을 듣고 먹은 벌집 사탕이 '달다'라는 말을 들었을 때보다 확실히 더 쓰게 느껴졌다는 반응이 나왔다.

식사하거나 요리할 때 주변에서 나는 소리, 식재료와 음식에서 나는 소리에 귀 기울여보고, 그런 소리가 어떤 감각을 증폭시키는지, 또는 요리할 때 음식의 상태와 다음으로 넘어갈 단계를 판단하는 알림 역할을 하는지 기록해보는 건 어떨까?

식감

맛에 대한 감각은 우리의 입에서 시작된다.
여기서 음식 본래의 물리적 형태를 느끼기 시작한다.

우리의 혀와 치아는 음식 표면의 느낌과 형태의 특징을 탐구하고 조사하는 동시에 답을 찾아주는 작업을 계속해서 수행한다. 예를 들면 구운 당근이 얼마나 부드러운지, 초콜릿칩 쿠키가 얼마나 쫀득하거나 바삭한지, 한입 베어 먹은 피넛 브리틀peanut brittle(시럽을 끓이다가 견과, 향신료, 버터 등을 넣고 완성해서 굳힌 뒤 부수어서 먹는, 엿과 비슷한 과자.—옮긴이)이 치아로 잘 부서지는지 등등. 이처럼 음식의 질감이 우리의 입안에서 일으키는 물리적 감촉을 식감이라고 부른다.

우리가 음식을 입안에 넣자마자 혀는 음식을 요리조리 치아 쪽으로 밀어서 씹는 작업에 시동을 건다. 치아는 입안으로 밀려 들어오는 음식을 작은 조각으로 부수고 잘게 토막 내어 분쇄한다. '하카식 닭고기 국수'(216쪽)를 먹을 때 혀가 국수의 보드라운 질감을 어떻게 탐색하는지 떠올려보라. 이 요리를 치아로 해체하면 볶은 양배추의 아삭함, 닭고기 조각의 부드러운 질감을 느낄 수 있다. 이렇게 서로 다른 물리적 느낌들이 만나 어우러지면서 먹는 경험을 만족스럽게 만들어준다.

우리는 '체감각 수용기'라는 상당히 특화된 세포 덕분에 입안에 들어온 음식의 질감을 느낄 수 있다. 이런 기계적 수용기mechanoreceptor는 음식이 입에 닿을 때의 느낌에 관여한다. 기름처럼 무거운 액체의 무게감, 음식 조각이 혀를 누르는 압력, 물결 모양의 칩이나 와플의 질감, 식빵의 스펀지 같은 폭신함, 맥주나 샴페인의 이산화탄소가 만들어내는 거품의 뽀글거림을 떠올려보라. 우리가 화상이나 동상으로부터 스스로를 보호할 수 있는 것은 통증 수용기가 고통을, 온도 수용기가 온도를 느끼게 해주기 때문이다. 무엇보다도 인간은 이런 수용기의 기능을 잘 활용해서 먹는 경험이 더 풍부해지도록 진화해왔다. 음식에 들어간 고추나 흑후추의 매운맛을 느끼게 하는 통증 수용기 덕분에 우리는 매콤한 풍미를 가지고 새로운 차원의 음식 맛을 내고 즐길 수 있는 방법을 터득했다. 뜨거운 수프는 추운 날 더 맛있고, 더운 여름날 마시는 차가운 레모네이드는 온몸을 시원하게 식혀준다. 이처럼 온도는 맛을 인지하는 데 상당히 중요한 역할을 한다.

달콤한 음식이 따뜻한 온도에서 더 달게 느껴지는 것처럼 온도 변화에 따라 맛의 느낌이 어떻게 달라지는지, 나중에 더 자세히 살펴볼 것이다. 예컨대 체감각 수용기는 케메스테시스chemesthesis라는 현상에 관여한다. 케메스테시스란 음식을 먹을 때 느끼는 통증, 온도, 진동, 압력과 촉감 등을 포함한 광범위한 감각이다. 신선한 레몬을 맛볼 때 입술에서 느껴지는 찌릿함, 동남아시아 요리에 들어가는 매운 고추 가루의 타는 듯한 느낌, 짓이겨서 샐러드에 넣은 스피어민트의 화한 느낌, 클럽 소다를 마실 때 탄산이 입안에서 폭발하는 느낌, 이런 경험 모두가 케메스테시스 때문에 일어난다.

음식이나 음료가 수용기와 접촉하면 기계적 수용기가 작동하면서 음식의 다양한 물리적 상태를 감지하고 그 특징을 판단한다. 이런 수용기가 인식한 정보는 복합적인 전기화학 신호 형태로 신경을 타고 뇌로 직접 전해져, 우리가 경험하는 것이 정확히 무엇인지 해석해준다. 그것이 만족스러우면 뇌는 그만한 보상을 주고, 그렇지 않으면 다시는 그 음식을 먹는 일이 없도록 최선을 다해 피한다.

음식 씹을 때 사람마다 선호하는 방법이 다른데, 일부 과학자들은 이를 네 가지 다른 식감으로 나눈다(31쪽 표 참조).

요리의 목표 중 하나가 요리의 향과 맛을 끌어올리는 것이라면, 또 다른 목표로는 음식에 적절한 질감을 만들어내는 것이다. 기대했던 초콜릿 아이스크림 식감이 부드럽지 않거나, 너무 오래 삶아서 흐물흐물해진 그린빈을 베어 먹을 때 느끼는 실망감을 떠올려보라.

이제 바삭함과 소스의 걸쭉함이라는 두 가지 보편적 음식 질감에 대해 살펴보고, 이런 질감을 내는 방법으로 무엇이 있는지 알아보자.

음식 식감의 종류

어떤 과학자들은 음식 식감에 대한 사람들의 선호도를 분류 기준으로 삼는다.

범주 | 선호하는 식감 | 음식의 종류

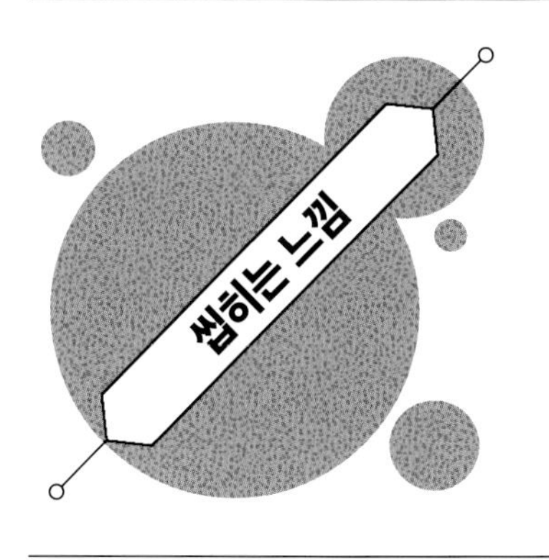

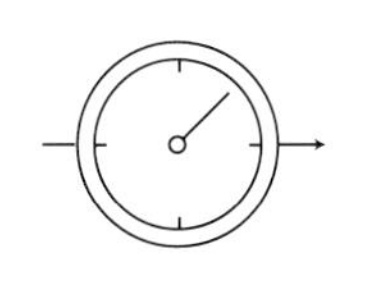

오래 씹을 수 있는 음식

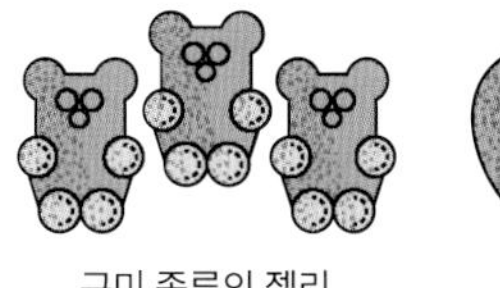

구미 종류의 젤리

사과

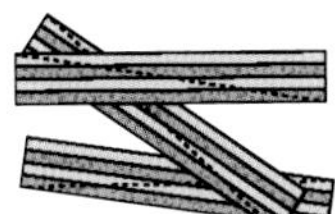

스트링 치즈

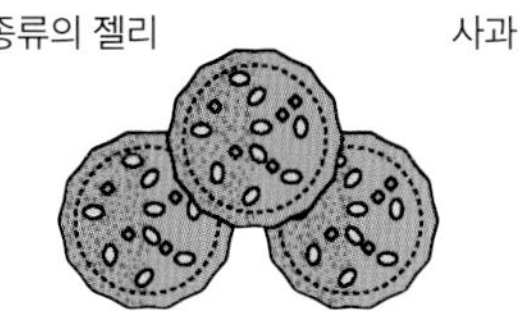

오트밀 쿠키 브라우니

아삭한 음식

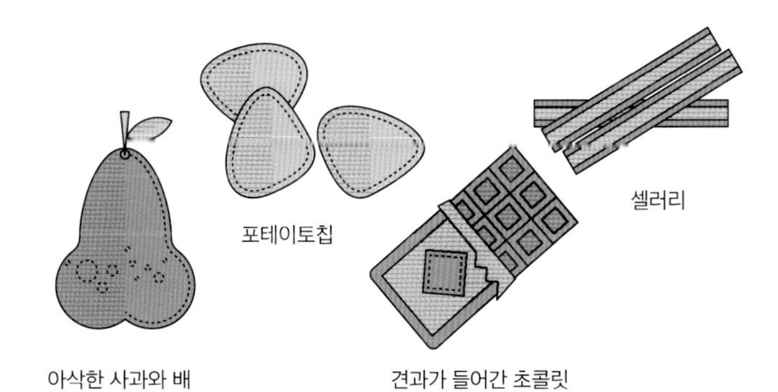

포테이토칩

셀러리

아삭한 사과와 배

견과가 들어간 초콜릿

천천히 녹는 음식

딱딱한 사탕

박하 사탕

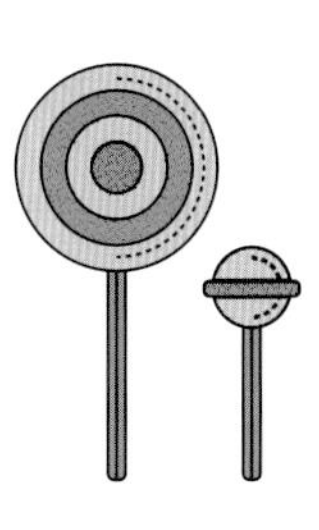

막대사탕

크리미한 음식

그릭 요거트

커스터드와 푸딩 종류

아이스크림

바나나

음식을 바삭하게 만드는 방법

음식에서 바삭한 식감을 내려면 주로 열이 필요하다. 바삭한 질감을 효과적으로 내는 방법에는 대표적으로 기름 없이 볶거나 살짝 굽는 토스팅과 기름에 튀기는 방법(144쪽 '오븐에 구워 건파우더를 뿌린 감자 튀김' 참조)이 있는데, 두 경우 모두 재료 표면의 수분을 날리는 원리를 이용한다.

묵은 빵을 다시 살리려면 살짝 구워서 크루통crouton을 만드는 방법이 있나. 크루통이야말로 열로 음식의 질감을 바꾸는 가장 대표적인 사례다. 하루이틀 바깥에 두어 수분이 많이 빠진 묵은 사워도sourdough 빵을 활용해보라. 먼저 빵을 한입 크기의 큐브 모양으로 잘라서 소금, 좋아하는 허브나 향신료를 조금 넣고 올리브유를 충분히 뿌려서 잘 버무린다. 그런 다음 종이 포일을 깔아둔 넓적한 베이킹팬에 넣어 잘 펼친 뒤, 177℃로 예열한 오븐에 넣고 황갈색을 띠며 바삭해질 때까지 8~10분 동안 굽는다.

기름으로 튀기거나 구울 때도 이 원칙이 적용되는데, 튀기는 음식 재료는 물의 끓는점(100℃)보다 높은, 기름이나 지방의 끓는점에서 일정 시간 동안 기름에 잠긴 상태로 조리된다. 이때 열은 두 가지 역할을 한다. 우선 음식의 수분을 밖으로 배출시킨다. 그리고 당의 캐러멜화를 일으키고, 당과 단백질이 서로 반응하면서 다양한 풍미 분자를 생성하는 마야르 반응을 일으켜 황갈색으로 바꾸어놓는다.

육류 껍질의 지방을 녹이고 수분을 날려서 바삭한 질감을 내는 방법도 있는데, 닭고기나 칠면조 고기를 높은 온도로 오븐에서 구울 때 이 방법을 쓴다. 닭 한 마리를 통째로 굽는 방법에는 건식과 습식 두 가지가 있는데, 나는 습식을 선호한다. 첫째, 겉은 바삭한데 속은 부드럽고, 전혀 퍽퍽하지 않고 촉촉한 질감을 보장하기 때문이고, 둘째, 닭을 구울 때 나오는 농축된 육수를 닭에 여러 차례 발라주면서 구우면 풍미를 한층 더 끌어올릴 수 있기 때문이다.

무게 1.6~1.8kg 정도 되는 닭을 건식으로 요리하려면 218℃로 예열한 오븐에서 45~55분 정도 구워야 한다. 습식으로 요리하려면 로스팅팬에 육수나 와인을 2컵(480ml) 부은 다음, 닭을 넣고 232℃로 예열한 오븐에서 1시간에서 1시간 10분 정도 구우면 되는데, 이때 15분 간격으로 팬에 떨어진 닭 육수와 기름을 닭 표면에 다시 끼얹거나 발라주는 베이스팅basting을 해야 한다. 어느 방식으로 하든, 요리 온도계로 닭에서 가장 두툼한 부위의 내부 온도를 쟀을 때 74℃로 표시되고, 겉껍질이 바삭하고 황갈색을 띠면 다 익은 것이다.

더 바삭한 닭날개(94쪽 참조)나 닭고기 오븐 구이(닭 한 마리를 통으로, 혹은 절단된 상태로 요리하는 경우, 262쪽과 224쪽 참조), 혹은 겉이 바삭한 스테이크를 원한다면 고기를 먼저 자연 건조 방식으로 수분을 날려보라. 확실히 차원이 다른 바삭한 효과를 낼 것이다. 먼저 깨끗한 키친타올로 꾹꾹 눌러서 닭고기의 수분을 제거한 다음, 고운 천일염을 골고루 뿌려 수분이 최대한 많이 날아가도록 아무것도 덮지 않은 채 하룻밤 냉장 보관하라. 이 과정에서 고기 표면에 발라둔 소금이 속으로 스며들고, 반대로 고기 조직에 있던 수분이 밖으로 이동한다. 이는 고기의 겉과 속에 있는 염분 및 수분의 농도가 서로 달라서 일어나는 현상으로, 달라진 농도의 균형을 되찾기 위해 염분이 더 많은 쪽으로 수분이 이동하는 원리다. 이렇게 표면으로 나온 수분 일부는 날아가고, 속으로 스며든 염분은 이동 과정에서 만나는 단백질의 구조를 변화시켜 훨씬 먹기 좋은 상태로 만든다(334쪽의 '단백질 변성' 참조). 그 결과, 닭고기의 겉은 바삭해지고 속의 육질은 촉촉하고 부드러워지는데, 이를 드라이 브라이닝dry brining(건식 염지)이라고 한다.

습식 염지를 할 때는 넉넉한 소금물에 풍미를 더해주는 허브와 향신료를 섞은 다음, 육류나 가금류 혹은 어류를 완전히 잠길 정도로 담가서 몇 시간에서 길게는 하루이틀 정도 재워둔다. 이렇게 처리한 고기는 조리해도 수분을 잃지 않는 촉촉한 상태를 유지하고, 단백질의 용해성이 커져서 식감과 맛이 좋아진다(염지의 기본 원칙, 염지가 풍미를 올리는 원리에 대해서는 34쪽 참조).

프렌치프라이용 감자, 채소, 닭날개의 경우, 밀가루나 옥수수 전분 같은 마른 재료를 먼저 살짝 입혀서 튀기면 질감이 더욱 바삭해진다. 이런 가루에 들어 있는 전분은 재료 표면의 수분을 흡수해 젤 상태가 되는데, 뜨거운 기름을 만나면 젤의 수분은 날아가고 남은 전분은 오그라든 상태가 되어 재료 표면에 바삭한 크러스트를 형성한다. 이처럼 채소에 반죽을 입히거나 건식 빵가루를 입혀서 튀기면 바삭한 층이 생겨서 먹는 즐거움이 더 커진다.

전분과 단백질로 걸쭉한 식감 만드는 방법

커스터드와 소스 레시피에서는 걸쭉한 식감이 필요하다. 되직한 액체는 덜 흘러내릴 뿐 아니라 입천장에 더 오래 머물러 음식의 풍미를 최대한 경험할 수 있게 해준다. 각종 전분(스타치starch)과 단백질 재료로 액체를 걸쭉하게 만들 수 있다.

전분의 종류

나는 인도를 방문할 때마다 미국의 인도 레스토랑에서는 찾아보기 힘든 인도식 중국 요리를 일부러 자주 사 먹는다. 하카 요리는 인도 콜카타 지역에 정착한 중국 하카인의 음식 문화로, 향신료와 유제품을 비롯한 지역 식재료에 중국의 영향이 스며든 특징을 지니고 있다. 이 중화풍 요리는 옥수수 전분을 이용해 각종 소스에서 걸쭉한 농도를 만들어내는데, '만차우 수프'(254쪽) 역시 그러하다. 이 수프에는 물을 조금 넣고 갠 옥수수 전분을 뜨거운 국물을 저으면서 넣는데, 열 때문에 전분이 수분을 머금은 촘촘한 그물망을 이루어

기름에 튀겨서 바삭하게 만들기

음식에 영향을 미치는 요소

+ **단백질, 지방, 당** 식재료가 본래 지닌 단백질, 지방, 당의 양. 고구마처럼 당이 풍부한 재료는 잘 타고, 고온에서 잘 액화되는 지방이 많은 재료는 완전히 흐물흐물하게 풀어진다.

+ **크기** 재료의 크기가 작을수록 조리 시간이 짧아진다. 재료를 일정한 크기로 자르면 같은 속도로 골고루 익힐 수 있다.

+ **구조** 가지, 버섯, 주키니 같은 해면 구조의 식재료는 튀기거나 구울 때 기름을 많이 흡수하므로 조리하기 전에 미리 소금을 살짝 뿌려서 30분 정도 둔 뒤에 빠져나온 수분을 버리고 찬물에 재빨리 씻어서 키친타올로 물기를 완전히 제거해야 한다.

+ **색** 어두운 색 재료일수록 열을 잘 흡수해서 탈 위험이 더 크다. 이런 경우 튀김 온도를 낮게 해서 조리하거나 되도록 조리 시간을 짧게 잡아야 한다.

+ **다시 데울 때** 튀긴 음식은 조리하는 즉시 바로 먹는 것이 가장 좋지만, 식었다면 177℃로 예열한 오븐에서 다시 데우면 된다.

기름/지방

+ 튀김 요리를 할 때 대부분의 레시피는 튀는 향이 없는 기름을 사용할 것을 권한다. 머스터드 오일이나 올리브유처럼 향이 나는 기름은 뒷맛을 남기는데, 이 맛이 튀기는 재료와 어울리지 않을 수 있다는 점을 고려하는 것이 좋다.

+ 사용할 기름/지방의 발연점을 알아두면 좋다. 식재료의 튀김 온도는 일반적으로 165~190℃이며, 이 범위의 온도에서 타지 않고 안정된 상태를 유지할 수 있는 기름/지방을 사용해야 한다.

+ 너무 낮은 온도는 피해야 한다. 재료를 한꺼번에 많이 넣으면 기름 온도가 떨어져서 겉이 바삭해지는 속도가 느려진다. 그 결과 튀긴 음식이 기름에 절어 눅눅해진다.

+ 신선한 기름을 써라. 재탕한 기름에 튀긴 음식은 신선한 기름에 튀긴 것보다 기름을 더 많이 흡수한다.

+ 너무 높은 온도는 피하라. 너무 뜨거운 온도로 튀기면 재료의 속이 익기도 전에 겉이 타버린다.

+ 사용하는 기름의 양은 재료의 양과 두께에 따라 결정된다. 견과처럼 크기가 작은 재료는 기름 양을 적게 쓰고, 닭날개 같은 재료는 더 많이 잡아야 한다.

조리 도구

+ 작은 팬이나 냄비를 사용하면 기름을 덜 쓸 수 있다.

+ 튀길 때 구멍이 여러 개 뚫린 수저나 채망으로 재료를 저으면 구멍이나 틈으로 기름이 잘 빠진다.

+ 온도를 확인하고 유지하는 데 유용한 전자식 요리 온도계를 사용하면 좋다.

+ 튀긴 후 음식을 키친타올이나 주방용 마른 수건을 깔아놓은 접시에 올려놓거나 기름이 잘 빠지는 와이어 랙(wire rack)에 올려놓아라.

+ 와이어 랙을 얹은 넓적한 베이킹팬이나 쿨링 랙(cooling rack, 금속 재질로 된 둥글거나 직사각 모양의 격자무늬 식힘망. 바닥에서 살짝 뜨게 하는 작은 발이나 돌출된 부분이 있어서 아래로 수분이나 열기가 잘 빠져나갈 수 있게 해주어 음식이 눅눅해지지 않으면서 잘 식을 수 있게 한다. 초콜릿을 포함한 디저트류를 만들 때, 음식에 소스를 깔끔하게 끼얹거나 담가서 입힐 때, 육즙과 기름을 아래로 흘러내리게 해서 담백하게 구우면서 흘러내린 육즙으로 소스를 만들어 요리에 끼얹는 닭고기나 덩어리 고기 요리에도 쓴다. 일반적으로 식힘망의 개념으로 쓰는 것은 와이어 랙과 쿨링 랙이고, 덩어리 고기 오븐 구이용으로 쓰는 금속 랙 종류는 로스팅 랙(roasting rack)이라 부른다. 로스팅팬 안에 들어갈 수 있는 크기인 로스팅 랙은 일반 와이어 랙이나 쿨링 랙보다 작은 편이고, 격자무늬가 아닌 수평 와이어로 되어 있다.—옮긴이)에 튀긴 음식을 올려놓으면 바삭함이 좀 더 잘 유지된다(김이 아래로 빠져나가 음식이 눅눅해지는 것을 막을 수 있다).

입에서 살살 녹는 부드러운 질감이 생긴다.

한번 걸쭉해진 수프는 먹기 전까지는 손대면 안 된다. 그물망이 끊어져 잡혀 있던 수분이 탈출하면서 수프가 묽어지기 때문이다. 전분으로 음식을 걸쭉하게 만드는 방식은 동양권 요리에만 한정된 것은 아니다. 프랑스 요리에서는 소스와 수프의 농도를 걸쭉하게 만들고 싶을 때, 지방이나 기름을 섞은 밀가루에 열을 가해 만든 루roux를 넣는다.

전분은 식물이 생장에 필요한 모든 연료를 저장하기 위해 만든 것으로, 여러 개의 당 분자로 이루어진 탄수화물이다. 전분을 구성하는 각각의 낱알은 아밀로스와 아밀로펙틴이라는 두 종류의 당 사슬로 이루어져 있는데, 이것들은 포도당 분자가 여러 개 반복적으로 연결되어 만들어진다. 식물은 에너지가 필요할 때 사슬에 매달린 포도당을 끊어내서 태운다.

전분에 물을 섞은 뒤 가열하면 알갱이들에서 연속적인 변화가 일어나 걸쭉해진다. 전분 알갱이를 구성하는 요소들이 서로 떨어졌다가 새로운 질서로 합해지면서 젤의 구조가 형성되기 때문이다.

전분을 찬물에 넣고 섞으면 전분 알갱이들이 팽창한다. 이 상태로 가열하면 전분 알갱이들이 물을 흡수해 더 팽창하고, 수소 결합으로 연결된 아밀로스와 아밀로펙틴 분자 사슬들이 끊어져서 수분을 머금는다. 이때 아밀로펙틴 분자보다 크기가 훨씬 작은 아밀로스 분자는 전분 알갱이 밖으로 새어 나와 물에 녹아들면서 물에 점성이 생긴다. 이런 현상이 일어나는 온도를 호화 온도 또는 젤라틴화 온도라고 하는데, 전분의 종류에 따라 걸쭉해지는 온도가 다 다르다(아밀로스는 아밀로펙틴보다 더 높은 온도에서 걸쭉해진다.). ('젤라틴화gelatinization'라는 용어는 혼동을 일으키거나 단백질 젤라틴이 관련된 과정이라는 오해를 불러일으킬 수 있어서 나는 해럴드 맥기가 《음식과 요리》에서 언급한 대로, 걸쭉해진다는 표현을 쓴다.) 전분이 들어간 액체가 식으면 아밀로스와 아밀로펙틴은 새로운 질서의 구조로 다시 결합하면서 젤 형태가 되는데, 이 과정을 '노화retrogradation'라고 한다. 식은 젤은 수축하고 부피가 줄어들면서 수분이 빠져나오는데, 이런 현상을 이액 현상syneresis 혹은 위핑weeping이라고 한다

어떤 요리를 하느냐에 따라 전분 노화는 단점이 될 수도 있고 장점이 될 수도 있다. 전분 노화는 전분이 들어 있는 음식을 냉동했다가 해동했을 때, 아니면 이런 전분 음식에 수분 이동이 발생했을 때 일어난다. (음식이 식으면서 수분이 날아갔을 때를 생각하면 된다.—옮긴이) 그리고 이런 현상이 일어난 음식의 질감과 영양의 가치는 떨어진다. 제과·제빵 제품의 표면이 딱딱해지거나 눅눅해지고 향과 맛이 변하는 것도 노화로 일어나는 현상이다. 반면 전분이 포함된 국수나 크루통, 빵가루, 볶음밥에서는 장점으로 작용한다. 크루통을 만들 때 전분 노화는 겉은 딱딱하고 바삭하게, 속은 부드럽게 해주는 역할을 한다. 그래서 갓 구운 빵으로 크루통을 만들려면 식힌 다음에 노화가 진행되도록 잘게 잘라줘야 한다. 뜨거운 빵은 전분 알갱이가 아직 수분을 머금은 부드러운 상태여서 바로 자르면 속이 질척하게 뭉쳐 있지만, 식으면 수분이 빠져나가 자를 수 있는 상태로 굳어서 우리가 일반적으로 알고 있는 빵의 질감이 된다. 시간이 더 지나면 젤 상태였던 빵에서 수분이 빠져나가 맛이 변하고 딱딱해지는 이액 현상이 일어난다.

모든 종류의 전분이 동일한 성질을 지닌 것은 아니며, 어떤 식물에서 왔느냐에 따라 아밀로스와 아밀로펙틴의 양도 다르고 요리할 때 나타나는 반응도 다르다(전분 종류와 성질에 대해서는 340쪽 참조). 전분의 질감은 찰성waxy(찰기 있는)과 메성floury(찰기 없는)으로 분류된다. 찰성인 전분에는 아밀로스가 아주 적게 들어 있거나 아예 없는 반면, 메성인 전분에는 아밀로펙틴이 더 많이 들어 있다.

기본적인 염지 방법

+ 육류 염지는 고기를 소금에 절여서 처리하는 방식으로, 소금을 물에 녹이는 습식 염지법과 소금을 고기의 표면에 그대로 입히는 건식 염지법, 두 가지가 있다.
+ 소금은 고기의 껍질과 고기 자체의 단백질 구조를 바꾸고 일부 단백질을 잘 녹게 만든다.
+ 염지로 수분을 더 많이 품은 고기의 근육 구멍들은 크기가 작은 풍미 분자들이 통과할 수 있을 만큼 팽창한다.
+ 고기의 두께와 소금 함유량에 따라 다르지만, 고기 속에 침투한 소금의 이동 거리는 비교적 짧다.
+ 염지에 사용되는 소금의 농도에 따라 다르지만, 보통 고기 속으로 소금이 침투하는 속도는 처음에는 빠르게 진행되다가 점차 느려진다(소금 양이 10퍼센트인 소금물의 경우, 염지를 시작한 지 3시간 이후부터 속도가 떨어진다).
+ 고기는 건식보다는 습식으로 염지했을 때 짠맛이 더 강하고 수분을 더 많이 함유한다.

달걀에 열을 가했을 때 일어나는 물리적·화학적 변화

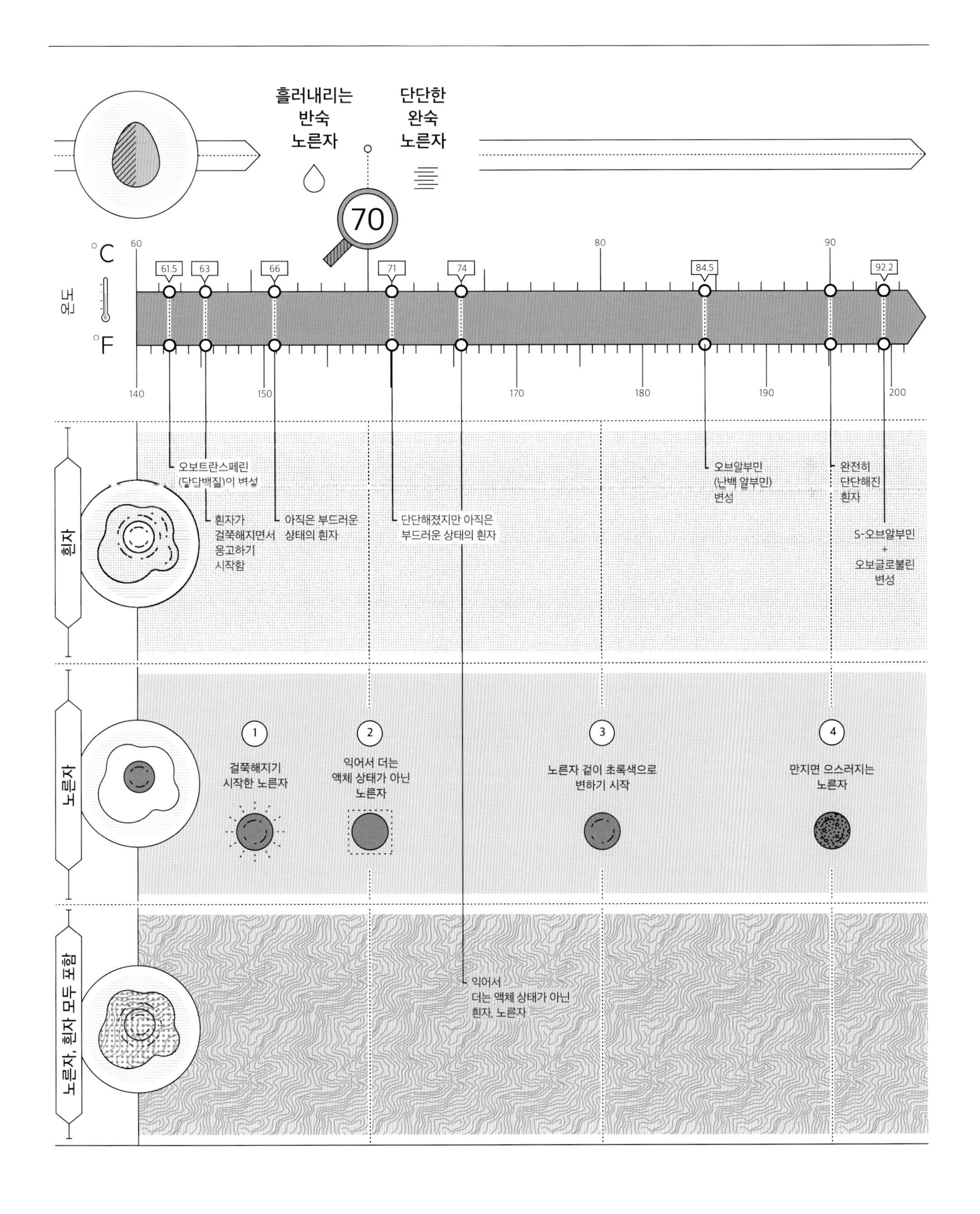

어떤 전분을 선택할지는 요리할 때 원하는 효과가 무엇인지에 따라 결정하면 된다. 전분의 아밀로스나 아밀로펙틴 함량을 미리 알아두면 음식을 가열하거나 식혔을 때 전분 반응이 어떻게 나타날지 판단할 수 있고, 호화 온도를 알아두면 전분을 푼 액체가 언제쯤 걸쭉해지는지 가늠할 수 있다. 예를 들어 달걀이 들어간 커스터드로 만드는 프렌치 아이스크림에 타피오카 전분을 넣으면 실온에서는 타피오카 전분 알갱이의 수분이 빠져나가지 않아서 일반 아이스크림처럼 녹지 않는다는 장점이 있다. 맑고 투명한 소스나 파이 필링을 만들고 싶다면 아밀로펙틴 함량이 비교적 높은 전분을 사용하고, 레시피나 용도에 따라 옥수수 전분 같은 곡물 전분에 타피오카 같은 뿌리 전분을 섞어서 쓴다. 또 소스나 스튜, 커리가 너무 묽다면 감자나 빵가루를 넣으면 수분을 빨아들여 걸쭉해진다.

나는 언젠가 비용을 아껴보려고 옥수수 전분을 대용량으로 구입한 적이 있는데, 늘 그렇듯이 주방에 너무 오래 방치하고 말았다. 공기와 수분이 들어가지 않도록 성능이 꽤 좋은 밀폐 용기에 옮겨 담았는데도 시간이 갈수록 처음 구입했을 때만큼 걸쭉한 농도를 낼 수 없다는 것을 알게 되었고, 어떻게든 요리를 살려보려고 전분을 더 넣어보기도 했으나 결과는 실망스럽기만 했다. 전분은 시간이 지남에 따라, 특히 햇빛 아래에 보관하면 산소와 반응하며, 그 결과 액체를 걸쭉하게 만드는 능력을 서서히 잃는다는 사실을 나중에야 알게 되었다. 그러니 요리할 때 전분의 효과가 떨어졌다 싶으면 전분 양을 늘리든지, 새로 구입하는 편이 좋다.

또 다른 종류의 전분으로 병아리콩이 있다. 완전히 건조해서 분쇄한 병아리콩 가루는 액체를 걸쭉하게 만들고자 할 때나, '콜리플라워 구이'(82쪽 참조)에서처럼 루를 만드는 데도 쓰인다. 이때 한 가지 기억해둘 점은, 특별히 튀는 맛이 없는 일반적인 고운 전분과 달리, 병아리콩에는 특유의 풍미가 있다는 것이다. 원하는 요리에 적절하게 이용할 전분 종류는 전분 표(339, 340쪽)를 참조하라.

단백질

단백질 역시 소스를 걸쭉하게 만들 때 이용할 수 있다. 달걀이 들어가는 커스터드(129쪽 '고구마 파이'와 126쪽 '헤이즐넛 플란' 참조)가 좋은 예다.

달걀에 함유된 단백질을 비롯해 모든 단백질은 서로 연결된 긴 사슬의 아미노산으로 구성되어 있다. 단백질을 가열하거나 휘저으면 '변성denaturation'이 일어나는데, 이는 사슬의 연결고리가 재배치되면서 단백질 분자 형태에 변화가 일어나는 현상이다. 한번 변성된 단백질 분자들은 서로 엉겨 '응고coagulation' 과정을 거친다. 예를 들면 달걀을 팬에 구우면 흰자의 묽은 알부민이 익으면서 단단하고 불투명한 색으로 바뀌는 현상이 그런 경우다. 단백질의 응고는 언제나 변성 다음에 일어나는 현상이다.

달걀이 들어가는 커스터드를 만들 때 달걀의 흰자와 노른자의 단백질이 변화하기 시작하는 시점이 있다. 바로 이때 기존의 단백질 연결고리들이 새롭게 연결되면서 커다란 그물망을 형성해 수분을 가두고 소스를 걸쭉하게 만든다. 다만, 온도가 계속 올라가면 단백질의 변성도 계속해서 진행되어 모양이 바뀐다. 특히 85℃ 이상의 온도에 도달하면 응고되다가 액체가 분리되는 현상이 일어나니 조심해야 한다. 이처럼 단백질 응고가 일어나면서 액체가 분리되는 현상을 막으려면 되도록 열이 골고루 전해지는 두꺼운 바닥의 소스팬을 사용해 낮은 온도로 조리하되, 전자식 요리 온도계로 계속해서 온도를 확인해야 한다. 아니면 물이 약하게 끓고 있는 냄비 위에 소스가 담긴 냄비를 따로 올려 아래에서 올라오는 뜨거운 김으로 소스를 걸쭉하게 만드는 중탕법인 뱅마리bain-marie 방식을 활용할 수도 있다.

커스터드를 오븐에서 굽는 요리에는 플란과 커스터드 파이가 있다. 플란은 낮은 온도의 불 위에서 1차로 조리한 커스터드를 별도의 내열 용기에 옮겨 담은 다음, 뜨거운 물을 부어놓은 로스팅팬에 그릇째 넣고 177℃ 오븐에서 중탕 방식으로 굽는 요리다. 이때 조리 온도는 물의 끓는점 이상을 넘지 않아서 플란에 들어간 달걀의 단백질은 변성되다가 단단해진다. 한 가지 요긴한 정보를 알려주자면, 플란의 상태가 부드럽지만 가장자리는 단단하게 잡힌 듯하고, 흔들면 중간 부분이 살짝 물결치는 상태일 때 오븐에서 꺼내야 한다. 호박 파이나 고구마 파이처럼 커스터드 필링으로 채우는 파이도 플란과 같은 방법으로 오븐에서 꺼내는 시점을 판단하면 되는데, 다른 점이 있다면 플란은 중탕으로 굽고 파이는 페이스트리 피pastry shell를 커스터드로 채워서 굽는다는 것이다.

지방과 기름

나는 학교에서 단기 교육 과정의 일환으로 프랑스어를 수강한 적이 있는데, 학생들은 프랑스 요리를 한 가지 만드는 과제를 수행해야 했다. 프랑스어 교과서에는 마요네즈 만드는 방법이 두 쪽에 걸쳐서 설명되어 있었는데, 사실 이 학습 과정은 프랑스 요리 방법을 제대로 알려주기보다는 동사와 시제 제대로 쓰는 법을 가르치는 것이 목적이었다. 예상대로 내가 시도한 마요네즈는 제대로 나오지 않았다. 도무지 걸쭉해지지 않는 소스와 씨름하다가 결국 어머니에게 가져다드렸다. 그 후 몇 년이 흘러 마요네즈의 기초를 제대로 배운 곳은 놀랍게도 화학 수업 시간이었다.

지방은 물을 싫어하고, 물도 지방을 싫어하는 상극 관계다. 샐러드 드레싱을 만든다고 적대적 관계인 지방과 물을 병에 같이 넣고 열심히 흔들어준다 해도 결국 각자의 자리로 고집스럽게 돌아간다. 이 둘은 물리적으로 결합할 수 없는 콜로이드colloid다. 마치 부모가 사이 나쁜 형제들에게 서로 잘 지내라고 살살 달래야 같이 어울리는 것처럼, 물과 기름에는 머스터드를 조금 넣거나 달걀 노른자를 넣어야 서로 섞인다. 이처럼 지방과 물이 서로 친구처럼 지낼 수 있게 달래주는 역할을 하는 것이 '유화제emulsifying

agent/emulsifier' 다. 이런 과정을 '유화emulsification'라고 하고, 그 결과를 '에멀전emulsion'이라고 한다. 요리에서 가장 많이 활용되는 유화제로는 레시틴lecithin이라는 지질을 함유한 달걀 노른자, 점액이라는 탄수화물을 함유한 머스터드, 토마토와 마늘 세포가 함유한 탄수화물의 일종인 펙틴, 그리고 유단백질인 카제인casein을 꼽을 수 있다. 한 액체를 다른 액체 안으로 분산되게 하려면 밀봉된 병에 넣고 세차게 흔들거나 거품기로 휘젓는 등 반드시 기계적 힘이 더해져야 한다.

유화제는 본래 섞이지 않는 한 액상(지방이든 물이든 양이 더 많은 쪽)이 다른 액상으로 분산되도록 돕는 역할을 하는데, 이때 작은 액체 방울 상태인 적은 양의 액상을 유화제가 전체적으로 감싸면서 두 액상이 하나의 혼합물이 되도록 보호막을 형성한다. 방울 상태의 액상을 감싸는 액체 용매는 연속상continuous phase으로 방울 용질인 분산상discrete phase보다 대체로 양이 더 많다. 이처럼 유화제는 물과 기름이 결합할 수 있도록 도와주고 결합된 상태를 유지하는 역할을 한다.

요리할 때 많이 쓰이는 기본적인 에멀전에는 두 종류가 있다. 한 종류는 기름에 물이 들어가는 방식water-in-oil, W/O(물보다 기름 양이 더 많은 경우)으로, 예를 들면 버터가 그러하고, 기름과 레몬 즙을 섞어서 만드는 레바논 요리 투움toum(315쪽)이 그러하다. 또 다른 종류는 물에 기름이 들어가는 방식oil-in-water, O/W(기름보다 물의 양이 더 많은 경우)으로, 예컨대 크림이 그러하다. 올리브유가 들어가는 샐러드 드레싱은 기름에 물을 넣은 에멀전 종류로, 많은 양의 기름 속에 식초 방울이 퍼지는 형태다. 마요네즈의 경우, 달걀 노른자와 같은 유화제의 도움으로 기름이 물(달걀에 들어 있는 수분, 식초, 레몬 즙) 속으로 분산되면서 물에 기름이 들어가는 에멀전이다. (마요네즈처럼 물에 기름이 들어가는 에멀전은 사실 물에 기름이 들어가는 경우인데도 물/수분 양이 기름 양보다 현저히 적다. 이때 노른자의 레시틴과 머스터드를 비롯한 유화제는 달걀 자체의 수분과 마요네즈 재료로 들어가는 식초 혹은 레몬 즙에 70% 이상의 기름이 들어갈 수 있게 도와주는 역할을 한다.—옮긴이)

샐러드에 쓰는 채소는 잎사귀에 물기가 남아 있으면 그것이 샐러드 드레싱을 밀어내 채소에 드레싱이 충분히 묻지 못하게 하므로, 씻은 뒤에 깨끗한 수건으로 물기를 닦아내거나 탈수기로 털어내야 한다.

기름과 물로 만드는 에멀전 종류

요리에 많이 쓰이는 에멀전

음식의 종류	물	에멀전 방식	유화제 종류
마요네즈	기름 + 식초	물에 기름이 들어감	달걀노른자(단백질+레시틴); 경우에 따라 식물성 점액질을 지닌 머스터드 가루를 넣기도 한다.
아이올리	기름 + 식초	물에 기름이 들어감	달걀노른자(단백질 + 레시틴), 머스터드 가루(식물성 점액질), 마늘(펙틴)
투움	기름 + 레몬 즙	기름에 물이 들어감	마늘(펙틴)
토마토 비네그레트	기름 + 식초	기름에 물이 들어감	토마토(펙틴), 마늘(펙틴)

기름
물

물에 기름이 들어가는 에멀전

기름에 물이 들어가는 에멀전

에멀전에 영향을 미치는 요소

+ **기계적 힘** 기름이나 물을 흔들거나 휘저으면 방울이 생겨 좀 더 잘 분산된다. 단백질도 변성과 모양이 변하는 성질을 지녀서 에멀전이 잘 되게 도와준다.

+ **높은 온도** 온도가 너무 높으면 분자들이 더 많은 에너지를 얻어 움직임이 활발해지면서 엉겨 있던 에멀전을 분리한다. 특히 에멀전에 단백질이 함유되어 있으면 과도한 변성으로 단백질이 응고될 위험이 있는데, 그렇게 되면 소스가 덩어리질 수 있다.

+ **낮은 온도** 온도가 너무 낮은 상태에서는 분자들이 힘이 빠져 기름과 물 두 층으로 다시 분리되는데, 온도가 더 내려가면 그 상태로 붙어버린다. 그래서 냉동된 에멀전을 해동하거나 데우면 지방과 물이 분리된 상태로 녹는다.

+ **증발** 에멀전을 장시간 공기에 노출시키면 수분이 증발하면서 지방과 물의 비율에 불균형이 생긴다. 따라서 되도록 공기를 차단하는 밀폐 용기에 보관하는 것이 좋다.

요리의 질감을 돋보이게 하는 부스터들

요리는 질감을 충분히 이해하고 만들어내는 작업이다. 다음은 요리에 더 다양한 질감을 내고 싶을 때 쓸 수 있는 재료다.

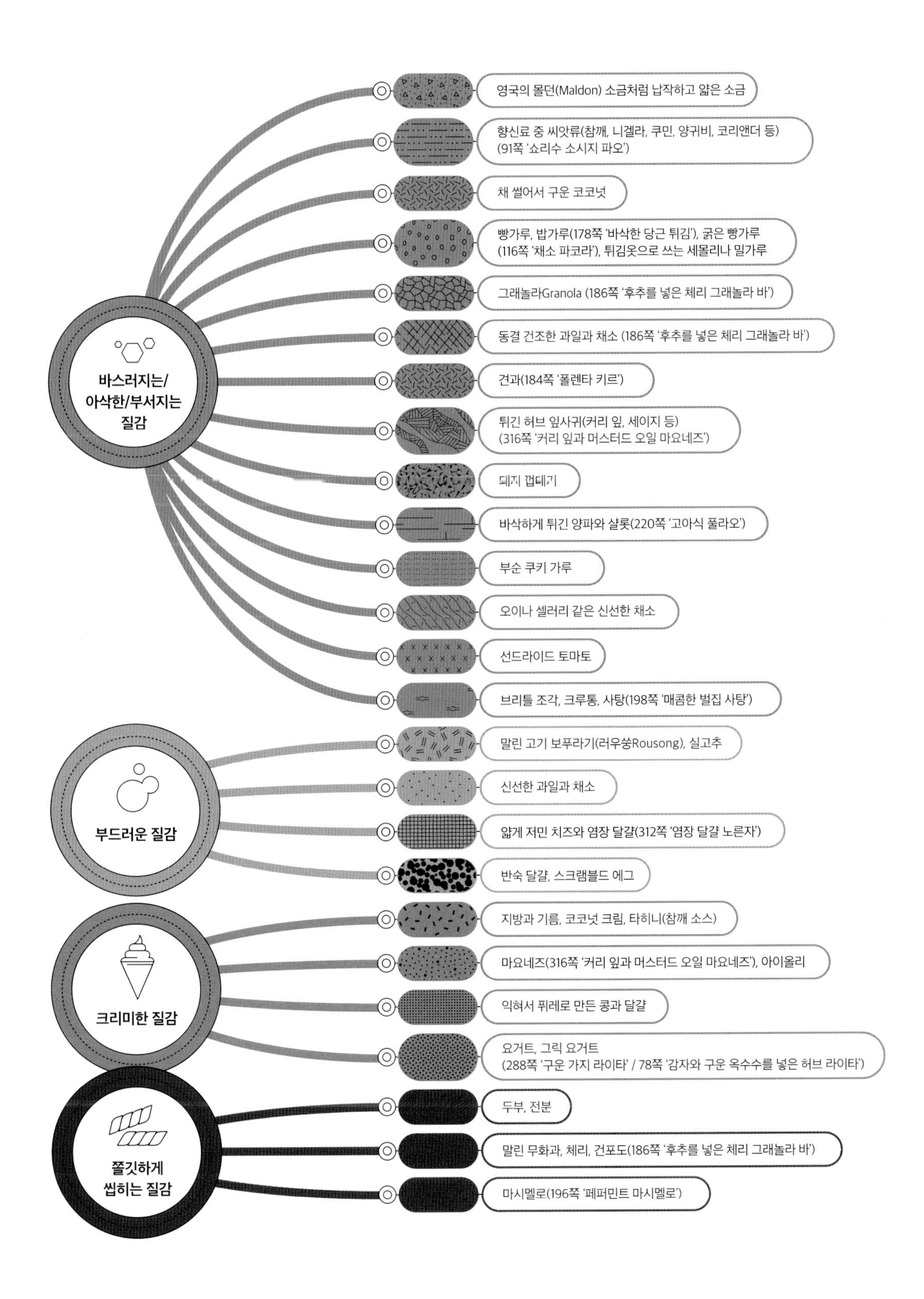

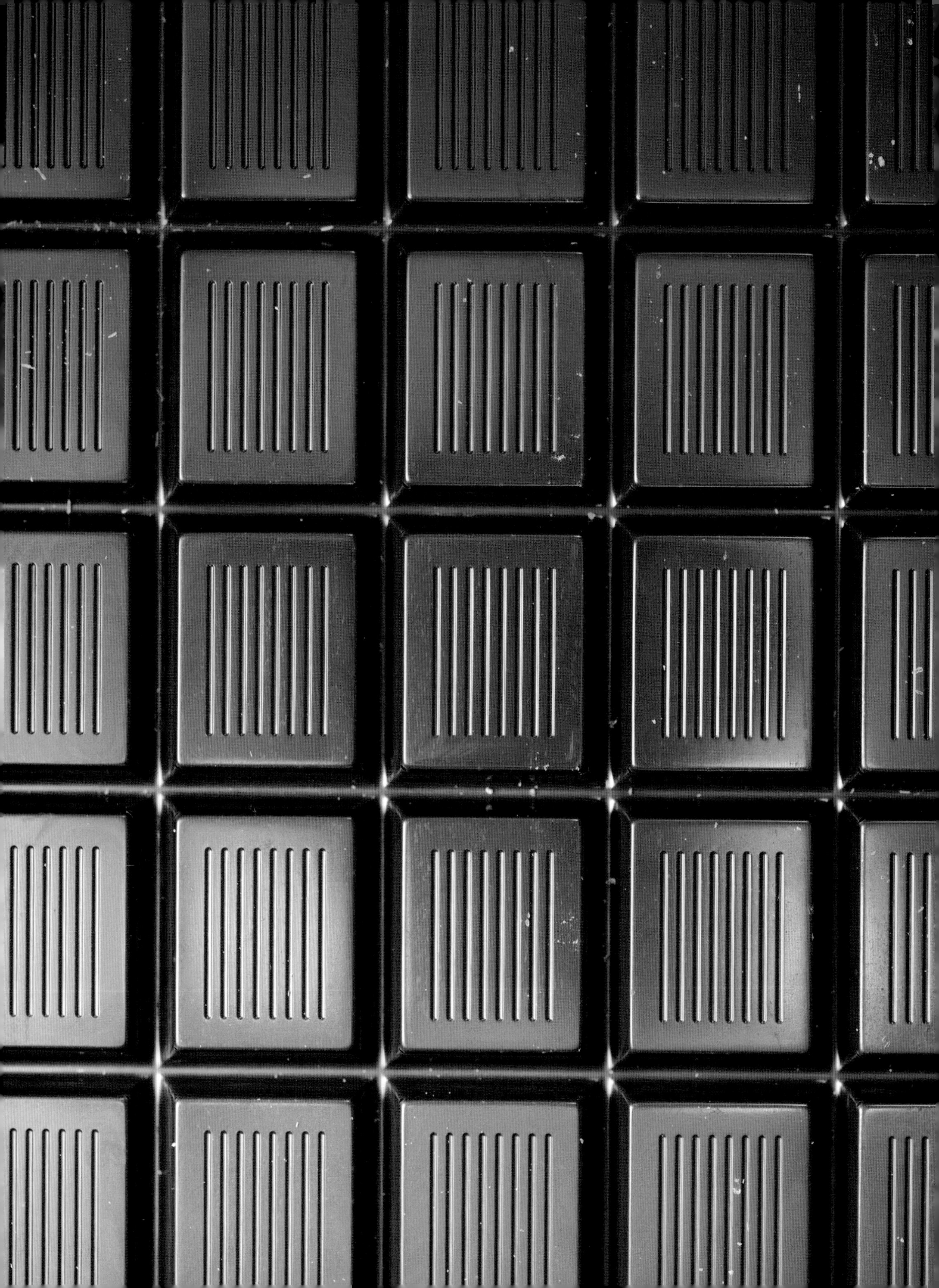

향

몇 년 전, 나는 커피를 잠시 끊었다.
그 후 이어진 몇 달은 내가 이 음료를 얼마나 좋아하는지 확인하는 시간이었다.
무엇보다 카페를 지나갈 때마다 커피 생각이 더 간절해졌다.

카페 창과 문에서 새어 나오는 방금 로스팅된 커피 원두 향에 발걸음이 자동으로 멈춰졌고, 그 향을 한껏 들이마시며 김 폴폴 나는 커피의 맛을 상상했다. 이것이야말로 향이 가진 힘이다. 후각은 우리의 기억과 가장 밀접하게 연결된 감각으로, 음식이나 음료를 떠올릴 때 우리가 주로 기억하는 것은 맛보다는 특유의 향이다. (궁금해하실 분들이 있을 듯해 알려드리자면, 나는 결국 다시 커피를 마시기 시작했다.)

향이란 무엇인가

가장 좋아하는 초콜릿 바를 구해(나는 구운 헤이즐넛 조각이 박힌 것을 좋아한다) 코를 막은 상태로 한입 베어먹은 다음, 맛과 향에 집중하면서 천천히 씹어보라. 달콤하거나 쓴 노트note(여기서는 향에 대한 각각의 느낌, 질, 특징 등을 포함한 인상을 표현하는 여러 결을 일컬을 때 쓰는 용어. 향 외에도 음료나 음식 풍미의 결을 설명할 때도 쓴다. 각각의 인상을 설명하는 것도 포함되지만, 크게 보아 처음 시향하거나 맛을 보고 난 이후 시간이 지날수록 받은 인상을 세 단계로 나눠서 설명하기도 한다.—옮긴이)가 두드러질 것이다. 또 가공 방식에 따라 달라지겠지만, 약간의 산미도 느껴질 것이다. 그런데 코코아 향은 느껴지는가? 아마도 아닐 것이다. 이번에는 코에서 손가락을 떼고 초콜릿을 다시 먹어보라. 코코아의 풍부함과 초콜릿에 들어 있는 각종 풍미 분자를 코로 느낄 수 있을 것이다. 향이란 이런 것이다. 이 향 또는 향내에는 아주 작은 크기 덕분에 실온 상태에서 신속하게 가스로 증발한 뒤, 공기를 타고 코로 직행할 수 있는 다양한 풍미 화합물이 섞여 있다.

냄새를 맡을 수 있는 능력은 사람마다 차이가 있다. 어떤 이들은 남들보다 좀 더 예민하게 냄새를 느끼지만, 냄새 맡는 능력을 상실한 의학적 증세인 후각상실증anosmia이 있는 사람도 있다.

향의 작동 원리

냄새를 맡을 수 있는 능력은 우리가 지닌 감각 중에 가장 강렬한 감각이다. 이 능력 덕분에 우리는 불타는 건물에서 뿜어져 나오는 연기 냄새를 맡았을 때 위험을 감지하고, 산패된 버터에서 악취를 맡으면 건강을 위협할 만한 요소가 있음을 알게 된다. 향은 부모에게서 나는 냄새를 인식한 아기가 가족에 대한 유대감을 갖게 하고, 케이크 안에서 향기롭게 어우러진 로즈워터, 카다멈과 코코넛(306쪽 '코코넛 밀크 케이크')은 우리를 유혹하고 허기를 느끼게 한다.

우리가 숨을 들이쉴 때 향 분자는 공기를 타고 들어가 콧속 안쪽 벽을 뒤덮은 세포인 후각 상피에 도달한다. 이곳에서 용해된 분자들이 후각 수용기에 의해 정보로 전환되어 전기 신호 형태로 뇌로 전달된다. 우리는 400가지가 넘는 후각 수용기를 가지고 있고, 이 수용기들은 아주 적은 양(10억 분의 1 정도)으로도 1조 가지가 넘는 다양한 향 유형을 감지할 수 있다. 단 한 개의 향 분자 정보를 처리하는 데 한 가지 이상의 후각 수용기가 동원될 수 있고, 단 한 종류의 후각 수용기는 한 번에 여러 유형의 향 분자를 묶어서 그 정보를 처리할 수 있다. 우리가 다양한 향 분자 조합을 감지하고, 먹는 음식의 다양한 향을 가려낼 수 있는 것도 그 덕분이다

초콜릿에는 600가지가 넘는 향 분자가 있고, 사과에는 서로 다른 향 분자가 300가지 있다. 각각의 향 화합물은 초콜릿 냄새나 사과 냄새를 가지고 있지 않지만, 특정한 조합 및 특정한 양으로 묶이면 우리가 어떤 재료의 대표적인 향으로 인식하는 특유의 향이 생성된다. 인도의 가람 마살라Garam masala[인도를 포함한 남아시아에서 많이 쓰이는 양념. '따뜻하다'를 의미하는 '가람'과 '조합'을 의미하는 '마살라', 두 가지 단어를 합해서 부르는 향신료 조합이다. 쿠민, 고수, 카다멈, 후추, 시나몬(계피), 정향(클로브), 육두구(너트메그) 껍질에서 추출한 메이스, 펜넬, 인도 월계수 잎, 고추 가루가 기본으로 들어가고 지역에 따라 또 다른 재료가

향을 더 맛있게 활용하는 요긴한 방법

+ 향은 휘발성이라 실온에서는 빠르게 가스로 바뀐다. 공기의 온도가 높을수록 더 빨리 날아간다.

+ 통째로 말린 향신료는 요리할 때 바로 갈아서 넣는다. 향신료에 열을 가하면 향이 더 짙어진다. 팬을 중강불로 달구어 기름 없이 약 30~45초 동안 볶다가 향이 올라오면 불에서 내린 다음, 음식에 갈아 넣으면 된다.

+ 음식에 향신료와 허브의 향을 입히려면 손바닥으로 으깨거나, 절구 혹은 블렌더를 이용해 분쇄하는 방법도 있다. 물, 알코올, 지방, 기름 등에 열을 가하거나 가하지 않은 상태로 우려내는 방법도 있다. 자신만의 시즈닝 믹스(seasoning blends, 복합 시즈닝이라고도 하며, 음식의 풍미를 끌어올리고 싶을 때 쓰는 복합 마른 양념을 뜻한다. 각종 말린 허브, 향신료, 소금, 후추 등을 섞는데, 용도와 취향에 따라 다양한 재료를 원하는 비율로 혼합한다.—옮긴이)를 직접 만들고 싶다면 향신료나 허브에 굵은 소금이나 설탕을 넣고 갈면 된다.

+ 말린 허브를 사용할 때는 신선한 허브의 절반 정도만 써야 한다. 예외도 있는데, 커리 잎이나 마크루트 라임(Makrut lime)카피르 라임(Kaffir lime) 잎은 신선한 상태일 때보다 말린 상태일 때 더 많은 양을 써야 한다.

+ 아이스크림이나 소르베(sorbet)처럼 차가운 음식에서 향을 진하게 내려면 향을 내는 재료를 더 많이 써야 한다.

조금씩 더 들어간다.—옮긴이]나 중국의 오향 가루 같은 향신료 조합의 냄새를 맡아보면 거기에 들어간 각각의 향신료 향이 잘 느껴지지 않는다. 하지만 이런 향신료 조합은 그것만의 독특한 향이 난다.

우리가 냄새와 맺는 관계는 일찌감치 어머니 뱃속에서 시작된다. 후각 수용기는 임신 8주차에 형성되다가 빠르면 임신 중반기(13주에서 26주차) 정도 됐을 때 태아는 산모의 양수 안에 떠도는 냄새 분자의 향을 인지하기 시작한다. 산모가 임신 기간에 먹은 음식들은 신생아가 선호하는 음식에 지대한 영향을 미친다. 예를 들면 산모가 임신 기간에 마늘이나 아니스 씨가 들어간 음식을 먹으면 신생아도 마늘과 아니스 씨 냄새에 관심을 보인다고 한다. 음식 냄새에 대한 문화적 선호도가 달라지는 이유도 이 때문이다. 내가 인도에서 만났던 시나몬은 어머니가 쌀 필라프를 만들 때나, 가람 마살라 향신료 조합에 섞여서 감칠맛 나는 요리를 할 때 들어가는 재료였다. 그런데 미국에서 접한 시나몬은 오븐에서 막 구워서 나온, 맛있는 향으로 정신을 쏙 빼놓는 애플파이에 들어 있었다. 이 경험을 통해 같은 재료가 어떤 때는 감칠맛, 어떤 때는 달콤한 맛으로 완전히 다른 훌륭한 요리를 만들 수 있다는 것을 알게 되었다.

생물학은 냄새를 감지하는 우리의 능력에서 중요한 역할을 한다. 여성에게는 후각 수용기로 정보를 보내는 신경 세포가 남성보다 월등히 많아서 냄새 구별하는 능력이 남성보다 훨씬 뛰어나다. 나이 역시 후각 능력에 영향을 미친다. 나이가 들수록 후각 수용기 양이 계속해서 감소하며, 이 때문에 성인보다 어린이가 향신료 냄새를 더 강하게 느끼고 부담스러워하는 경우가 종종 있다. 유전자 역시 선호하는 냄새에 영향을 미칠 수 있는데, 유전적 돌연변이로 인한 특정 반응을 가장 잘 보여주는 예는 아마 신선한 고수일 것이다. 고수는 인도 요리나 멕시코 요리에 많이 쓰이는 재료다. 그리고 나는 허브 중에서도 고수가 가장 신선한 향을 가졌다고 생각하지만, 오히려 이 향을 맡으면 불쾌해지고 먹을 때 비누 맛이 난다고 하는 사람들도 있다. 그렇다고 이 향에 대한 거부감을 극복할 방법이 없는 것은 아니다. 요리하는 방식을 바꾸면 된다. 고수를 싫어하는 내 친구 알렉스는 내 요리책《시즌》에 수록된 '굴 석쇠 구이'를 아주 좋아하는데 이 요리에는 매콤한 고수 토핑이 올라간다. 이 요리에서처럼 고수에 열을 가해 조리하면 향과 풍미 프로필이 달라진다.

음식 과학자들 사이에서 최근 들어 상당히 주목되는 연구 분야가 환후각phantom aroma이다. 아마 여러분도 가끔 주변에서 실제로 나지 않는 냄새를 느낄 때가 있을 것이다. 향은 기억과 가장 밀접하게 연결된 감각인데, 이런 점을 이용해 뇌를 속여서 의도한 맛을 느낀다고 착각하게 만드는 요리를 할 수 있다. 우리는 경험을 통해 염장한 고기로 만든 햄 냄새를 맡으면 바로 짠맛을 떠올린다. 어떤 맛 실험에서 음식 샘플에 '햄 향'을 첨가했더니 대다수 참가자가 평소보다 그 음식이 더 짜다고 했다. 이런 원리를 평소에 요리할 때도 적용할 수 있다. 예컨대 카다멈, 시나몬, 로즈워터, 바닐라처럼 향이 강한 향신료를 반복해서 디저트에 넣으면 이런 향을 맡을 때마다 달콤한 맛을 연상하게 될 것이다.

'폴렌타 키르' 같은 디저트를 만들 때 단맛 나는 재료를 줄이는 대신 '달콤한' 향이 강한 향신료를 넣어보라. 저녁 식사에 나온 이

화학 구조에 따라 달라지는 음식의 향

우리가 먹는 음식의 향은 다양한 요리 방법, 또는 혹은 본연의 생화학적 반응에 의해 생성된다.

효소 작용 없이 생성되는 향은 조리 과정에서 음식에 열이 가해지면 생성된다. 마야르 반응, 캐러멜화, 지질의 산화가 여기에 포함된다.

효소 작용으로 생성되는 향은 식물과 동물 세포에서 생성되는 효소 때문에 발생한다. 박테리아 같은 미생물 역시 불쾌한 향을 일부 생성한다.

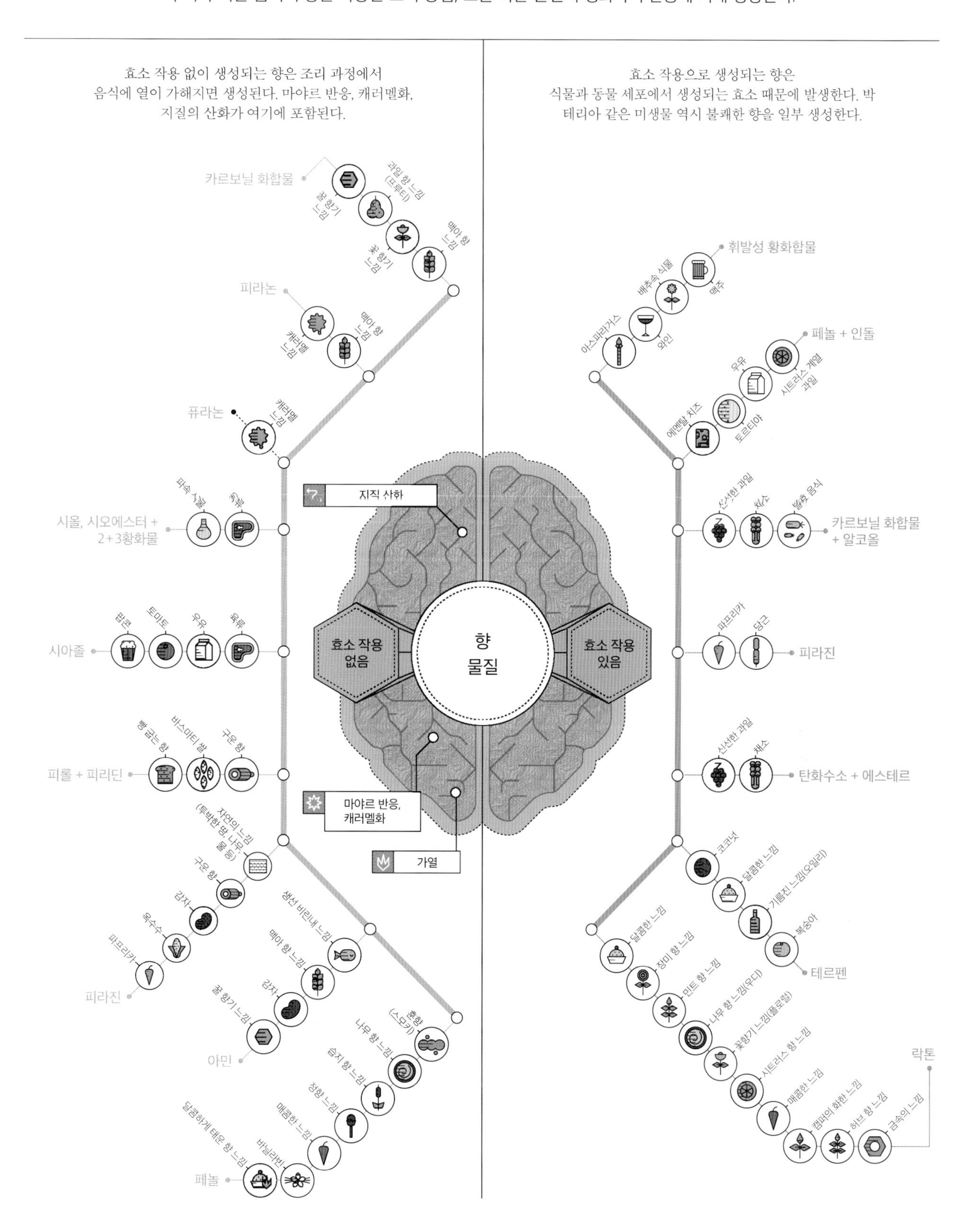

디저트를 손님들은 상당히 달콤하다고 느낄 것이다.

향 분자

향 분자는 다음 세 가지 특징을 가지고 있다.

1. 크기가 작고 무게가 가볍다. 분자량이 300돌턴dalton도 안 된다.(아미노산 하나의 평균 분자량은 110돌턴 정도 된다.—감수자) 가벼운 분자는 공기 중에서 이동 속도가 더 빠르다.

2. 실온에서는 휘발성을 보이므로 공기를 타고 콧속으로 들어갈 수 있다.

3. 후각 수용기와 소통하면서 각각의 정보를 전달한다.

향 분자는 좋은 면과 나쁜 면, 둘 다 가지고 있다. 어떤 요리에서 대표 향을 내는 향 분자가 다른 요리에서는 불쾌한 향을 내기도 한다. 재료의 대표 향은 한 가지 향 분자에 의해 결정되는 경우가 많은데, 이를 '주요 후각 물질'이라고 한다.

향수 전문가들은 향을 다음 세 가지 카테고리로 나눈다.

1. 톱/헤드 노트top/head note: 가장 먼저 맡는 향으로 금방 사라진다.
2. 미들/하트 노트middle/heart note: 톱 노트 다음에 주로 맡는 향.
3. 보텀/베이스 노트bottom/base notes(드라이다운drydown): 가장 오래 맡는 향.

향 분자를 이해하는 또 하나의 방법은 화학적 구조다. 화학적 구조에 따른 향을 참조하라.

요리할 때 향을 입히는 다양한 방법

나는 봄베이에서 살 때 토요일마다 아버지와 함께 집 근처 시장에 다녀오곤 했다. 온갖 모양과 색상의 신선한 과일과 채소가 버들가지 바구니나 나무 상자에 담겨서 좌판을 화려하게 장식했고, 아버지 같은 단골은 물건 값을 조금이라도 더 깎아보려고 상인들과 실랑이를 벌이는 풍경이 펼쳐졌다(나로서는 아직 도달하지 못한 경지의 기술이었다). 흥정을 앞두고 아버지는 언제나 채소를 들어 올려서 문제가 없는지 살펴보다가 코를 대보며 냄새를 맡았고, 조금이라도 이상한 냄새가 나는 듯하면 제자리에 다시 내려놓았다. 아버지의 이런 행동은 내게 향이나 냄새의 중요성을 처음 알려준 가르침이었다. 이는 재료를 살 때 품질을 가늠하는 유용한 지혜다.

후각은 농산물 고를 때만 필요한 것이 아니다. 해산물의 신선도와 질은 냄새를 맡았을 때 비릿한 정도로 판단할 수 있다. 생선은 잡힌 뒤 시간이 지날수록 뱃속 트리메틸아민 옥사이드TMAO가 분해되면서 비릿한 냄새를 풍긴다.

나는 어머니와 할머니에게 요리하는 법을 배우면서 음식의 향을 얼마나 신중하게 내는지를 지켜보았다. 육수나 인도의 콩 요리인 달Dal을 만들 때는 양파, 마늘, 생강 같은 향신채를 먼저 기름에 볶아서 향이 스며들게 해야 한다. 향신채는 요리 마지막 단계나 상에 내기 직전에 넣기도 한다. 신선한 라임 제스트zest(쓴맛이 나는 흰색 부분을 빼고 얇게 깎은 과일의 가장 바깥쪽 껍질.—옮긴이)를 파운드케이크 조각 위에 바로 뿌리면 상큼한 향을 바로 느낄 수 있다.

여러분도 요리에 쓰이는 재료들의 향을 되도록 자주 맡아보기 바란다. 제각각 다른 생산업자가 만든 발사믹 식초는 향은 물론 풍미의 프로필이 저마다 다르다. 향 분자는 휘발성이 상당히 높아서 공기에 노출되는 순간 바로 날아간다. 온도도 영향을 미치는데, 방이 따뜻할수록 향 분자가 더 빨리 증발한다. 나는 바닐라빈이나 말려서 훈제한 고추 플레이크chilli flake 향을 맡거나, 와인을 마실 때도 먼저 손바닥을 빠르게 비벼서 따뜻하게 만든 뒤에 재료나 음료 다루기를 좋아한다. 이렇게 하면 손에서 전해지는 약간 따뜻한 기운 때문에 향 분자가 더 빠르게 가스로 바뀌어 코에서 향을 더 강하게 느낄 수 있다.

말린 향신료는 분쇄되지 않은 상태로 필요한 만큼만 소량으로 구입해서 밀폐 용기에 나누어 담고 햇빛이 들지 않는, 서늘하고 어두운 장소에 보관해야 한다. 바닐라빈이나 민트를 추출해서 만든 에센스는 알코올을 주로 사용하므로 빨리 증발한다. 이런 재료들을 이용할 때는 열어서 필요한 만큼만 덜고 곧바로 뚜껑을 잘 닫아야 한다. 신선한 허브 향을 최대한 살리기 위해 먹기 직전에 허브를 넣는 요리도 있지만, 조리하면서 넣는 경우도 있다(80쪽 '파니르와 허브를 넣은 풀라오'). 허브와 향신료를 말리면 수분이 빠져나가 부피가 쪼그라들 뿐만 아니라 함유하고 있던 에센셜 오일(방향성 약용 식물에서 추출하는 기름 성분으로, 매우 강한 특유의 향이 있다.—옮긴이)에도 화학적 변화가 일어나며, 말리고 보관하는 과정에서 함유량이 상당히 줄어들기도 한다. 나는 월계수 잎, 딜, 오레가노, 민트 같은 허브 종류를 말린 가루 형태로 쓸 때 신선한 상태일 때보다 양을 반 정도 줄여서 쓴다. 하지만 반대의 경우도 있다. 특히 말린 바질, 시트러스 계열 과일의 껍질, 커리 잎과 마크루트 라임 잎은 신선할 때만큼의 향을 내지 못한다. 이런 재료들을 쓸 때는 레시피에 적힌 양의 두 배, 어떤 때는 세 배까지 늘려서 넣기도 한다. 이런 경우에는 먼저 향과 맛으로 상태를 파악한 뒤에 양을 정해야 한다.

훈연은 대중적이고 무척 오래된 방식으로 음식에 새로운 향을 입히는 방법이다. 훈연은 염장과 건조한 재료를 2차로 처리하는 보조적 방식으로, 생선이나 육류를 오랜 기간 보존할 때 활용한다. 나무를 태우면서 나는 연기는 타르 물질이라는 화학 물질 상태로 음식에 스며들어 특유의 스모키한 향을 내고 박테리아 번식을 막는다. 훈연할 때 나무가 타면 휘발성 향 화합물이 생기는데, 이것들이 밀폐된 공간에서 빠져나가지 못하고 음식 속에 농축된 상태로 쌓여 강한 풍미를 낸다(가정용·상업용 훈연기나 훈제장은 이 원칙을 최대한 활용하게끔 설계되어 있다).

훈연하는 방법에는 두 가지가 있다. 하나는 콜드 스모킹cold smoking이고, 다른 하나는 핫 스모킹hot smoking이다. 콜드 스모킹은 별도의 밀실에서 연기를 발생시켜 음식 쪽으로 이동하게끔 유도하는 방식이다. 음식은 열에 직접 노출되지 않은 상태로 30℃를 밑도는 온도를 계속 유지하면서 훈연된다. 베이컨처럼 콜드 스모킹 방식으로 가공된 육류는 조리해서 먹어야 하지만, 훈제 연어 같은 생선 종류는 별도의 조리 과정 없이 바로 먹을 수 있다. 훈제 치즈, 중국 훈제 홍차 종류인 랍상소우총Lapsang souchong, 立山小種, 훈제 달걀, 고추의 한 종류인 할라페뇨를 훈연해서 말린 치폴레는 이런 방식으로 특유의 풍미를 얻은 음식이다.

인도에서는 간혹 둥가르Dhungar 방식으로 음식을 훈연하기도 한다. 먼저 양파를 반으로 잘라 가운데에서 몇 겹을 빼내고(양파 대신 작고 둥근 볼을 써도 된다) 그 안에 인도식 정제 버터인 기Ghee 버터를 넣어서 훈연하고자 하는 요리 바로 위에 올린다. 그런 다음에 뜨거운 숯을 기 버터로 채운 양파나 볼에 넣고 연기가 빠져나가지 못하게 뚜껑을 덮어 몇 분 기다리면 뜨거운 숯으로 기 버터가 타면서 발생한 연기가 음식 속으로 스며든다. '달 막카니'(292쪽)를 만들거나 채소를 구울 때, 특히 가지 요리(288쪽 '구운 가지 라이타') 등 여러 음식에 이 방법을 활용할 수 있다.

핫 스모킹의 경우, 밀폐된 공간 안에 음식을 넣고 아래쪽에서 불을 때면 음식이 익는 동시에 연기에 노출되어 그 풍미를 흡수한다. 풍미를 더 좋게 하기 위해 훈연하기 전에 재료를 소금이나 소금물에 절이는 방법도 있고, 새로운 풍미 분자를 만들게 하면서 더 좋은 질감을 내기 위해 한 번 더 조리하는 방법도 있다. 예를 들면 훈제 닭다리 껍질을 뜨겁게 달군 팬에서 시어링searing(높은 온도에서 겉면에 갈색 크러스트가 생길 때까지 지지는 요리법.—옮긴이) 하면 음식에 새로운 결이 생기는 것을 들 수 있다. 이렇게 하면 껍질이 맛있게 바삭해지고 캐러멜화와 마야르 반응으로 새로운 풍미 분자가 생겨나 닭고기가 한층 더 맛있어진다.

그런데 꼭 음식을 훈연해야만 이런 스모키한 향을 즐길 수 있는 것은 아니다. 이미 훈연 작업을 거친 훈제 소금이나 훈제 설탕, 훈제 베이컨을 쓰거나 리퀴드 스모크(훈액 혹은 훈제액이라고도 한다. 나무를 태워서 나온 연기와 증기를 모아 농축시켜서 정제한 것이다.—옮긴이) 몇 방울, 또는 랍상소우총 같은 훈제 찻잎 등으로 음식에 스모키한 향을 낼 수도 있다.

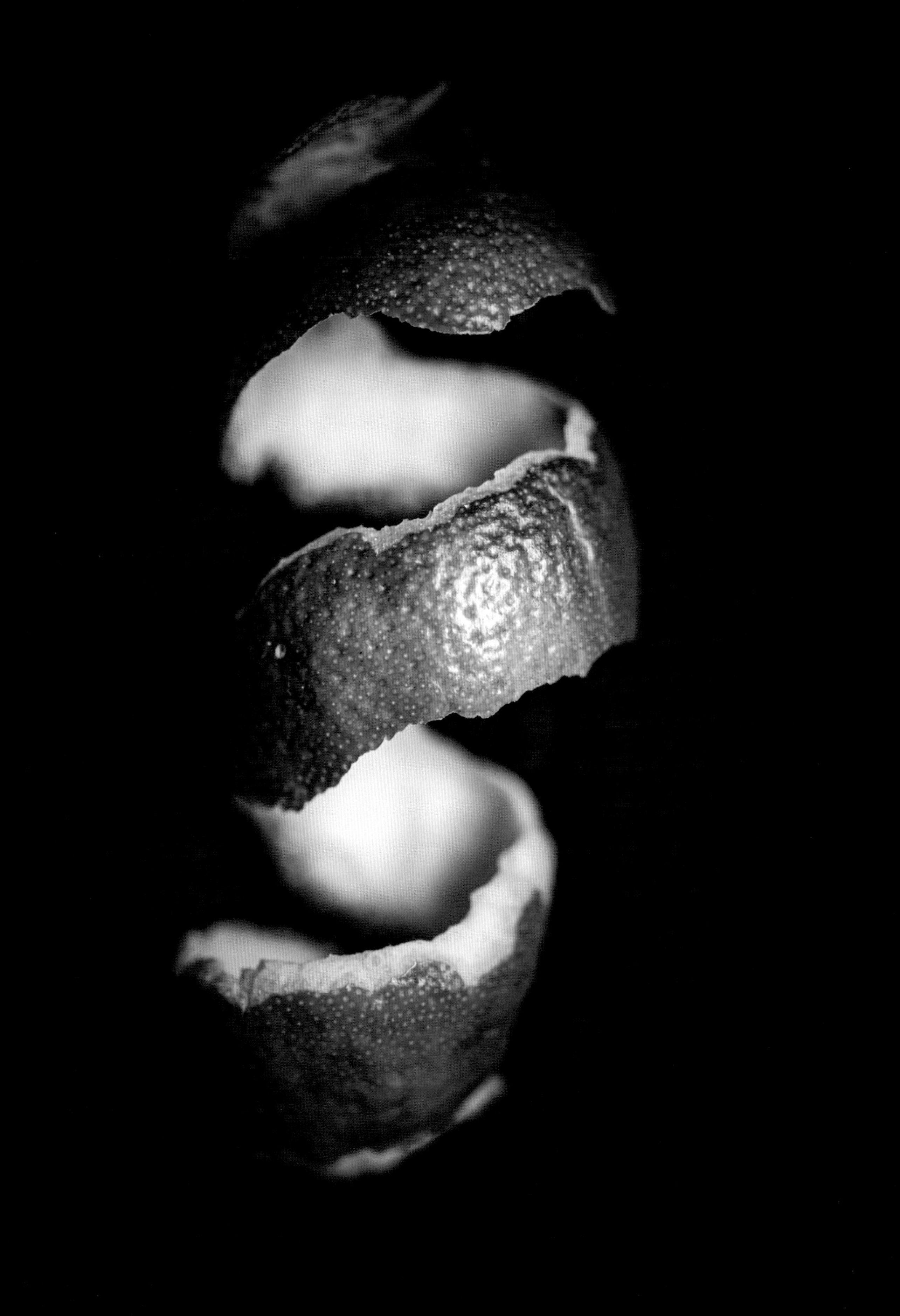

나만의 풍미 에센스 만들기

에센스라는 명칭으로 널리 알려진 추출액extract은 풍미 분자를 녹여서 끌어내는 용액인 알코올에 풍미 재료를 넣고 숙성해서 나온 향기로운 농축액으로, 몇 방울만으로도 큰 효과를 낼 수 있다. 햇빛에 노출된 일부 향 분자는 시간이 갈수록 파괴될 수 있으니 에센스를 보관할 때는 꼭 서늘하고 햇빛이 들지 않는 어두운 장소에 두어야 한다. 나는 에센스는 반드시 빛이 차단되는 어두운 황색 유리병에 보관한다. 추출한 에센스는 작은 병이나 용기에 소량으로 나누어 보관하는 것이 좋다.

바닐라 에센스

용량: 1컵(240ml)
최상품 바닐라빈 6개
맑고 특정한 맛이 첨가되지 않은 보드카나 럼주 1컵(240ml)

바닐라빈을 가로로 길게 갈라 안에 든 씨를 칼로 긁어낸 다음, 깍지와 함께 밀폐 가능한 작은 유리병에 넣는다. 여기에 보드카를 부어 껍질과 씨가 술에 충분히 잠기게 하고 잘 밀봉해서 병을 흔들어준다. 약 6~8주 동안 서늘하고 어두운 곳에 보관하고 가끔 흔들어주면서 숙성한다. 완전히 숙성되면 깍지는 버리고, 남은 에센스와 씨는 디저트의 맛을 낼 때 사용한다.

그린 카다멈 에센스

용량: 1/2컵(120ml)
가볍게 짓이긴 그린 카다멈 20개
특정한 맛이 첨가되지 않은 맑은 보드카 1/2컵(120ml)

그린 카다멈을 가볍게 짓이겨서 그 껍질과 씨를 물기 없고 공기가 차단되는 작은 유리병에 넣는다. 여기에 보드카를 붓고 뚜껑을 꽉 잠근 뒤 흔들어준다. 약 6~8주 정도 서늘하고 어두운 곳에 보관하고 가끔 흔들어주면서 숙성한다. 에센스를 사용하기 전에 체에 한 번 거른다.

시트러스 에센스

용량: 1/2컵(120ml)
레몬이나 라임 또는 오렌지 큰 것 2개, 또는 막 벗긴 시트러스 계열의 과일 껍질(85g)
특정한 맛이 첨가되지 않은 맑은 보드카 1/2컵(120ml)

오렌지를 사용할 경우, 흐르는 찬물에 씻어서, 껍질을 얇게 깎을 수 있는 시트러스 제스터를 이용해 제스트를 만든다. 작은 밀폐 용기에 보드카를 붓고 여기에 제스트를 넣은 뒤, 충분히 잠기도록 뭔가로 눌러야 한다. 병을 잘 밀폐해서 흔들어준 다음, 약 6~8주 동안 서늘하고 어두운 곳에 보관하고 가끔 흔들어주면서 숙성한다. 에센스를 사용하기 전에 체에 한 번 거른다.

응용: 열을 가해서 추출하는 수비드(sous vide) 방식
위에서 설명한 것은 열을 가하지 않은 콜드 추출 방식이라면, 열을 이용해서 추출하는 방식도 있다. 이렇게 하면 향 분자를 추출하는 시간이 단축되고 좀 더 통제 가능한 환경에서 추출을 진행할 수 있다는 장점이 있다. 콜드 추출 때와 같은 방법으로 재료를 준비하되, 병조림 만들 때 쓰는 내열 용기에 넣는다. 물을 가득 채운 수비드 장치에 추출할 재료가 들어간 내열 용기를 넣고 55℃로 온도를 맞춘다[순알코올의 끓는점은 78.4℃인데 보드카는 80프루프(proof, 알코올 도수 40도)인 물과 알코올의 혼합이므로 일반 알코올과는 조금 다르게 반응한다. 보드카는 거의 물의 끓는점인 100℃에 근접한 온도에서 끓기 시작한다]. 추출할 재료를 4시간 정도 중탕하고 거의 완성되기 몇 분 전에 얼음물을 따로 준비해둔다. 추출물이 담긴 용기를 얼음물로 옮겨 완전히 식힌 다음, 체에 걸러 어두운 황색 병에 옮겨서 보관한다.

맛

감정
비주얼
소리
식감
향
\+ **맛**

풍미

풍미 공식에서 마지막 남은 요소이자 가장 먼저 떠올리는 것은 바로 맛이다.

맛의 작동 원리

맛은 향처럼 우리에게 영양가 있는 음식은 가까이하고 건강에 해로운 음식은 멀리하도록 안내해주는 역할을 한다. 맛은 기억과 아주 밀접한 관계가 있다. 우리가 몇 년 동안 먹고 맛본 음식은 뇌에서 작은 정보 조각으로 분류되어, 좋든 싫든 어떤 음식을 맛보면 연관 기억을 불러내게끔 저장된다. 달콤하거나 감칠맛 나는 음식은 몸에 이로운 영양분이나 에너지의 원천이라는 신호를 보내는 데 반해, 쓰거나 신맛이 나는 음식은 해로운 독성이나 화학 성분이 포함되었을지 모른다는 경고를 보낸다.

우리의 모든 감각이 그렇듯이, 맛 역시 수용기라는 특별한 단백질을 통해 작동한다. 이제는 고등학교 교과서에서 배운 혀의 맛 지도 이상의 작용도 있다는 것을 알아둘 필요가 있다. 서로 다른 맛을 느끼는 미각 수용기는 맛 지도처럼 혀의 특정 부위에 국한되지 않고 구강 전체에 퍼져 있다. 미각 수용기 세포를 지닌 미뢰(맛봉오리)는 혀 표면에 펼쳐져 있을 뿐만 아니라 입천장에서 뒤쪽의 부드러운 부위인 연구개(물렁입천장)와 목구멍까지 덮고 있고, 좀 더 적은 면적이지만 기도 입구에도 있으며, 음식이 기도로 넘어가지 않게 덮어주는 기능을 하는 후두덮개와 식도에도 분포되어 있다. 미각 수용기는 소화관과 폐에도 분포되어 있어서 식욕을 조절하고 해로운 물질로부터 보호하는 센서 역할도 한다.

하나의 미뢰에는 50~150개의 특수한 미각 수용기 세포(미세포)가 있는데, 이 세포는 작은 맛 구멍인 미공taste pore을 향해 양파 모양으로 단단하게 모여 있다. 미공 안에는 다수의 미세 융모가 마치 붙임머리처럼 각각의 미세포 표면에서 뻗어나가는 모양으로 자리 잡고 있는데, 여기에 미각 수용기가 분포되어 있다. 미세포에는 음식(또는 모든 외부 물질)의 맛 분자에 반응하는 특수한 신경망이 있다. 미뢰를 살펴보려면 혀를 보면 된다. 표면의 유두 돌기가 미뢰를 감싼 모양이 보일 것이다.

우리가 음식을 먹고 씹을 때, 치아는 음식을 더 작은 조각으로 분쇄해 침에 잘 녹게 한다. 맛 분자 또는 미각 촉진제tastant는 미공을 통해 미세 융모에 붙은 미각 수용기와 만난다. 맛 분자가 수용기와 결합하면 바로 신경을 통해 뇌로 전해지는 신호를 보내, 지금 먹는 음식이 어떤 맛인지를 우리에게 알려준다.

맛은 주관적이고 개인적이며, 경험을 통해 습득할 수 있다.

음식은 적게 먹을수록 그 맛에 더 민감해진다. 만약 음식에 들어간 소금이나 설탕 양을 줄인다면, 설탕을 더하지 않은 우유 본연의 달콤함을, 토마토나 생선 본연의 짠맛을 더 맛있게 느낄 수 있게 될 것이다. 사람들 각자의 경험은 음식 속에 어떤 맛 분자가 얼마만큼 들었는지, 그리고 그 맛 분자가 다른 맛 분자들과 어떤 반응을 일으키는지에 따라 달라진다. 과즙 풍부한 망고를 먹었을 때 달콤한 맛과 신맛이 서로 어떻게 반응하는지를 한번 떠올려보라.

생물학은 우리가 맛을 느끼는 패턴이나 반응을 결정하는 데 중요한 역할을 한다. 나는 간혹 음식 맛에 극도로 민감한 수퍼테이스터supertaster를 만날 때가 있는데, 이들은 보통사람들보다 미뢰를 훨씬 많이 가지고 있어서 감각이 한층 더 발달했다. 자신이 수퍼테이스터인지 아닌지 직접 확인할 수 있는 방법이 있다. 파란색 식용 색소를 혀에 한 방울 떨어뜨려 보라. 수퍼테이스터의 혀에는 수퍼테이스터가 아닌 대다수 다른 사람들의 혀에 비해 파란색 얼룩이 훨씬 적게 나타난다. 수퍼테이스터의 혀에는 돌기와 미뢰가 더 많아서 혀 표면이 상당히 울퉁불퉁하기 때문에 그런 결과가 나온다.

우리의 미각 수용기를 생성하는 유전자에 변화가 생기면 맛에 대한 반응도 거기에서 영향을 받는다. 쓴맛 수용기를 부호화하는 유전자의 DNA 염기 순서에 변이가 일어나면(이 유전자를 T2R38이라고 한다) 브로콜리처럼 쓴맛이 나는 십자화과 식물을 맛보는 데 변화가 생긴다. 이런 변이가 일어난 사람들은 쓴맛에 민감해져서 이런 음식들을 피하는 대신 단맛이 나는 음식을 선호하는 경향이 있다. 그럼에도 시간을 두고 조금만 주의를 기울인다면 쓴맛 나는 음식이 좋아지기도 한다. 일반적으로 초콜릿, 커피, 브로콜리를 좋아하는

음식에 풍미를 제공하는 맛의 유형

풍부한 지방맛과 매콤한 매운맛을 포함한 모든 맛은 음식에 풍미를 제공하는 역할을 했을 뿐 아니라 우리를 지켜주고 보호하는 도구로 진화했다.

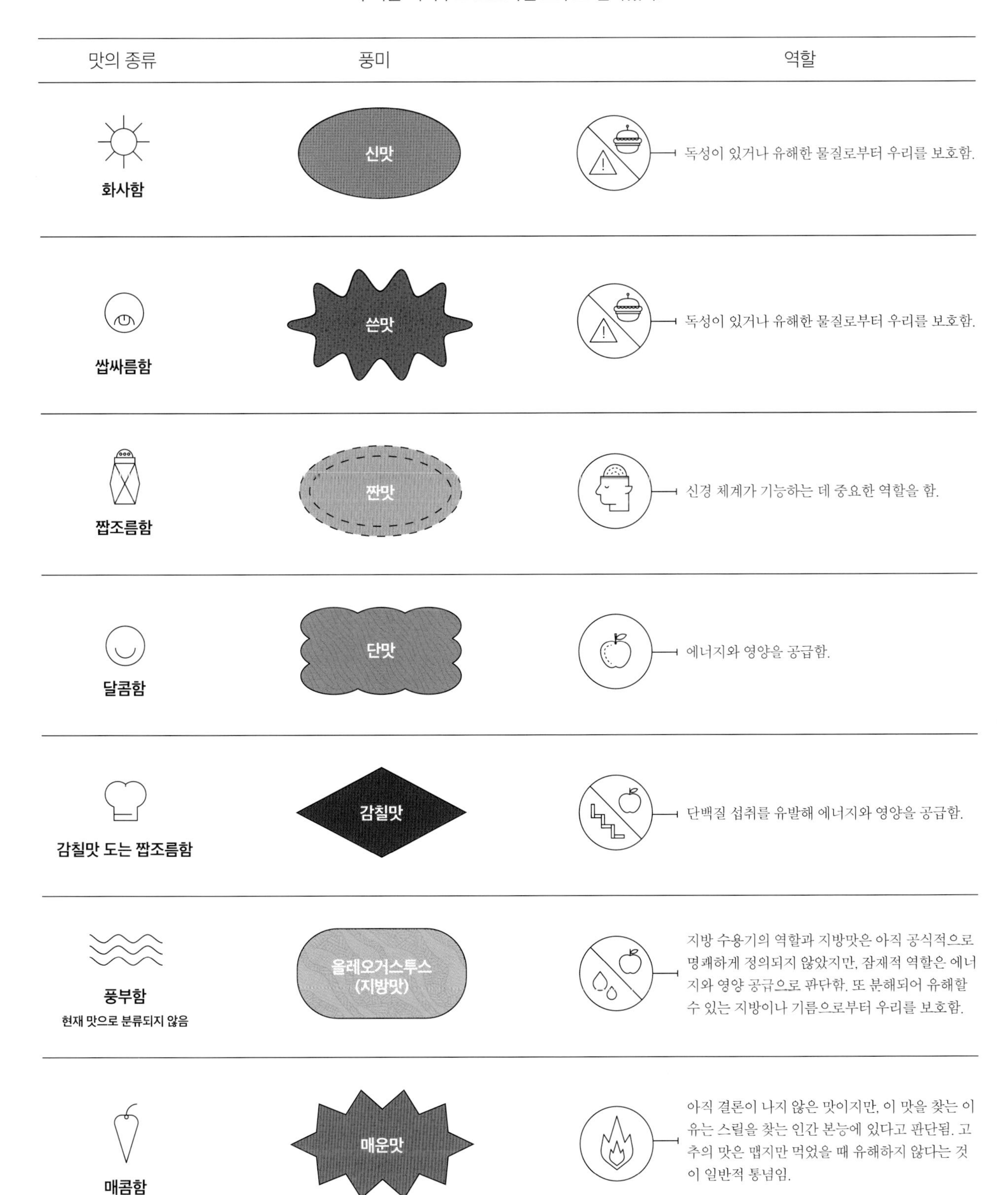

맛의 종류	풍미	역할
화사함	신맛	독성이 있거나 유해한 물질로부터 우리를 보호함.
쌉싸름함	쓴맛	독성이 있거나 유해한 물질로부터 우리를 보호함.
짭조름함	짠맛	신경 체계가 기능하는 데 중요한 역할을 함.
달콤함	단맛	에너지와 영양을 공급함.
감칠맛 도는 짭조름함	감칠맛	단백질 섭취를 유발해 에너지와 영양을 공급함.
풍부함 현재 맛으로 분류되지 않음	올레오거스투스 (지방맛)	지방 수용기의 역할과 지방맛은 아직 공식적으로 명쾌하게 정의되지 않았지만, 잠재적 역할은 에너지와 영양 공급으로 판단함. 또 분해되어 유해할 수 있는 지방이나 기름으로부터 우리를 보호함.
매콤함 (케메스테시스: 맛이 아님)	매운맛	아직 결론이 나지 않은 맛이지만, 이 맛을 찾는 이유는 스릴을 찾는 인간 본능에 있다고 판단됨. 고추의 맛은 맵지만 먹었을 때 유해하지 않다는 것이 일반적 통념임.

사람들은 많지만, 그 이유가 음식 고유의 쓴맛 때문인지 아니면 그것들과 다른 맛 때문인지는 아직 밝혀지지 않았다.

때로는 부상이나 병으로 미각 능력을 상실하는 경우가 있다. '넷플릭스'로 볼 수 있는 다큐멘터리 〈셰프의 식탁Chef's Table〉에는 시카고의 유명한 레스토랑 알리니어의 셰프 그랜트 애키츠가 설암 진단을 받은 뒤 미각을 상실하는 과정을 따라가는 감동적인 이야기가 나온다. 항암 치료와 화학 요법을 마친 뒤에 암이 진정 국면에 들어서자 애키츠는 천천히 미각을 회복하는데, 흥미롭게도 그가 가장 먼저 느낀 맛은 단맛. 우리에게 어떤 음식이 에너지원이 되는지 알려주는 바로 그 맛이다.

맛과 여러 가지 수용기

동물이 느끼는 맛은 그 반응으로 구별할 수 있는데, 크게 보아 다음 세 가지 범주로 나뉜다. 맛이 좋다, 맛이 안 좋다, 아무 맛이 나지 않는다(무미). 반면 인간의 경우 다섯 가지 기본적인 맛, 즉 짠맛, 신맛, 단맛, 쓴맛, 감칠맛을 구분할 수 있다.

우리가 고추를 먹을 때 혀에서 느끼는 매운 기운은 엄밀히 말해서 맛이라기보다 통증에 대한 반응이다. 세계의 문화마다 맛을 분류하는 방식은 다른데, 고대 아유르베다 문헌에서는 얼얼함(매움)과 떫음(감칠맛은 아니다)을 일종의 맛으로 간주했다. 석류 주스를 마시면 새콤달콤한 맛이 나면서도 입안이 마르는 느낌이 드는데, 이런 맛이 바로 떫음이다. 최근에 발표된 다수의 연구에서 여섯째 맛을 감지하는 수용기가 존재한다는 주장에 힘이 실리고 있다. 바로 올레오거스투스oleogustus 또는 지방이나 기름을 먹을 때 느껴지는 맛인데, 자세한 설명은 별도의 장에서 하겠다.

지구상의 모든 생물은 물이 있어야 제 기능을 하면서 살아갈 수 있다. 인간과 동물 모두 갈증을 통해 물 마시고 싶은 욕구를 조절한다. 갈증은 우리에게 물을 느끼고, 미각 수용기 세포의 수분통로aquaporin 또는 물구멍이라는 특수한 경로를 통해 맛을 느끼게 한다. 어떤 경우, 사카린saccharin이나 아세설팜acesulfame 같은 인공 감미료는 '스위트워터 애프터테이스트sweet water aftertaste'라는 현상을 일으키기도 한다. 이런 인공 감미료를 많이 쓰면 단맛 수용기로 통하는 입구가 막히는데, 이때 입안을 물로 헹구면 감미료가 씻겨 나가면서 미각 수용기로 통하는 통로가 뚫려서 순간적으로 달콤한 뒷맛을 느끼는 것을 말한다. 아티초크를 먹을 때도 비슷한 현상이 일어나는데, 이 채소에 포함된 시나린cynarin이라는 화학 물질이 사카린과 같은 작용을 하기 때문이다. 그래서 물을 마셔서 이 성분이 씻겨 나가면 입안에서 달콤한 뒷맛이 느껴진다.

가장 기본적인 맛을 증폭시켜서 혀에 오래 남게 하는 맛, 이른바 코쿠미kokumi, 濃く味를 만드는 재료도 있다. 코쿠미는 일본어로 음식이나 음료에 들어 있는 물질과 물리적 요소가 만들어내는 깊고 풍부한 풍미를 뜻하는 '코쿠'에서 온 말이다. 칼슘, 글루타치온glutathione, 그리고 몇 가지 펩타이드 종류(333쪽 '단백질' 참조)는 우리의 미뢰에 있는 특수한 칼슘 감지 수용기를 통해 작용해 이런 맛을 만들어낸다.

맛을 충족시키는 요건

과학자들은 맛을 연구할 때 미각에 자극을 일으키는 다양한 물질이나 음식에 피실험자들이 보인 전기·생화학 반응을 토대로 뇌와 신경, 미각 수용기의 반응을 측정하고, 여기서 나온 결과를 가지고 맛을 판단한다.

이런 실험에서 가장 중요한 과제는 맛 분자에 구체적으로 반응하는 수용기가 무엇인지를 파악하는 일이다. 과학자들은 하나의 맛에 여러 수용기가 반응하는 현상을 이따금 발견한다. 가령 쓴 음식을 먹을 때 25가지가 넘는 미각 수용기가 활성화되기도 한다.

'공식적으로' 맛을 결정하는 요건이 무엇인지는 여전히 뜨거운 논란거리지만, 여기에 포함되려면 어떤 미덕을 지녀야 하는지 핵심 요소를 밝히면 다음과 같다. 현재로서는 이런 요건을 충족시키는 공식적인 기본 맛은 신맛, 쓴맛, 짠맛, 단맛, 감칠맛이다. 아직은 포함되지 않았지만, 연구가 진행될수록 앞으로 기본 맛에 포함될 가능성이 있는 맛이 더 늘어날 것으로 보인다.

다음은 맛의 자격 요건이다.

+ 기본 맛은 다른 기본 맛들을 조합해서 만들 수 있는 것이 아니다. 신맛을 섞어서 쓴맛을 만들어내거나, 반대로 쓴맛을 섞어서 신맛을 만들어낼 수는 없다.
+ 음식 분자에 직접 반응하는 수용기가 하나 혹은 여러 개 있어야 한다.
+ 기본 맛은 어떤 음식을 먹더라도 똑같이 느낄 수 있는 맛이어야 한다.

미뢰의 기능

혀에는 유두라는 아주 작은 돌기들이 있다. 네 가지 유두 돌기 중 성곽 유두, 엽상 유두, 용상 유두만 미뢰와 관련이 있고, 사상 유두는 음식의 식감을 느낄 때 관여한다. 각각의 유두마다 미뢰를 여러 개 가지고 있고, 미세포와 신경은 이 미뢰에 있는 미공을 통해 음식에서 온갖 맛을 느낀다.

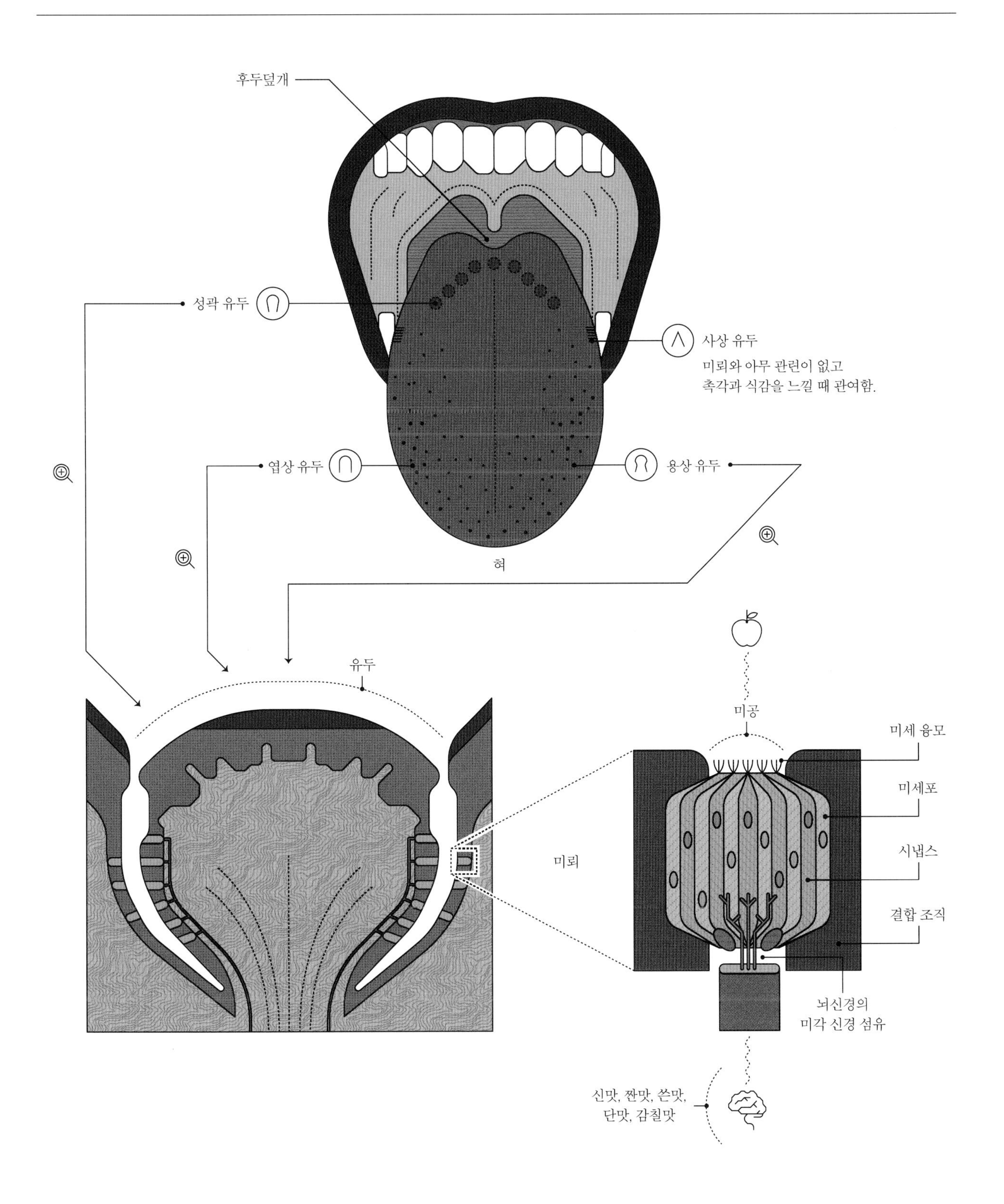

2부

풍미를 올려주는 100가지 레시피

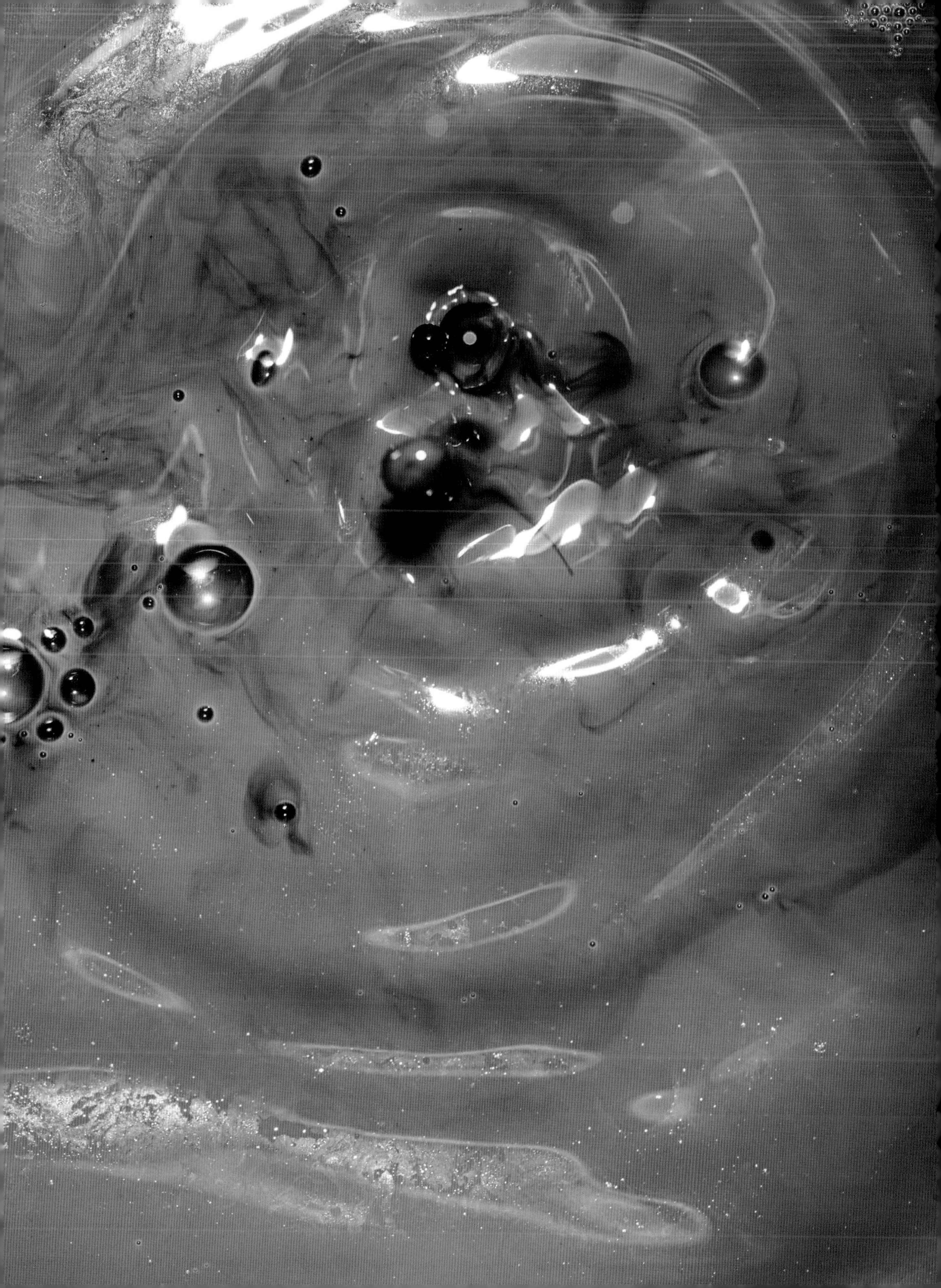

레시피를 자세히 들여다보면 어떤 레시피든 필수적인 요소들(레시피에 대한 간단한 소개나 배경, 참고 사항 등이 담긴 헤드노트headnote, 재료 목록, 조리법) 모두가 풍미를 잘 끌어내기 위해 구성되었다는 것을 알 수 있다. 헤드노트에서는 보통 레시피를 작성할 때 얻은 영감, 그 음식의 느낌, 그리운 맛을 재현하고 싶은 마음 등 의도를 소개한다.

재료 목록은 요리에 들어가는 재료들, 양과 넣는 순서 이상의 의미가 담겨 있다. 왜 요리를 시작할 때 혹은 마지막 단계에 산을 넣는지, 왜 향신료를 볶은 뒤에 식혀서 분쇄하는지 등을 미리 알려주는 역할을 한다. 조리법은 재료 목록을 더 자세히 풀어서 순서대로 재료를 가지고 무엇을 해야 하는지를 알려준다. 재료 목록은 조리 시간은 물론 다음 단계로 넘어가야 할 때를 알리는 시각 및 청각 신호까지 알려준다. 풍미 반응은 조리법을 따라가는 과정에서 나타난다. 재료에 열을 가해 생기는 캐러멜화나 마야르 반응으로 향과 맛, 색소 분자에 변화가 일어나는 것처럼, 새로운 맛 분자들이 생겨나고 원래 있던 맛 분자는 조금씩 변형되고 새로운 질감이 탄생한다. 완성된 요리를 보거나 맛보는 것만으로도 예전 기억이 밀려들 수 있지만, 연휴에 먹을 쿠키 반죽을 밀대로 밀면서 좋은 기억을 떠올리거나, 쿠키를 만드는 바로 그 순간이 또 다른 새로운 기억이 되기도 한다.

요리에 쓸 재료를 준비하고 조리할 때는 시각, 청각, 후각, 맛에 집중해야 한다. 나는 개인적으로 레시피의 맛을 테스트할 때 나만의 '기호 척도hedonic scale'(좋다, 나쁘다, 표정, 소리, 향 등의 기준을 정해 각각의 반응 정도를 숫자로 환산해서 판단하는 간단한 척도.—옮긴이)를 만들어본다. '요리 맛이 어떤가?'라는 질문에 대한 반응을 '별로다, 괜찮다, 맛있다' 식으로 차례로 적어 내려간 다음, 이런 반응에 영향을 미치는 요소들, 즉 '너무 짜다, 너무 쓰다, 너무 크리미하다, 너무 기름지다' 식으로 이어서 적어본다.

다음 쪽에서 단계별로 분석한 '강황 케피르 소스에 버무린 콜리플라워 구이'(83쪽) 레시피는 여기서 단순하게 언급한 기호 척도를 좀 더 복잡하고 자세하게 설명하면서 풍미 공식의 다양한 요소가 어떻게 작용하는지를 보여준다.

레시피 해부학

레시피는 여러 부분으로 이루어져 있어서 재료, 요리법, 우리의 감각 및 감정이 서로 어우러져 작용한다.

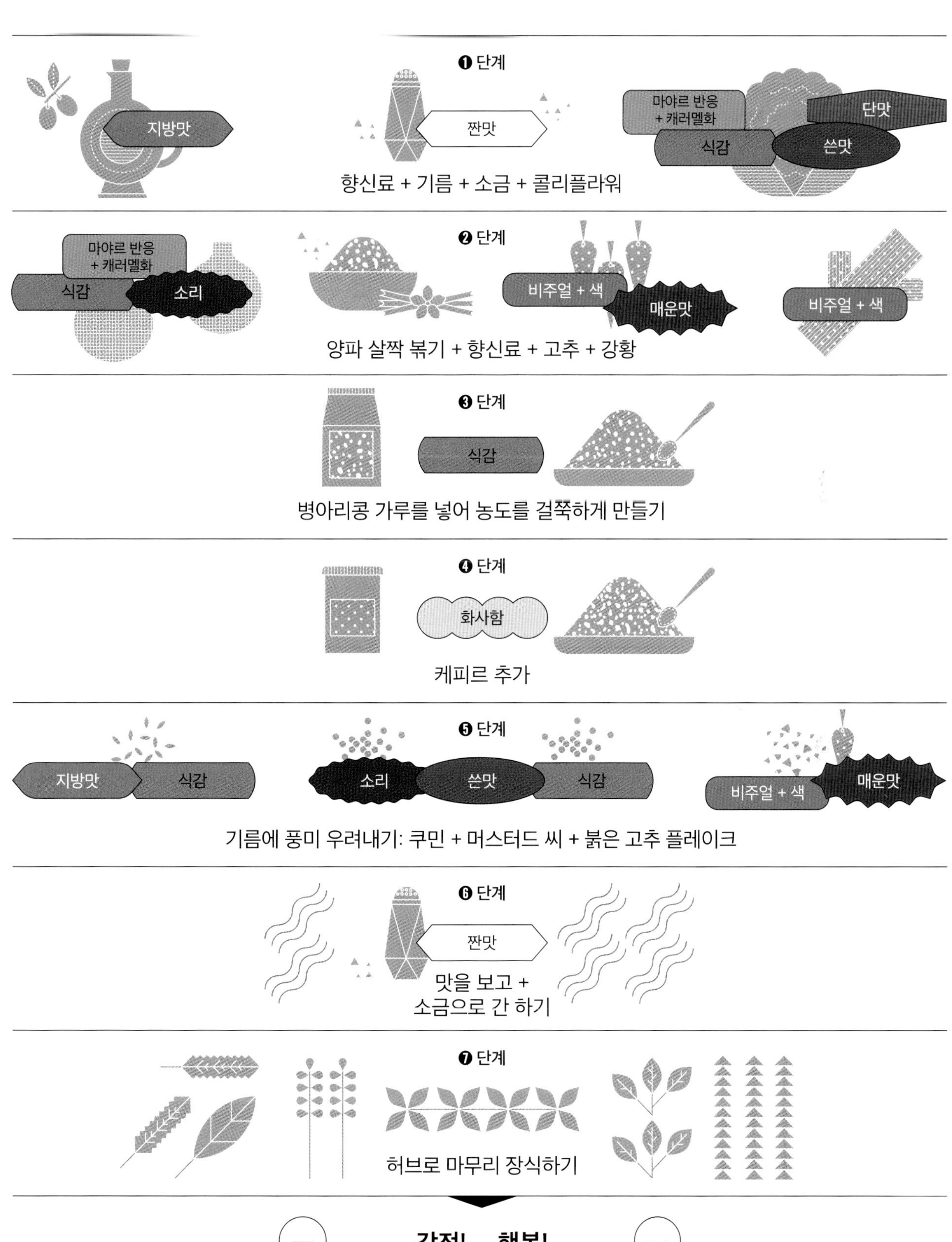

스톡의 풍미 지도

풍미 가득한 스톡 만드는 기본 방법

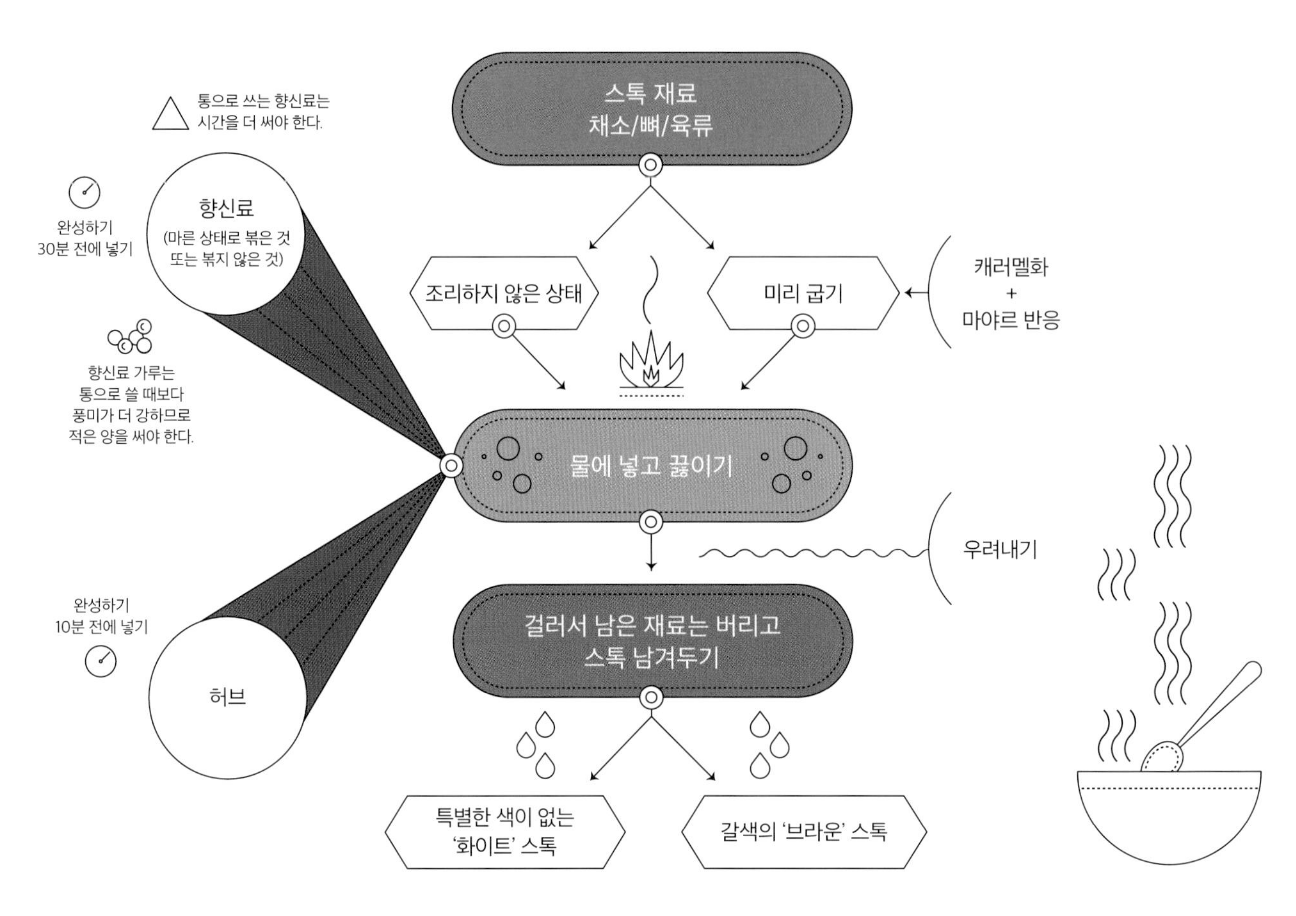

* 스톡(stock)은 일반적으로 고기, 해산물, 채소 등을 액체에 넣어 본연의 풍미를 충분히 끌어낸 국물을 의미한다. 육수, 해물 육수, 채수 등을 모두 아우르며, 국물 요리나 국물 풍미를 필요로 하는 요리의 기본적인 액체 재료로 사용된다.—옮긴이

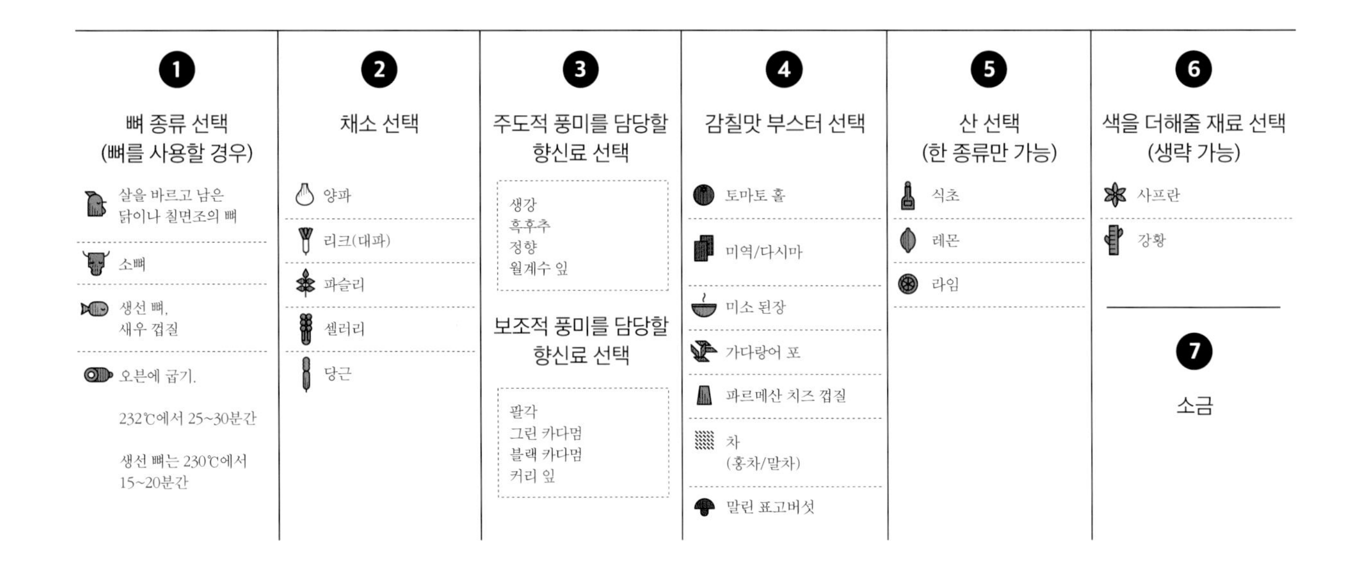

감칠맛 풍부한 '브라운' 채소 스톡 만들기

풍부한 감칠맛을 지닌 채수를 간단하게 만드는 방법이다. 크게 보아 두 단계를 거친다. 먼저 말린 표고버섯을 60~70℃의 따뜻한 물에 불려서 리보핵산 가수 분해 효소의 활성화로 감칠맛 핵산이 생성되게 한다. 두 번째 단계로 채소를 물이나 기름 없이 낮은 온도로 재빨리 볶아서 캐러멜화와 마이야르 반응을 일으키게 하는 것이다. 이렇게 하면 갈색 색소, 달콤쌉싸름한 맛 분자, 향 분자는 물론 감칠맛 분자가 생겨나서 진한 고기 육수와 비슷한 풍미 프로필을 지닌 채수가 탄생한다.

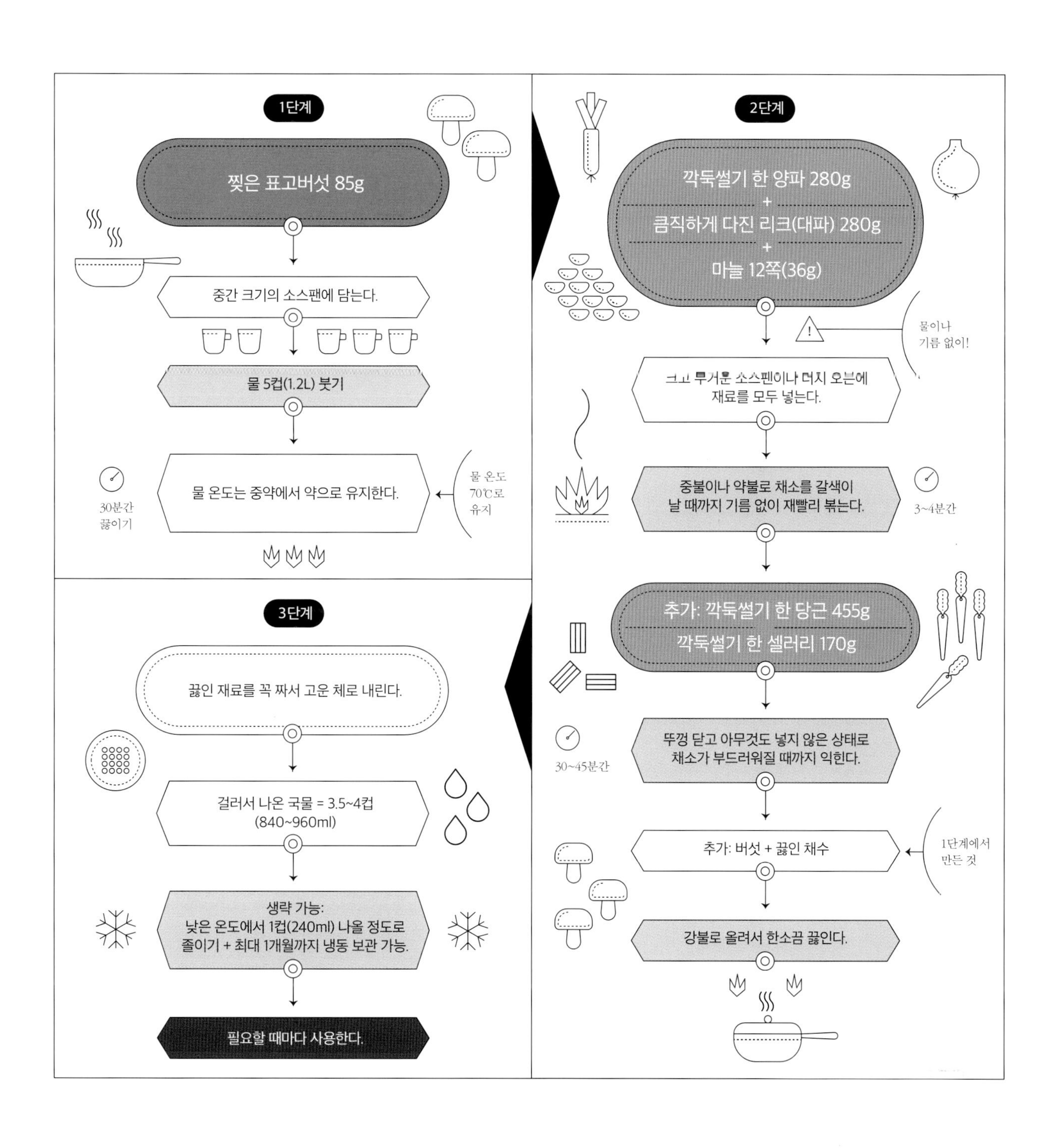

1장

화사한 신맛

유동 인구가 많은 봄베이의 할머니 댁 근처 길거리에는 사탕수수 주스 가판대가 있었다. 남녀노소 가리지 않고 사람들은 방금 짠 얼음처럼 차가운 주스 한 잔을 마시기 위해 그곳에 하루 종일 몰려든다. 사탕수수 주스를 짜려면 분쇄 롤러가 죽 이어진 기계를 수숫대가 통과해야 하는데 이 과정에서 달콤한 액체가 흘러나온다. 이렇게 짠 즙을 좀 더 특별하게 만드는 나만의 비법은 여기에 하나를 통째로 짠 라임 즙을 넣는 것이었다. 달콤하기만 했던 사탕수수 즙은 첨가된 시트러스 계열 과일 즙의 상큼한 산미로 화사해지면서 완벽한 갈증 해소제로 변신한다. 이 음료야말로 화사함brightness이 어떤 느낌인지 가장 잘 보여주는 예다. 이 장에서 설명하고자 하는 생기 넘치는 풍미를 지니고 있으며, 대체로 시큼한 산미가 있어서 무겁고 달콤한 맛과는 구별된다.

화사함의 정의를 조금 다르게 설명한다면 이렇다. 꽤 오래전, 나는 남편과 함께 차를 몰고 워싱턴 D. C.에서 캘리포니아로 가다가 형형색색의 타코 가판대를 발견했다. 우린 가게로 달려가 타코 곱빼기를 하나씩 따로 주문했다. 나는 화덕에서 천천히 익힌 고기 요리인 바르바코아barbacoa에 다진 적양파와 고수 잎을 올린 뒤, 진한 고기에 밴 훈제 풍미를 확 살리는 라임 즙을 듬뿍 뿌려서 먹었다. 다른 문화권의 음식이지만 이번에도 라임 즙은 음식에 화사함을 입히는 역할을 했다. 인도에서는 과일 주스의 단맛을, 미국에서는 진한 고기 맛을 한층 맛있게 살려주었다. 이 장에서는 적재적소에 잘 쓰면 음식 맛을 훨씬 더 산뜻하면서도 다른 풍미를 은근히 느낄 수 있도록 생기를 더하는 풍미, 미뢰를 자극해 음식이 품은 또 다른 풍미까지 일깨워주는 산acid, 酸의 화사한 미덕을 살펴보자.

신맛의 화사한 풍미

혀는 아주 적은 양으로도 음식에 들어 있는 산을 감지하는 특정한 미각 수용기로 덮여 있다. 레모네이드를 조금만 맛보아도 레몬 즙(구연산과 아스코르브산)에 들어 있는 수소 이온은 산미 수용기와 교감하며 신맛이라는 신호를 뇌에 보낸다. 우리가 먹는 대부분의 산 종류는 유기 화합물이고 카복실기carboxyl, 基를 가지고 있다.

인류는 일부 산 종류(가령 아세트산과 부티르산)의 냄새를 감별하는 능력이 있는데, 무엇을 먹을지 판단할 때 이 능력을 활용한다. 소금과 식초(아세트산) 맛을 첨가한 포테이토칩 봉지를 뜯으면 식초 향이 코를 확 찌르면서 콧속을 덮은 후각 수용기로 직행한다. 그 순간 바로 우리는 포테이토칩의 시큼하고 짭짤한 맛을 기대하게 된다.

우리 조상들은 진화 과정의 산물로서 산의 향과 맛을 감지하는 능력을 얻은 덕분에 독성이 있는 음식 또는 상한 음식을 피하거나 거부할 수 있었다. 상한 우유나 맛이 상한 버터 냄새에 코를 찡그리거나 몸이 움찔할 때 자연스럽게 나오는 물리적 신체 거부 반응을 한번 떠올려보라. 이런 불쾌감을 일으키는 냄새는 유해한 박테리아가 생성하는 부티르산에서 유래한다. 반면 유용한 박테리아가 생성하는 요거트와 같은 발효 유제품을 접한 우리 뇌와 몸에서는 완전히 다른 반응이 일어난다. 요거트의 크리미한 산미를 기대하면서 입에 침이 고이고 코와 입에서는 쾌감 신호가 나타나 우리에게 이 음식은 안전하고 맛있다는 것을 알려준다.

상한 우유 냄새를 만드는 핵심 분자는 요거트 냄새를 만드는 분자와는 그 종류도 양도 다르기 때문에 우리는 각각에 대해 다르게 반응한다. 우리는 각기 다른 산 종류마다 다른 분자들도 경험한다. 식초의 아세트산이나 유제품의 부티르산처럼 냄새를 맡을 수 있는 산 종류도 있지만, 모든 산의 냄새를 맡을 수 있는 것은 아니다. 예를 들면 레몬과 라임에서 나는 향은 우리가 생각하는 것처럼 산(구연산과 아스코르브산)에서 나는 냄새가 아니다. 아세트산과 부티르산은 분자가 작아서 실온에서 쉽게 증발해 콧속의 수용기로 순식간에 이동할 수 있지만, 구연산을 비롯해 음식에 들어 있는 대다수의 산 종류는 분자가 조금 더 커서 곧장 증발하지 못한다. 레몬이나 라임을 자를 때 우리가 느끼는 것은 과일의 산 분자가 아니라 새콤한 시트러스 향을 지닌 완전히 다른 향 분자이며, 과일의 에센셜 오일에서 나오는 것이다.

요리할 때 재료의 산성도를 나타내는 pH를 이해하면 매우 유용한데, 각 재료들의 다른 산성도는 저마다 매우 중요한 역할을 하기 때문이다. 우리가 먹고, 또 요리하는 대다수 재료는 산성이고 극소수만이 알칼리성이다. 산의 낮은 pH 지수(고농도의 수소 양이온)는

pH 지수

산의 구체적인 성질을 이해할 수 있는 유용한 방법이 pH 지수다. 반려 물고기나 반려 식물을 키운 경험이 있다면 물이나 토양의 질과 관련된 pH에 대해 잘 알 것이다. 공식 명칭은 수소 포텐셜potential of hydrogen 지수인 pH 지수는 수용액 속에 들어 있는 수소 이온의 농도를 뜻한다. pH 숫자에 따라 액체는 산성(pH 7.0 이하), 염기성 또는 알칼리성(pH 7.0 이상), 그리고 산성도 알칼리성도 아닌 순수한 물에 해당하는 중성(pH = 7.0)으로 나뉜다.

레몬 즙 같은 산 종류는 양전하를 띤 수소 이온의 농도가 높아서 물에 넣으면 물의 산성과 알칼리성의 균형을 깨뜨려 수소 이온 쪽으로 쏠리게 한다. 산성의 pH는 언제나 7.0보다 낮고, 산성이 강할수록 pH 숫자는 내려간다.

알칼리성 지수 쪽으로 갈수록 pH 값도 올라가는데, 음전하를 띤 수산화 이온이 풍부한 베이킹소다가 여기에 해당한다. 베이킹소다를 물에 녹이면 균형은 음전하를 띤 수산화 이온 쪽으로 쏠리는데, 이런 용액을 염기성 용액 또는 알칼리성 용액이라고 부른다. 이 용액의 pH는 언제나 7.0보다 높다.

풍미를 만들어낼 때 pH가 어떻게 작용하는지 살펴보는 것도 재미있다. 우리가 신맛 또는 산미라고 알고 있는 것은 사실 신맛 나는 음식에 들어 있는 수소 이온이 혀의 미각 수용기와 교감하면서 나오는 반응이다. 산의 익숙한 신맛과 달리 알칼리성 식재료의 맛은 설명하기가 어렵다. 베이킹소다 같은 경우, 비누와 비슷하면서 쓴맛이 조금 감돈다.

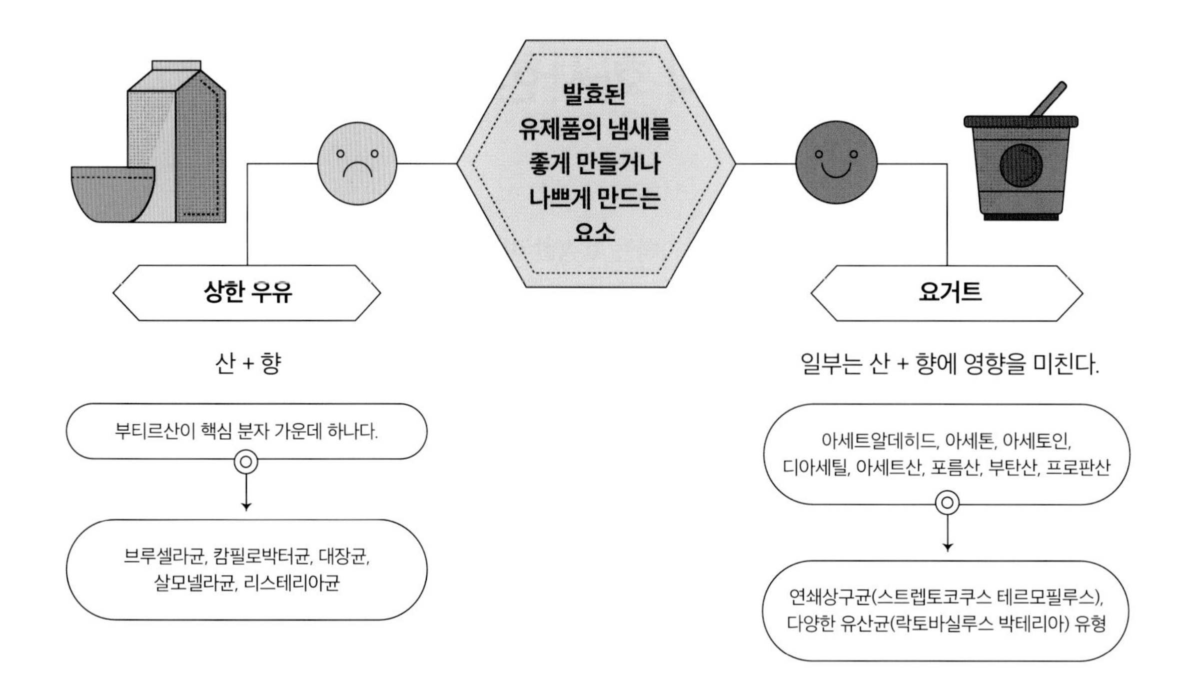

음식에서 신맛이 나는 원인이 되는데, 우리는 요리할 때 이런 성질을 이용한다. 박테리아와 이스트로 발효가 일어나 당 분해가 진행되면 여기서 발생한 산 성분이 유단백질의 물리적 구조를 바꾼다. 이런 현상 덕분에 우리는 요거트, 파니르, 케피르kefir(발효유), 버터밀크, 치즈는 물론 간장, 김치, 된장이나 미소 된장 등을 만들 수 있다. 베이글 가게에서 만드는 베이글의 쫄깃쫄깃한 황갈색 껍질은 pH 지수가 높은 재료의 성질을 이용한 경우로, 베이글을 구울 때 수산화나트륨 용액에 한 번 담갔다가 구우면 이런 질감이 나온다. 내가 이 책에서 소개한 '매콤한 벌집 사탕' 역시 알칼리 성질을 띤 베이킹소다 덕분에 특유의 질감이 생겨난 음식이다.

알칼리성은 밀가루 반죽의 질감과 색상 변화에도 영향을 미친다. 라멘을 제조할 때 제면용 간수로 탄산염과 탄산나트륨을 혼합한 알칼리성 수용액을 사용하는데, pH 지수가 높은 이 액체는 밀가루 반죽에 글루텐이 더 많이 생기게 한다. 그 결과 탄력적이고 매끄럽고 부드러운 질감의 국수가 나온다. 나의 어머니는 콩을 삶을 때 베이킹소다를 소량 넣는데, 이렇게 하면 콩 속의 펙틴이 분해되어 콩의 식감이 더 부드러워지고 먹기가 좋아진다(292쪽 '달 막카니'와 324쪽 '수제 대추야자 시럽'에서 베이킹소다가 내는 효과 참조).

pH는 온도에 상당히 민감하다. 물의 pH도 온도에 따라 바뀐다. 따라서 어떤 종류의 액체든 pH를 측정할 때는 먼저 온도를 반드시 확인해야 한다. 대개 온도가 올라가면 pH는 낮아진다. 실온(25℃)일 때 물의 pH는 7.0으로 산성도 알칼리성도 아닌 중성이다. 물이 끓는점(100℃)에 도달하면 pH는 6.14로 떨어지는데, 물론 그렇다고 이것이 물의 산성화를 의미하지는 않는다(수소 이온이나 수산화 이온 수치에는 변동이 없다). 물은 여전히 중성 pH에 머물러 있고, 다만 100℃에서 측정된 pH는 온도 때문에 달라진 새로운 중성 pH다. 따라서 펄펄 끓는 닭 육수 또는 뜨거운 차의 pH는 실온일 때의 pH와 다르게 나타날 수 있으니 pH를 측정할 때는 꼭 온도를 확인해야 한다.

pH 지수

pH 지수는 어떤 물질에 산(산성) 혹은 알칼리(염기성) 성질이 어느 정도인지 알려준다. 물은 중성이다. 우리가 먹는 음식은 비록 정도의 차이는 있지만 대부분이 산성이다.

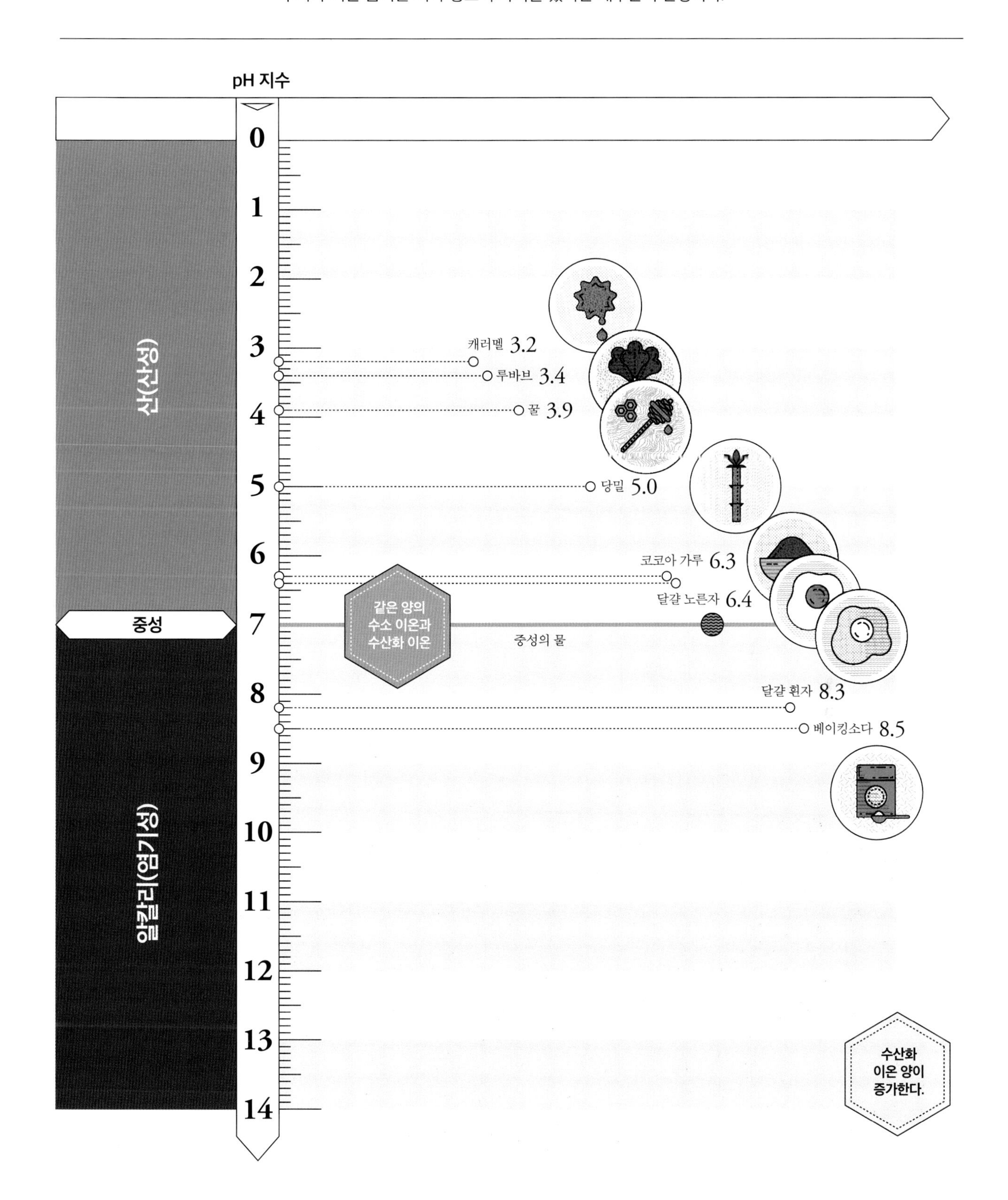

사례 연구: pH가 양파의 색과 질감에 미치는 영향

이 책을 집필하는 동안 나는 산이 요리에 미치는 영향을 보여주기 위해 양파를 캐러멜화하는 재미있는 실험을 해보았다. 각기 다른 질감을 얻기 위해 두 가지 다른 방식의 조리법을 선택했다. 부드러우면서, 잼처럼 끈적하고 진한 식감을 낼 때는 중불에서 장시간 천천히 졸였고, 바삭한 식감을 낼 때는 얇게 썰어 넓적한 베이킹팬에 겹치지 않게 펼쳐서 올린 다음, 149℃로 예열한 오븐에서 구웠다. 양파에는 과당, 프룩탄(과당 중합체), 포도당을 포함한 여러 당 종류가 풍부하게 들어 있는데, 이런 당 종류는 열을 가하면 본래의 단맛이 드러난다. 양파를 얇게 썰어서 잘 펴주면 수분 증발이 잘 되어서 더 바삭해진다.

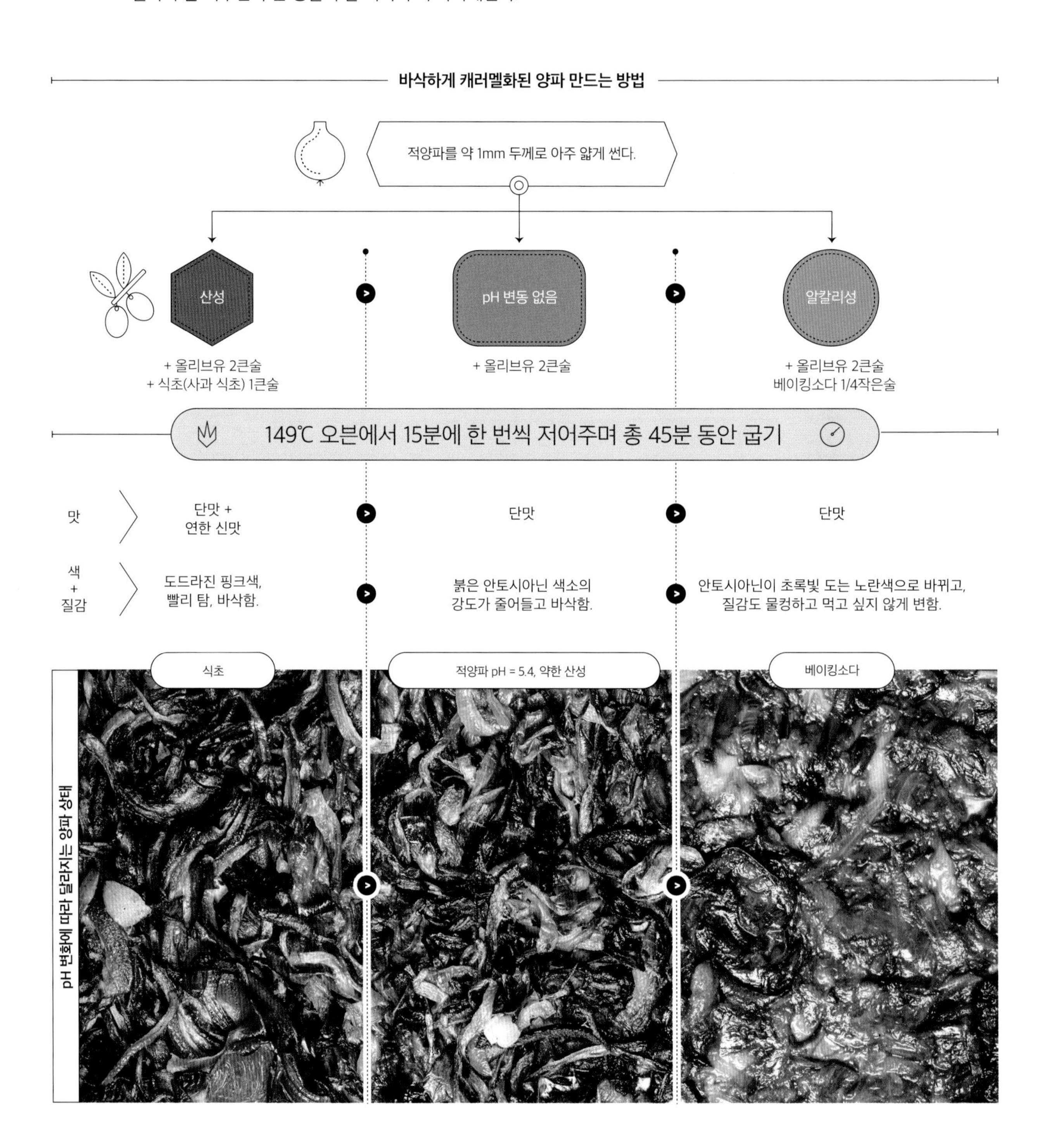

신맛의 화사한 풍미를 올려주는 부스터

여러분이 일주일 동안 먹은 음식을 기록해서 찬찬히 살펴본다면, 아마 거의 대부분의 음식에 산 종류가 들어 있다는 사실을 발견할 것이다. 레몬과 루바브Rhubarb(대황. 신맛이 나는 붉은색 식재료로 서양 요리, 특히 디저트에 많이 활용된다.—옮긴이)에 들어 있는 산은 확 드러나지만 우유와 꿀의 경우는 그렇지 않다. 식물과 박테리아와 이스트는 효소 활동이 일어나는 생화학적 회로를 통해 요리에 활용할 수 있는 산을 생성한다. 시금치 같은 신선한 녹황색 채소는 옥살산이 풍부해서 생으로 먹으면 분필 같은 가루가 치아 표현에 남는 듯한 느낌이 든다. 사과, 망고, 타마린드Tamarind(콩과에 속하는 열대성 과일로 새콤달콤한 맛이 난다.—옮긴이)를 비롯한 다양한 과일에서 새콤한 맛이 나는 이유는 산이 들어 있어서다. 덜 익은 과일은 상당히 시큼하지만 익을수록 (효소가 산을 당으로 바꾸면서) 당이 증가하고 산이 감소한다. 요리에 신맛을 내고 싶을 때 익은 과일보다는 덜 익은 과일을 많이 쓰는 데에는 이런 이유가 있다.

젖산균 같은 특정한 박테리아나 이스트는 과일, 곡물, 우유에 들어 있는 당을 에너지원으로 쓰는 발효 과정에서 아세트산과 젖산을 비롯한 여러 가지 산을 생성한다. 캐러멜화와 마야르 반응처럼, 조리 과정에서 산이 생성되어 음식에 신맛이 나게 하는 반응도 있다. 직접 확인해보려면 캐러멜을 만들 때 태운 설탕을 우유에 넣고 한번 끓여보라(당밀이나 꿀처럼 pH가 낮은 당으로 만든 캐러멜을 쓰면 효과가 더 확실하다). 그러면 당 분해 과정에서 생긴 산 때문에 변성된 유단백질이 응고하면서 유청과 분리되는 현상이 나타날 것이다. 다만, 우유 대신 크림을 쓰면 크림에 들어 있는 지방 때문에 유단백질이 분리되지 않는다(323쪽, '카다멈 토피 소스' 참조).

pH 지수와 풍미 노트를 확인하면 재료의 산미가 식초처럼 먹을 수 있는 산 종류와 비교할 때 어느 정도인지 가늠할 수 있어서 그런 재료의 적당한 사용법을 판단할 수 있다. 예를 들면 시트러스 계열 과일이나 석류 시럽 같은 과즙 계열의 산은 신선한 샐러드, 채소, 과일과 짝을 이룰 때 훨씬 기분 좋은 맛을 낸다. 식초마다 고유의 향이 있는데, 이것을 부담스러워하는 사람도 있으므로 요리할 때 현명하게 써야 한다. 파니르처럼 우유를 비롯한 젖 종류의 단백질과 유청을 분리한 치즈를 만들 때는 식초보다 레몬 즙을 쓰면 더 좋다. 레몬 즙이 훨씬 산성이 강하고(pH가 훨씬 낮다), 완성했을 때 향도 더 부드럽기 때문이다.

하지만 이런 규칙은 꼭 따라야 한다기보다 재료를 창의적으로 활용할 수 있게 도와주는 출발점으로 삼으면 된다. 산은 요리할 때 일반적으로 두 가지 단계에서 사용한다. 음식의 맛과 질감을 위해 요리 시작 단계에 첨가하는 것은 '요리용 산'이다. 식재료를 양념에 재우는 마리네이드, 스튜나 수프에 넣는 식초나 레몬 즙 혹은 라임 즙 같은 산이 여기에 해당한다. 요리를 완성하는 마지막 단계에 산을 넣는 경우도 있는데, 이처럼 먹기 직전에 샐러드나 구운 당근 위에 뿌리는 신선한 레몬 즙이나 라임 즙은 가니시용 산이라고 한다.

이제 내가 좋아하는, 음식에 화사함을 얹어주는 식재료 몇 가지와 이를 요리에 활용하는 방법을 소개하고자 한다.

버터밀크, 케피르, 요거트

버터밀크(pH 4.52), 케피르(pH 4.25), 요거트(pH 4.3)는 모두 젖 발효로 만든 유제품이다. 이런 종류의 유제품을 만들 때 활용되는 박테리아나 균은 기본 재료가 무엇이고 만드는 장소가 어디냐에 따라 그 종류가 달라진다. 버터밀크를 만들 때는 우유에 젖산이 생기도록 박테리아를 첨가하는데, 이 박테리아 때문에 젖당이 발효하면서 우유의 pH 지수가 떨어진다. 이 과정에서 우유는 단백질 구조가 변형되어, 응고한 흰색 유단백질과 초록빛이 감도는 노란 유청으로 분리된다.

버터밀크 만드는 법은 전통적인 방식과 배양 방식, 두 가지가 있다. 전통적인 방식으로 만든 버터밀크(클래버드 버터밀크)는 우유를 한참 휘저어서 버터를 만들고 남은 액체다('쉬어서 굳어진다'는 뜻의 '클래버드'는 발효 때문에 우유 맛이 시큼해지면서 농도가 요거트처럼 걸쭉해지는 상태를 말한다.—옮긴이). 이렇게 얻은 버터밀크는 원래부터 신맛이 있는 우유를 쓰지 않는 한 시큼한 맛이 나지 않는다. 서양에서 쉽게 찾을 수 있는 발효 버터밀크는 신선한 우유를 발효해서 시큼한 맛이 나는데, 나는 이 발효 버터밀크를 요리에 자주 사용한다.

케피르는 캅카스산맥 지역과 동유럽 일부 지역에서 생겨난 탄산성 발효 젖으로, 산뜻하게 시큼한 맛이 난다. 이 지역에서는 특수한 조합의 박테리아와 이스트가 들어 있는 케피르 종균을 신선한 양 젖이나 염소 젖에 넣어서 만드는데, 발효 과정에서 발생하는 이산화탄소로 탄산이 생성된다. 케피르는 버터밀크와 아주 유사해서 종종 버터밀크 대용으로 쓰인다(82쪽의 '강황 케피르 소스에 버무린 콜리플라워 구이', 98쪽의 '블루베리와 오마니 라임 아이스크림' 참조). 케이크나 팬케이크, 기타 반죽에 케피르나 버터밀크를 넣으면 새로운 새로운 풍미가 생기고 부드러워진다.

유제품이 들어가지 않은 케피르나 요거트도 있는데, 이런 경우 다른 미생물이 들어가고, 유당 대신 다른 당이 쓰인다. 젖 종류가 안 들어가는 락토 프리 발효 음식을 만들 때는 어떤 견과나 씨앗이 들어가느냐에 따라 농도가 달라지므로 재료의 성질을 잘 파악해서 레시피를 알맞게 조절해야 한다.
당장 버터밀크가 없을 때는 임시방편으로 우유에 식초나 레몬 즙 몇 큰술을 섞어 쓰는 방법이 있다. 대부분의 베이킹 요리에 이 대용품을 써도 큰 무리는 없지만, 케피르나 버터밀크가 꼭 들어가야 하는 요리를 할 때는 원하는 효과를 기대하기 어렵다.

버터밀크 대용액 만드는 법

레몬 즙, 혹은 특별한 색이나 맛이 없는 증류 식초 1큰술 + 우유 1컵. 모든 재료를 잘 섞고 우유가 덩어리질 때까지 실온에 약 5분간 둔다.

버터밀크, 요거트, 케피르 모두 젖산이 들어 있어 열을 가하면 유단백질 구조가 바뀌면서 응고된 단백질과 유청으로 분리되어 음식이 지저분해질 수 있다(83쪽 '강황 케피르 소스에 버무린 콜리플라워 구이' 참조). 이를 피하려면 다음 세 가지 팁을 기억하라. (1) 최대한 신선한 상태일 때 사용하는 것이 좋다(우유가 오래된 것일수록 미생물에 의한 발효 진행으로 산이 더 많이 생겨서 단백질 분리 속도가 빨라진다). (2) 이런 발효 유제품은 요리 마무리 단계에 넣는 것이 좋다. (3) 약한 불에서 조리하는 것이 좋다.

암추르와 설익은 망고

인도를 비롯해 열대 기후의 나라에서는 신맛을 낼 때 설익은 녹색 망고(pH 2.65)를 요리에 자주 쓴다. 망고는 녹색 껍질과 과육 모두 먹을 수 있는데, 보통은 설익은 망고를 깍둑썰기 해서 샐러드에 바로 넣어서 먹지만, 스튜나 커리에 썰어 넣고 조리해서 먹기도 한다.
인도에서는 설익은 망고를 햇볕에 말려 건조한 뒤 고운 가루로 빻아 감칠맛 요리에서 화사함을 더하고자 할 때 쓴다. 이 가루를 암추르Amchur라고 한다. 달콤하고도 짭짤한 요리에 고추를 조금 넣고 암추르만 뿌려도 맛있다. 암추르는 인도의 길거리 음식에도 들어가고, 양념에 과일의 신맛을 더할 때도 쓰인다(322쪽 '타마린드와 대추야자 처트니'). 신선한 샐러드와 과일, 기름에 볶거나 구운 채소(116쪽 '채소 파코라', 86쪽 '토마토 아차리 폴렌타 타르트'), 해산물 석쇠 구이나 볶음 위에 고명으로 뿌려도 좋다. 특히 암추르의 화사한 과일 맛은 복숭아나 사과처럼 은은한 단맛의 과일과 대비를 이루어, 함께 쓰면 다른 과일 맛을 더 맛깔스럽게 해준다. 암추르는 인도 물품을 파는 가게나 향신료 가게에서 분말 형태로 찾을 수 있다
설익은 녹색 토마토, 덜 익은 딸기, 완전히 익지 않은 다른 종류의 과일로도 비슷한 효과를 낼 수 있으니, 이렇게 설익은 과일을 가지고 실험해보는 것도 재미있을 것이다.

레몬과 라임

요리에 신맛을 낼 때 가장 자주 쓰는 시트러스 계열 과일이 레몬(pH 2.44)과 라임(pH 2.6)이다. 레몬과 라임 모두 구연산과 아스코르브산이 들어 있지만 pH 지수는 달라서 라임이 훨씬 산성이 강하다(레몬의 구연산 함량은 5%이고 라임은 8%). 레몬은 라임보다 달콤한 맛이 더 강한데 이것이 신맛을 부드럽게 눌러주는 역할을 한다(레몬의 당 함량은 2.5%이고 라임은 1.69%). 조금 더 강렬하게 화사한 맛을 원할 때는 라임을 쓰는 것이 좋다.
레몬 중에 메이어Meyer 품종은 껍질이 얇고 꽃향기가 도드라져서, 유레카Eureka 품종이나 리스본Lisbon 품종보다 달콤한 대신 신맛이 비교적 적다. 그래서 나는 절임이나 피클을 만들 때는 되도록 메이어 품종을 쓴다. (레몬을 제스트 또는 절임용으로 쓴다면 국산 레몬 활용을 추천한다. 국산 레몬은 제주에서 많이 재배되는 유레카 품종, 그리고 육지에서 많이 재배되는 리스본 품종이 아직까지는 일반적인데, 특히 제주 유레카 품종은 단맛이 강해서 책에서 소개하는 절임용으로 활용하면 좋다.—옮긴이)
페르시아 요리에 쓰이는 오마니 라임은 훈제 향이 살짝 도는 라임이다. 스튜나 아이스크림(98쪽 '블루베리와 오마니 라임 아이스크림' 참조)에 이 라임을 쓸 때는 바싹 말린 라임 껍질에 구멍을 몇 개 뚫거나, 눌러서 깨진 홈을 만들어 뜨겁거나 차가운 액체에서 우리면 된다. 고운 가루로 갈아놓은 오마니 라임은 피하는 것이 좋다. 라임에 들어 있는 쓴맛 화합물이 가루 상태에서는 더 도드라지고, 무엇보다 오래 묵을수록 더 강해지기 때문이다.

석류 시럽

석류 시럽(pH 1.71)은 석류 즙을 졸여서 농축시킨 걸쭉하고 짙은 갈색 액체로, 달콤한 맛과 과일 풍미가 도는 독특한 산미가 있다. 석류 시럽은 졸여서 만들기 때문에(부피가 줄어들면서 산성 농도가 올라간다) 석류 즙에 비해 신맛이 훨씬 강하므로 조금만 써도 큰 효과를 볼 수 있다. 샐러드용 드레싱을 만들 때 식초 대신 쓰면 좋아서 중동 요리나 페르시아 요리에서 빠져서는 안 될 양념으로 사랑받는다. 감칠맛 나는 스튜에 살짝 산미를 얹고 싶을 때, 혹은 석쇠로 구운 고기, 특히 양고기에 뿌리면 좋다. 수제 토마토 소스에도 티스푼으로 1~2술 저어서 넣으면 단맛 도는 화사한 맛이 바로 살아나 전체적으로 소스 맛이 향상되는 것을 느낄 수 있다. 나는 석류 시럽을 냉장 보관하는데, 그러면 낮은 온도로 당 결정이 생기기도 한다. 이럴 때 뜨거운 물 속에 시럽 병을 몇 분간 담가놓으면 결정이 사라진다(꿀에 결정이 생겼을 때도 같은 방법을 쓴다).

수맥

세계 여러 지역에서 생산되는 수맥Sumac(pH 3.10)은 암추르처럼 달콤한 짠맛이 있는 요리 위에 뿌리는 가니시로도 쓰이고, 신선한 샐러드에도, 밥 지을 때도 쓰이는 식재료다. 요리에 화사함을 살리고

싶은데 레몬이나 라임, 식초처럼 수분이 있는 재료를 쓰고 싶지 않을 때 수맥은 좋은 대안이다. 심플 시럽simple syrup(물과 설탕을 1:1로 섞어서 졸인 시럽. 음료나 칵테일, 디저트 종류 위에 뿌리는 액체 감미료.—옮긴이) 만들 때 수맥을 물에 풀어서 졸이면 산미가 강해진다. 주의할 점은, 너무 오래 가열하거나 물에 장시간 우려내면 수맥의 타닌 성분 때문에 쓰고 톡 쏘는 뒷맛을 남긴다는 것이다. (수맥Sumac은 옻나무 종류에서 나는 검붉은색 열매를 말려서 분쇄한 분말 형태의 식재료다. 아랍권에서 숨마크Summāq라고 불리는 이 가루는 주로 아랍 요리에 많이 쓰이고, 음식에 산미를 더한다.—옮긴이)

토마토

토마토(신선한 상태일 때 pH 4.42, 페이스트 상태일 때 pH 4.2)에는 기본적으로 구연산이 풍부하게 들어 있고 글루타메이트도 다량 들어 있다. 잘 익은 토마토는 단맛이 나고, 이것저것 시도해보고 싶게 만드는 다양한 색상과 모양, 크기를 자랑한다. 나는 신선한 토마토를 즐겨 먹거나 요리에 자주 쓰는데, 수분을 더하지 않으면서 진한 토마토 풍미를 내고 싶을 때는 생 토마토 대신 토마토 페이스트나 선드라이드 토마토를 쓴다. 토마토를 조리하면 수분이 증발하고 산이 농축되어 페이스트나 통조림으로 가공한 토마토는 신선한 상태일 때보다 신맛이 훨씬 강하다(152쪽 '커리 잎을 넣은 토마토 구이'와 156쪽 '타마린드와 구운 토마토 수프' 참조).
인도 요리에서는 더 진한 풍미를 내기 위해 토마토를 장시간 졸이는 레시피를 자주 볼 수 있는데, 나는 조리 시간을 단축하기 위해 토마토 페이스트를 쓴다(292쪽 '달 막카니' 참조).

탄산음료

탄산음료(pH 4.8)도 이 목록에 포함한 이유는 이런 음료를 마실 때 우리가 그 풍미를 감지하는 메커니즘이 독특하기도 하고, 맛 자체가 새콤하기 때문이다. 탄산음료의 신맛은 이산화탄소 가스가 물에 녹으면서 발산하는 탄산에서 기인한다. 샴페인에 들어 있는 이산화탄소는 발효되어 자연 발생적으로 생겨난 것이지만, 그 밖의 탄산음료는 기계적 압력을 가해 물이나 기타 액체에 가스를 임의로 집어넣은 경우다.
일반적으로 이산화탄소는 물에 들어가는 것을 싫어해서 무슨 수를 써서라도 아주 작은 가스 거품 형태로 수면으로 떠올라 도망가려는 성질이 있다. 압력이 유지되도록 탄산음료를 잘 밀봉해야 하는 이유도 이 때문이다.
샴페인을 한 모금 마시면 세 가지 일이 일어난다. 첫째, 신맛 수용기가 갑자기 바뀐 pH에 반응한다. 둘째, 수용기 근처에 있던 효소가 유입된 이산화탄소를 감지해 우리에게 거품이 얼마나 맛있는지를 알려준다. 셋째, 입안의 표면을 덮은 기계적 감각 수용기가 거품을 느낀다.
수분의 양이 문제가 되지 않는 요리를 할 때는 베이킹소다 대신 탄산수를 쓸 수 있다. 팬케이크나 와플 반죽을 만들 때 레시피에 적힌 액체 재료 대신 같은 양의 탄산수를 한번 넣어보라. 탄산 기포는 새콤달콤한 맛을 가미한 음료의 신맛을 더 도드라지게 하는 역할을 한다. '생강과 후추로 맛을 낸 히비스커스 청량 음료'(266쪽), '레몬-라임-민트 에이드'(98쪽), '차이 마살라를 넣은 자몽 소다'(120쪽)에 들어가는 농축액을 희석할 때 물 대신 탄산수를 써보라.

타마린드

나의 어머니는 크리미한 생선 스튜와 인도 남부의 렌틸콩 스튜인 삼바르Sambhar를 만들 때 부드럽게 으깬 작은 타마린드 덩어리(pH 2.46)를 넣으셨는데, 그 작은 덩어리 하나로 마법 같은 일이 일어났다. 우스터 소스에도 각종 감미료와 향신료를 넣어 발효한 타마린드 농축액이 들어간다. 타마린드의 원산지는 덥고 건조한 아프리카인데, 인도와 아시아 여러 지역으로 퍼지며 지역 요리에서 신맛을 내는 핵심적인 재료로 빠르게 자리 잡았다.
타마린드 과육에는 본래 신맛이 있고, 잘 익은 타마린드는 단맛이 강해진다. 인도 요리에서 설익은 타마린드 열매를 애용하는 이유는 신맛이 더 강하기 때문인데, 이 신맛의 주성분은 타르타르산이다. 타마린드는 제품으로 가공되어 파는 농축된 제품은 되도록 피하고 신선하거나 냉동된 상태, 열매를 물에 불려서 체에 내린 페이스트를 쓰는 것이 좋다. 국물 요리나 스톡 만들 때 레몬이나 식초 대신 타마린드로 색다른 과일 풍미의 신맛을 낼 수도 있다.

타마린드 페이스트 만드는 방법

이 레시피로 약 1+1/4컵(360g)의 페이스트를 만들 수 있다. 씨 없는 타마린드 과육 1컵(200g)을 열이나 산성에 반응하지 않는 큰 용기(스테인리스강, 유리, 도자기, 점토, 법랑 등의 용기는 산성과 반응해서 요리 맛에 영향을 미친다.—옮긴이)에 담고 끓는 물 2컵(480ml)을 붓는다. 김이 새어나가지 않게 용기 위를 덮은 뒤, 타마린드가 부드러워질 때까지 약 1시간가량 불린다. 과육이 부드러워지면 포크나 매셔로 으깨다가 더 큰 다른 용기에 고운 체를 올려 으깨면서 걸쭉한 타마린드 곤죽에서 액체만 남기고 나머지는 걸러낸다. 이때 타마린드 즙이 최대한 많이 나오도록 꾹꾹 눌러가며 거르고, 남은 섬유질은 버린다. 이 페이스트는 바로 사용하거나, 밀폐 용기에 담아 냉장 보관하면 된다. 냉장 유통 기한은 약 1개월 정도이고, 냉동 보관하면 3개월까지 보관할 수 있다.

참고 타마린드 열매 8~12개를 사용하되, 과육을 둘러싼 딱딱한 깍지, 씨, 실처럼 생긴 섬유질은 미리 제거한다.

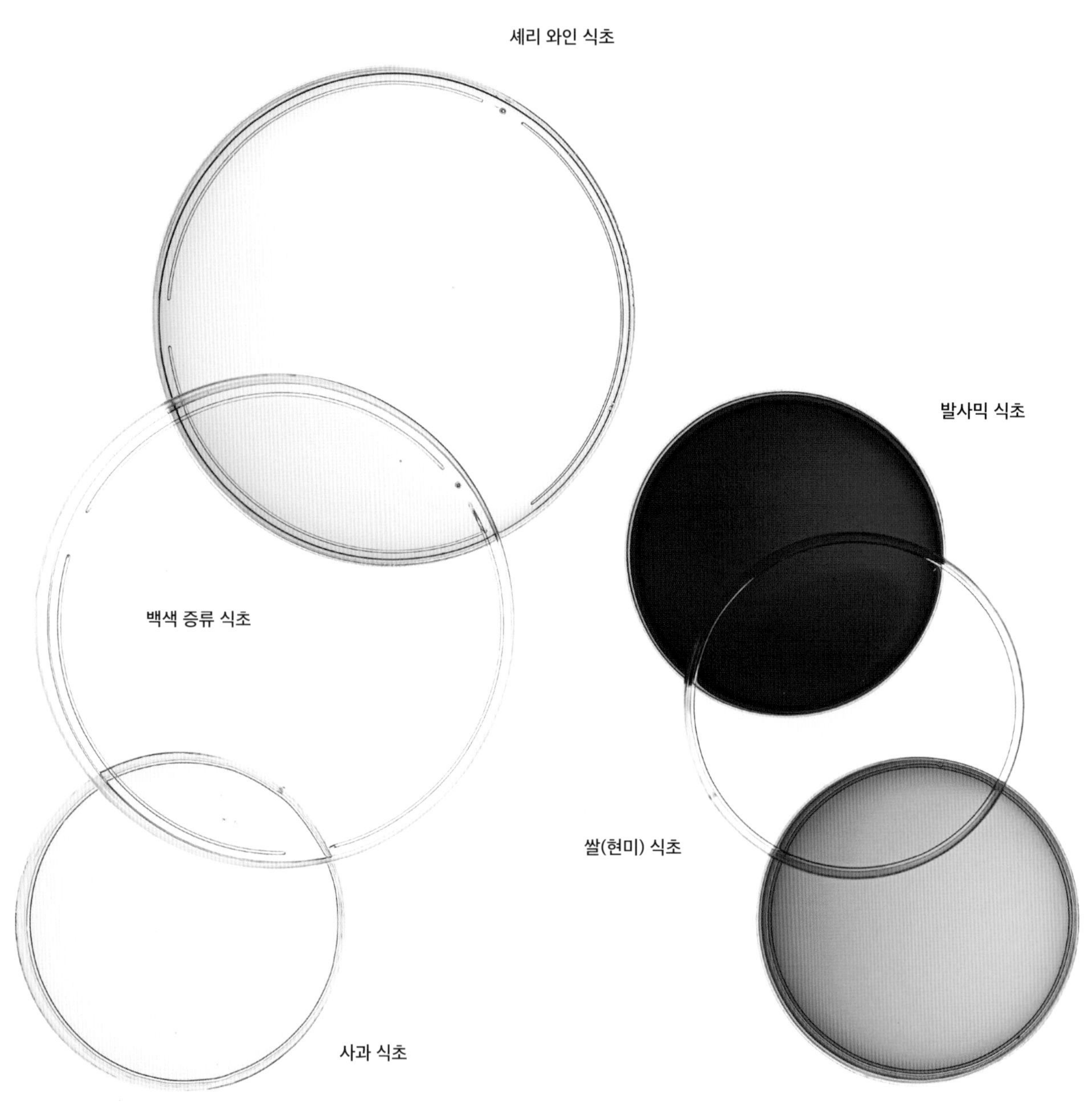
셰리 와인 식초
발사믹 식초
백색 증류 식초
쌀(현미) 식초
사과 식초
매실 식초

석류 시럽
수맥
암추르
다양한 형태의 토마토
오마니 라임

화사한 풍미를 끌어올리는 요긴한 방법

+ 산은 요리에 시각적으로도, 질감에도 대비 효과를 내면서 특정한 재료를 더 맛있게 만들어줄 수 있다.

+ 거의 모든 베리 종류, 토마토, 망고, 사과 같은 과일은 신선하든 말린 상태든 상관없이 샐러드에 넣으면 산미가 확 살면서 질감을 더 살릴 수 있다.

+ 라임, 레몬, 석류 즙 같은 과즙, 그리고 석류 시럽은 먹기 직전, 요리를 완성할 때 쓰면 좋다.

+ 산은 요리 재료에 들어 있는 색소를 바뀌게 할 수 있다. 예컨대 적양파에 식초를 넣고 조리하거나 절이면 밝은 핑크색으로 바뀐다(적양파로 피클을 만들면 양파가 밝은 핑크색으로 바뀌는 것도 같은 이유다).

+ 녹말의 구조를 분해하고 싶거나, 녹말로 걸쭉해진 국물을 묽게 만들고 싶을 때 산을 쓰면 된다(255쪽 '만차우 수프' 참조).

+ 산은 동물성과 식물성 조직에 변화를 일으켜 좀 더 먹기 좋게 만들어준다. 육류 요리를 양념에 재우는 마리네이드(marinade)에는 대체로 라임 즙이나 요거트 같은 산성 재료가 들어간다. 이런 재료의 낮은 pH가 고기 표면의 단백질 구조를 변화시켜 더 빨리 익게 하고 질감도 부드럽게 만들어준다. 마리네이드는 재료의 표면에만 영향을 미치므로 나는 고기를 재울 절임액이 골고루 스며들도록 미리 포크로 고기에 구멍을 내거나, 닭고기의 경우 작고 깊은 칼집을 내준다.
채소, 과일, 콩류의 구조는 펙틴, 헤미셀룰로오스(hemicellulose), 리그닌(lignin), 셀룰로오스(cellulose), 이 네 가지 다당류로 이루어져 있다. 조리 과정에서 pH가 달라지면 식물성 조직에도 변화가 일어난다. 콩을 조리할 때 베이킹소다를 넣으면 pH가 올라가면서 콩 속의 펙틴과 헤미셀룰로오스가 물에 잘 녹는 상태로 바뀐다(292쪽 '달 막카니' 참조). 콩과 양파가 부드러워지면서 익는 속도가 빨라지는 것도 이런 이유 때문이다. 반면 식초 같은 산 종류를 넣으면 정반대의 효과로 구조가 강화되어 콩이 단단해진다.

+ 케밥이나 햄버거 또는 인도식 미트볼인 코프타(Kofta)에 쓰는 다진 고기를 조리할 때는 고기가 익은 다음에 산을 넣어야 한다. 산의 낮은 pH는 고기를 구성하는 근육 단백질 구조에 영향을 미쳐 변성을 일으켜서 단백질이 더는 수분을 끌어당길 수 없게 만든다. 고기를 다지면 덩어리 상태일 때보다 산에 노출되어 반응하는 근육 단백질의 면적이 늘어난다. 그래서 햄버거 패티 같은 다진 고기를 조리할 때 산을 너무 일찍 넣으면 고기가 육즙을 제대로 머금지 못해 퍽퍽해지고 질겨진다.

+ 마리네이드에 들어가는 산(162쪽 '양갈비 구이' 참조)은 레드 미트(red meat)(소, 말, 다 자란 양의 고기인 머튼(mutton), 사슴 고기 베니슨(venison), 수퇘지(boar), 말, 큰 토끼 고기 종류인 헤어(hare)를 포함한 붉은색 육류.—옮긴이 주)의 콜라겐을 물에 잘 녹게 만들어 고기가 질겨지는 것을 막아주고 육즙을 잘 머금게 하며 연육 작용이 잘되게 하여 고기를 훨씬 촉촉하고 맛있게 만들어준다.

+ 산은 요리에 들어가는 재료로도 쓰이고, 마지막 단계에서 가니시할 때 넣어 요리를 완성하는 용도로도 쓰인다. 또한 고기를 양념에 미리 재어놓을 때 넣기도 하고(158쪽 '석쇠에 구운 치킨 샐러드' 참조), 돼지 갈비에 맥아 식초를 넣을 때처럼 음식의 질감을 향상시키기 위해 요리하는 도중에 넣기도 한다.

+ 산을 넣은 요리는 며칠 지나면 더 맛있어진다. 돼지고기 요리에 맥아 식초를 넣어서 완성한 다음에 맛을 보고, 며칠 지난 뒤 다시 한번 맛을 보라(물론 남아 있는 게 있다면). 분명한 차이를 느낄 수 있을 것이다. 고아 지역의 전통 요리인 빈달루와 돼지고기 커리인 소르포텔(Sorpotel)에는 식초가 들어간다. 식초는 돼지고기의 연육 작용을 도와주고 맛을 좋게 해줄 뿐만 아니라 방부제 기능도 한다. 우리 가족은 이런 요리를 할 때 미리 만들어서 몇 주에서 최장 한 달까지 먼저 냉장 보관한 뒤에 먹는다. 이렇게 장시간 보관하면 풍미가 더 좋아지며, 풍부하게 들어간 식초가 박테리아 증식을 막아준다.

+ 산은 방부 효과가 있어서 피클이나 김치 같은 발효 식품(재료들이 자연 발생적으로 반응하면서 산이 발생한다)에 유해한 박테리아가 증식하지 못하게 한다.

+ 뼈를 고아서 육수를 만들 때 레몬 즙이나 식초 같은 산을 넣으면 산의 낮은 pH 때문에 뼈의 칼슘이 물에 녹고 콜라겐을 젤라틴으로 바꾸어 더 진하고 풍부하고 맛있는 풍미의 육수가 되게 한다.

+ 두 가지 이상의 산을 섞어서 더 화사한 풍미를 낼 수도 있다. 인도에는 새콤하고 짭조름하게 만들어서 간단하게 먹을 수 있는 차트(Chaat)라는 길거리 간식거리가 있는데, 다양하게 고를 수 있는 이 요리에 들어가는 라임 즙, 타마린드, 암추르 조합은 여러 차원의 화사한 신맛을 낸다(74쪽 '대추야자-타마린드 드레싱을 올린 병아리콩 샐러드' 참조).

+ 신맛이 나는 재료가 들어가면 단맛을 눌러주어서 음식을 더 맛있고 먹기 좋게 한다. 리즐링(riesling)처럼 당 함량이 높은 와인의 산미는 단맛을 중화하는 역할을 한다. 단맛이 강한 과일이나 디저트에 레몬 즙이나 라임 즙을 조금 뿌리면 단맛을 떨어뜨리고 음식에서 좀 더 입체적인 풍미를 만들어낸다.

+ 산은 쓴맛을 눌러준다. 비네그레트 드레싱(식초에 갖가지 허브를 넣어 만든 샐러드용 드레싱.—옮긴이)에 들어간 산은 라디키오, 엔다이브, 시금치 같은 잎채소의 강렬한 쌉싸름함을 눌러준다. '커피-미소 된장 타히니 소스를 올린 과일 오븐 구이'(124쪽)를 만들어보면 라임 즙이 어떻게 이런 효과를 내는지 체감할 수 있다.

+ 산은 짠맛을 느끼는 정도에도 영향을 끼친다. 산이 많이 들어간 요리는 짠맛이 덜 느껴지지만, 산이 적게 들어갈 때는 짠맛이 더 강하게 느껴진다. 샐러드 드레싱처럼 산이 들어간 소스에 소금 간을 할 때 이 점을 꼭 기억해두길 바란다.

+ 온도 역시 신맛에 영향을 끼칠 수 있다. 따뜻한 온도로 음식을 내면 신맛이 더 강하게 느껴지지만, 식었을 때는 약하게 느껴진다. 예를 들면 차가운 레모네이드가 미지근해지면 신맛이 더 강해진다.

+ 망고, 파인애플, 복숭아, 체리처럼 과일 풍미의 신맛이 강한 재료는 달콤한 과일 종류나 디저트와 잘 어울리고, 바비큐 소스에 넣거나 구운 고기와 곁들이면 고기의 느끼함을 눌러준다.

+ 시트러스 계열 과일의 신맛을 더하고 싶을 때 과즙과 함께 제스트를 쓰면 과일 껍질에 들어 있는 에센셜 오일의 효과를 최대로 끌어올릴 수 있다.

+ 시금치와 루바브를 생으로 먹으면 이 채소들에 들어 있는 옥살산 때문에 신맛이 더 강하게 느껴진다(이런 채소를 먹고 나서 혀로 치아를 훑어보면 표면이 조금 거칠어진 것을 느낄 수 있는데, 채소에 들어 있는 옥살산 결정이 치아에 들러붙어서 그런 것이다). 옥살산은 열을 가하면 분해되므로 이 채소들은 조리하면 신맛이 줄어든다.

+ 암추르, 오마니 라임, 수맥, 말린 토마토는 요리에 수분 없이 화사함을 낼 수 있는 재료다. 생채소, 과일 또는 조리된 음식 위에 올리는 가니시로 활용하거나 시즈닝 믹스에 넣어보라. 이 재료들에 들어 있는 산은 수용성이어서 물을 붓고 끓여서 신맛을 추출할 수도 있다. 이 방법으로 심플 시럽을 만들어보라(266쪽 '히비스커스 청량 음료' 참조).

+ 산은 튀김이나 볶음 같은 기름진 음식의 느끼함을 눌러주는 역할을 한다. 샌드위치에 절인 양파를 올린다든지, 감자튀김에 식초를 뿌리거나, 고기 요리에 요거트를 올리거나, 구운 채소에 새콤한 곁들임을 함께 내면 대비되는 맛의 조합으로 균형을 이루어 음식을 더 맛있게 즐길 수 있다. '구운 델리카타 호박'(252쪽)과 '오븐에 구워 건파우더를 뿌린 감자튀김'(144쪽)을 만들어보고 기름진 맛에 신맛을 더하면 어떤 느낌이 들고 어떤 맛이 나는지 메모해두고 음식의 균형과 조합을 생각해보는 것도 요리할 때 도움이 될 것이다.

매콤한 호박씨를 올린 로메인 상추 팬 구이

Grilled Hearts of Romaine with Chilli Pumpkin Seeds

그릴링®은 내가 개인적으로 좋아하고 자주 쓰는 요리법이다. 차가운 식재료가 뜨겁게 달군 석쇠를 만나는 순간, 치익 하고 나는 소리, 그리고 익어가면서 새로 생기는 요소들이 만들어내는 향 모두가 매력적이다. 이 샐러드에서는 로메인을 통째로 석쇠에 구워 완전히 다른 풍미를 만들어낸다. 그릴팬을 사용했지만 야외에서 석쇠나 그릴 위에서 직화 구이를 해도 좋다.

재료(4인분 기준)

매콤한 호박씨

호박씨 1/4컵(35g)

엑스트라 버진 올리브유 1큰술

파프리카 가루 1/2작은술

고운 천일염

붉은 고추 플레이크●●
1작은술(알레포(Aleppo), 마라슈(Maras), 우르파(Urfa) 추천)

마늘 요거트 드레싱(1컵, 240ml)

무가당 유지방 100% 그릭 요거트 3/4컵(180g)

크렘 프레슈●●● 1/4컵(60g)

석류 시럽 2큰술

갓 짠 라임 즙 2큰술

마늘 2개, 갈아서

강황 가루 1/2작은술

고운 천일염

엑스트라 버진 올리브유 2큰술, 석쇠에 바를 수 있도록 여분도 준비

로메인 2통, 반으로 잘라서

라임 1개, 반으로 잘라서

파르메산 치즈 2큰술, 가니시용(생략 가능)

풍미 내는 방법

로메인과 라임을 석쇠에 구우면 캐러멜화와 마야르 반응에 의해 깊은 풍미가 생긴다.

라임 즙과 그릭 요거트의 젖산은 지방과 단백질의 진하고 크리미한 질감과는 다른 풍미로 조화로운 균형을 만들어낸다. 파르메산 치즈에 풍부한 유리 글루타메이트가 짭조름한 감칠맛을 살짝 낸다.

로메인에 열을 가하면 잎은 부드러워지지만 속대는 아삭함을 유지하는 식으로 서로 다른 식감을 낼 수 있다.

1. 작은 스킬릿●●●●이나 프라이팬을 중불로 달구는 동안, 작은 볼에 호박씨, 올리브유, 파프리카 가루를 넣고 잘 섞고 소금으로 간을 맞춘다.
2. 버무린 호박씨를 달군 팬에서 약 60~90초 동안 황갈색이 돌 때까지 볶는다.
3. 호박씨를 불에서 내린 다음, 붉은 고추 플레이크를 넣고 잘 섞이도록 팬을 흔들었다가 접시에 옮겨 넓게 펼쳐서 식힌다.
4. 요거트, 크렘 프레슈, 석류 시럽, 라임 즙, 마늘, 강황 가루를 블렌더에 넣고 곱게 갈아서 드레싱을 만든다. 맛을 보고 소금으로 간을 조절한다.
5. 중강불로 그릴팬을 달군 뒤, 솔로 올리브유를 조금 바른다.
6. 로메인을 반으로 잘라 솔로 잘린 단면에 올리브유를 바르고 반으로 자른 라임의 단면에도 바른다. 먼저 로메인의 자른 면이 아래를 향하도록 해서 달군 팬에 올려 탄 자국이 살짝 날 때까지 굽다가 뒤집어준다. 굽는 시간은 각 면당 2분에서 2분 30초 정도 잡으면 된다.
7. 로메인이 다 구워지면 불에서 내려 소금으로 간을 한다.
8. 라임도 자른 면이 아래를 향하도록 해서 팬에 올려 그릴 자국이 날 때까지 약 1분간 굽는다.
9. 구운 로메인을 큰 접시에 담고 그 위에 마늘 요거트 소스를 몇 큰술 살살 뿌린다.
10. 구워진 로메인 위에 호박씨, 기호에 따라 파르메산 치즈를 올리고, 구운 라임과 따로 그릇에 담은 드레싱을 곁들여 내서 바로 먹는다.

●

그릴링(grilling)은 가스 혹은 석탄류의 직화 위에 기름을 쓰지 않거나 약간 바르고 뜨겁게 달군 석쇠에서 식재료를 재빠르게 익히는 조리법이다. 불의 위치는 위, 아래, 양옆, 가운데, 혹은 이 모두를 포함하는데, 특히 생선 구이처럼 불 위에 올려 익히는 조리법을 브로일링(broiling)이라고 한다. 석쇠 자국을 낼 수 있는 그릴팬, 고기나 팬케익을 구울 수 있는 편편한 그리들(griddle)을 이용한 요리도 여기에 포함되긴 하지만, 원칙적으로 직화 석쇠 구이 조리법을 일컫는다.

(*이하 ● 표시한 설명은 옮긴이 주다.)

●●

고추 플레이크는 고추를 말려서 굵은 입자로 빻은 것을 말한다. 해외 식재료를 취급하는 마트나 온라인으로 구입 가능하고, 국산 굵은 고추 가루로도 대체 가능하다.

●●●

크렘 프레슈(crème fraîche)는 생크림을 발효해 새콤한 맛이 조금 나며 유지방을 약 28~30% 함유한 크림이다. 우유를 발효한 사워크림(유지방 약 20%)보다는 신맛이 약하고 전체적으로 진하다. 디저트의 토핑이나 크림 계열 요리의 농도를 걸쭉하게 만들 때 사용한다.

●●●●

스킬릿(skillet)은 뚜껑이나 덮개가 없고 손잡이가 달려 있으며 가장자리 경사가 비교적 완만한 모양의 프라이팬이다.

대추야자-타마린드 드레싱을 올린 병아리콩 샐러드

Chickpea Salad with Date + Tamarind Dressing

인도 요리에서 길거리 음식은 많은 이들에게 사랑받는 품목이다. 플랫브레드●의 일종인 루말리 로티Roomali roti에 매콤하고 촉촉한 고기를 싸 먹는 케밥에서 새콤달콤한 간식인 차트에 이르기까지, 인도 길거리 음식은 다양한 종류와 풍미를 자랑한다. 그렇다 보니 인도를 방문할 때마다 레스토랑보다는 이런 길거리 맛집을 찾아다니는 데 더 많은 시간을 할애하는 것 같다. 이 샐러드에 들어가는 드레싱은 인도 길거리 음식의 재료와 맛에서 영감을 얻었다.

재료(2~4인분 기준)

드레싱

대추야자 시럽 1/4컵(60ml), (324쪽 참조)

타마린드 페이스트 1큰술(67쪽 참조)

갓 짠 라임 즙 1큰술

생강 가루 1작은술

고운 천일염

병아리콩 샐러드

병아리콩 통조림 1통, 통조림(400~445g)을 쓸 경우 물기를 뺀 뒤 한 번 씻어서, 말린 병아리콩을 사용할 경우 약 125~130g

방울토마토(340g), 반으로 잘라서

오이 1개(약 340g), 깍둑썰기 해서

샬롯(양파) 1개(60g), 다져서

생 딜 잎 2큰술

생 민트 잎 2큰술

엑스트라 버진 올리브유 2큰술

붉은 고추 플레이크 1작은술(알레포 추천)

암추르 가루 1/2작은술

흑후추 가루 1/2작은술

고운 천일염

풍미 내는 방법

신맛은 타마린드, 라임, 말린 망고 가루인 암추르 같은 신 과일로 낸다. 라임 즙과 타마린드는 구연산과 타르타르산이라는 신맛이 강한 산이 들어 있어서 드레싱에 신맛은 물론 과일 풍미까지 내준다.

드레싱의 맛을 보며 간을 맞출 때 신맛이 짠맛을 더 강하게 느끼게 한다는 점을 염두에 두고 소금 양을 조절한다.

생 민트와 생 딜에 들어 있는 에센셜 오일은 케메스테시스를 통해 신경 말초부를 자극해 시원한 느낌을 주는 반면, 흑후추, 생강, 붉은 고추는 역시 케메스테시스를 통해 따뜻한 느낌을 전달한다.

좀 더 매운맛을 내고 싶을 때는 녹색 고추(청양고추)를 다져서 넣는다.

1. 작은 볼에 대추야자 시럽, 타마린드 페이스트, 라임 즙, 생강을 넣고 잘 섞어서 드레싱을 만든다. 드레싱이 너무 걸쭉하다 싶으면 물을 1~2큰술 더 넣고, 기호에 맞게 소금으로 간을 해서 완성한다.
2. 드레싱을 미리 만들어놓고 싶다면 밀폐 용기에 담아서 보관해야 한다. 최장 일주일까지 냉장 보관 가능하다. 먹기 전 실온에 두어 찬 기운을 약간 뺀 뒤에 활용한다.
3. 큰 볼에 병아리콩, 오이, 방울토마토, 샬롯(양파), 딜과 민트, 올리브유, 붉은 고추 플레이크, 암추르, 흑후추를 넣고 잘 섞어서 소금으로 간을 한다.
4. 완성한 샐러드를 접시에 옮겨 담고 나서 드레싱을 2큰술 뿌리고, 남은 드레싱은 따로 그릇에 담아 곁들인다.

●

플랫브레드(flatbread)는 밀가루, 액체(물, 우유, 요거트 등), 소금을 넣고 구운, 얇고 납작한 빵을 일컫는다. 피자나 피타처럼 이스트를 넣고 발효해서 구운 종류도 있지만, 이스트 없이 구워서 속재료를 넣고 말아서 먹거나 요리에 곁들여 먹는 식사용 빵이 많다. 대표적으로 로티, 난, 토르티야, 라바시를 꼽을 수 있고, 그 외에도 나라마다 다양한 고유의 플랫브레드가 있다.

절인 레몬과 크렘 프레슈를 올린 그린빈

Green Beans with Preserved Lemons + Crème Fraîche

추수감사절 저녁을 준비할 때 나를 가장 흥분시키는 것은 뭐니 뭐니 해도 사이드 디시와 디저트를 만드는 것이다. 기본 재료는 매번 같아도 해마다 다른 시도를 하는 것이 즐거워서 그런 것 같다. 내 식대로 조금 바꾼 이 그린빈 레시피에는 크렘 프레슈의 화려한 크리미함에 대비되는 화사한 새콤함을 내기 위해 절인 레몬이 들어간다. 절인 레몬은 쉽게 만들 수 있으니 직접 만들어서 여러 요리에 활용해보면 어떨까?. 조금 짭조름한 매력을 더하려면 먹기 직전에 가다랑어포를 가니시로 뿌리면 좋다.

재료(4인분 기준)

- 샬롯(양파) 3개(총무게 180g)
- 엑스트라 버진 올리브유 3큰술
- 고운 천일염
- 그린빈(680g), 양쪽 끝을 다듬어서
- 검은 양귀비 씨* 1작은술
- 절인 레몬 2큰술(318쪽 참조)
- 크렘 프레슈 240g
- 마늘 1개, 다져서
- 흑후추 가루 1/2작은술

풍미 내는 방법

그린빈에 들어 있는 클로로필 색소는 끓는 물에 데치면 색이 훨씬 더 선명해지고 진해진다.

절인 레몬은 그린빈과 크렘 프레슈의 은근한 풍미에 대비되는 진한 신맛과 짠맛을 가지고 있다.

크렘 프레슈는 지방의 풍미뿐만 아니라 젖산이 만들어내는 산뜻한 신맛을 지닌 재료다.

그린빈, 바삭한 샬롯(양파), 양귀비 씨가 이 요리에 아삭한 질감을 얹어준다.

1. 오븐을 149℃로 예열한 다음, 넓적한 베이킹팬**에 종이 포일을 깐다.
2. 샬롯(양파)을 다듬어서 얇게 썬다. 여기에 올리브유 2큰술과 소금을 넣고 잘 섞은 뒤, 위의 베이킹팬에 잘 펼쳐서 갈색으로 바삭하게 될 때까지 30~45분간 굽는다. 중간에 한 번 정도 저어가며 펼쳐야 색이 골고루 잘 나온다.
3. 큰 볼에 얼음과 물을 준비한다.
4. 큰 냄비에 소금물을 담아 중강불에 올린다. 물이 끓기 시작하면 그린빈을 넣어 물컹해지지 않을 정도로 익을 때까지 환한 녹색이 나게 2~3분간 데친 뒤, 체로 건져서 준비해둔 얼음물에 넣는다.
5. 작은 소스팬이나 스테인리스 프라이팬을 중강불에서 달군 다음, 양귀비 씨를 넣고 향이 날 때까지 30~45초 동안 기름 없이 볶아서 작은 그릇으로 옮겨 담는다.
6. 절인 레몬에서 섬유질이 있는 과육 부분은 잘 긁어내서 버리고 흐르는 물로 껍질에 남아 있는 소금을 잘 씻어낸다.
7. 씻은 레몬 껍질을 키친타올로 살살 두드려 물기를 제거하고 잘게 다져서 다른 볼에 담는다. 여기에 크렘 프레슈, 다진 마늘, 후춧가루를 넣고 살살 버무린 뒤, 소금으로 간을 한다.
8. 얼음물에 담가둔 그린빈을 꺼내 키친타올로 살살 두드려서 물기를 제거한다. 남은 올리브유 1큰술을 그린빈에 넣어 잘 섞어서 접시에 담고, 그 위에 레몬-크렘 프레슈 드레싱을 뿌린 다음, 바삭한 샬롯(양파)과 볶은 양귀비 씨를 가니시로 올려 완성한다.

•
서양에서와 달리 한국에서는 식용 양귀비 씨(Poppy seed)를 식재료로 활용하지 않아 구하기 어려우니 참깨, 검은깨, 치아 씨(Chia seed), 아마 씨(Flax seed) 등으로 대체한다.

••
넓적한 베이킹팬(baking sheet)은 일반적으로 가장자리 높이가 아주 낮고 편편한 직사각형의 베이킹용 조리 도구를 뜻한다. 주로 쿠키 종류를 굽는 데 쓰인다.

감자와 구운 옥수수를 넣은 허브 라이타

Potato + Roasted Corn Herbed Raita

라이타Raita에 들어가는 진하고 크리미하면서도 신맛 도는 요거트의 시원한 성질은 매콤한 메인 요리에 곁들였을 때 더 빛을 발한다. 약간 탄 자국이 나게 구운 노란 옥수수 알갱이들 위에 흩뿌려진 신선한 허브의 화려한 녹색과 고추 가루의 붉은색을 보며 먼저 눈으로 한 번 맛을 본 뒤, 감자의 부드러운 식감을 음미하며 즐기는 라이타는 다채로운 풍미와 질감을 경험할 수 있는 요리다. 온갖 인도 요리에 곁들이는 사이드 디시로 차게 해서 내도 좋지만, 못 견디게 더워서 요리고 뭐고 다 귀찮은 날에 나는 이 요리로 한 끼를 때운다. 시간을 절약하려면 감자와 옥수수는 전날 준비해놓아도 좋다.

재료(사이드 디시로 4인분 기준)

- 감자 1개(190g, 유콘 골드* 추천)
- 고운 천일염
- 포도씨유 또는 튀는 향이 없는 기름 1큰술
- 달콤한 맛이 나는 옥수수, 통째로 2개(각 230g), 껍질 벗겨서
- 플레인 그릭 요거트 2컵(480g), 차게 냉장해서
- 생 민트 잎 1/2컵(10g), 가니시용으로도 길고 가늘게 채 썰어서 1큰술
- 고수 1/2컵(10g)
- 녹색 고추 1개(세라노** 추천)
- 라임 즙 2큰술
- 흑후추 1/2작은술
- 붉은 고추 가루*** 1/2작은술

풍미 내는 방법

달콤한 맛이 나는 스위트 콘은 수확한 당일에 가장 당도가 높고, 저장 기간이 길어질수록 당분이 전분으로 바뀌어 당도가 떨어진다. 금방 딴 옥수수를 구하기가 쉽지는 않지만 구할 수만 있다면 당일에 요리하는 것이 좋고, 그게 아니라면 신선한 상태로 냉동한 것을 쓴다. 냉동하면 당분을 전분으로 바꾸는 효소 활동을 막을 수 있어서 당도를 어느 정도는 지킬 수 있다.

옥수수가 묵었는지 아닌지 판단하려면 옥수수 끝의 뾰족한 부분을 살펴보라. 끝부분이 살짝 들어가 있거나 말라 있고, 심지어 거무튀튀하게 변해 있다면 이미 당분이 전분으로 바뀌고 있다는 신호로, 옥수수의 달콤함도 떨어졌음을 의미한다.

옥수수를 구우면 캐러멜화와 마야르 반응에 의해 풍미 분자가 새로 생겨난다. 옥수수를 석쇠에 굽거나 겉을 살짝 태울 때 알갱이에서 지글지글 소리가 나는지 잘 들어보라. 이런 소리가 날 때 뒤집어야 한다.

그릭 요거트는 라이타를 크리미하게 만들어주는 재료다. 나는 플레인 요거트의 오랜 지지자였지만, 지난 몇 년간 시판되는 요거트에 안정제를 넣는 것이 유행한다는 사실을 알게 된 이후부터 그 위에 뜨는 끈적끈적한 유청이 눈에 들어오기 시작했다. 반면 그릭 요거트는 유청이 대부분 제거되고 안정제도 거의 첨가되지 않아 더욱 진하고 풍부한 질감을 가지고 있다.

1. 감자를 씻어서 중간 크기 소스팬****에 넣고 찬물이 감자 위로 약 2.5cm 올라오게 부은 다음, 소금을 넣고 강불에서 삶는다.
2. 물이 끓기 시작하면 중약불로 줄이고 뚜껑을 덮어 감자가 속까지 부드럽게 익도록 25~30분간 뭉근하게 삶는다.
3. 물을 따라내고 감자가 완전히 식을 때까지 실온에 둔다. 다 식으면 껍질을 벗기고 포크로 으깬 다음, 소금으로 간을 한다.

●

감자 종류는 크게 보면 두 가지가 있다. 첫째, 전분 비율이 높고 수분이 적어 포실한 특성이 있어서 프렌치프라이, 매시드 포테이토, 수프, 해시 브라운 등의 요리에 적합한 종류로 러싯(Russet) 아이다호(Idaho) 품종이 있다. 둘째, 전분 비율이 낮고 수분이 많아서 차진 특성이 있고 삶아도 모양이 흐트러지지 않아 감자 샐러드 등의 요리에 적합한 품종인 뉴(New), 레드 블리스(Red bliss), 핑거링(Fingerling)이 있다. 유콘 골드(Yukon gold)는 이 두 종류의 중간 정도 품종으로, 포실한 감자와 차진 감자의 장점을 모두 가지고 있다.

●●

세라노(Serrano) 고추는 할라페뇨(Jalapeño) 고추 다음으로 남아메리카 요리에서 많이 활용되는 고추다. 매운 강도를 나타내는 스코빌 지수가 4000~8500 정도 되는 할라페뇨보다 높아서 1만~2만 5000 정도 된다. 멕시코 소스인 살사(Salsa), 특히 그중에 토마토와 고추가 들어가는 대표적인 종류인 피코 데 가요(Pico de gallo)에 쓰인다. 국내에서는 스코빌 지수가 1만 정도 되는 청양고추로 대체할 수 있다.

●●●

레시피 원문의 'red chilli powder'는 '붉은 고추 가루'로 옮겼다. 외국 식자재로 판매되는 칠리 파우더 대신 한국식 고춧가루를 사용해도 된다.

●●●●

소스팬(saucepan)은 넘칠 위험이 있는 액체 종류가 들어간 요리에 사용하는 팬이다. 프라이팬이나 소테팬(saute pan)보다 높아서, 작은 팬은 1~2.5리터, 중간 팬은 2리터, 큰 팬은 4리터 정도 담을 수 있다.

●●●●●

식재료, 특히 채소를 가늘고 길게 채 써는 방식을 '쥘리엔(julienne)'이라 부르는데, 이 요리에 쓰는 민트도 이런 방식으로 준비한다.

4. 감자를 삶는 동안 옥수수를 준비한다. 먼저 중강불에 가볍게 기름칠한 석쇠를 올려 달구고 옥수수에도 기름칠한 다음, 석쇠의 결대로 지진 자국이 생길 때까지 약 10~12분간 집게로 뒤집어가며 굽는다. 다 구워지면 옥수수를 다른 접시로 옮겨 약 5분간 식힌다.

5. 칼로 옥수수를 세로로 길게 썰어 옥수숫대에서 알갱이를 분리해 완전히 식힌다. 채소들을 완전히 식혀서 요거트에 넣고 섞어야 유단백질이 열로 인해 응고되지 않는다.

6. 블렌더에 요거트, 민트, 고수, 고추, 라임 즙, 후추를 넣고 덩어리 없이 부드럽게 갈릴 때까지 고속으로 돌린다. 너무 뻑뻑하면 차가운 물을 몇 큰술 넣고 다시 돌린다. 다 갈면 기호에 맞게 소금으로 간을 한다.

7. 중간 크기 볼에 허브 요거트와 매시드 포테이토, 구운 옥수수를 넣고 살살 섞는다.

8. 길고 가늘게 채 썬 민트●●●●●와 고추 가루를 가니시로 뿌려 차가운 상태로 상에 낸다.

파니르와 허브를 넣은 풀라오

Herb + Paneer Pulao

인도에는 필라프를 풀라오Pulao라고 부르는데, 나는 풀라오가 미덕이 참 많은 요리라고 생각한다. 손님 저녁상에 '팬시한' 요리로 내거나, 약간 보완해서 사이드 디시 없이 먹을 수도 있고, 소금을 살짝 뿌린 요거트 혹은 피클을 곁들이면 더할 나위 없이 훌륭한 일품 요리가 된다.

재료(4~6인분 기준)

- 찰기 없는 쌀 2컵(400g, 바스마티 추천)
- 포도씨유 또는 특별한 맛이나 향이 없는 식용유 4큰술(60ml)
- 정향 4개, 곱게 분쇄해서
- 그린 카다멈 가루 1/2작은술
- 시나몬 가루 1/2작은술
- 흑후추 가루 1/2작은술
- 양파(중) 1개(260g), 반으로 자른 뒤 얇게 썰어서
- 생강 1쪽(2.5cm), 껍질 벗긴 뒤 갈아서
- 마늘 4쪽, 다져서
- 녹색 고추(청양고추) 1~2개, 다져서(세라노 추천)
- 고운 천일염
- 단단한 수제 파니르 400g(334쪽 '사례 연구' 참조) 또는 시판 파니르, 가로세로 12mm로 깍둑썰기 해서
- 고수 또는 파슬리 1/4컵(10g), 큼직하게 다져서
- 생 딜 1/4컵(2.5g), 큼직하게 다져서
- 생 민트 잎 1/4 컵(10g), 큼직하게 다져서
- 갓 짠 라임 즙 1/4컵(60ml)
- 라임 제스트, 가니시용(생략 가능)

풍미 내는 방법

이 쌀 요리를 향기롭게 만들고 싶다면 먼저 1년 정도 묵은 찰기 없는 쌀(바스마티Basmati)을 쓰고, 분쇄하지 않은 원형의 향신료와 신선한 허브를 요리 직전에 빻거나 분쇄하고 다져서 요리에 넣어야 한다. 쌀을 부드럽게 씻어, 운반과 저장 과정에서 쌀알이 서로 부딪혀서 생겨난 전분을 제거해야 요리할 때 전분으로 인해 쌀알끼리 달라붙지 않는다. 이와 더불어 쌀을 기름에 볶은 뒤에 익힐 때 절대 뒤적거리지 말아야 꼬들꼬들하면서도 부드럽게 씹히는 밥을 지을 수 있다.

풀라오에 향을 내는 재료를 넣기 전에 뜨거운 기름으로 볶아야 진한 향을 낼 수 있다.

갓 짠 라임 즙은 조리 막바지에 가니시용 산으로 뿌려주는데, 너무 빨리 넣으면 산 특유의 향을 잃는 데다 바로 짰을 때만큼 신선한 풍미도 나지 않는다. 라임 향을 좀 더 강하게 내려면 상에 내기 직전에 라임 제스트를 갈아서 넣는다.

구워 먹을 수 있는 할루미Halloumi 치즈는 단단해서 가열해도 모양을 유지할 수 있으므로 파니르 대용으로 써도 되지만, 짠맛이 조금 나므로 이 치즈를 사용할 때에는 간에 좀 더 신경 써야 한다.

1. 돌이나 불순물을 잘 골라낸 쌀을 고운 체에 담아 흐르는 물에서 맑은 물이 나올 때까지 씻는다.
2. 씻은 쌀을 큰 볼에 담고 물 4컵(960ml)을 부어 약 30분간 불린다.
3. 큰 소스팬과 중간 크기 소스팬을 각각 하나씩 준비한다. 큰 소스팬에 기름을 2큰술 넣고 중강불에서 달군 뒤, 정향, 카다멈, 시나몬, 흑후추를 넣고 향이 날 때까지 30~45초 동안 재빨리 볶는다.
4. 불린 쌀에서 물을 따라내고, 향이 밴 기름이 들어 있는 큰 소스팬에 넣어 잘 버무린 다음, 쌀알이 서로 붙지 않도록 약 1분에서 1분 30초간 볶는다.
5. 이어서 양파를 넣고 연한 갈색이 돌기 시작할 때까지 8~10분간 익히다가 생강, 마늘, 고추를 넣고 향이 날 때까지 약 1분간 더 볶는다.
6. 볶은 쌀과 채소에 물 4컵을 넣고 소금으로 간을 해서 끓인다.

7. 물이 팔팔 끓기 시작하면 불을 줄여서 뭉근하게 끓인 뒤, 냄비 뚜껑을 덮어 수분이 거의 날아갈 때까지 약 10~12분간 더 끓이다가 불에서 내린다.

8. 쌀이 익는 동안 파니르를 준비해야 하는데, 먼저 중간 크기 소스팬을 중간불에 올려 남은 기름 2큰술을 넣고 달군다. 기름이 충분히 데워지면 깍둑썰기 한 파니르 조각들을 넣고 갈색으로 바뀔 때까지 약 8~10분간 지진다.

9. 구워진 파니르를 구멍 뚫린 큰 스푼이나 뜰채로 건져서 기름종이나 키친타올을 깔아둔 접시에 옮겨 담고 소금으로 간을 한다.

10. 파니르, 고수, 딜, 민트를 밥에 넣고 살살 섞은 다음, 그 위에 라임 즙과 기호에 맞게 라임 제스트를 뿌려서 따뜻할 때 상에 낸다.

강황 케피르 소스에 버무린 콜리플라워 구이

Roasted Cauliflower in Turmeric Kefir

화사한 신맛이 돋보이는 이 레시피는 케피르(혹은 버터밀크)의 미덕을 최대한 살리는 요리다. 되도록 바로 개봉한 케피르나 버터밀크 쓰기를 권하는데, 그 이유는 이 두 유제품은 오래 묵을수록 젖산이 더 활성화해 산뜻한 신맛이 강해질 뿐만 아니라 유단백질이 빨리 응고되기 때문이다. 쓰고 남은 케피르는 '블루베리와 오마니 라임 아이스크림'(98쪽) 만들 때 활용하면 좋다.

재료(4인분 기준)

- 콜리플라워 910g, 한 입 크기로 잘라서
- 가람 마살라 1작은술(312쪽 참조)
- 고운 천일염
- 포도씨유 또는 튀는 향이 없는 기름 4큰술(60ml)
- 적양파 150g, 다져서
- 강황 가루 1/2작은술
- 붉은 고추 가루 1/2작은술(생략 가능)
- 병아리콩 가루 1/4컵(30g)
- 신선한 케피르 또는 버터밀크 2컵(480ml)
- 쿠민 씨 1/2작은술
- 검은색 또는 갈색 머스터드 씨 1/2작은술
- 붉은 고추 플레이크 1작은술
- 고수 또는 파슬리 2큰술, 큼직하게 다져서

풍미 내는 방법

케피르 같은 발효 유제품의 산, 그리고 마야르 반응이 채소에 달콤쌉싸름한 맛을 더하고 새로운 향 분자를 생성한다.

병아리콩 가루의 전분이 소스를 걸쭉하게 해준다.

기름이 얼마나 뜨거운지는 씨앗을 기름에 넣었을 때 지글거리는 소리로 알 수 있다. 충분히 뜨거운 상태라면 씨앗이 바로 지글거리면서 갈색으로 바뀐다.

1. 오븐을 204℃로 예열한다.
2. 로스팅팬*이나 내열 베이킹 그릇**에 콜리플라워를 담고 그 위에 가람 마살라와 소금을 뿌린 다음, 양념이 골고루 묻도록 가볍게 버무리다가 기름을 1큰술 뿌려 좀 더 섞어서 오븐에서 20~30분간 굽는다. 시간이 절반쯤 지나면 잘 저어서 다시 굽다가 콜리플라워에 갈색이 돌면서 살짝 탄 자국이 보이면 오븐에서 꺼낸다.
3. 콜리플라워를 굽는 동안 중간 크기 소스팬 또는 더치 오븐***을 중강불에 올려 기름을 1큰술 넣고 양파가 약간 투명해질 때까지 4~5분간 볶는다.
4. 이어서 강황과 붉은 고추 플레이크를 넣고 30초 정도 더 볶다가 불을 약하게 줄인다.
5. 이번에는 병아리콩 가루를 넣고 2~3분 동안 계속 저어가며 조리하다가 불을 아주 약하게 줄인 뒤, 케피르를 천천히 부어가며 젓는다.
6. 액체가 끓는 동안 잘 지켜보다가 2~3분 정도 지나 걸쭉해진 듯하면 구운 콜리플라워를 넣고 냄비를 불에서 내린 다음, 맛을 보고 소금으로 간을 조절한다.
7. 작은 소스팬을 중강불에 올려 남은 기름 2큰술을 넣고 충분히 뜨거워지면 쿠민 씨와 머스터드 씨를 넣고 30~45초간 볶는다.
8. 씨들이 톡톡 터지고 쿠민 씨에 갈색이 돌기 시작하면 팬을 불에서 내린 다음, 붉은 고추 가루를 넣고 기름이 붉게 물들 때까지 팬을 휘휘 돌린다.
9. 기름에 색이 예쁘게 들면 뜨거울 때 재빨리 콜리플라워 위에 살살 붓고, 큼직하게 다진 고수를 솔솔 뿌려 따뜻할 때 밥이나 파라타(296쪽 참조)를 곁들여 상에 낸다.

●
로스팅팬(roasting pan)은 오븐에서 장시간 구워야 하는 요리에 쓰이는, 속이 깊은 직사각형의 금속 재질 조리 도구다. 음식을 팬 안에 담을 때 바닥에 닿지 않게 하고, 구울 때 기름과 진국이 음식에 다시 스며들지 않고 바닥에 잘 떨어지도록 넣었다가 뺄 수 있는, 발 달린 금속 로스팅 랙이 팬 안에 들어 있다. 일반적으로 로스팅팬은 다루기 쉽게 양옆에 손잡이가 달려 있고, 크기는 25x35cm(중간 크기), 28x43cm(대형) 정도 된다.

●●
베이킹 그릇(baking dish)은 속이 깊고 뚜껑이 없는 직사각형 혹은 타원형 오븐 구이용 조리 도구다. 내열성이 강한 도자기(세라믹), 유리, 알루미늄, 무쇠(주물) 재질로 만드는데, 한국에서는 좀 더 작은 크기의 베이킹 그릇을 '그라탱 그릇'이라고 부르기도 한다.

●●●
더치 오븐(Dutch oven)은 속이 깊고 뚜껑이 있는 오븐 구이용 팬이다. 주물 혹은 무쇠 재질로 만들어 음식에 열이 골고루 잘 전해지고, 뚜껑 덕분에 수분이 빠져나가지 않아 오븐에서 긴 시간 뭉근하게 굽거나 끓이는 음식을 만들 때 적합하다.

석류 시럽을 넣은 구운 땅콩호박 수프

Roasted Butternut Squash + Pomegranate Molasses Soup

수프 만들 때 내가 가장 좋아하는 방식은 채소를 구워서 블렌더로 갈아주는 것인데, 이렇게 하면 식재료의 풍미를 최대한 끌어낼 수 있다. 진한 풍미를 자랑하는 이 수프에는 나만의 수프 철학이 담겨 있다. 아무 호박이나 잘 어울리지만, 될 수 있으면 단맛이 적은 종류를 선택하는 것이 좋다.

재료(4인분 기준)

- 땅콩호박 680g, 껍질을 벗긴 뒤 큼직한 조각으로 썰어서
- 양파(중) 1개(260g), 껍질을 벗긴 뒤 깍둑썰기 해서
- 마늘 4쪽
- 엑스트라 버진 올리브유 2큰술, 여분도 준비
- 흑후추 가루 1작은술
- 고운 천일염
- 붉은 고추 플레이크(청양고추 가루) 1작은술(알레포 추천)
- 강황 가루 1/2작은술
- 우스터 소스 2큰술
- 석류 시럽 1큰술
- 아몬드 1/4컵(30g) 성냥개비 두께로 길게 썰어서, 또는 아몬드 슬라이스 25g(가니시용)

풍미 내는 방법

석류 시럽은 이 수프에 신맛은 물론이고 달콤한 풍미까지 조금 내준다. 신맛을 더 강하게 내고 싶다면 석류 시럽을 1~2작은술 더 넣으면 된다.

우스터 소스(우스터셔 소스)는 수프에 감칠맛을 더해준다.

붉은 고추(알레포) 플레이크의 매콤한 맛과 화사한 붉은 색소, 강황의 풍미를 뜨거운 기름으로 추출해서 활용한다.

매운맛이 강황의 풍미를 눌러준다.

1. 오븐을 204℃로 예열한다.
2. 땅콩호박, 양파, 마늘을 넓적한 베이킹팬에 담고 올리브유 1큰술, 흑후추 가루, 소금을 넣고 잘 버무린 다음, 오븐에서 35~45분간 굽는다(탄 마늘은 따로 골라내서 버려야 한다).
3. 채소에 갈색이 돌기 시작하면 오븐에서 꺼내 블렌더 또는 푸드 프로세서●에 옮겨 담고 물을 2컵(480ml) 부어 덩어리 없이 부드러운 퓌레가 될 때까지 완전히 간다.
4. 오븐 온도를 177℃로 줄인다.
5. 남은 올리브유 1큰술을 큰 소스팬에 넣고 중약불에 데운다. 기름이 충분히 데워지면 붉은 고추 플레이크와 강황 가루를 넣고 30초간 볶다가 땅콩호박 퓌레, 우스터 소스, 석류 시럽을 넣고 잘 저은 다음, 불을 중강 세기로 올린다.
6. 내용물이 끓기 시작하면 불을 줄이고 약 5분간 뭉근하게 끓이다가 맛을 보고 소금으로 간을 한다.
7. 수프가 끓는 사이에 아몬드를 살짝 볶는다. 넓적한 베이킹팬에 종이 포일을 깔고 아몬드 조각들을 겹치지 않게 잘 펼쳐서 8~10분간 굽는다. 아몬드에 갈색이 돌기 시작하면 오븐에서 꺼내 작은 볼에 옮겨 담는다.
8. 뜨거운 수프를 국자로 퍼서 볼에 담고 구운 아몬드를 얹은 뒤, 올리브유로 가니시해서 바로 상에 낸다.

●

블렌더(blender)는 주로 음식을 액체 상태로 갈거나 분쇄하는 용도로 쓰는 조리 도구라면, 푸드 프로세서(food processor)는 이런 기능 외에도 썰고, 채 썰고, 반죽하는 등 요리 준비 작업을 보다 효율적으로 할 수 있도록 돕는 다양한 기능을 가진 조리 도구다.

토마토 아차리 폴렌타 타르트

Tomato Aachari Polenta Tart

아차르Aachar는 인도식 피클을 일컫는 힌두어인데, 이 레시피 제목에 나온 아차리Aachari는 아차르 만들 때 사용하는 피클링 스파이스다(유럽 스타일의 피클과 어떻게 다른지 참조하려면 320쪽 '콜리플라워 아차르' 참조). 아차르는 이 타르트에 들어가는 여름 토마토의 풍미를 확 끌어올리는 역할을 한다.

재료(지름 25cm 원형 타르트 1개 기준)

- 녹인 기 버터 또는 무염 버터 2큰술, 팬에 바르는 데 필요한 약간의 여분도 준비
- 토마토 2~3개(총무게 500g)
- 고운 천일염
- 검은색 또는 갈색 머스터드 씨 1작은술
- 쿠민 씨 1작은술
- 페누그릭 씨[*] 1작은술
- 니겔라 씨[**] 1작은술
- 엑스트라 버진 올리브유 2큰술
- 폴렌타 또는 콘밀[***] 1컵(140g)
- 그뤼예르 치즈 30g, 갈아서
- 파르메산 치즈 30g, 갈아서
- 암추르 1작은술
- 붉은 고추 플레이크 1작은술(알레포, 마라슈, 우르파 추천)
- 생 오레가노 1작은술 또는 오레가노 가루 1/2작은술

풍미 내는 방법

폴렌타 한 조각 위에 구운 토마토를 올린 다음, 치즈와 향신료를 뿌려서 만들어내는 부드럽고 따듯한 질감이 매력적이다.

나처럼 치즈를 좋아한다면 치즈를 맘껏 올리시라. 불을 만난 치즈의 지글거리는 소리와 점점 짙어지는 갈색 색감으로 요리의 완성 정도를 판단할 수 있는데, 색이 너무 짙게 변했다면 쓴맛이 생겼음을 의미한다.

토마토 지름이 어느 정도냐에 따라 요리에 들어갈 토마토 개수를 결정해야 하지만, 다양한 모양과 크기와 색상을 자랑하는 에어룸 토마토[****] 품종을 권한다.

토마토는 조리 과정에서 수분이 많이 나오므로 자칫 잘못하면 타르트가 질척해질 수 있다. 키친타올 위에 썰어놓은 토마토를 깔고, 그 위에 소금을 뿌리면 삼투압의 원리에 의해 소금이 끌어낸 수분이 키친타올에 스며들어 수분을 약간 제거할 수 있다.

이 타르트에서 신맛은 토마토와 암추르가 주로 담당한다.

1. 지름 25cm의 둥근 타르트팬 녹인 기 버터를 살짝 바르고 그 위에 종이 포일을 깐 다음, 미리 종이 포일을 깔아놓은 넓적한 베이킹팬 위에 얹는다.
2. 다른 넓적한 베이킹팬에 키친타올 두 장을 나란히 깔고, 얇게 썰어서 앞뒤로 소금을 살살 뿌린 토마토를 그 위에 겹치지 않게 올린다. 다시 그 위에 키친타올 두 장을 나란히 덮어서 30~45분 동안 둔다.
3. 토마토에서 수분을 빼는 동안 향신료 믹스를 준비한다. 머스터드 씨, 쿠민 씨, 페누그릭 씨를 작은 스테인리스 프라이팬에 넣고 기름 없이 중강불로 30~45초간 볶다가 향이 나기 시작하면 불에서 내려 작은 접시에 옮겨 담아 식힌다.
4. 볶은 향신료가 완전히 식으면 그라인더나 블렌더에 넣어 가루가 될 때까지 잘 갈다가 니겔라 씨도 넣어서 골고루 섞는다.
5. 큰 냄비에 물 3컵(720ml), 올리브유, 기 버터, 소금 1작은술을 넣고 중강불에서 끓인다. 이 액체가 끓기 시작하면 천천히 저으면서 폴렌타를 조금씩 천천히 나누어 넣고 불을 약하게 줄인다.
6. 폴렌타가 냄비 바닥에 들러붙지 않게 계속 저으면서 15~20분간 익힌다. 수분이 거의 증발하고 폴렌타가 부드럽게 씹히는 상태가 되면 완성이다.
7. 폴렌타가 굳기 전 아직 따뜻할 때 타르트 팬에 옮겨 스패출라나 실리콘 주걱으로 수평이 되도록 고르게 편다.

8. 이어서 폴렌타로 만들어진 이 타르트 피가 구울 때 골고루 잘 익도록 표면 전체를 포크로 찍어서 구멍을 낸다.

9. 오븐을 204℃로 예열한다.

10. 작은 볼에 그뤼예르 치즈와 파르메산 치즈 가루를 잘 섞어서 절반은 폴렌타 위에 솔솔 뿌린다. 그 위에 얇게 썬 토마토를 깔고 향신료 가루 조합을 뿌린 다음, 기호에 맞게 소금으로 간을 조금 한다.

11. 남은 치즈를 마저 뿌려서 30~40분간 굽는다. 치즈가 녹아서 갈색을 띠기 시작하면 오븐에서 꺼내 팬에 담은 채 5~8분간 식힌다.

12. 일반적으로 타르트는 팬에서 쉽게 빠지지만, 혹시 안 나오겠다고 고집을 부린다면 이렇게 하라. 먼저 과도로 타르트와 팬 사이 틈을 한번 훑은 다음에 팬째 통조림통이나 유리컵 위에 올려서 가운뎃부분을 잘 받쳐주고, 타르트를 두른 팬의 링이 아래로 잘 떨어지도록 팬의 옆면을 톡톡 두드린다.

13. 잘 익은 타르트 위에 암추르, 오레가노, 그리고 매콤함을 원한다면 붉은 고추 플레이크를 솔솔 뿌려서 바로 상에 낸다.

●
페누그릭 씨(Fenugreek seeds)는 쓴맛이 나면서도 살짝 고소하고 메이플 시럽이나 태운 설탕 맛이 나는 누런색 향신료로, 인도 요리에 많이 쓰이며 호로파라고도 한다. 해외 식자재를 파는 마트나 온라인으로 구입 가능.

●●
니겔라 씨(Nigella seeds)는 양파와 후추, 오레가노의 향을 지닌 검은색 씨앗 형태의 향신료다. 특히 양파 향 때문에 양파 대용으로 쓰이기도 한다. 블랙 쿠민 씨로도 불린다. 해외 식자재를 파는 마트나 온라인으로 구입 가능.

●●●
폴렌타(Polenta)는 꾸덕꾸덕한 죽처럼 먹거나, 삶아서 묵처럼 굳힌 뒤 조각 내서 구워 먹거나 메인 요리에 사이드 디시로 곁들이는 이탈리아의 옥수수 가루 요리다. 콘밀(cornmeal) 역시 다양한 문화권에서 요리의 재료로 쓰이는 옥수수 가루다. 콘밀로 만든 음식에는 빵처럼 만들어서 요리에 곁들이는 미국의 콘브레드, 중남미의 토르티야가 있다.

●●●●
에어룸 토마토(Heirloom tomato)는 유전자 조작을 거치지 않은 오래된 순종 품종으로, 다양한 크기와 색, 울퉁불퉁한 모양을 자랑한다. 현재 우리나라에서도 출하하는 곳이 있다.

맥아 식초를 넣은 돼지 스페어 리브와 매시드 포테이토

Spareribs in Malt Vinegar + Mashed Potatoes

갈비 요리는 어쩔 수 없이 여기저기 묻혀가며 지저분하게 먹을 수밖에 없지만 묘하게 충만하고 편안한 기분을 선사하는 음식이다. 와인 한잔 따라놓고, 눈치 볼 것 없이, 손이 더러워지든 말든 그냥 달려들면 뭐 어떤가. 나는 약간 새콤달콤하면서 향신료가 잔뜩 들어간 미국 남부의 매콤한 갈비 요리를 좋아한다. 곁들임으로 내는 매시드 포테이토는 여기서 소개하는 방식대로 만들어도 되고, 수동이나 전동 라이서ricer 또는 푸드밀food mill을 활용해서 만들어도 된다.

참고 이 요리는 먹기 1~2일 전에 만들면 좋다. 스페어 리브Spare ribs*를 정육점에서 구입할 경우에는 반으로 잘라달라고 하거나, 조리할 냄비 크기에 맞춰서 자르는 것이 좋다.

재료(4인분 기준)

돼지갈비

갈빗대가 붙은 돼지 스페어 리브 혹은 등갈비 1.4kg

고운 천일염

엑스트라 버진 올리브유 1큰술

드라이한 화이트 와인 2컵(480ml) (피노 그리지오(Pinot Grigio)/피노 그리(Pino Gris) 추천)

맥아 식초** 1컵(240ml), 2큰술 정도 여분도 준비

재거리*** 또는 흑설탕 1/2컵(100g)

흑후추 12개

펜넬 가루 2작은술

시나몬 가루 1/2작은술

강황 가루 1/2작은술

카옌고추 가루 1/4작은술

매시드 포테이토

감자 570g(유콘 골드 추천)

엑스트라 버진 올리브유 1/4컵(60ml), 여분으로 2큰술 준비

따뜻한 물(70℃ 정도) 1/2컵(120ml)

고운 천일염

니겔라 씨 1작은술

마늘 2쪽, 얇게 저며서

차이브**** 2큰술, 다져서

풍미 내는 방법

맥아 식초와 화이트 와인은 고기의 연육 작용을 도와주는 동시에, 두 재료의 산 성분이 따뜻한 성질의 향신료, 달콤한 재거리나 흑설탕과 대비되는 맛을 내 요리에 균형을 잡는 역할을 한다.

삶은 감자를 강판에 간 뒤에 고운 체에 내리면 더 부드럽고 크리미한 질감이 나온다.

1. 스페어 리브(갈비)에 붙은 기름을 잘라내고 뼈와 뼈 사이를 칼로 분리한 다음, 키친타올로 두드려 물기를 제거하고 나서 소금을 뿌린다.
2. 큰 무쇠 스킬릿 또는 스테인리스 스킬릿이나 프라이팬에 올리브유를 넣고 중강불로 달궈 기름이 적당히 뜨거워지면 갈비를 한 번에 여러 개씩 나누어 넣고 각각 5~6분씩 지진다.
3. 뒤집어가며 지진 갈비 앞뒷면 다 갈색이 돌기 시작하면 불에서 내리고, 바닥이 두꺼운 중간 크기 더치 오븐이나 뚜껑 있는 소스팬에 옮겨 담는다.
4. 블렌더에 화이트 와인, 식초 1컵(240ml), 재거리나 흑설탕, 흑후추, 펜넬, 시나몬, 강황, 카옌고추 가루를 넣고 몇 초간 돌려서 솥이나 팬에 담긴 갈비 위에 붓고 뚜껑을 덮어 4시간에서 하루 동안 냉장고에서 재운다.
5. 오븐을 149℃로 예열하고, 갈비 담은 솥에 알루미늄 포일을 두 겹 씌워 김이 새지 않게 옆면을 빙 둘러 잘 눌러준 다음, 뚜껑을 닫아 약 2시간 동안 굽는다.
6. 오븐에서 솥을 꺼내 뚜껑과 포일을 제거한 뒤, 다시 오븐에 넣어 1시간 더 굽는다.
7. 살이 뼈에서 쏙 빠질 정도로 부드럽게 완성된 갈비 구이를 구멍 난 큰 수저나 집게로 솥에서 꺼내 접시나 쟁반에 옮겨 담는다.
8. 남은 국물 위에 뜬 기름을 잘 걷어낸 뒤, 솥을 중강불 위에 올려 국물이 걸쭉한 시럽처럼 될 때까지 15~20분간 더 졸인다. 이때 국물이 타지 않게 계속 저어야 한다.
9. 접시에 옮겨 담은 갈비를 솥에 다시 넣고 소스가 잘 묻도록 버무리다가 남은 식초 2큰술을 넣고 잘 섞어서 맛을 한번 보고 기호에 맞게 소금으로 간을 한다.
10. 완성된 갈비는 매시드 포테이토와 함께 접시에 담고 차이브로 가니시한다.
11. 매시드 포테이토를 만들려면, 감자를 큰 솥에 넣고 소금 간을 한 물이 감자 위로 약 2.5cm 올라오도록 부어서 중강불로 삶다가 물이 끓기 시작하면 중약불로 줄인다.

12. 20~30분간 삶은 감자가 속까지 포실하게 잘 익으면 불에서 내려 살짝 식힌다. 다 식으면 껍질을 벗긴 다음, 구멍이 작은 날을 끼운 강판에서 먼저 한번 갈고, 큰 볼 위에 올린 고운 체에서 다시 한번 내린다. 여기에 올리브유 1/4컵(60ml)과 따뜻한 물을 넣고 부드러워질 때까지 섞다가 마지막에 소금으로 간을 한다.

13. 남은 올리브유 2큰술을 중강불로 달군 팬에 넣고 적당히 뜨거워지면 니겔라 씨와 마늘을 넣고 30~45초 정도 볶는다.

14. 향이 올라오고 마늘 색이 연한 갈색으로 바뀌면 니겔라 씨, 마늘, 기름까지 모두 매시드 포테이토 위에 끼얹어 식기 전에 상에 낸다.

참고 시간이 된다면 오븐에서 조리한 갈비를 하룻밤 냉장고에 재우는 것이 좋다. 낮은 온도 때문에 위에 뜬 지방이 굳어서 걷어내기 쉬워지기 때문이다. 지방을 모두 걷어낸 갈비는 위의 조리 순서 7~8번 단계에서처럼 쟁반이나 접시에 옮겨 담고 바로 국물을 졸이기 시작한다.

●

스페어 리브(spare rib)는 등갈비에서 뼈가 얇아지면서 고기가 많이 붙어 있지 않은 끝부분을 가리킨다. 이 레시피에서는 등갈비로 대체해도 된다.

●●

맥아 식초(malt vinegar)는 맥주 제조에 쓰이는 재료들, 특히 발효한 보리를 이용해서 만들어 에일과 비슷하게 고소한 캐러멜 맛이 살짝 감도는 식초로, 연하거나 진한 갈색이다. 주로 영국 음식 문화권에서 많이 사용된다. 온라인으로 구입 가능.

●●●

재거리(Jaggery)는 사탕수수, 대추야자 즙 등으로 만든 비정제 설탕이다. 인도와 동남아시아 요리에서 많이 쓰인다. 해외 식자재를 파는 마트나 온라인으로 구입 가능.

●●●●

차이브(Chive)는 부추와 생김새가 비슷해서 간혹 부추로 번역될 때도 있지만, 우리가 주로 쓰는 부추는 향이 훨씬 더 강하고 납작한 녹색 잎인 '마늘 부추(Garlic Chives)' 또는 '중국 부추(Chinese chives)'다. 이보다 훨씬 연한 풍미를 가지고 있고 파처럼 원통 모양의 녹색 잎인 차이브는 허브로 취급되는데, 생으로 얇게 썰어 오믈렛 등의 요리 위에 가니시로 올리거나 살짝 익혀서 먹는다. 차이브는 예전보다 그리 어렵지 않게 구할 수 있지만, 구하기 어려울 때는 같은 파속 식물이어서 풍미와 크기가 비슷한 실파를 활용하면 된다.

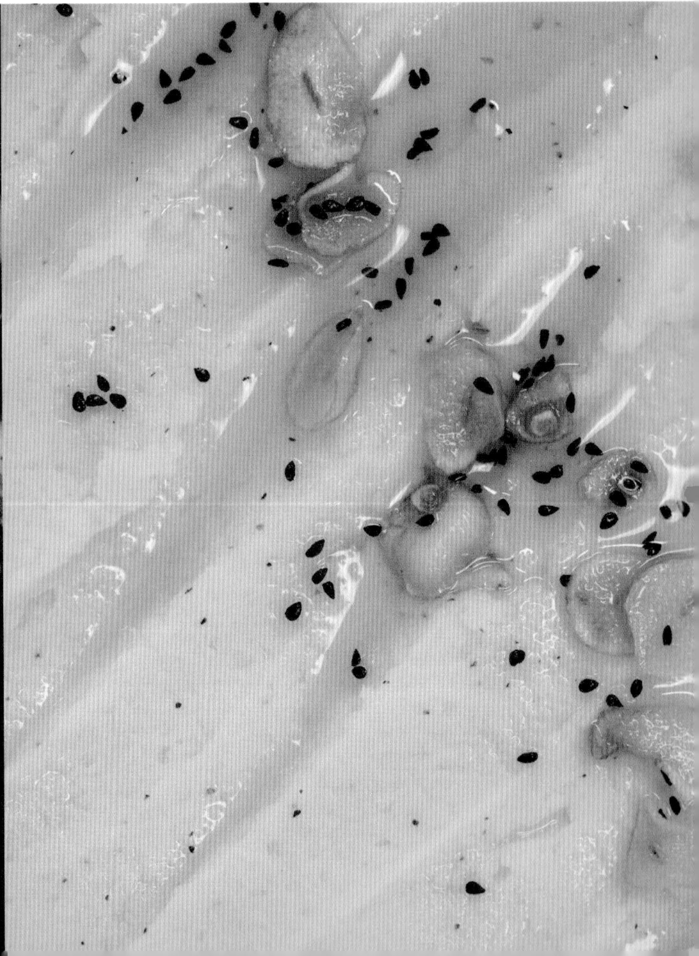

쇼리수 소시지 파오(번)

Chouriço Pao (Buns)

가족과 함께 인도의 고아를 방문할 때마다 내가 원 없이 먹는 것은 쇼리수chouriço 또는 고아 지방에서는 쇼리즈choriz로 더 잘 알려진 음식이다. 포르투갈 식민 통치의 잔재이기도 한 이 고아식 소시지는 매콤하면서도 식초가 들어간 덕분에 고아 요리에 풍미를 내는 양념용 재료로 사랑받는다. 인도에서는 어느 식당을 가도 풀라오pulao나 난 같은 빵 속을 채우는 필링으로 쉽게 발견할 수 있고, 나의 이모들이 자주 만드는 이 레시피처럼 가정식에서도 종종 쓰인다. 비건식으로 만들 때는 두부로 만든 소시지를 활용해도 좋은데, 어떤 버전이든 하나만 먹기엔 너무나 맛있는 빵이다.

재료(빵 12개 분량)

도 반죽

- 우유(유지방 약 3.5%) 1/2컵(120ml)
- 무염 버터 1/4컵(55g)
- 설탕 1/4컵(50g)
- 고운 천일염 1/2작은술
- 달걀(대) 1개, 가볍게 풀어서
- 중력분 밀가루 2컵(280g), 여분도 준비
- 이스트 1과 1/2작은술

필링

- 쇼리수(초리소 같은 매콤한 소시지) 312g
- 양파(중) 1개(260g), 깍둑썰기 해서
- 엑스트라 버진 올리브유 1큰술
- 감자 1개(190g), 껍질 벗긴 뒤 깍둑썰기 해서(유콘 골드 추천)
- 달걀(대) 1개, 물 1큰술 넣고 가볍게 풀어서
- 니겔라 씨 또는 검은깨 2큰술

풍미 내는 방법

이스트는 이 레시피에 들어간 설탕(자당蔗糖), 우유의 젖산, 밀가루에 들어 있는 당을 발효시키면서 이산화탄소를 발생시켜 빵의 폭신폭신한 질감을 형성한다.

아밀레이스 효소는 이스트, 달걀 노른자, 밀가루, 이 세 가지에서 발생한다. 아밀레이스는 긴 사슬로 이루어진 전분 분자에서 이스트의 영양분이 되는 포도당을 끊어내기도 하지만 도dough 반죽의 형태를 유지하는 역할도 한다.

산이 들어가는 염장 소시지인 쇼리수는 고추 때문에 매콤한 풍미가 난다.

참고 이 소시지를 직접 집에서 만들지 않는 이상 고아 지역 밖에서 구하기는 쉽지 않은 일이라 대안을 하나 소개한다. 시판용 초리소 455g당 다음 재료를 추가로 섞어준다. 맥아 식초 1/4컵(60ml), 길이 약 2.5cm짜리 생강 1쪽 다진 것, 카슈미르 고추Kashmiri chilli® 가루 1큰술, 카옌고추 가루 1작은술, 황설탕 또는 재거리 1작은술, 가루로 분쇄한 정향 3개, 시나몬 가루 1/2작은술.

1. 우유에 버터, 설탕, 소금을 넣고 중약불(43℃)에서 버터와 설탕이 완전히 녹을 때까지 저은 다음, 불에서 내려 계속 저으면서 풀어놓은 달걀을 넣는다.
2. 스탠드 반죽기에 케이크나 쿠키 반죽용 플랫 비터(flat beater, 패들(paddle)이라고도 부른다) 액세서리를 끼우고 마른 재료가 잘 섞이도록 느린 속도로 돌리다가 우유와 달걀 섞은 것을 천천히 붓는다.
3. 재료가 전부 잘 섞인 도 반죽이 나올 때까지 5~6분간 돌린다. 이때 반죽이 약간 찐득찐득해져서 붙을 수 있으니 스크레이퍼나 실리콘 주걱을 이용해 반죽을 떠내서 밀가루를 흩뿌린 바닥으로 옮겨 1분간 치댄다.
4. 치댄 반죽을 공 모양으로 만들어 살짝 기름칠한 큰 볼에 담는다. 볼에 랩을 씌워 도 반죽 크기가 2배 정도로 커질 때까지 약 1시간 30분에서 2시간 동안 따뜻하고 어두운 곳에서 발효한다.

5. 도 반죽이 발효하는 동안 필링을 준비해야 한다. 먼저 큰 스킬릿이나 프라이팬을 중강불에 달군다.

6. 소시지를 둘러싼 케이싱(casing)에서 쇼리수 필링을 모두 꺼내 손으로 소시지 필링을 잘게 으스러뜨려 달군 팬에 넣고 볶다가 갈색이 돌기 시작하면 양파를 넣고 계속 볶는다.

7. 양파가 약간 투명해지고 소시지 필링도 완전히 익으면 볼에 옮겨놓는다. 팬에 남은 소시지 기름에 올리브유와 감자를 넣고, 감자가 부드럽게 익을 때까지 10~12분간 중강불에서 볶는다. 다 익으면 쇼리수 담은 볼에 함께 넣고 잘 섞어서 완전히 식히고, 팬에 남은 기름은 버린다.

8. 동일한 무게로 계량해서 12등분한 고기 반죽을 둥근 공 모양으로 각각 만들어 종이 포일을 깐 넓적한 베이킹팬에 담아서 냉장한다.

9. 발효된 도 반죽이 2배로 커지면 넓적한 베이킹팬 2개를 준비해 종이 포일을 깔아준다.

10. 밀가루를 흩뿌린 바닥 위에 도 반죽을 한 번 정도 치댄 다음, 동일한 무게로 12등분해서 하나씩 둥근 공 모양으로 만든다.

11. 공 모양의 반죽을 집어 아랫부분을 잡고 잡아당기다가 도 반죽 쪽으로 다시 접는다.[●●] 다음에는 방향을 90도로 돌려 이 작업을 다시 하는 식으로 총 3~4회 반복한다.

12. 위의 작업이 다 끝나면 반죽의 지름이 13cm 정도 나오도록 납작하게 누른 다음, 중간에 냉장 보관한 고기 필링을 하나씩 얹어 필링을 도 반죽으로 완전히 감싼다.

13. 필링을 야무지게 숨긴 도 반죽을 굴려서 공 모양으로 형태를 잡은 다음, 종일 포일을 깔아둔 두 개의 베이킹팬에 나눠서 올린다. 이때 반죽 사이의 간격은 4cm 정도 잡아야 한다.

14. 반죽을 1시간 정도, 2배로 부풀 때까지 발효한다.

15. 오븐을 177℃로 예열한다. 미리 만들어놓은 달걀물을 솔로 도 반죽 위에 바른 뒤, 니겔라 씨 또는 검은깨를 뿌려 오븐에서 약 25~30분간 굽는다.

16. 빵 겉면에 갈색이 돌기 시작하고, 눌렀을 때 탄력이 있고, 꼬챙이를 넣었다 뺐을 때 아무것도 묻어나지 않으면 완성이다.

17. 빵 굽는 시간이 반 정도 지나면 오븐 속 팬을 한 번 돌려주는 것이 좋다. 완전히 익은 빵은 베이킹팬에 그대로 둔 채 5분 정도 식혔다가 식힘망으로 옮기고, 따뜻할 때 상에 낸다.

18. 남은 빵은 랩으로 싸서 밀폐 용기나 지퍼백에 담아 보관한다. 최장 일주일 동안 냉장 보관하거나 2주간 냉동 보관할 수 있다. 냉동된 빵을 데우려면 먼저 냉장칸에서 하룻밤 해동해서 랩을 벗기고 93℃로 예열한 오븐에서 데운다.

●
매운맛이 강하지 않은 카슈미르 고추 대신 일반 고추 가루를 활용해도 좋다.

●●
발효된 도 반죽을 잡아당겼다가 접어주는 '스트레치 앤드 폴드(stretch and fold)' 과정은 반죽의 글루텐을 활성화해 빵이 잘 부풀어 오르면서 견고한 구조를 형성하게 해준다. 이 과정을 생략하면 도 반죽이 흐물흐물해져서 굽더라도 주저앉는다. 이처럼 도 반죽을 잡아당겨서 접는 작업을 간단히 '접기' 혹은 '폴딩'이라고도 부른다.

석류 시럽과 양귀비 씨를 넣은 닭날개 구이

Pomegranate + Poppy Seed Wings

나와 달리 내 남편 마이클은 매년 슈퍼볼 경기를 열심히 챙겨볼 정도로 열혈 스포츠 팬이다. 매해 돌아오는 이 행사에 그나마 내가 기여하는 것은 경기 시청에 필요한 것들을 준비해주는 것이다. 손가락을 쪽쪽 빨아 먹게 할 정도로 맛있게 매콤달콤한 소스를 입힌 닭날개 구이가 그중 한 가지다. 이 레시피에서 소개하는 소스는 닭날개에 충분히 바르고 나서 디핑용으로 쓸 수 있을 만큼 충분한 양이다.

재료(애피타이저로 4인분 기준)

닭날개

닭날개 910g

베이킹파우더 2작은술

고운 천일염

소스(약 1컵, 240ml 분량)

무염 버터 1/4컵(55g)

양귀비 씨 2작은술

붉은 고추 플레이크 2작은술 또는 카옌고추 가루 1/2작은술

쿠민 가루 1작은술

흑후추 가루 1작은술

석류 시럽 1/4컵(60ml)

옐로 머스터드* 1/4컵(60ml)

흑설탕 2큰술

고운 천일염

차이브 2큰술, 다져서(가니시용)

풍미 내는 방법

물기와 건조함은 당연히 상극이다. 바삭한 닭날개 요리를 만들려면 껍질 표면으로 수분을 끌어내서 날려야 하는데, 소금을 쓰거나 껍질에 있는 수분을 냉장고에서 날리는 방법 두 가지 모두 가능하다. 나는 켄지 로페스알트Kenji López-Alt 셰프의 방식을 따라 닭껍질에 베이킹소다 성분이 들어간 베이킹파우더를 쓴다.** 베이킹소다는 음식에 맛있는 갈색이 나게 하는데, 소다가 알칼리성이라 pH가 올라간 상태에서 열을 가하면 마야르 반응이 일어나서 그런 것이다.

이 요리의 신맛은 석류 시럽과 머스터드에 들어간 식초가 주로 담당한다.

흑설탕 같은 천연 감미료는 소스에 진하고 달콤한 캐러멜 맛을 내면서 석류 시럽의 신맛을 조화롭게 눌러주는 역할을 한다.

1. 닭날개를 깨끗한 키친타올로 두드려가며 물기를 제거한 다음, 중간 크기 볼에 넣고 베이킹파우더와 소금을 뿌린다.
2. 재료를 볼에 담은 채로 손의 스냅을 이용해 몇 차례 위로 던졌다 받기를 반복하면서 베이킹파우더와 소금이 고기에 잘 묻게 한다. 넓적한 베이킹팬에 와이어 랙을 얹은 다음, 닭날개를 올려 남은 물기가 더 증발하도록 냉장고에 하룻밤 둔다. 냉장고에 빈 공간이 충분하지 않다면 작은 접시에 키친타올을 깔고 그 위에 닭날개를 올려서 냉장 보관한다.
3. 12시간이 지난 뒤 냉장고에 있던 닭날개 상태를 확인하고 키친타올이 많이 젖어 있으면 한 번 교체해서 다시 냉장 보관한다.
4. 오븐을 232℃로 예열한다. 베이킹팬에 알루미늄 포일을 깔고 그 위에 와이어 랙을 얹은 뒤, 물기를 날린 닭날개를 올려 오븐에서 15~20분간 굽는다.
5. 오븐에서 팬을 꺼내 닭날개를 전부 뒤집은 다음, 15~20분간 더 굽는다.
6. 닭껍질이 바삭해지고 황갈색을 띠면 요리용 온도계로 닭고기 내부 온도를 재보고 74℃로 표시되면 다 익은 것이니 꺼내서 큰 볼로 옮긴다.
7. 작은 소스팬에 버터를 넣고 중강불로 달구다가 버터가 녹기 시작하면 양귀비 씨, 고추 가루, 쿠민 가루, 흑후추를 넣고 재료가 골고루 잘 볶아지도록 팬을 휘휘 돌려가며 30초간 데운다.

8. 양귀비 씨가 지글거리기 시작하면 소스팬을 불에서 내려 석류 시럽, 머스터드, 설탕을 넣고 잘 저어준 뒤, 맛을 보고 소금으로 간을 조절한다.

9. 소스 1/2컵(120ml)을 뜨거운 닭날개 위에 붓고 골고루 잘 묻도록 볼째 손의 스냅을 이용해 재료를 몇 차례 위로 던졌다 받기를 반복한다.●●●

10. 잘게 다진 차이브를 완성한 요리 위에 솔솔 뿌려 식기 전에 상에 내고, 남은 소스는 디핑용으로 곁들인다.

●

옐로 머스터드는 강황을 넣어 색이 노랗고 매운맛을 뺀 새콤한 미국식 머스터드이다.

●●

베이킹소다만 쓰면 음식에서 씁쓸한 쇠 맛이 나기 때문에 소다를 단독으로 쓰는 것은 권하지 않는다.

●●●

손의 스냅을 이용해 용기에 담긴 식재료를 던진다는 의미에서 붙여진 말인 '토스하다' 혹은 토싱(tossing)은 식재료와 소스, 가루, 양념 등의 부재료가 흐트러지거나 부스러지거나 뭉개지지 않게 하는 동시에 골고루 버무려지거나 섞이게 하는 방법이다. 추수한 곡식에서 불순물을 날릴 때 전통 도구인 키로 위로 던졌다 받는 행위를 반복하는 키질을 연상하면 이해하기 쉽다. 샐러드에 드레싱을 입히거나, 본 재료에 가루나 소스를 묻힐 때 자주 쓰이는 방법이다.

레몬-라임-민트 에이드

Lemon + Lime Mintade

몇 년 전 항공편으로 중동을 경유해 인도로 가던 중 민트를 가니시로 올린 꽤 인상적인 레몬-라임 주스를 마신 적이 있다. 주스의 화사한 시트러스 풍미와 신선한 민트 향이 상당히 상쾌해서 활력이 돌았다. 더구나 열여섯 시간째 비행 중이었던 터라 정말로 반가운 맛이었다. 여기서 재현해보는 그날의 음료는 시트러스를 향한 나의 진심이 담겨 있다.

재료(6인분 기준)

- 설탕 1컵(200g)
- 레몬 2개, 제스트를 내서
- 라임 2개, 제스트를 내서
- 생 민트 잎과 줄기 1단(55g), 가니시용으로 여분의 잎도 준비
- 갓 짠 레몬 즙 1/2컵(120ml)
- 갓 짠 라임 즙 1/2컵(120ml)
- 차가운 탄산수 또는 물 3컵(720ml)

풍미 내는 방법

레몬 제스트와 라임 제스트의 향기로운 에센셜 오일을 생 민트와 함께 뜨거운 시럽에 넣어 우려낸다. 이런 오일 종류는 케메스테시스 작용으로 우리의 신경을 자극한다.

이 음료에서 신맛은 라임 즙과 레몬 즙이 주로 담당한다.

시트러스 계열 과일의 제스트를 낼 때는 구멍이 작아서 과일 껍질을 완전히 갈아버리는 일반적인 강판 모양의 마이크로플레인 제스터microplane zester보다는 좀 더 큰 구멍이 나 있어서 과일 껍질을 긁었을 때 긴 가닥을 몇 개 뽑을 수 있는 시트러스 제스터citrus zester를 쓰면 좋다. 이렇게 얻은 긴 가닥의 제스트는 시럽을 체에서 내릴 때 찌꺼기를 쉽게 걸러낼 수 있을 뿐 아니라 나중에 가니시로도 활용할 수 있다. 시럽을 덜 달게 만들고 싶다면 설탕 양을 1/2컵(100g)으로 줄인다.

1. 중간 크기 소스팬에 설탕과 물 1컵(240ml)을 넣고 중강불에서 설탕이 녹을 때까지 잘 저어주다가 보글보글 끓기 시작하면 불에서 내린다.
2. 잘 밀봉되는 큰 유리병에 미리 넣어둔 레몬 제스트와 라임 제스트, 향이 더 잘 나게 손으로 짓이긴 생 민트 잎과 줄기 위에 뜨거운 시럽을 부은 다음, 뚜껑을 덮어서 1시간 동안 냉장한다.
3. 중간 크기 볼에 고운 체를 올려 냉장한 시럽을 거른다. 체에 걸러진 시트러스 제스트는 몇 가닥만 남기고 버린다.
4. 상에 낼 때는 얼음을 채운 기다란 유리잔 6개를 준비해 잔마다 시럽 1/2컵(120ml), 탄산수 1/2컵(120ml)을 부어서 잘 젓는다.
5. 남은 민트 잎과 남겨둔 시럽에서 우린 제스트 가닥으로 가니시하면 완성이다.
6. 남은 시럽은 밀폐 용기에 담아 최장 일주일까지 냉장 보관할 수 있다.

블루베리와 오마니 라임 아이스크림

Blueberry + Omani Lime Ice Cream

만들기 상당히 쉬운 이 레시피는 페르시아 요리와 중동 요리에 들어가는 단골 재료이자, 이 요리에서 케피르와 블루베리의 상큼한 맛을 돋보이게 하는 말린 오마니 라임의 스모키한 풍미를 제대로 활용한다. 시판되는 크림 치즈에는 이미 간이 되어 있으므로 이 요리를 할 때는 별도의 소금 간이 필요 없다.

재료(1리터 용량)

- 말린 오마니 라임● 4개
- 케피르 또는 버터밀크 2컵(480ml)
- 설탕 1컵(200g)
- 크림 치즈 115g, 실온에서 부드럽게 만든 다음 깍둑썰기 해서
- 블루베리 140g, 신선한 상태이거나 냉동된 상태로(냉동인 경우 해동할 필요 없음)

풍미 내는 방법

액체 재료는 차갑고 라임은 말린 상태여서 산과 시트러스 향을 제대로 추출하려면 냉장고에서 하룻밤 우려내야 한다.

말린 오마니 가루를 쓴다면, 쓴맛을 내는 성분이 저온 상태에서는 시간이 갈수록 강해진다는 점을 염두에 두어야 한다.

설탕, 크림 치즈, 블루베리에 들어 있는 펙틴이 얼음 결정이 생기는 것을 막아 아이스크림을 부드러운 상태로 유지하는 역할을 한다.

1. 말린 오마니 라임을 대강 깨트려 밀폐 용기에 넣고 케피르를 부은 다음, 뚜껑을 덮어서 잘 우러나도록 하룻밤 냉장 보관한다.
2. 큰 볼에 고운 체를 올려 밤새 우려낸 케피르를 거른 뒤, 라임은 버리고 액체는 블렌더에 붓는다.
3. 설탕과 크림 치즈를 블렌더에 함께 넣어 설탕이 완전히 녹고 크림 치즈 덩어리가 더는 보이지 않을 만큼 부드러워질 때까지 몇 초간 돌리다가 블루베리까지 넣고 완전히 갈아준다.
4. 블렌더의 내용물을 아이스크림 메이커에 옮겨 담고 설명서대로 작동시킨다.
5. 냉동 가능한 용기 바닥에 종이 포일을 깔고 메이커에서 작업을 거친 아이스크림 용액을 옮겨 담아 단단해질 때까지 4시간 이상 냉동한다.
6. 아이스크림 메이커가 없다면, 아이스크림 재료를 1시간 정도 냉동했다가 꺼내서 포크로 긁어가며 뭉쳐 있는 얼음 결정을 흩어놓는 작업을 하거나, 핸드 블렌더 또는 푸드 프로세서 등으로 슬러시를 만들어 다시 냉동하라. 이 작업은 30분 간격으로 4회에 걸쳐 반복하는 것을 기준으로 잡으면 되지만, 냉동고 상태에 따라 작업 사이의 시간 간격을 조금씩 조율해야 한다.
7. 상에 내기 전 아이스크림을 냉동실에서 꺼내 조금 부드러워질 수 있도록 5분 정도 실온에 두는 것이 좋다. 남은 아이스크림은 최장 5일까지 냉동 보관할 수 있다.

●

중동 요리에 많이 쓰이는 말린 라임인 오마니 라임은 국물 요리나 타진(tagine) 요리에서 은근한 신맛을 낼 때도 활용한다. 타진 요리란 비교적 얕은 하단 그릇과 그 위를 덮을 수 있는 높은 고깔 모양의 뚜껑으로 이루어진 내열 토기 그릇인 타진에 넣고 조리하는 요리를 말한다.

2장

쌉싸름한 쓴맛

맛은 저마다 성격이 다르다. 그중 아마도 쓴맛이 가장 부당한 취급을 받을 것이다. 우리의 생물학적 행동은 본성과 경험의 산물이다. 쓴맛에 대한 비호감 역시 그렇게 진화되어 여기까지 온 것이다. 온라인 데이터베이스에 올라온 5만 6000개 가까이 되는 레시피를 검색한 결과, 오직 0.8%만이 '쓰다'라는 단어를 썼다. 이 단어가 대변하는 '맛'과 여기에 반응하는 우리의 습성 탓에 쓴맛은 당연히 판매하기 어려운 맛이 되었고, 달콤한 것을 입혀야 입에서 목으로 넘길 수 있다고 생각하는 쓴 알약처럼 대하기에 이르렀다. 많은 이들에게 요리할 때 없애야 하거나, 숨기거나, 눌러야 하는 유일한 맛이 바로 쓴맛이다. 레시피를 설명하거나 음식 이야기를 할 때 쓴맛이 나는 녹황색 채소를 다루면, 단맛이 거의 없거나 감지되지 않는데도 '단맛이 있다'라는 식으로 설명하는 경우가 종종 있으며, 심지어 단맛을 올라오게 한다며 케일을 주물러보라는 '팁'을 가끔 볼 수 있다. 어린 시절, 나는 부모님이 아쉬워하셨는데도 카렐라라는 쓴 멜론을 비롯해 힌두 문화권의 쓴 음식을 좀체 먹지 못했지만, 초콜릿이나 커피처럼 쓴맛이 강한 음식을 단맛으로 중화할 수 있다는 사실을 알게 되면서 비로소 쓴맛을 즐길 수 있게 되었고, 그렇게 되는 데에는 시간이 그리 오래 걸리지 않았다.

쓴맛의 쌉싸름한 풍미

우리는 상당히 적은 양으로도 쓴맛 분자를 감지하는 감각이 발달했다. 게다가 쓴맛은 다른 맛보다 입안에 더 오래 머무른다. 유전학적으로 쓴맛을 더 예민하게 느끼는 사람들이 있는데(검증된 것은 아니지만 나도 그중 한 명인 것 같다)**, 이들을 일컬어 수퍼테이스터라고 한다. 이런 사람들은 쓴맛 수용기에서 정보를 암호화하는 유전자의 변이로 인해 쓴맛에 상당히 예민하게 반응하며, 당연히 단맛이 나는 음식을 더 선호한다.**

쓴맛이 나는 물질은 상상 이상으로 다양하다. 비슷한 화학 구조로 된 산이나 당과 달리, 쓴맛 분자들은 그 모양이 다양하다. 쓴맛이 나는 대표적인 물질로는 식물성 페놀, 플라보노이드, 이소플라본, 테르펜을 꼽을 수 있다. 놀랍게도 인간의 쓴맛 수용기들(T2R족)은 이처럼 다양한 쓴맛 분자를 어떤 유형이든지 상관 없이 아주 적은 양으로도 감지할 수 있다는 것이다. 이 정보가 우리 뇌로 전달되면 우리는 쓴맛에 반응한다. 산뜻한 신맛을 느끼게 하는 쓴맛 물질도 있는데, 수맥 가루, 코코아, 와인, 사과 주스 등에 들어 있는 페놀 화합물이 여기에 속한다.

거의 모든 문화권에는 쓴맛 나는 식재료로 만드는 요리가 꼭 있다. 예컨대 인도에는 쓴 멜론, 겨자채, 페누그릭 잎(힌두어로는 메티Methi라고 한다)이 있고, 서양에서는 아티초크의 한 종류인 카르둔Cardoon, 케일, 콜라드, 치커리 같은 녹황색 채소, 라디키오 등을 꼽을 수 있다. 다만, 보통 사람들이 쓴맛을 본능적으로 싫어하는 반응을 보이기에 굳이 찾아서 쓰지 않는 것도 사실이다.

이런 거부 반응은 크게 생물학과 행위로 설명할 수 있다. 우리가 먹는 쓴맛 음식은 식물성 재료로 만든 것이 대부분이다. 식물은 초식성 동물 혹은 곤충의 위협이나 위해로부터 스스로를 보호하기 위해 쓴맛 분자를 합성하는 화학적 보호 체제를 구축하게 되었고, 이 같은 식물의 보호 전략이 결국 인류의 진화에도 영향을 미쳤다. 그 결과 우리는 쓴맛 분자에 예민하게 반응하게 된 것이다. 뇌에서 쓴맛 음식을 불쾌하다고 판단하는 고정

쓴맛을 가늠하는 방법

식물 육종가들이나 식품 회사들은 음식의 쓴맛을 줄이는 데 많은 시간을 할애한다. 예컨대 배추속 식물을 포함한 다수의 식물 연구를 통해 강도가 약한 쓴맛을 만들어내는 유전적 특질을 가진 균주를 찾으려 애쓰고 있다. 경우에 따라 이런 식물에 들어 있는 화학 물질의 수치를 가지고 채소의 쓴맛을 가늠하기도 한다.

짠맛을 판단할 때 간단하게 '좋다', '나쁘다'를 판단할 수 있는 기호 척도를 쓰듯이, 쓴맛 역시 감별사들이 작성한 맛 기록을 통해 간단하게 가늠해볼 수 있다. 예컨대 맥주는 자체의 쓴맛 측정법이 있다. 일반적으로 '국제 쓴맛 단위International Bittering Units, IBU'로 맥주에 포함된 쓴맛 화합물의 양을 측정해 표시한다. 다만, 맥주는 맥아, 발효로 발생하는 산 등 다양한 재료가 어우러져 우리가 느끼는 맛에도 영향을 미치는 복잡한 결을 가진 음료여서 설령 높은 IBU의 맥주라 하더라도 어떤 재료가 들어갔느냐에 따라 쓴맛이 별로 강하게 느껴지지 않을 수도 있다.

관념이 생기면서 우리는 자연스럽게 이런 음식을 피하거나 거부하게 되었다.

그렇다면 쓴맛 나는 음식은 모두 위험하다는 의미일까? 경우에 따라 그럴 수도 있지만, 일단 쓴맛 나는 물질의 종류와 양에 따라 다를 수도 있다. 쓴맛을 내는 물질에는 크게 두 종류가 있다.

(1) 독성을 가진 알칼로이드alkaloid(식물 염기). 고추, 가지, 토마토, 감자 같은 가지과 식물에는 부교감 신경 차단제인 알칼로이드 아트로핀alkaloid atropine이 들어 있는데, 극소량이어서 무해하다.

(2) 우리에게 유익한 식물 영양소인 파이토뉴트리언트phytonutrient. 파이토뉴트리언트는 다양한 질병으로부터 우리를 보호하는 능력을 높인다. 그래서 콜라드 같은 녹황색 잎채소, 혹은 십자화과의 배추속 식물로 파이토뉴트리언트가 풍부한 방울양배추 섭취를 권장하는 것이다. 알칼로이드 종류에는 정신 번쩍 들게 하면서도 중독성 있는 미덕 때문에 사랑받는 종류도 있는데, 커피와 차에 들어 있는 카페인이 여기에 속한다.

또한 우리가 차츰 사랑하게 되어 자주 찾는 쓴맛과 우리의 감각을 자극하는 효과를 지닌 음식에는 맥주와 초콜릿도 있다. 식물 육종가나 식품업계는 쓴맛이 소비자의 선택에 지대한 영향을 미치기 때문에 생산하는 식물성 제품의 쓴맛 강도를 어떻게든 낮추기 위해 애를 쓴다. 그 결과 수십 년 전과 비교할 때 많은 채소에서 쓴맛이 상당히 줄어든 것도 사실이며, 쓴맛이 적은 채소나 과일을 선별적으로 육종하는 것이 산업적 기준이 되었다.

한편 쓴맛 화합물 중 방울양배추에 들어 있는 프로고이트린progoitrin이 갑상선에 이상을 유발하는 물질로 밝혀지는 등 건강에 문제를 일으키는 종류도 발견되어서, 방울양배추를 비롯해 배추속 식물에 들어 있는 이 화학 물질을 제거하는 육종을 권장하는 과학자도 있다.

음식의 쓴맛은 박테리아가 유발하는 경우도 있다. 예컨대 치즈처럼 쓴맛 나는 물질을 생성하는 박테리아도 있는데, 이 쓴맛은 발효 과정에서 유단백질이 분해되면서 생긴다. 달거나 짠 요리를 조리하는 과정에서 쓴맛 분자들을 생성하는 마야르 반응 역시 음식에서 쓴맛이 나게 하는 요인이다.

사례 연구: 올리브유와 머스터드 오일에서 쓴맛 빼는 방법

올리브유와 머스터드 오일에 들어 있는 폴리페놀은 영양가 있는 파이토뉴트리언트이지만 마요네즈처럼 기름으로 유화(에멀전한) 소스를 만들 때 쓴맛이 나게 하는 요인이 된다. 나는 폴리페놀을 추출해 이 문제를 해결하는 방법을 찾았다. 언젠가 식물 폐기물에 대한 연구 보고서를 읽고 올리브유에 들어 있는 폴리페놀이 물에 상당히 잘 녹고, 특히 물의 끓는점에서 제일 잘 녹는다는 사실을 알게 됐다. 에멀전을 도와주는 매개체 없이 물과 기름을 섞으면 서로 분리된다. 이때 기름의 쓴맛 분자가 물에 녹으면서 기름에서 빠져나간다. 머스터드 오일 역시 이 방법으로 쓴맛을 뺄 수 있다.

방법 올리브유 또는 머스터드 오일 1컵(240ml)을 끓는 물 1컵(240ml)과 함께 큰 병에 부어준 다음, 뚜껑을 잘 닫아 1분간 살살 흔든다. 이어서 뚜껑을 조심스럽게 열어 열기로 생긴 압력을 뺀 후 물과 기름이 분리될 때까지 그대로 둔다. 물과 기름이 완전히 분리되면 물은 따라내 버리고, 쓴맛 빠진 기름으로 마요네즈나 아이올리(에멀전의 한 종류인 아이올리(Aioli는 '마늘'과 '기름'을 뜻한다. 원래 레시피는 오직 마늘과 올리브유와 소금만 들어가지만, 달걀, 레몬 즙, 머스터드를 넣는 경우도 있다. 어떤 때는 마늘이 들어간 마요네즈를 이렇게 부르기도 한다.—옮긴이) 만들 때 사용한다. 만약 쓴맛을 뺀 기름이 탁하게 변질되면 살짝 데워라. 그러면 다시 맑은 상태로 돌아간다.

쓴맛의 씁쓸한 풍미를 올려주는 부스터

요리에서 굳이 쓴맛을 내려 애쓰지 않아도 우리는 생각보다 많이 쓴맛 식재료를 요리에 활용하고 또 먹고 있다. 시나몬처럼 본래 쓴맛을 가지고 있지만 극소량을 쓰기 때문에 더 주도적인 맛들에 가려져서 잘 감지하지 못하는 경우도 많다. 캐러멜화나 마야르 반응과 같은 풍미 반응은 열을 가하는 거의 모든 레시피에서 좀 더 복합적으로 달콤쌉싸름한 느낌을 내고 싶을 때 쓰는 방법이다. 이제 일반적으로 쓴맛을 내는 식재료를 알아보자.

알코올: 맥주와 레드 와인

맥주의 쓴맛은 발효 과정에 쓰이는 홉 꽃hop flower에서 나온다. 홉 꽃은 불필요한 단백질을 제거하는 기능도 있지만, 맥주 특유의 맛과 향을 내는 요소이기도 하다. 홉의 쓴맛은 알파-이소 산alpha-iso acid으로 불리는 화학 물질 그룹에서 나온다. 이 성분이 맥주 제조 과정에서 변화를 일으키는데, 맥주 양조업자들은 일반적으로 맥주 질을 잘 관리하기 위해 알파-이소 산을 계량해서 쓴다. 맥주는 육류 및 해산물을 삶을 때 함께 쓰면 좋고, 묵직하고 약간 흙 맛이 나는 커민이나 강황 또는 짙은 나무 향이 나는 시나몬, 정향이나 로즈마리 같은 향신료와도 잘 어울린다. 맥주는 디저트에 넣어도 멋진 맛이 난다. 색이 진한 다크 에일 종류는 케이크뿐만 아니라, 호박 파이나 고구마 파이(129쪽 '꿀과 맥주를 넣은 고구마 파이' 참조)처럼 파이에 들어가는 달콤한 재료를 만나면 달콤쌉싸름한 뒷맛을 남긴다.

와인에는 쓴맛이 나는 성분인 페놀, 케르세틴quercetin, 탄닌tannin이 다른 여러 물질과 섞여 있다. 화이트 와인의 탄닌 함유량은 낮지만(0.02%), 레드 와인은 이보다 높다(0.1~0.25%, 혹은 그 이상일 수도 있다). 하지만 다른 향 분자들과 복합적으로 섞인 산과 당 덕분에 이 쓴맛 분자들이 잘 드러나지 않을 뿐이다.
탄닌은 톡 쏘는 산뜻한 맛이 있고 입안에 떫은 느낌을 남기는데, 레드 와인이 이런 특성이 도드라진다. 나는 육수를 내거나 고기를 삶을 때(89쪽 '맥아 식초를 넣은 돼지 스페어 리브' 참조) 화이트 와인을 종종 사용한다. 콩 요리를 할 때 육수 대신 레드 와인을 써보라. 일반적으로 레드 와인은 쇠고기 같은 레드 미트 종류와 잘 어울리고 생선 요리에는 그다지 어울리지 않지만, 예외도 있다. 유럽권 일부 지역에서는 생선 요리에 레드 와인을 곁들이는 곳도 있고, '필레 드 푸아송 오 뱅 루즈Filets de poisson au vin rouge'처럼 레드 와인이 들어간 소스를 쓰는 생선 요리도 있다.

카카오와 코코아

둘 다 카카오 빈에서 유래한 식재료로, 카카오와 코코아의 차이는 가공 방법과 맛에 의해 결정된다. 카카오 닙은 발효한 카카오 껍질을 벗겨서 나온 빈을 로스팅한 뒤에 분쇄한 조각이다. 이것을 곱게 분쇄해서 지방(코코아 버터)을 거의 제거하면 코코아 파우더가 되고, 분쇄한 카카오 닙에 분유와 설탕(그리고 코코아 파우더를 만들 때 걷어낸 코코아 버터를 더 추가해서)을 넣고 혼합한 것이 초콜릿이다. 코코아에서는 기본적으로 쌉쌀한 신맛이 나는데, 우유와 설탕이 이 맛을 억제한다. 우유와 유지방을 얼마만큼 더 넣느냐에 따라 다크 초콜릿 또는 밀크 초콜릿이 되고, 화이트 초콜릿이 되려면 유지방이 최소 3.39%, 유고형분[우유, 염소 젖 같은 동물 젖의 수분을 제외한 단백질(카제인 외), 탄수화물(젖당 외), 미네랄(칼슘, 인)로 구성된 나머지 부분을 말한다. 특히 유고형분의 단백질과 탄수화물 성분은 가열하면 캐러멜화와 마야르 반응을 일으켜 풍미와 색이 달라진다.—옮긴이]이 12% 이상 들어가야 한다. 색이 훨씬 진하면서 맛은 더 부드러운 더치 코코아Dutch cocoa는 로스팅된 카카오 닙을 식품 등급을 받은 알카리 용액에 담그는 공정을 거친 것인데, 이 과정에서 카카오 닙에 들어 있던 산이 중화되고 코코아 전분이 팽창해 코코아가 진한 붉은 빛이 감도는 갈색으로 바뀐다. 내추럴 코코아 파우더는 이런 알칼리 처리를 하지 않은 것으로, 색이 더 밝으면서 과일 풍미가 더 많이 난다. 테오브로민theobromine(신의 음식을 의미하는 테오브로마Theobroma가 이 말의 어원이다)과 코코아의 주요 성분인 카페인은 페놀 물질들과 더불어 코코아에 쓴맛을 내는 요소다.

커피

부엌 한쪽에 보관 중인 진한 색 커피 원두는 애초에는 녹색이지만 고온의 로스팅 과정에서 열 분해와 마야르 반응이 진행되어 커피 특유의 풍미를 내는 향과 맛 분자들이 나타난다. 커피의 주성분인 카페인은 각성 효과를 내는 동시에 음료로 만들어졌을 때 은근히 입안에서 쓴맛이 감돌게 한다. 커피에서 쓴맛을 내는 요소에는 클로로겐산chlorogenic acids의 분해 산물(그중에 페닐린단phenylindane이 가장 핵심적인 쓴맛 분자다)과 마야르 반응의 부산물도 있다. 커피와 초콜릿은 서로 잘 맞아서, 초콜릿이 주원료인 케이크, 쿠키, 디저트에 인스턴트커피나 에스프레소 파우더를 넣으면 초콜릿 맛이 한결 진해진다.

쓴맛 나는 과일: 시트러스 종류와 커런트

대부분의 사람들이 과일과 달콤함을 동급으로 생각하지만, 사실 여러 종류의 과일에도 쓴맛 요소가 존재한다. 심지어 잘 익은 자두의 새콤달콤한 과육에도 쓴맛이 살짝 숨겨져 있다. 일부 과일, 특히 시트러스 계열인 자몽처럼 쓴맛이 더 도드라지는 과일도 있다. 많은 이들이 레몬, 라임, 오렌지 껍질에서 향기로운 제스트를 깎아낼 때 강렬한 쓴맛을 내는, 껍질과 과육 사이의 흰 부분을 되도록 피하라는 말을 들어보았을 것이다(98쪽 '블루베리와 오마니 라임 아이스크림'에서 쓴맛이 레시피에 어떤 영향을 미치는지 확인할 수 있다). 마이크로플레인 제스터, 혹은 시트러스 제스터를 이용해 시트러스류 과일의 껍질을 얇게 갈거나 깎아보라. 이런 도구는 날이 짧아 같은 자리를 다시 깎지 않게 잡아주어서 효과적으로 제스트를 낼 수 있다.

시트러스 계열 과일에는 쓴맛을 내는 요소가 두 가지가 더 있는데, 어떤 과일이냐에 따라 쓴맛의 강도는 다르다. 첫 번째 요소는 과일 씨다. 씨에서 쓴맛이 나는 과일을 요리에 쓸 때는 먼저 씨를 제거해야 한다. 특히 레몬이나 라임을 갈아서 쓰는 음료, 마리네이드, 처트니나 소스를 만들 때는 이 점에 신경 써야 한다. 두 번째는 과즙인데, 시트러스 계열 과일의 즙을 짜서 잠시 두면 쓴맛이 점점 올라온다. 이는 '유보된 쓴맛'이라는 현상인데, 과즙으로 가득 찬 과육 주머니를 짓이길 때 과육 세포에서 리모닌limonin이라는 쓴맛 물질을 생성하는 효소가 나와서 생기는 일이다. 본래 쓴맛이 나는 과일로 만든 시판 주스는 쓴맛을 눌러주기 위해 달콤한 맛이 나는 다른 주스와 섞기도 한다. 쓴맛을 줄이는 또 다른 방법에는 효소나 장치를 써서 쓴맛 물질을 추출하는 것, 식물 육종법으로 아예 쓴맛을 제거하는 품종 개량도 있다. 이 같은 쓴맛이 상당한 미덕으로 작용하는 경우도 있는데, 쌉싸름한 맛이 있는 세비야 오렌지 마멀레이드가 그런 예다. 만드는 방법은 껍질 아래 붙은 하얀 부분과 씨(씨 속에는 잼의 농도를 걸쭉하게 만드는 펙틴이 풍부하게 들어 있다)를 같이 졸인 다음, 풍미를 최대한 많이 추출하도록 팬에 그대로 담은 채 하룻밤 두는 것이다. 레몬을 절일 때 소금을 많이 넣으면(76쪽 '절인 레몬과 크렘 프레슈를 올린 그린빈' 참조) 레몬의 쓴맛이 가려진다.

크랜베리, 커런트, 링곤베리 같은 쓴맛 나는 과일은 당과 산, 향신료를 넣고 조리하면 쓴맛을 부드럽게 누를 수 있다.

차

찻잎을 자르고, 건조하고, 산화시키고, 발효하고, 덖는 여러 단계의 과정을 거쳐서 탄생한 홍차에서는 새로운 색소, 그리고 향과 맛 분자가 생겨난다. 녹차는 약간 다른 방식으로 만들어진다. 차 색깔이 짙어지는 것을 막기 위해 초기 단계에서 산화를 일으키는 효소가 활성화되지 못하게 하는 작업을 하고, 홍차처럼 찻잎을 잘라서 건조한 다음에 발효하는 단계는 생략한다.

차를 구성하는 화학적 요소는 원산지, 차나무의 나이, 가공법에 따라 달라지는데, 일반적으로 차에 들어 있는 페놀 성분 때문에 쓴맛이 난다. 홍차의 주성분인 카페인(2.5~5.5%), 테오브로민(0.07~0.17%), 테오필린(0.002~0.013%)도 차 맛에 영향을 미친다. 차를 진하게 우리면 강하게 쏘는 맛이 생기니 시간을 너무 오래 끌지 않는 것이 좋다. 물 온도 역시 차를 우릴 때 중요한 요소다. 일반적으로 홍차는 85℃, 녹차는 77℃에서 우리는 것이 좋다. 나는 종종 따뜻한 풍미의 케이크, 예를 들면 이전에 내가 쓴 《시즌》이라는 요리책에 나오는 '스파이스드 마살라 차이 케이크'처럼 따뜻한 성질의 향신료를 넣은 케이크를 만들 때 반죽에 찻잎을 갈아 넣기도 하는데, 케이크 반죽에 들어가는 당과 여러 향신료가 차의 쓴맛을 눌러준다.

요리용 지방과 기름

올리브유와 머스터드 오일을 비롯한 많은 조리용 기름에는 쓴맛이 들어 있다. 이런 기름에는 파이토뉴트리언트이자 쓴맛을 내는 페놀 물질인 폴리페놀이 풍부하게 들어 있는데, 마요네즈나 아이올리 같은 에멀전을 만들 때 폴리페놀이 공기와 물을 만나면 쓴맛이 더 도드라진다. 올리브유에서 주로 쓴맛을 내는 성분은 물에 잘 녹는 올레우로페인oleuropein인데, 이 성분은 마요네즈를 만들 때 다른 재료의 수분과 만나면 쓴맛이 난다. 머스터드의 페놀 물질 역시 쓴맛을 내는데, '커리 잎과 머스터드 오일 마요네즈'(316쪽)를 만들어서 맛보면 뒷맛이 은근히 쓰다는 것을 알 수 있을 것이다. 이를 피하려면 포도씨유 혹은 퓨어 올리브유(3~4회 정도 정제 과정을 거친 퓨어 올리브유는 정제 과정에서 페놀이 줄어들지만 풍미도 같이 떨어진다)를 쓰는 것이 좋다. 아니면 올리브유나 머스터드 오일 병의 뚜껑을 열어놓은 채 며칠간 '숨 쉬게' 두면 된다. 그러면 페놀 성분 일부가 증발한다. 나는 올리브유와 머스터드 오일의 페놀 성분을 좀 더 빨리 날리는 방법을 발견했다. 올리브유에서 쓴맛을 내는 올레우로페인은 물에 녹는 성질이 있고, 물 온도가 올라갈수록 더 잘 녹아서 끓는점인 100℃에서 가장 많은 양이 녹는다. 물과 기름은 결국 분리되므로 올레우로페인이 녹아 들어간 물만 따라내 버리면 된다. 머스터드 오일에서 쓴맛을 내는 성분이 정확히 무엇인지는 파악하지 못했지만, 올리브유와 같은 방법으로 쓴맛을 제거할 수 있었고, 머스터드 오일에 들어간 쓴맛 성분 역시 물에 녹는다는 결론을 내릴 수 있었다. 쓴맛을 없앤 기름으로도 고유의 풍미가 고스란히 담긴 비네그레트나 마요네즈 등의 에멀전을 만들 수 있다. 페스토 같은 소스에는 풍미가 더 강한 재료가 들어가기 때문에 쓴맛을 쉽게 숨길 수 있다(335쪽 '지질' 참조).

채소와 쓴맛이 나는 녹황색 채소

과일처럼 쓴맛이 나는 채소도 있는데, 앞에서 내 어린 시절 저녁 밥상을 괴롭혔다고 말한 카렐라 멜론이 그런 한 가지 예다. 어른이 되어서야 나는 이 우둘투둘하고 쓴 채소를 즐길 수 있게 되었다. 지금은 이것을 자르고 씨를 제거한 다음, 소금과 레몬 즙을 섞은 물에 한 30분간 담가서 강렬한 맛을 약간 빼낸 뒤에 요리에 사용한다. 쓴맛 나는 또 다른 채소로는 방울양배추, 가지,

순무, 스웨덴 순무Rutabaga를 들 수 있는데, 쓴맛의 강도는 저마다 다르다. 이런 채소들의 쓴맛을 누르거나 덜 느끼게 하려면 소금을 사용하거나, 진한 풍미를 가진 지방과 향신료를 넣고 조리하는 방법이 있다(112쪽 '채 썬 방울양배추 샐러드' 참조).

쓴맛이 나는 녹황색 채소에 루콜라(도드라진 후추 맛이 난다), 카르둔, 페누그릭, 시금치, 엔다이브, 라디키오 같은 치커리 종류 등 다양한 채소가 포함된다. 샐러드에 흔히 쓰이는 이런 채소들을 나는 비네그레트 같은 드레싱에 버무리거나, 열에 의해 쓴맛이 약해지도록 살짝 볶아준다. 엔다이브와 라디키오를 맛과 향이 강한 페스토나 후무스Hummus(전통적인 후무스 외에 다른 스타일로 만든 온갖 후무스 종류도 마찬가지다), 혹은 랜치 소스에 찍어 먹으면 맛이 중화되어 쓴맛이 덜 난다.

쓴맛으로 풍미를 끌어올리는 요긴한 방법

+ 브라우니, 케이크, 트러플 초콜릿(truffle chocolate)(트러플, 즉 송로버섯처럼 생겼다 하여 이런 이름이 붙은 초콜릿 종류. 초콜릿에 생크림이나 크렘 프레슈를 섞어서 만든 필링, 소스, 아이싱, 글레이즈로 쓰이는 가나슈(ganache)를 동그랗게 만든 뒤, 녹인 초콜릿에 담갔다가 초콜릿 가루 등을 입힌다.— 옮긴이)처럼 커피나 초콜릿이 주재료인 디저트 위에 단맛을 전혀 가미하지 않은 코코아 가루를 뿌리면 코코아의 쓴맛이 이런 디저트를 더 맛있게 해준다. 헤이즐넛, 호두 등의 견과도 이 조합과 잘 어울린다.

+ 인스턴트커피나 에스프레소 파우더는 초콜릿의 풍미를 확 끌어올린다(132쪽 '미소 된장을 넣은 초콜릿 브레드 푸딩' 참조). 이것들을 초콜릿이 주재료로 들어간 아이스크림이나 케이크 반죽에 넣어보라. 다만, 추출한 뒤에 남은 커피는 되도록 사용하지 않는 것이 좋다. 너무 많은 변수가 생길 수 있고, 특히 커피의 농도를 통제하기 어려우니 아무 문제 없이 일정한 농도를 유지하려면 인스턴트커피를 쓰는 편이 낫다.

요리할 때 쓴맛을 맛있게 활용하는 방법

+ 당의 캐러멜화, 아미노산과 당 때문에 일어나는 마야르 반응은 색과 맛 분자에 변화를 일으켜 달콤쌉싸름한 맛을 낸다. 샬롯, 양파, 파 같은 파속 식물은 오랜 시간 뭉근하게 조리하면 맛있게 느껴질 정도의 쓴맛으로 바뀐다. 레몬, 라임, 오렌지 같은 과일을 반으로 잘라 뜨겁게 달군 석쇠에 구우면 원래 가지고 있던 당이 캐러멜화하는데, 이렇게 구운 과일의 즙을 짜서 달콤한 음료에 넣으면 좋다.

+ 디저트나 샐러드에 쓴맛이 나는 코코아나 커피의 원두 혹은 커피 가루를 쓰면 재미있는 질감이 생길 뿐만 아니라 쓴맛도 슬쩍 얹을 수 있다. 나는 페이스트리 셰프로 일할 때, 진한 초콜릿 가나슈 케이크 위에 장식용으로 얹을 원두에 식용 금가루를 붓으로 입히는 작업을 한 적 있는데, 이때 원두를 사용한 것은 장식의 목적도 있었지만 원두의 쌉싸름함으로 초콜릿의 진한 맛을 누를 수 있다는 점을 고려한 것이었다.

+ 호두 등의 견과는 겉껍질에 탄닌 성분이 들어 있어서 약간 쓴맛이 난다. 호두를 살짝 볶아주면 쓴맛이 줄고 호두 향이 더 진해지는데, 이렇게 볶은 호두를 샐러드나 디저트에 넣으면 호두의 매력적인 풍미는 물론 아삭한 식감을 더할 수 있다.

+ 매운맛을 소개하는 장에서 매콤함을 내는 재료로서 머스터드를 설명할 텐데, 여기서 먼저 언급할 가치가 있을 것 같다. 머스터드의 매운 성질은 쓴맛을 가진 화합물이자 글루코사이드(glucoside)의 일종인 시니그린(sinigrin)에서 기인한다. 머스터드 가루를 물에 개었을 때 활성화되는 효소는 시니그린을 '매운' 상태로 만든다. 요리에 쓸 때 이렇게 물에 갠 머스터드는 적어도 15분 정도 두었다가 사용해야 한다. 활성화된 효소에 산이나 끓는 물을 넣으면 효소가 죽어버리는데, 그러면 매운맛이 빠지고 쓰기만 하니 유의해야 한다.

+ 낮은 온도에서는 쓴맛이 더 강하게 느껴지는 경향이 있다.

+ 산이나 소금으로 채소나 과일의 쓴맛을 숨길 수 있다. 가지에 소금을 뿌리거나, 쓴맛이 나는 녹황색 채소 샐러드에 비네그레트를 넣으면 쓴맛을 누그러뜨릴 수 있다.

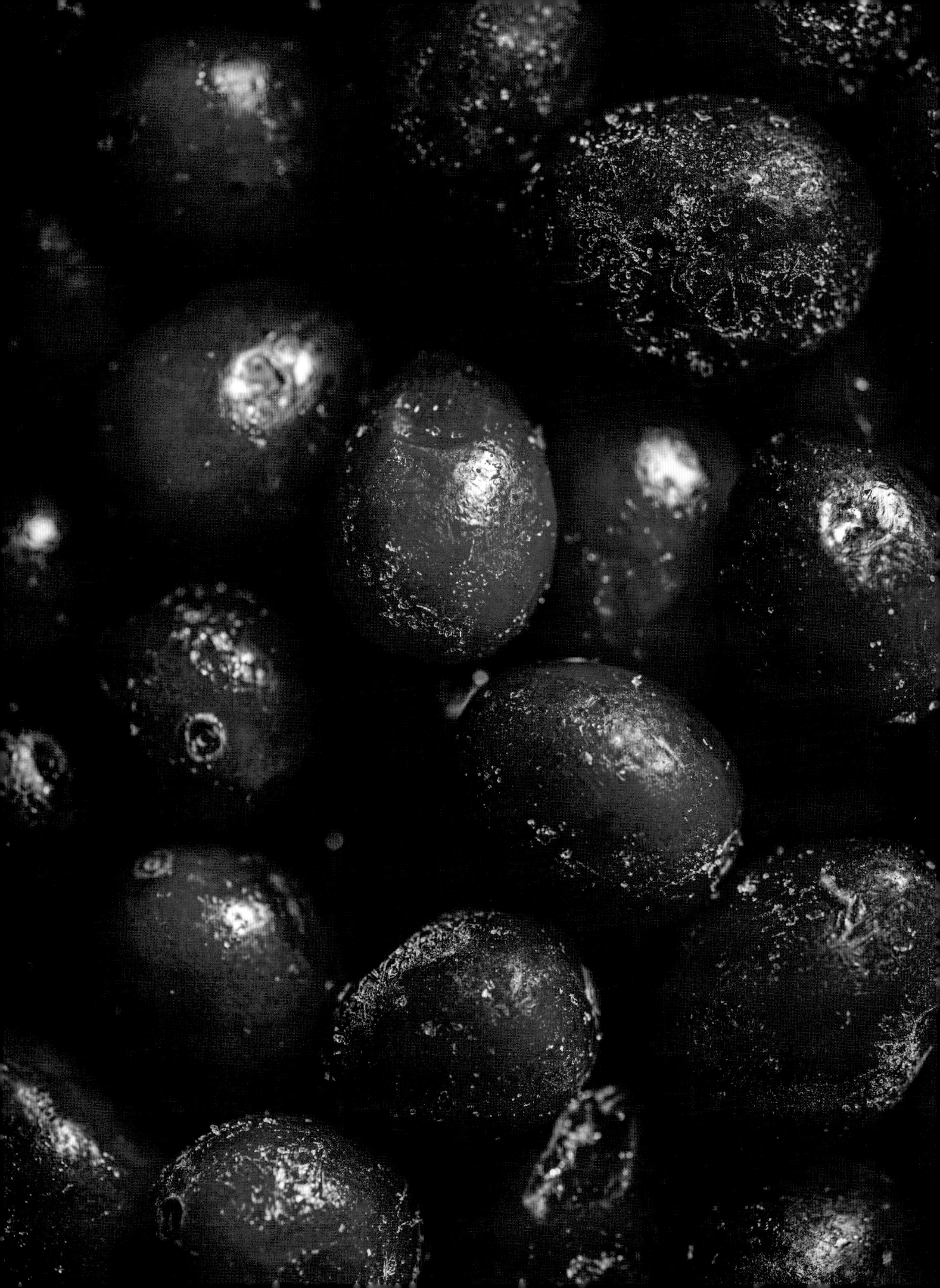

칠리 타히니 소스를 올린, 따뜻한 케일과 흰콩과 버섯 샐러드

Warm Kale, White Bean + Mushroom Salad with Chilli Tahini

날이 추워지는 계절이 오면 나는 이 풍미가 가득한 샐러드를 뚝딱 만들어 먹곤 한다. 이 샐러드의 매콤한 풍미는 차오저우라자오유潮州辣椒油라는 고추기름에서 나온다. 중국 남부 광둥 지방에서 사용하는 이 양념에는 절인 고추, 마늘, 간장, 볶은 참깨를 짠 고소한 참기름이 들어간다. 내가 개인적으로 제일 좋아하는 브랜드는 '이금기'인데, 온라인에서 구입할 수 있는 제품이다. 이 제품은 사용하기 전에 잘 흔들어서 밑으로 가라앉은 내용물이 잘 섞이게 해야 한다. 그냥 맨밥에 이 양념을 한 수저 떠서 올린 다음, '청사과 처트니'(321쪽)나 '콜리플라워 아차르'(320쪽)를 잔뜩 올려서 먹어도 한 끼 식사로 그만이다.
고추기름으로 '이금기' 외에 '라오간마'의 '칠리 크리스프 오일chilli crisp oil'* 을 활용해도 좋은데, 여기에는 고추와 마늘 외에도 생강, 쓰촨 후추, 블랙 카다멈과 시나몬이 들어 있어서 약간 다른 매력을 느낄 수 있을 것이다.

재료(4인분 기준)

샐러드

- 엑스트라 버진 올리브유 1큰술
- 샬롯(양파) 1개(60g), 얇게 썰어서
- 양송이 또는 표고버섯 170g, 얇게 썰어서
- 케일 285g, 줄기의 두꺼운 부분을 제거한 뒤 잎을 듬성듬성 썰어서
- 고운 천일염
- 흰 강낭콩 통조림** 1통(총무게 445g), 한번 씻은 다음 물기를 제거해서(건조된 흰 강낭콩을 사용할 경우 약 127~130g)

칠리 타히니 소스

- 타히니 1/4컵(55g)
- 차오저우라자오유 혹은 고추기름 3큰술
- 쌀(현미) 식초 1/4컵(60ml)
- 고운 천일염
- 끓는 물 1~2큰술

풍미 내는 방법

고추의 매콤함과 식초의 새콤함이 타히니 소스의 은근한 쓴맛을 눌러준다.

타히니 소스의 크리미한 식감과 지방이 케일과 흰 강낭콩을 진하고 맛있게 감싸준다.

케일의 쓴맛은 지방, 산, 열로 누를 수 있다.

차오저우라자오유에는 고추, 마늘, 간장, 참기름이 들어 있어서 이 고추기름만으로도 다양한 풍미를 낼 수 있다.

1. 올리브유를 큰 소스팬에 넣고 중강불에 달구다가 충분히 뜨거워지면 샬롯(양파)을 넣고 갈색을 띨 때까지 4~5분간 볶다가 버섯을 넣고 3~4분간 더 볶는다.
2. 이어서 케일과 소금을 넣고 케일 색이 화사한 녹색이 될 때까지 3~4분간 더 볶다가 불에서 내린다.
3. 여기에 흰 강낭콩을 넣고 살살 버무린 다음, 맛을 보고 기호에 맞게 소금으로 간을 해서 큰 볼에 옮겨 담는다.
4. 칠리 타히니를 만들려면 먼저 타히니, 고추기름, 식초를 작은 볼에 넣고 잘 섞어서 맛을 본 뒤, 소금으로 간을 조절한다. 드레싱이 너무 걸쭉하면 끓는 물을 1~2큰술 넣는다.
5. 큰 볼에 담은 흰 강낭콩, 샬롯(양파), 케일 조합 위에 타히니 드레싱을 뿌리고, 드레싱이 골고루 묻도록 손의 스냅을 이용해 볼째 몇 차례 위로 던졌다 받기를 반복해서 완성한다. 따뜻할 때 상에 낸다.

●

라오간마에서 출시되는 칠리 크리스프 오일은 고추기름에다 아삭한 식감을 내는 튀긴 양파와 마늘, 견과, 분쇄한 흑후추, 향신료 등이 들어간 양념이다. 달걀 프라이, 채소, 육류 등의 메인 요리 위에 매콤하고 아삭함을 더하는 소스로 활용되거나 조리할 때 쓰이는 양념이다.

●●

이 레시피에서 추천된 흰콩은 카넬리니(Cannellini) 콩으로, 한국 시중에 나와 있는 캐나다산 흰 강낭콩 같은 종류로 대체하면 된다.

채 썬 방울양배추 샐러드

Shaved Brussels Sprouts Salad

언젠가 미국으로 이민 와서 먹은 첫 끼니를 기억하느냐는 질문을 받은 적이 있다. 방울양배추로 만든 그 요리가 무엇이고, 어떻게 만들었는지 정확히 생각나진 않았지만, 《오즈의 마법사》에 나온 난쟁이 마을 릴리퍼트에서나 볼 수 있을 법한 올망졸망한 모양이었다는 것만은 기억한다. 방울양배추를 채 썰어서 샐러드에 넣거나 구우면 정말 맛있다. 내 남편처럼 모든 요리에 드레싱이나 소스를 잔뜩 뿌려서 먹기를 좋아하는 사람이 내 주변에 많아서 드레싱 양은 넉넉하게 잡았다.

재료(4~6인분)

샐러드

샬롯(양파) 3개(총무게 180g)

엑스트라 버진 올리브유 2큰술

고운 천일염

방울양배추 455g

호두 50g, 굵게 다져서

파 1/2컵(24g), 흰 부분과 녹색 부분 모두 얇게 썰어서

생 민트 잎 2큰술, 큼직하게 다져서(가니시용)

붉은 고추 플레이크 1작은술(알레포, 마라슈 추천, 가니시용)

드레싱

마늘 2개

크렘 프레슈 1컵(240g)

갓 짠 레몬 즙 2큰술

흑후추 가루 1작은술

고운 천일염

풍미 내는 방법

드레싱에 들어가는 산, 지방, 소금, 허브가 호두와 방울양배추의 아삭한 식감과 조화롭게 어울릴 뿐만 아니라, 이 재료들의 은근한 쓴맛을 눌러준다.

방울양배추의 유황 냄새를 조금 빼고 싶다면, 자르거나 채 썬 뒤에 얼음물에 담그면 된다.

민트 잎과 크렘 프레슈는 저마다의 케메스테시스가 있어서 청량한 느낌을 낸다.

바삭한 샬롯과 호두는 아삭한 식감을 내는 재료다.

1. 오븐을 149℃로 예열하고, 넓적한 베이킹팬에 종이 포일을 깐다.
2. 샬롯(양파)을 얇게 썰어서 작은 볼에 담아, 올리브유와 소금을 넣고 골고루 섞이도록 손의 스냅을 이용해 볼째 채소를 몇 차례 위로 던졌다 받기를 반복한다.
3. 미리 준비한 넓적한 베이킹팬에 샬롯을 골고루 잘 펴서 갈색이 날 때까지 오븐에서 30~45분간 굽는다. 색이 골고루 나오도록 이따금 저어주다가 황갈색을 띠고 바삭한 상태가 되면 완성이다.
4. 방울양배추의 딱딱한 심은 제거하고, 얇게 채 썰어서 얼음물에 10분 정도 담근다.
5. 작은 팬을 중약불에 올려 호두를 4~5분간 볶는다. 호두에 갈색이 돌고 고소한 향이 올라오면 불에서 내려 작은 볼에 옮겨 담는다.
6. 드레싱을 만들려면, 먼저 칼 손잡이의 끝부분으로 마늘이 부드러운 퓌레가 될 때까지 빻은 다음, 작은 볼에 담는다.
7. 마늘에 크렘 프레슈, 레몬 즙, 흑후추 가루를 넣고 잘 섞어서 맛을 본 다음, 소금으로 간을 조절한다.
8. 방울양배추의 물기를 충분히 뺀 뒤 깨끗한 키친타올 위에 펼쳐서 남은 수분이 잘 흡수되도록 둔다. 물기가 충분히 제거되면 큰 볼에 담고, 여기에 파, 호두, 크렘 프레슈 드레싱을 반 정도 넣고 골고루 잘 버무려서 서빙 접시에 담는다.
9. 상에 내기 전에 민트, 붉은 고추 플레이크, 바삭한 샬롯으로 가니시한다. 남은 드레싱은 따로 그릇에 담아 샐러드와 함께 낸다.
10. 남은 샐러드는 밀폐 용기에 넣어두면 최장 이틀까지 냉장 보관 가능하다. 냉장했던 샐러드는 먹기 전에 실온에 두어 냉기를 조금 빼는 것이 좋다.

겉을 살짝 태우고 너트 마살라를 올린 아스파라거스

Charred Asparagus with "Gunpowder" Nut Masala

나는 이 아스파라거스 요리를 주저 없이 향과 맛의 향연이라 부르겠다. 집에 혹시 훈제 소금이 있다면 이 요리에 한번 써보라. 석쇠에 구운 듯한 효과를 한 단계 더 끌어올릴 것이다. 이 요리는 바비큐 요리, 석쇠에 구운 채소나 고기 요리에 곁들이는 사이드 디시로도 좋지만, 나는 가끔 점심으로 흰 쌀밥에 아무것도 넣지 않은 오믈렛과 함께 곁들여서 먹기도 한다.

재료(4인분 기준)

- 엑스트라 버진 올리브유 4큰술(60ml), 팬에 두를 여분도 준비
- 아스파라거스 455g, 두꺼워서 먹을 수 없는 아랫부분은 제거해서
- 갓 짠 라임 즙 1큰술
- 라임 제스트 1작은술
- 소금 플레이크 또는 천일염
- 나만의 '건파우더' 너트 마살라 1큰술(312쪽)
- 고수 또는 파슬리 1큰술, 큼직하게 다져서
- 라임 1개, 4등분해서(생략 가능)

풍미 내는 방법

아스파라거스는 겉을 살짝 태웠을 때 은근한 쓴맛이 줄어들고, 캐러멜화와 마야르 반응으로 완전히 다른 풍미를 낸다.

아스파라거스를 석쇠에 구울 때, 소금 플레이크 또는 천일염은 마무리용으로 마지막에 뿌려야 한다.

아스파라거스에 열을 가했을 때 색이 더 화사한 녹색으로 바뀐다.

1. 그릴팬이나 무쇠 스킬릿을 중강불에 올린 다음, 그릴팬에서 돌출된 부분에 솔로 살짝 기름칠을 한다.
2. 아스파라거스를 큰 접시나 넓적한 베이킹팬에 담고, 그 위에 올리브유 1큰술을 뿌린 뒤 기름이 골고루 묻도록 문지른다.
3. 기름 바른 아스파라거스를 뜨겁게 달군 팬에 올려서 5~6분간 굽는다.
4. 집게로 뒤집어가며 굽다가 아스파라거스가 화사한 녹색을 띠고 그릴 자국이 생기기 시작하면 접시에 옮겨 담는다.
5. 구운 아스파라거스 위에 남은 기름 3큰술과 라임 즙을 살살 뿌리고, 라임 제스트와 소금 플레이크 또는 천일염, 너트 마살라와 고수까지 올린 다음, 4등분한 라임을 곁들여 곧바로 상에 낸다.

채소 파코라

Vegetable Pakoras

나의 어머니가 가장 좋아하는 아침 요리는 파코라Pakora였다. 어머니는 주말이면 일찍 일어나 이 요리를 잔뜩 만들어놓곤 했다. 파코라는 식으면 눅눅해지므로 원래 방법을 조금 변형해서 이 레시피를 만들어봤다. 물의 양을 줄이는 대신 채소 본래의 수분으로 마른 재료들을 반죽하고, 튀김 가루를 넣어 더 바삭한 식감이 나도록 했다. 갓 튀긴 뜨거운 파코라에 곁들이면 좋은 소스가 몇 가지 있다. 매기Maggi사에서 출시한 핫앤드스위트칠리 소스Hot and Sweet Tomato Chilli Sauce●, '민트 처트니'(322쪽), '호박씨 처트니'(323쪽), '타마린드-대추야자 처트니'(322쪽)를 추천한다. 파코라 몇개를 가볍게 구운 번 사이에 끼운 뒤, 이 소스들 중 하나를 골라 뿌리면 훌륭한 샌드위치를 뚝딱 만들 수 있다.

재료(4인분 기준)

채소

감자(중) 1개(215g)

케일 285g, 심을 제거한 뒤 굵직하게 썰어서

적양파(중) 1개(260g), 반으로 잘라 얇게 썰어서

생강 1쪽(길이 2.5cm), 껍질 벗긴 뒤 다져서

녹색 고추 1개, 다져서

고수 잎 2큰술(생략 가능)

반죽

병아리콩 가루 3/4컵(90g)

튀김 가루 1/4컵(40g)

가람 마살라 1작은술(312쪽 참조)

강황 가루 1작은술

흑후추 가루 1/2작은술

고운 천일염 1/2작은술

포도씨유 또는 튀는 향이 없는 기름 3컵(720ml)

암추르 1큰술

풍미 내는 방법

반죽을 만들 때 물을 적게 넣어도 마른 재료가 잘 섞이게 하려면 채소의 세포 안에 갇힌 수분이 어느 정도 밖으로 나올 수 있도록 손으로 채소를 주물러야 한다.

최대한 바삭한 파코라를 만들려면 물은 최대한 적게 쓰고, 병아리콩 가루와 튀김 가루를 섞어서 쓰는 것이 좋다.

기름 온도를 177℃로 유지해야 하니, 이 온도보다 발연점이 높은 포도씨유 같은 기름 종류를 쓰면 좋다.

1. 먼저 채소를 준비한다. 감자는 껍질을 벗겨서 구멍이 비교적 큰 강판에 갈아준 다음, 큰 볼에 담고 여기에 케일, 양파, 생강, 고추, 고수를 담는다.
2. 이제 반죽 가루를 준비해야 하는데, 중간 크기 볼에 병아리콩 가루, 튀김 가루, 가람 마살라, 강황, 후추, 소금을 넣고 잘 섞은 다음, 채소를 담은 볼 위에 고운 체를 올려서 내리고, 체에 걸러진 후추도 채소 위에 털어 넣는다.
3. 손으로 채소를 주물러 빠져나온 수분이 가루 조합과 섞여 채소를 충분히 감쌀 수 있을 정도의 농도가 될 때까지 3~4분간 계속 주무른다. 반죽이 너무 되면 물을 1~2큰술 넣는다.
4. 작은 무쇠솥 또는 소스팬에 기름을 붓고 온도가 177℃로 올라갈 때까지 중강불로 가열한다.
5. 넓적한 베이킹팬에 종이 포일을 깔고 그 위에 와이어 랙을 얹는다.
6. 기름이 충분히 데워지면 반죽을 1작은술 정도 떠서 기름에 떨어뜨려 위로 올라오면 튀기기 시작한다. 튀길 때 모양을 내려면 수저 2개를 이용한다. 하나로 반죽을 뜨고, 나머지 하나는 반죽 모양을 잡아서 뜨거운 기름에 떨어뜨리는 데 사용한다.
7. 파코라를 한 번에 여러 개씩 뒤집어가며 3~4분간 튀기다가 황갈색을 띠면 체로 건져 준비한 와이어 랙으로 옮겨서 기름을 뺀다.
8. 파코라가 뜨거울 때 암추르를 솔솔 뿌려 상에 내는데, 기호에 따라 처트니를 곁들여도 좋다.

●

매콤달콤한 인도식 토마토 칠리 소스인데, 한국에서는 아직 판매되지 않는다.

WHILE SUPPLIES LAST
Reena Saini
and her
defense
attorney,
Sam Gordon,
appear in
Santa Clara
County

콜라드 그린스와 병아리콩과 렌틸콩 수프

Collard Greens, Chickpea + Lentil Soup

나는 새콤한 수프를 좋아하는데, 수프를 만들거나 수프에 관한 글을 쓸 때 그런 기호가 자주 반영되는 것 같다. 이 수프에 들어가는 콜라드 그린스의 쓴맛은 타마린드와 토마토의 산이 잘 눌러준다. 붉은 렌틸콩은 녹색 렌틸콩이나 갈색 렌틸콩에 비해 빨리 익는 편이라 굳이 물에 불릴 필요는 없지만, 나는 인도의 가족에게 배운 대로, 습관적으로 불려서 요리에 쓴다. 실제로 씨와 콩 종류를 물에 불리면 화학 구성에 변화가 일어나 소화하기가 더 쉬워진다. 물론 조리 시간이 빠듯하다면 이 단계는 건너뛰어도 된다. 렌틸콩은 어디서 구입했느냐에 따라 두께와 지름에 차이가 나는데, 인도산 붉은 렌틸콩은 미국 상점에서 구할 수 있는 종류보다 더 넓적하고 두꺼워서 조리 시간을 더 잡아야 하며, 익기 전에 수분이 거의 증발한 것 같으면 물을 조금 더 넣으면 된다.●

재료(4인분)

- 붉은 렌틸콩 1/2컵(100g)
- 엑스트라 버진 올리브유 2큰술
- 양파(중) 1개(260g), 깍둑썰기 해서
- 마늘 4개, 얇게 저며서
- 생강 1쪽(길이 2.5cm), 껍질 벗긴 뒤 갈아서
- 시나몬 스틱 1개(길이 5cm)
- 흑후추 가루 1작은술
- 붉은 고추 가루 1/2 ~ 1작은술
- 강황 가루 1/2작은술
- 토마토 페이스트 2큰술
- 토마토(중) 1개(140g), 깍둑썰기 해서
- 콜라드 그린스 200g, 심을 제거한 뒤 굵직하게 썰어서
- 병아리콩 통조림 1통(445g), 물기를 뺀 뒤에 한 번 씻어서
- 채소 스톡이나 '브라운' 채소 스톡(57쪽 참조), 또는 물 960ml
- 타마린드 페이스트 1큰술(67쪽 참조)
- 고운 천일염
- 파슬리 2큰술, 큼직하게 다져서
- 고수 2큰술, 큼직하게 다져서
- 버터 바른 빵 또는 난(곁들임용)

풍미 내는 방법

이 수프에 들어간 타마린드와 토마토의 신맛이 녹황색 채소와 다른 채소의 쓴맛을 중화한다.

1. 렌틸콩을 고운 체에 담아 흐르는 물에 씻어서 작은 볼에 담고, 물을 1컵(120ml) 부어 약 30분간 불린다.
2. 큰 소스팬에 올리브유를 두르고 중강불에서 달구다가 기름이 충분히 데워지면 양파를 넣고 4~5분간 볶는다.
3. 양파가 약간 투명해지면 마늘과 생강을 넣고 1분간 볶는다.
4. 생강 향기가 올라오기 시작하면 시나몬 스틱, 흑후추, 붉은 고추 가루, 강황을 넣고 30~45초간 더 볶는다.
5. 역시 향이 올라오면 토마토 페이스트를 넣고 갈색을 띨 때까지 2~3분간 조리한다.
6. 이어서 깍둑썰기 한 토마토, 콜라드 그린스를 넣고 콜라드 그린스가 화사한 녹색으로 바뀔 때까지 1~2분간 더 볶는다.
7. 재료를 볶고 있던 큰 소스팬에 물을 따라낸 렌틸콩과 병아리콩, 채소 스톡을 함께 넣고 끓인다.
8. 끓기 시작하면 불을 아주 약하게 줄이고 렌틸콩이 부드럽게 익을 때까지 25~30분간 뭉근하게 끓인다.
9. 타마린드 페이스트를 넣고 잘 저어서 맛을 보고 기호에 맞게 소금으로 간을 조절한다.
10. 마지막으로 다진 파슬리와 고수를 수프에 넣고 잘 저어준 다음, 뜨거울 때 버터 바른 빵이나 난을 곁들여 상에 낸다.

●
한국에서는 원산지와 크기를 확인한 뒤에 조리 시간을 적절하게 조절하면 된다.

차이 마살라를 넣은 자몽 소다

Grapefruit Soda with Chai Masala

언젠가 나는 자몽을 무척 좋아하는 내 남편에게 작고 귀여운 루비레드 자몽나무를 깜짝 선물로 주었다. 커다란 화분에 심어 놓은 우리 집 자몽나무는 그리 큰 편이 아닌데도 꽤 크고 둥근 노란색 열매를 맺어 수확해서 잘라볼 때마다 늘 강렬한 향을 선사한다. 나는 가끔 이 과일의 즙을 짜서 차이 마살라(향신료와 차 조합)가 들어간 심플 시럽에 섞곤 한다. 시럽 만들 때 가루 대신 향신료를 통째로 넣어서 우려내면 시트러스 즙의 매력을 더 돋보이게 하고 좀 더 가벼운 풍미를 얻을 수 있다.

재료(8인분 기준)

- 설탕 1/2컵(100g)
- 생강 1쪽(길이 5cm), 껍질을 벗긴 뒤 얇게 저며서
- 시나몬 스틱 1개(길이 2.5cm)
- 흑후추 10개
- 그린 카다멈 홀 2개, 살짝 짓이겨서
- 팔각 1개
- 갓 짠 자몽 즙 2와 1/2컵(600ml), 큰 핑크 자몽 2~3개 정도 분량
- 탄산수 1리터, 차게 냉장해서

풍미 내는 방법

자몽의 쓴맛은 여러 가지 향신료를 이용해 맛있게 중화할 수 있다.

분쇄하지 않은 향신료의 향과 맛 분자는 열과 물을 이용해 추출할 수 있다.

탄산수와 자몽 즙 모두 음료에 신맛을 내는 재료인데, 특히 탄산수의 탄산 거품은 우리의 수용기를 자극해 뽀글거리는 질감으로 청량감을 선사한다.

이 레시피에 들어가는 설탕, 혹은 시판되는 자몽 소다에 들어간 당은 자몽 즙의 쓴맛을 감지하는 미각 자극 물질을 억제한다.

1. 중간 크기 소스팬에 물 1과 1/2컵(360ml)과 설탕, 생강, 시나몬 스틱, 흑후추, 카다멈, 팔각을 넣고 중강불에서 데우다가 끓기 시작하면 바로 불에서 내려 뚜껑을 덮고 10분간 우린다.
2. 시럽을 고운 체에서 내려 병에 담고, 걸러낸 향신료는 버린다. 이렇게 하면 1과 1/2컵(360ml) 정도의 시럽이 나오는데, 냉장고에 넣어 차게 식힌다.
3. 커다란 피처에 차갑게 식힌 시럽과 자몽 즙을 넣고 잘 섞는다. 긴 유리잔 8개에 얼음을 채워 각 잔마다 시럽-자몽 조합을 1/2컵(120ml)씩 넣고, 탄산수 1/2컵(120ml)으로 채워 잘 젓는다.
4. 남은 시럽은 밀폐 용기에 담으면 최장 일주일까지 냉장 보관할 수 있다.

스파이스 커피 쿨피

Spiced Coffee Kulfi

인도에서 보낸 고교 시절, 점심시간이면 학교에 들르던 노점상이 있었다. 그 상인의 자전거 뒤에는 늘 커다란 철가방이 실려 있었고, 그 속에는 금속 통에 담아 얼린 쿨피와 얼음이 가득 들어 있었다. 쿨피는 아이스크림이라기보다 일종의 얼린 디저트라는 표현이 더 적당할 것 같다. 아이스크림에는 얼음 결정이 생기면 안 되지만 쿨피에는 얼음 결정이 어느 정도 들어 있고, 소프트아이스크림보다 더 단단하다는 차이가 있다. 집에서 만들 수 있는 디저트 중 가장 쉬운 축에 들어가는 쿨피는 충분히 얼 수 있도록 미리 만들어놓으면 좋다.

재료(6인분)

생크림 1컵(240ml)

무가당 연유* 400g

연유** 400g

인스턴트 에스프레소 또는 커피 가루 1큰술

고운 천일염 1/4작은술

그린 카다멈 홀 2개, 살짝 짓이겨서

시나몬 스틱 2개(길이 5cm)

팔각 1~2개

헤이즐넛 35g, 살짝 볶은 뒤 분쇄해서(생략 가능, 126쪽의 헤이즐넛 볶는 방법 참조)

풍미 내는 방법

쿨피에 들어가는 커피 맛과 잘 어울리는 부드러운 풍미를 추출하려면 향신료를 통째로 유지방에 넣어야 맛 분자를 은은하게 우려낼 수 있다. 더 강한 풍미를 원한다면 각 향신료의 가루를 약 1/2작은술씩 우유에 바로 넣고, 커피 맛을 더 연하게 내고 싶다면 1/2큰술로 줄여서 넣는다.

인스턴트커피를 사용하는 이유는 두 가지다. 우선 빨리 녹고, 수분 양을 늘리지 않고 진한 커피 풍미를 낼 수 있기 때문이다. 특히 수분 양이 늘면 재료의 지방이나 단백질과 당의 비율이 달라져서 얼음 결정이 많이 생기는 등 원하지 않는 질감이 나오기 십상인데, 이를 방지할 수 있어서 좋다.

무가당 연유를 쓰면 요리 과정을 단축할 수 있고, 인도 쿨피에서 느낄 수 있는 독특한 캐러멜화한 유당 맛도 낼 수 있다는 장점이 생긴다. 인도에서 무가당 연유와 그 진한 풍미가 디저트에 어떻게 활용되는지 더 자세히 보려면 '폴렌타 키르'(184쪽)를 참조하라.

1. 생크림, 무가당 연유, 연유, 인스턴트커피, 소금, 카다멈, 시나몬 스틱, 팔각을 중간 크기 소스팬에 넣고 중강불에서 끓인다.
2. 커피 가루가 완전히 녹고 모든 재료가 완전히 섞인 액체가 끓기 시작하면 불에서 내린 다음, 액체 표면에 랩을 완전히 밀착시켜서 씌우고(이렇게 하면 우유 막이 생기지 않는다) 재료의 성분이 충분히 우러나도록 1시간 정도 실온에 둔다.
3. 우려낸 액체에서 향신료는 걸러내 버린다. 남은 액체는 냉동 가능한 라미킨*** 그릇이나 쿨피 몰드****에 붓고, 랩을 씌우거나 쿨피 그릇 뚜껑으로 닫아 충분히 얼 수 있게 6시간에서 하룻밤 정도 냉동한다.
4. 쿨피는 라미킨에 담긴 채로 상에 내거나, 쿨피 몰드를 쓴 경우에는 금속으로 된 몰드를 흐르는 물 아래에서 몇 초 동안 들고 있다가 뒤집어 쿨피가 잘 빠질 수 있게 몇 번 두드린다.
5. 볶아서 분쇄한 헤이즐넛을 먹기 직전에 가니시로 얹는다.

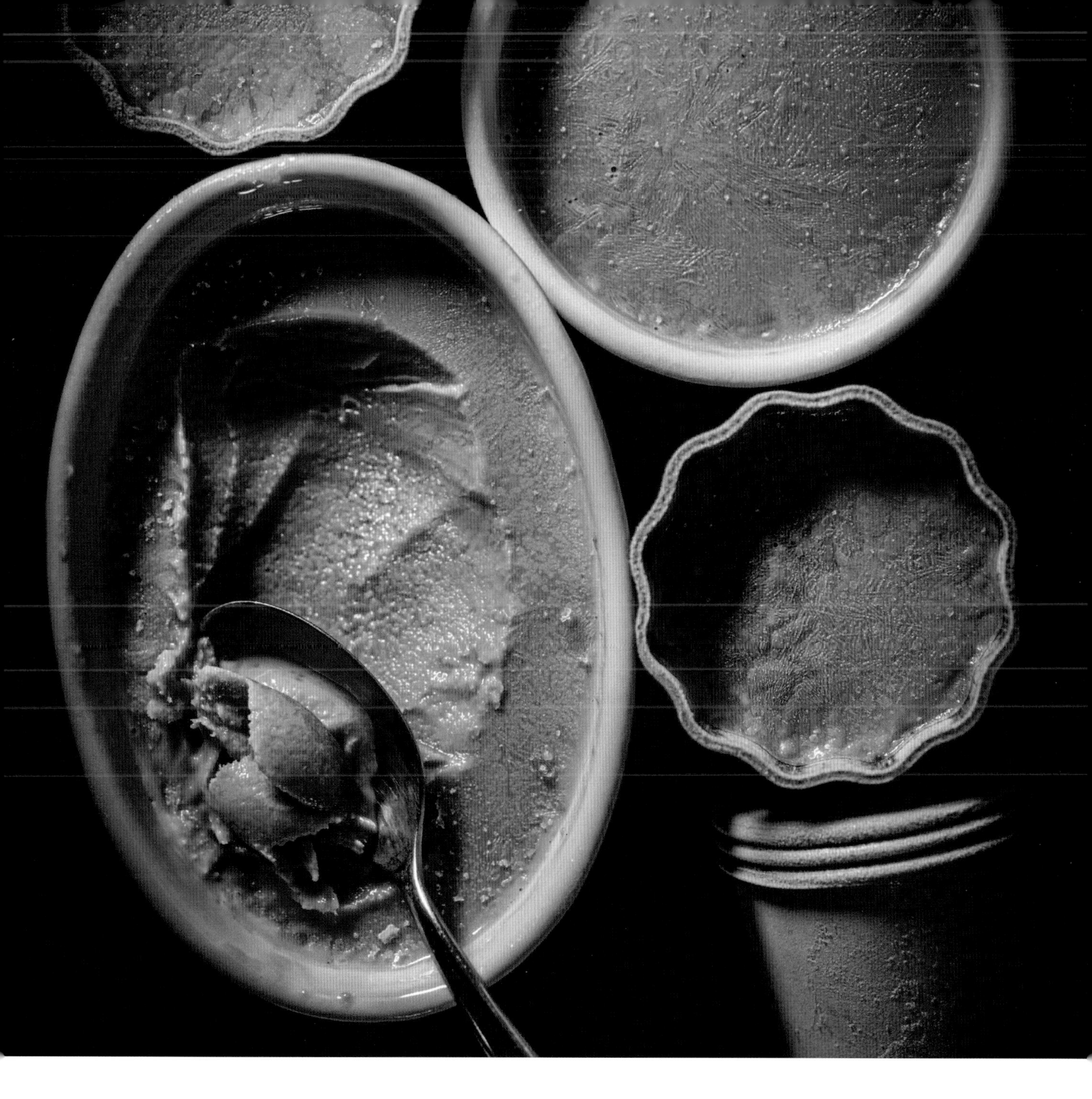

●
무가당 연유는 수분을 60% 뺀 우유다. 보통 우유보다 맛이 훨씬 진하고 농도가 걸쭉하다.

●●
연유는 수분을 60% 뺀 우유에 설탕을 추가한 연유다.

●●●
라미킨(ramekin)은 주로 도자기로 된 작고 둥근 내열 그릇으로 50~250ml 정도의 용량을 담을 수 있다. 주로 오븐에서 구워 개인용으로 서빙할 수 있는 요리를 만들 때 쓴다. 일반적으로 흰색에 가장자리가 물결 모양으로 되어 있는 라미킨은 크렘 브륄레 같은 커스터드 디저트나 프렌치 어니언 수프를 만들 때 쓰인다.

●●●●
일반적인 인도식 쿨피 틀은 알루미늄 재질에 뚜껑이 있고 끝 부분이 납작한, 긴 원뿔 모양이다.

커피-미소 된장 타히니 소스를 올린 과일 오븐 구이

Roasted Fruit with Coffee Miso Tahini

이 레시피에서 소개하는 커피와 미소 된장과 타히니의 조합은 좀 생소하겠지만 이번만큼은 나를 한번 믿어보시기 바란다. 마치 버터스카치처럼 부드럽고 고소한 버터와 캐러멜 맛이 나는 드레싱이다. 나는 과일이 들어가는 디저트를 좋아한다. 어떻게 만들든, 얼마나 자주 같은 방법으로 만들든 과일은 종류에 따라, 숙성 정도와 원산지에 따라 항상 다른 맛이 난다. 이 디저트는 무거운 식사를 한 뒤에 즐길 수 있는 가볍고 달콤한 마무리용으로 좋다. 바닐라나 카다멈 아이스크림, 또는 단맛을 약간 더한 그릭 요거트의 토핑용으로도 좋다. 여기에 알싸한 맛을 살짝 얹고 싶다면 생강 편강도 넣어보라. 조금만 써도 효과가 충분히 나타나는 드레싱이다. 메인 요리를 낼 때 따로 용기에 담아 곁들여보라. 후회하지 않을 것이다.

재료(4인분 기준)

구운 과일

무염 버터 2큰술, 팬에 바를 여분도 준비

블루베리 340g, 신선한 상태 혹은 냉동 중 선택(냉동인 경우 해동할 필요 없음)

생 무화과 340g, 길게 반으로 잘라서

갓 짠 라임 즙 2큰술

메이플 시럽 2큰술

흑후추 가루 1/2작은술

고운 천일염 1/4작은술

커피-미소 된장 타히니 소스(3/4컵, 180ml 분량)

달콤한 맛이 나는 하얀 시로 된장 2큰술

메이플 시럽 또는 꿀 1/4컵(85g)

타히니 1/4컵(55g)

인스턴트 에스프레소 또는 커피 가루 1/4작은술

고운 천일염

풍미 내는 방법

하얀 미소 된장은 커피와 타히니의 쓴맛을 맛있게 중화하는 짭조름한 맛과 감칠맛을 지녔다. 이 조합은 과일이나 새콤한 맛이 나는 요리와도 잘 어울린다.

과일을 과일 자체에서 빠져나온 과즙과 함께 구우면 캐러멜화와 마야르 반응에 의해 새로운 풍미 분자들이 생겨난다.

적양배추의 화사한 안토시아닌 색소는 가열하면 색이 흐려지는 반면, 블루베리는 그대로 유지된다. 그 이유 중 하나는 식품업계에서 안토시아닌의 안정제로 많이 쓰는 블루베리 펙틴 때문이다. 블루베리 펙틴은 일부 안토시아닌끼리 서로 결합하게 하는 기능이 있는데, 이렇게 만들어진 복합체는 열은 물론 산(산성 pH)의 영향을 받지 않는다.

1. 오븐을 190℃로 예열한다.
2. 20×25cm 직사각형 베이킹 그릇에 버터를 잘 바른 다음, 미리 종이 포일을 깔아둔 넓적한 베이킹팬 위에 올린다. 이렇게 하면 굽는 과정에서 넘칠 수 있는 과즙을 밑에 놓인 팬에서 받을 수 있다.
3. 중간 크기 볼에 블루베리와 무화과, 라임 즙, 메이플 시럽, 후추, 소금을 넣고 모든 재료가 골고루 잘 섞이게 손의 스냅을 이용해 볼째 재료를 몇 차례 위로 던졌다 받기를 반복한다.
4. 준비해둔 베이킹 그릇에 과일과 과즙을 모두 부어 수평이 되게 잘 펴주고, 작게 조각 낸 버터를 과일 위에 듬성듬성 올려서 예열한 오븐에 넣고 약 25~30분간 굽는다.
5. 무화과가 캐러멜화되고, 더 빠져나온 과즙이 끓어오르면 오븐에서 꺼낸다.
6. 과일을 굽는 동안 커피-미소 된장 타히니 소스를 만들어야 한다. 작은 볼에 미소 된장, 메이플 시럽, 타히니, 물 1/4컵(60ml), 인스턴트 에스프레소나 커피 가루를 넣고 덩어리 없이 부드럽게 풀릴 때까지 잘 섞어서 맛을 보고, 소금으로 간을 조절한다.
7. 상에 내기 전, 따뜻한 과일 위에 타히니 소스를 뿌리고 남으면 따로 그릇에 담아 과일에 곁들인다. 이때 과일 위에 아이스크림이나 그릭 요거트를 얹어서 내도 좋다.

헤이즐넛 플란

Hazelnut Flan

인도 봄베이에 여름 폭염이 들이닥칠 때마다 우리 가족은 차가운 플란(인도에서는 캐러멜 푸딩이라고 부른다)을 먹고 또 먹었다. 인스턴트 믹스로 간단하게 만들기도 했고, 품이 많이 들어가도 정석대로 만들 때도 있었다. 이 레시피는 어린 시절에 가장 좋아했던 디저트에 내가 어른이 된 뒤로 좋아하게 된 풍미를 추가해 만든 것이다. 캐러멜화의 결과로 달콤쌉싸름한 풍미가 더해진 재거리(비정제 설탕) 맛은 플란의 크리미함, 헤이즐넛 향과 조화롭게 어우러진다. 이 요리를 만들 때 얼마나 여유가 있느냐에 따라 두 가지 방법을 선택할 수 있다. 우유에 헤이즐넛을 우려내서 쓰는 방법이 있고, 좋은 헤이즐넛 에센스나 크림을 쓰는 방법이 있는데, 시간이 걸리더라도 헤이즐넛을 우려서 쓰는 방법을 적극적으로 권하고 싶다.

참고 헤이즐넛을 우유에서 직접 우려낸다면, 하루나 이틀 전에 미리 만들어두어야 한다.

재료(지름 20cm 둥근 케이크 1개 분량)

- 크림 오브 타르타르* 1/8작은술
- 설탕 3/4컵(150g)
- 우유 또는 헤이즐넛 향을 우려낸 우유 2컵(480ml)
- 연유 400g
- 헤이즐넛 에센스 1작은술(헤이즐넛 향 우유가 아닌 일반 우유를 쓰는 경우)
- 고운 천일염 1/4작은술
- 달걀(대) 4개

풍미 내는 방법

강한 산성인 크림 오브 타르타르는 설탕이 전화되어 포도당과 과당을 생성하고 그 결과 캐러멜에 결정이 생기는 것을 막아준다. 포도당과 과당은 자당이 결정화되는 것을 방해해 캐러멜이 액체 상태를 유지할 수 있게 한다.

모양이 흐트러지지 않는 푸딩 형태를 만들려면 뱅마리라는 중탕법으로 달걀 단백질을 천천히 응고시켜야 한다.

헤이즐넛을 기름 없이 볶거나 구우면 더 강한 향 분자들이 나온다. 더 진한 헤이즐넛 향을 원한다면 헤이즐넛을 볶은 뒤 우유에서 우려내는 것이 좋다.

요리하면서 생기는 기포는 플란 맛에 영향은 끼치지는 않지만(나는 기포가 생긴 플란도 감사히 먹는다), 이런 질감을 달가워하지 않는 사람도 있을 것이다. 푸딩액에 기포가 생기지 않게 하려면 달걀을 풀 때 거품기를 사용하지 말고 스패출라나 실리콘 주걱으로 살살 젓거나, 폴딩** 을 해주는 것이 좋다.

1. 오븐을 163℃로 예열한다.
2. 작은 소스팬에 물 1/4컵(60ml)과 크림 오브 타르타르를 넣고, 설탕이 팬의 가장자리에 들러붙지 않게 조심스럽게 가운데로 붓는다. 이렇게 해야 팬의 벽에 묻은 설탕이 구울 때 타는 것을 방지할 수 있다. 젓지 말고 그대로 둔 채 중강불에서 6~8분간 졸인다.
3. 설탕이 캐러멜화되면서 짙은 갈색이 돌기 시작하면 위의 액체를 지름 20cm 둥근 케이크 팬에 붓고, 팬을 휘휘 돌리면서 바닥에 캐러멜이 골고루 잘 코팅되게 한다.
4. 중간 크기 소스팬을 중강불에 올리고, 헤이즐넛 향을 우려낸 우유(그냥 우유를 쓰는 경우 헤이즐넛 에센스를 섞어서), 연유, 소금을 넣고 실리콘 주걱으로 살살 저으며 액체가 끓어오르지 않게 뭉근하게 데우다가 충분히 뜨거워지면 불에서 내린다.
5. 큰 볼에 달걀을 깨서 넣고, 실리콘 주걱으로 노른자부터 시작해 흰자까지 부드럽게 푸는데, 너무 세게 휘저으면 공기가 들어가

기포가 생길 수 있으니 유의해야 한다.

6. 달걀을 살살 저으며 아직 뜨거운 헤이즐넛 우유를 반 컵(120ml)씩 나누어서 붓는다.

7. 고운 체에 내려 덩어리 없이 크리미한 커스터드 반죽을 나중에 따르기 쉽게 주둥이가 있는 물병이나 볼에 담는다.

8. 바닥에 캐러멜을 채운 둥근 케이크팬 위로 실리콘 주걱을 들고 주걱의 넓적한 면 위로 커스터드 반죽을 살살 부어 팬을 채운다. 팬에 바로 붓기보다 이렇게 해야 캐러멜이 흐트러지지 않고 캐러멜과 커스터드 사이에 깔끔한 층이 생기게 할 수 있다.

9. 케이크팬 위로 알루미늄 포일을 두 겹 씌운다.

10. 주전자에 물을 채워 끓이는 동안, 캐러멜과 커스터드 반죽을 담은 팬이 들어갈 만큼 크고 깊은 베이킹 그릇이나 베이킹팬 안에 둥근 와이어 랙을 얹는다. 또는 케이크팬이 바닥에 닿지 않도록 알루미늄 포일로 지름 20cm 정도 되는 두꺼운 링을 만들어 팬 바닥에 놓는다.

11. 캐러멜과 커스터드 반죽이 담긴 케이크팬을 조심스럽게 와이어 랙이나 포일 링 위에 올린 다음, 주전자에서 끓인 물을 케이크 팬 주변으로 붓는다. 이때 케이크팬 윗부분에서 약 12mm 내려오는 지점까지 붓는 것이 좋다. 이렇게 뜨거운 물로 채운 베이킹 그릇이나 팬을 오븐에 넣고 45~50분간 굽는다.

12. 커스터드가 거의 굳고, 흔들어봤을 때 가운뎃부분이 살짝 출렁이는 정도면 완성이다. 케이크팬을 조심스럽게 꺼내 다른 와이어 랙으로 옮긴 다음, 먼저 실온에서 한 번 식히고, 이어서 냉장고에 넣고 완전히 굳도록 하룻밤 둔다.

13. 그다음 날 냉장고에서 케이크팬을 꺼내 그 위를 덮은 알루미늄 포일을 벗겨내고, 케이크팬과 플란 사이를 날카로운 작은 칼로 한번 죽 훑은 다음, 케이크팬보다 큰 접시를 올린 후 거꾸로 뒤집는다.

14. 플란이 잘 떨어지도록 케이크팬을 살살 두드려서 틀을 벗겨내고, 팬에 남아 있는 캐러멜을 싹싹 긁어서 플란 위에 끼얹는다.

15. 플란은 차가운 상태로 상에 낸다. 남은 것은 밀폐 용기에 담아 최장 3~4일간 보관할 수 있다.

•

분말 형태의 타르타르(타타르)산으로, 타르타르 크림 혹은 중주석산칼륨으로도 불린다. 와인 제조 과정에서 나오는 부산물로, 베이킹소다와 더불어 베이킹파우더에 들어가는 성분이다. 수분을 만나면 기포가 발생하는데 이것이 머랭이나 빵, 쿠키의 모양을 만들거나 잡아주는 역할을 한다. 타르타르 크림이 없는 경우, 동량의 레몬 즙을 쓰거나 베이킹파우더를 약 1.8배 쓴다. 이 레시피에서는 크림 오브 타르타르 1/8 작은술(약 0.43g)의 1.8배인 약 0.75g을 쓰면 된다.

••

수플레나 머랭처럼 달걀 흰자를 거품 내어 부풀린 구조가 필요한 요리의 경우, 거품을 낸 상태에서 다른 재료를 첨가해야 할 때 거품이 꺼지지 않도록 실리콘 주걱 같은 조리 도구를 천천히 앞뒤로 굴리듯이 살살 올리고 접는 식으로 섞는 것을 '폴딩(folding)'을 하다, '폴드한다(fold)'라고 부른다.

헤이즐넛 향을 우려낸 우유

이 레시피는 이틀 정도 미리 잡고 만들어야 하지만 풍부한 헤이즐넛 향을 즐길 수 있어서 충분히 가치 있는 방법이라 적극적으로 추천한다. 첫날 헤이즐넛 우유를 만들어놓고 이튿날 헤이즐넛 에센스 대신 이 우유를 레시피대로 쓰면 된다. 헤이즐넛을 넣을 때 공기가 들어가면서 기포가 생기지 않도록 조심스레 저어야 한다.

재료(2컵, 480ml 분량)

볶지 않은 헤이즐넛 200g
우유 2컵(480ml)

1. 오븐을 177℃로 예열한다.

2. 넓적한 베이킹팬에 종이 포일을 깔고 그 위에 헤이즐넛을 잘 펴서 오븐에서 12~15분간 굽는다.

3. 헤이즐넛에 황갈색이 돌고 향이 올라오면 오븐에서 꺼내 블렌더나 푸드 프로세서에 넣고 펄스 모드로 거칠게 분쇄될 정도로 몇 초 동안 돌린다. 너무 고운 가루가 될 때까지 갈면 기포가 생길 수 있으니 유의해야 한다.

4. 뚜껑 있는 큰 유리병에 우유와 분쇄한 헤이즐넛을 넣고 살살 저은 다음, 뚜껑을 닫고 냉장고에서 하룻밤 우려낸다. 더 진한 맛을 원한다면 24~48시간 두면 된다.

5. 플란을 만드는 당일에 고운 체에 면포를 깔고 냉장고에 넣어둔 우유를 거르고, 체에 남은 찌꺼기는 버린다.

6. 체로 내린 헤이즐넛 우유 용량이 2컵(480ml) 미만일 때는 다시 2컵이 되게 우유를 더 채워서 요리할 때 헤이즐넛 에센스 대신 쓰면 된다.

꿀과 맥주를 넣은 고구마 파이

Sweet Potato Honey Beer Pie

고구마는 우리집에서 한 달에 한 번씩 꼭 등장하는 식재료였다. 심지어 우리집 강아지 스누피도 고구마를 좋아했다. 이 파이는 일정을 나누어서 만들 수 있다. 특히 추수감사절 만찬을 준비할 때 좀 더 여유 있게 만들고 싶다면 다음의 순서로 진행해도 좋을 듯하다. 첫날은 고구마를 오븐에 굽고, 맥주를 졸여놓고, 파이 크러스트는 필링을 넣으면 눅눅해지는 것을 방지하는 블라인드 베이크blind bake(반 정도 익은 상태가 되게 굽는 과정) 없이 일단 크러스트만 만들어놓는다. 둘째 날은 파이 크러스트를 블라인드 베이크 하고, 고구마 커스터드 필링을 만들어 파이 크러스트 안을 채워서 구우면 완성이다. 물론 이 모든 과정을 하루 안에 끝내는 것도 가능하다.

재료(지름 23cm 원형 파이 분량)

크러스트

무염 버터 1/4컵(55g), 깍둑썰기 해서 실온에 두어 부드럽게 만들고, 팬에 바르는 용도로 여분도 준비

흑설탕 1/4컵(50g)

달걀(대) 1개, 살짝 풀어서

아몬드 가루 200g(껍질 벗긴 것과 안 벗긴 것 모두 사용 가능)

고운 천일염 1/2작은술

필링

고구마 455g, 될 수 있으면 속이 주황색인 종류 추천

흑맥주 360ml

흑설탕 또는 재거리 1/2컵(100g)

꿀 1/4컵(85g)

달걀(대) 3개와 달걀 노른자 3개

생강 가루 2작은술

그린 카다멈 가루 1작은술

강황 가루 1/2작은술

고운 천일염 1/4작은술

우유 1/2컵(120ml)

생크림 1/2컵(120ml)

옥수수 전분 1큰술

풍미 내는 방법

이 레시피에서는 열이 중요한 역할을 담당한다. 맥주의 쌉싸름한 맛은 수분을 날리면 더 진해진다. 크러스트에 들어가는 견과에 열을 가하면 완전히 다른 풍미 분자가 만들어지는데, 견과 종류에 따라 맛이 저마다 다르다. 달걀, 견과와 설탕을 서로 엉기게 해서 파이 구조를 만들 때도 열이 필요하다.

고구마에 열을 가하면 아밀레이스 효소가 고구마 세포 속에 저장된 전분을 분해해 달콤한 당 분자를 풀어놓는데, 생 고구마보다 군고구마가 달게 느껴지는 이유도 이 때문이다. 따라서 고구마에서 단맛과 향을 진하게 끌어올리려면 굽는 것이 최상의 방식이다. 어떤 연구에 따르면, 구운 고구마는 삶거나 전자레인지에서 익힌 것보다 향 분자를 최소한 17배 더 농축된 상태로 만들어낸다고 한다. 이런 점 말고도 캐러멜화와 마야르 반응 역시 다른 두 가지 조리 방식에서보다 더 잘 일어난다.

1. 크러스트를 만들려면, 먼저 지름 23cm 정도 되는 둥근 타르트팬에 종이 포일을 깔고 버터를 골고루, 그러나 과하지 않게 바른다.
2. 플랫 비터 액세서리를 끼운 스탠드 반죽기에 버터와 설탕을 넣고 중간 속도로 4~5분간 돌린다. 반죽에 연한 갈색이 돌면서 부드럽고 포실하게 부풀면 반죽기를 끈다. 실리콘 주걱으로 볼 벽에 묻은 반죽을 긁어내린 다음, 달걀을 깨서 넣는다. 다시 중약 속도로 반죽기를 작동시켜 반죽이 모두 섞일 때까지 1분간, 이어서 아몬드 가루와 소금을 넣고 3~4분간 더 돌린다.
3. 도 반죽이 공 모양으로 완성되면 준비한 타르트팬으로 옮긴다.
4. 필요하면 먼저 도 반죽 위에 종이 포일을 한 장 올리고 그 위로 바닥이 평평한 작은 볼이나 계량컵을 이용해 반죽을 꾹꾹 누르며 타르트팬 바닥과 가장자리를 따라 일정한 두께가 되게 편다.
5. 파이 크러스트가 완성되면 플라스틱 랩을 씌워 단단해질 때까지 1시간 정도 냉동실에 넣어둔다. (미리 만들어놓은 파이 크러스트는 랩으로 한 번 싸서 지퍼백에 넣어두면 최장 2주까지 냉동 보관할 수 있다.)
6. 크러스트에 커스터드를 넣고 굽기 1시간 전에 블라인드 베이크를 해야 한다. 오븐을 177℃로 예열하고 오븐 랙을 맨 아래칸으로 옮겨놓는다.

7. 넓적한 베이킹팬에 종이 포일을 깔고 그 위에 크러스트를 담은 타르트팬을 올린 다음, 크러스트 바닥을 포크로 골고루 찌른다. 이렇게 하면 크러스트가 익으면서 부풀어 올라 모양이 망가지는 것을 막을 수 있다.

8. 종이 포일을 크게 잘라 크러스트 위에 올린 다음, 파이가 부풀지 않게 누르는 도자기나 쇠로 만든 작은 구슬인 파이 웨이트(pie weight)나 말린 콩을 채워 오븐에서 15~20분간 굽는다.

9. 파이 크러스트 언저리에 갈색이 돌기 시작하면 꺼내서 와이어 랙이나 식힘망으로 옮겨 5분간 식힌다. 크러스트가 식으면 파이 웨이트나 콩, 그리고 종이 포일을 제거한다.

10. 필링을 만들려면, 먼저 오븐을 204℃로 예열한다. 고구마를 잘 씻어서 키친타올로 물기를 제거하고 알루미늄 포일을 깔아둔 베이킹 그릇이나 넓적한 베이킹팬에 담아 35~45분간 굽는다.

11. 고구마가 속까지 완전히 익으면 꺼내서 식힌다. 식힌 고구마 껍질을 깨끗이 벗긴 다음, 푸드 프로세서에 넣고 퓌레 상태로 간다. 약 340g의 퓌레가 나오는데 바로 필링으로 쓰거나 밀폐 용기에 담아 하룻밤 냉장해서 쓰면 된다. 고구마 퓌레 만드는 작업은 하루나 이틀 전에 미리 해놓아도 된다.

12. 마지막으로 바닥이 깊고 두꺼운 중간 크기 소스팬에 맥주를 부어 중강불에서 끓인다. 맥주를 가열하면 거품이 일면서 넘칠 수 있으니 유의해야 한다. 맥주가 끓기 시작하면 약불로 줄이고 20~30분 동안 뭉근하게 끓인다. 맥주 수분이 상당히 날아가 약 1/4컵(60ml) 정도로 졸아들면 불에서 내려 요리에 쓰기 전까지 실온에서 식힌다.

13. 오븐을 177℃로 예열한다. 큰 볼에 졸인 맥주, 고구마 퓌레, 설탕, 꿀, 달걀, 달걀 노른자, 생강 가루, 카다멈 가루, 강황 가루, 소금을 넣고 잘 섞은 다음, 천천히 저어가며 우유와 생크림을 넣고 설탕이 완전히 녹을 때까지 잘 섞는다.

14. 작은 볼에 옥수수 전분, 물 1과 1/2큰술을 넣고 전분물을 만들어, 직전에 만든 커스터드 반죽에 넣고 잘 섞는다. 모든 재료를 블렌더에 넣고 걸쭉한 죽 상태가 될 때까지 고속으로 짧게 갈아도 되는데, 이 방법으로 하면 더 부드러운 필링을 만들 수 있어서 나는 이 방법을 더 선호한다.

15. 커스터드 반죽을 큰 소스팬에 붓고 중약불에서 10~12분간 끓인다. 팬 가장자리에 묻은 커스터드를 실리콘 주걱으로 자주 밀어가며 계속 젓는다. 농도가 걸쭉해지고 요리용 온도계로 표면을 잿을 때 74℃가 되면 재빨리 불을 끈다.

16. 덩어리 없이 부드러운 커스터드가 되도록 고운 체에 내린다.

17. 커스터드를 미리 구워놓은 크러스트 위에 붓고 예열된 오븐에서 25~30분간 굽는다.

18. 커스터드가 잘 굳은 듯이 보이고 요리용 온도계를 가운데에 꽂아 85℃가 나오면 완성이다. 이때 커스터드의 가장자리는 잘 굳어 있고, 흔들었을 때 가운뎃부분이 살짝 출렁이는 정도여야 한다.

19. 파이를 와이어 랙이나 식힘망으로 옮겨 상에 내기 전까지 실온에서 식힌다.

참고

이 레시피로 '늙은 호박 파이'도 만들 수 있다. 고구마 대신 설탕을 넣지 않은 늙은 호박 퓌레(430g)를 쓰면 된다. 크러스트는 직접 만들거나 시판용을 쓰거나 상관없다. 대부분의 파이 크러스트는 필링의 수분을 흡수하는 경향이 있는데, 특히 견과로 만든 크러스트는 식으면서 함유하고 있던 지방이 스며 나오거나 공기 중의 수분을 흡수하기 때문에 이런 현상이 더 도드라진다(대부분의 견과, 특히 아몬드는 습기를 잘 흡수하는 성질이 있다). 나는 달걀 흰자로 '방수 처리'를 시도한 적도 있었지만 큰 효과를 보지는 못했다. 절대 실패할 가능성이 없는 방법이 있다. 화이트 초콜릿이나 다크 초콜릿 3큰술을 녹여서 솔로 파이 크러스트에 바른 다음, 초콜릿이 완전히 굳으면 커스터드를 부어 오븐에서 굽는 것이다.

미소 된장을 넣은 초콜릿 브레드 푸딩

Chocolate Miso Bread Pudding

이 푸딩은 내가 좋아하는 모든 것을 한 그릇에 다 담은 요리다. 맛이 진해서 식기 전에 아무것도 곁들이지 않은 채 그 따뜻하고 찐득한 식감을 즐긴다. 그 위에 바닐라 아이스크림이나 그린 카다멈 아이스크림을 크게 한 덩어리 올린다면 더할 나위 없을 것이다. 동네 베이커리에서 양귀비 씨나 참깨를 뿌린 할라®나 혹은 브리오슈가 보이면 얼른 집어오라. 빵 위에 올라간 씨의 식감이 푸딩을 훨씬 맛있게 해준다. 먹기 전날 만들어놓아야 맛있는 소스가 빵에 충분히 스며들 수 있다는 사실도 꼭 기억해두라.

재료(8~10인분 기준)

- 할라 또는 브리오슈 455g
- 무염 버터 2큰술, 작은 크기로 깍둑썰기 하고 팬에 바를 여분도 준비
- 다크 초콜릿(카카오 함량 70%) 255g, 큼직하게 다져서
- 인스턴트 에스프레소 또는 커피 가루 1작은술
- 말린 타트 체리 85g
- 생크림 1과 1/2컵(360ml)
- 달콤한 맛이 나는 하얀 미소 된장 1/4컵(40g)
- 우유 1과 1/2컵(360ml)
- 설탕 3/4컵(150g)
- 달걀(대) 3개와 달걀 노른자 1개, 가볍게 풀어서
- 고운 천일염 1/4작은술(생략 가능)

풍미 내는 방법

초콜릿에 커피를 더하면 초콜릿 풍미가 한층 더 좋아진다. 어떤 초콜릿과 커피인지, 그리고 이 두 가지 재료 각각의 로스팅이 어느 정도로 되었느냐에 따라(커피와 초콜릿 원두 모두 로스팅 과정을 거치므로) 더 깊고 스모키한 느낌을 낼 수도 있다.

하얀 미소 된장은 이 요리에 짭조름하면서도 달콤한 느낌을 내는데, 여기에 이미 염분이 들어 있으니 굳이 소금 간을 더 할 필요가 없다.

타트 체리는 이 디저트의 단맛에 기분 좋은 새콤함을 얹어준다.

1. 아직 딱딱해지지 않은 빵을 써야 하는 경우, 오븐을 93℃로 예열하고 넓적한 베이킹팬에 와이어 랙을 얹어서 2.5cm 크기의 큐브 모양으로 자른 빵을 가지런히 놓고 속까지 잘 마르도록 45분에서 1시간 정도 굽는다. 오븐에 굽는 대신 빵 조각을 하룻밤 실온에 두고 말리는 방법도 있다.
2. 23×30.5×5cm 크기의 약간 깊은 직사각형 베이킹팬에 버터를 골고루 바른 다음, 말린 빵 조각을 담는다.
3. 큼직하게 다진 초콜릿의 절반은 인스턴트커피와 함께 큰 볼에 넣고, 나머지 반은 타트 체리와 함께 베이킹팬에 담긴 빵 조각 위에 뿌려서 실리콘 주걱으로 살살 젓거나 폴딩을 한다. 이때 초콜릿과 타트 체리는 굽는 과정에서 탈 수도 있으니 빵 위에 부스러기가 남지 않게 충분히 버무려야 한다.
4. 작은 소스팬에 생크림을 넣고 중강불에서 달구다가 끓기 시작하면 큰 볼에 담긴 초콜릿과 커피 섞은 것 위에 부은 다음, 초콜릿이 완전히 부드럽게 녹을 때까지 잘 젓는다.
5. 이렇게 만든 초콜릿 소스는 1/2컵(120ml) 정도만 떠서 작은 볼에 붓고, 여기에 미소 된장을 섞는다.
6. 미소 된장과 초콜릿 소스가 덩어리 없이 부드럽게 섞이면 다시 큰 볼에 담긴 나머지 초콜릿 소스 위에 붓고, 이어서 우유, 설탕, 달걀, 달걀 노른자, 소금을 넣은 다음 거품기로 잘 섞는다.
7. 부드럽게 섞인 소스를 베이킹팬에 있던 빵 조각 위에 붓고, 팬에 플라스틱 랩을 씌워 1시간 냉장하면 된다. 하룻밤 냉장 보관하면 더 좋다.

8. 푸딩을 구우려면 먼저 오븐을 163℃로 예열한다. 냉장 보관했던 베이킹팬을 꺼내 랩을 벗긴 다음, 작은 버터 조각을 푸딩 사이에 듬성듬성 올려서 오븐에서 1시간 정도 굽는다.

9. 푸딩이 충분히 굳고 표면이 바삭해지면 바로 상에 내거나, 실온 정도로 식혀서 먹는다.

●

할라(Challah)는 유대인들이 주로 토요일에 먹는, 달걀과 이스트를 넣은 빵이다. 윗부분의 땋은 모양이 특징이며, 포실포실한 질감에 풍부한 맛이 난다. 브리오슈와 그 맛과 식감이 비슷하다.

3장

짭조름한 짠맛

'소금'은 꽤 많은 분자 그룹을 아우르는 단어다. 화학적으로 소금은 산과 알칼리의 결합으로 만들어진 양이온과 음이온의 성질을 모두 지닌 물질이다. 요리하는 사람들에게 소금은 음식 만들 때 재료에 뿌리거나 먹기 전에 음식에 넣는 작고 흰 결정을 의미하지만, 사실 소금은 그 이상으로 우리 부엌 곳곳에 존재한다. 식초(초산/아세트산)에 베이킹소다(탄산수소나트륨)를 넣으면 반응이 일어난다. 이때 거품이 일다가 가라앉으면 액체 아세트산나트륨이라는 소금이 남는다. 케이크 반죽에 베이킹소다를 넣으면 유효 물질이 서로 반응하면서 소금이 생성된다. 심지어 우리가 쓰는 부엌 조리대의 대리석에도 탄산칼슘이라는 소금이 들어 있다.

소금은 맛의 균형을 이루는 데 필요한 핵심 재료다(인간은 태어난 지 4~6개월 정도 되어야 소금 맛을 알게 되는데, 이는 우리의 소금 수용기가 완전히 형성되는 데 시간이 걸리기 때문이다). 소금이 적게 들어가면 음식 맛이 싱겁고, 너무 많이 들어가면 우리의 미뢰를 압도한다. 가끔은 올리브나 소금에 절인 레몬처럼 채소나 과일을 절일 때 평상시보다 소금을 더 많이 써야 할 때도 있다. 이 장에서는 소금이 맛에 미치는 영향과 요리를 더 맛있게 만들어주는 소금 종류, 그리고 현명한 소금 사용법을 다룬다.

짠맛의 짭조름한 풍미

식탁용 소금(테이블 솔트table salt)의 결정에는 금속, 나트륨 이온, 가스, 염소 이온이 들어 있고, 이 모든 요소가 하나의 화합물로 구성된 것이 염화나트륨, 즉 우리가 먹는 소금이다. 소금은 우리에게 염분을 제공하는 중요한 공급원이며, (칼슘 등의 금속처럼) 뼈를 구성하는 데 도움을 준다. 또 소금에 들어 있는 나트륨과 염소는 전기를 띠고 있어서 우리 몸에서 전해질 역할을 한다.

순수한 소금인 염화나트륨에서는 바닷물 맛이 나는데, 사실 염화나트륨 자체는 향이 없어서 그런 냄새를 지니고 있지는 않다. 우리에게 매우 익숙한 바다 냄새는 다이메틸 설파이드dimethyl sulfide라는 휘발성 물질을 생성하는 해조류에서 유래한 것이다. 소금은 우선 물에 녹아야 우리가 맛을 볼 수 있다. 심지어 샐러드에 뿌리는 소금이나 가염 버터를 바른 토스트의 염분도 먹는 사람의 타액 수분에 녹아야 맛을 느낄 수 있다. 소금이 녹으면 나트륨 양이온과 염소 음이온으로 분리되어 각자의 전기 성질대로 활성화된다. 우리의 신경과 뇌는 전류를 통해 정보를 주고받는데, 소금은 여기에 큰 역할을 담당하면서 우리에게 음식의 짠맛을 느낄 수 있게 한다.

순수한 소금이 짜다는 것은 누구나 인정하는 바이지만 실제로 소금 맛은 그렇게 단순하지만은 않다. 맛 감식가들은 물에 들어 있는 소금 농도에 따라 다른 맛을 느낀다고 보고한다. 소금 농도가 낮았을 때 아주 약한 단맛이 난다는 반응이 있었고, 반면 농도가 올라갈수록 대체로 맛이 점점 써지면서 시큼하게 변한다고 했다. 낮은 농도에서 느껴지는 단맛은 물 때문일 수 있겠지만, 높은 농도에서는 쓴맛 수용기와 신맛 수용기가 나트륨에 반응하는 것이다. 다시 말해 우리 몸은 전해질 균형을 유지하기 위해 소금이 필요한데, 과다한 소금 섭취는 해롭다는 사실을 맛을 통해 알리는 것이다. 우리는 진화 과정을 통해 단맛으로 영양가 있는 음식을, 쓴맛과 신맛으로 해로운 음식을 판단할 수 있게 되었다. 아주 낮은 농도에서 소금이 내는 단맛은 우리에게 소금을 더 섭취하라고 알려준다면, 높은 농도에서 느끼는 쓴맛과 신맛은 거부 반응 형태로 스스로를 보호하라는 위험 신호인 셈이다.

염화나트륨 이외의 소금은 우리에게 짠맛 이상의 다양한 맛을 경험하게 한다. 소금과 식초 맛이 나는, 포테이토칩에 들어 있는 아세트산나트륨과 디아세트산나트륨은 짠맛과 신맛을 모두 가지고 있는데, 나트륨은 짠맛을, 초산(식초)은 신맛을 담당한다.

짠맛을 가늠하는 방법

계량 방법과 목표에 따라 소금의 짠맛 정도를 판단하는 방법이 몇 가지 있다. 내가 한때 일했던 연구소에서는 전해질 분석기를 썼는데, 연구용 샘플 수치를 컴퓨터 모니터에 바로 표시해주는 이 기계의 기능 덕분에 나트륨과 염소의 양을 쉽게 가늠할 수 있었다.

하지만 짜다고 느끼는 정도나 음식이 얼마나 짠지를 판단할 때 연구자들이 많이 사용하는 것은 기호 척도라는 주관적 방법이다. 이는 맛을 보는 사람이 그 맛을 좋아하는지 싫어하는지, 그리고 얼마나 좋아하거나 싫어하는지 그 강도로 판단하는 방법이다. 음식 박람회에서 최고의 잼과 마멀레이드 우승자를 선정할 때 이 방법이 쓰인다. 심사 위원들이 여러 후보 음식의 샘플을 맛본 뒤 심사지에 점수를 매기는 방식이다. 이들의 반응은 숫자로 환산되기 때문에 음식 과학자들이나 연구자들이 쉽게 분석할 수 있다는 이점이 있다. 개중에는 맛을 보는 사람들의 표정을 기록했다가 관찰한 결과를 연구에 반영하는 연구자도 있다.

일반적인 소금과 그 밖의 다양한 소금

내 아버지의 고향 근처에는 가까운 공항이 없다 보니 우리 가족은 언제나 기차를 이용해 북인도의 우타르 프라데시에 사는 친척들을 만나러 가곤 했다. 기차 여행을 할 때면 창가 쪽 자리는 언제나 내 차지였고, 그 덕분에 창밖을 스쳐가는 풍경을 구경할 수 있었다. 대도시에서 출발해 우거진 푸른 언덕과 모래로 뒤덮인 사막을 지나 서부 해안을 따라가다 보면 큰 사각형으로 구역을 나눈 넓은 평지 안에 물이 고인 구역과 하얀 소금 무더기가 쌓인 틀 모양의 구역이 눈에 띄었다. 바로 바닷물을 가두어 수분을 증발시켜서 소금을 만드는 염전이었다.

우리가 소비하는 대부분의 소금은 바다에서 얻지만, 엄밀히 따지면 소금의 원천은 땅 위에 자리 잡은 바위다. 공기 중의 이산화탄소와 섞여서 가벼운 산성을 띠는 비가 바위에 떨어지는 과정에서 소금과 그 외의 미네랄을 녹여서 이런 성분들이 포함된 빗물이 된다. 이렇게 소금이 풍부하게 용해된 물이 바다로 흘러 들어가 쌓인다. 우리가 먹는 소금은 바닷물, 습지, 암수호(소금 호수), 혹은 암염갱(소금 광산)과 바위에서 채취한다. 소금이 용해된 물은 증발과 가열, 또는 기계로 수분을 제거하는 작업을 거쳐 마침내 상점 진열대와 우리의 부엌을 찾아온다.

일부 소금은 몇 차례의 정제 작업으로 미네랄을 완전히 제거해 가장 순수한 형태의 소금이자 대다수 사람들이 살면서 접하는 친숙한 정제염으로 재탄생한다. 하지만 최근 들어 소금 종류가 폭발적으로 다양해져서 가까운 마트만 가더라도 다양한 모양과 색의 소금을 찾을 수 있고, 다른 맛을 입힌 소금까지 등장해 선택의 범위가 훨씬 넓어진 것도 사실이다. 그렇다고 모든 소금 종류를 구입할 필요는 없으며, 요리에 도움이 되는 종류를 잘 따져서 선택하면 된다.

나는 소금을 다음과 같이 분류한다.

기본 소금

나는 요리할 때 아래에 소개하는 소금 종류를 주로 쓰는데, 일반적으로 녹는 속도가 빠른 편이고, 개중에는 좀 더 빨리 녹는 종류도 있다.

식탁용 소금

식탁용 소금이란 서양식 레스토랑에서 식사 테이블에 양념으로 올려놓는 작은 유리병에 담긴 소금을 말한다. 이 소금은 유리병을 거꾸로 들어서 흔들면 병뚜껑의 작은 구멍으로 빠져나올 수 있을 정도로 작은 정육면체 결정으로 되어 있다. 일반적으로 식탁용 소금은 지하 암염갱에서 채굴되어 다른 물질을 제거하기 위한 정제 과정을 거친 것이다. 이 소금의 결정은 크기가 상당히 작아서 물에 빨리 녹는 편이다.

소금은 본래 수분을 흡수하는 성질이 있어서 공기 중의 수분을 흡수한 결정들끼리 서로 엉겨 붙는다. 그래서 굳지 않도록 고화 방지제를 섞는다(나라마다 여기에 들어가는 화학 물질 관련 법이나 규제 조항이 다르게 적용된다). 가끔 식탁에 올라온 소금병이나 큰 유리 용기에 담긴 소금에 생쌀이나 커피 원두가 섞인 경우가 있는데, 소금 알갱이가 서로 뭉치지 않게 하려고 넣은 것이다.

공중 보건 조치의 일환으로 아이오딘이나 불소를 넣어 강화하는 나라도 있다. 그렇다면 아이오딘이나 불소를 넣은 소금을 사용해도 되느냐는 질문이 나올 수 있다. 우선, 나는 이런 소금을 쓰지 않는다. 그리고 나는 건강상의 이유로 섭취해야 한다거나, 마시는 물에 아이오딘이나 불소가 상당히 부족한 경우(어떤 나라에서는 치아를 보호하고 치아 건강을 강화하고자 식수에 불소를 첨가하는 나라도 있다), 혹은 의사의 권고 사항이 있지 않는 이상 굳이 이런 소금을 쓸 필요가 없다고 생각한다.

굵은 소금

이름에서도 알 수 있듯이 굵은 소금coarse salt은 결정 입자가 테이블 솔트보다 훨씬 크고 굵어서 절구나 그라인더로 분쇄해 음식의 간을 조절하거나 마무리할 때 위에 뿌리는 용도로 쓴다. 이런 소금은 녹는 속도가 느리다. 이 소금은 레몬의 쓴맛을 좀 더 안정적으로 추출할 수도 있어서 나는 절인 레몬을 만들 때 이 소금을 쓴다. 굵은 소금은 뭉근하게 끓이는 수프나 육수의 간을 맞출 때, 혹은 석쇠에서 생선이나 고기를 구울 때 위에 뿌릴 수도 있다.

암염

식탁용 소금처럼 암염rock salt 역시 암염갱에서 채굴한다. 내 요리 책 《시즌》에서도 언급한, '오이스터스 로커펠러Oysters Rockefeller'를 만들 때 이 소금을 사용했다. 굴을 두껍게 깐 암염 위에 올려서 구우면 열이 잘 전달되어 골고루 잘 익는다. 생선을 통째로 요리할 때, 아니면 감자나 비트 같은 채소를 조리할 때 써도 좋다.

이 소금으로 덮은 재료에 열을 가하면 소금이 바삭하고 딱딱한 크러스트로 바뀌면서 재료의 수분이 빠져나가지 못하게 보호막 역할을 해 음식을 촉촉하고 부드럽게 한다. 소금 크러스트는 먹기 전에 깨뜨려서 버리면 된다.

오래전 내가 암염을 이용했던 또 다른 방법은 물에 소금을 섞어 결빙 온도를 낮추는 원리를 이용해 아이스크림을 만드는 것이었다.

아이스크림 용액을 담은 작은 양동이를 암염 녹인 물 안에 넣고 얼 때까지 계속 아이스크림 용액을 저으면 아이스크림이 된다. 나는 이 소금을 음식 풍미 내는 용도로는 쓰지 않는다.

고운 천일염

요리, 베이킹, 달콤한 요리, 감칠맛 나는 요리까지, 무엇이 됐든 이 소금이야말로 내가 가장 선호하는 소금이다. 이 소금의 작은 결정은 빨리 녹고, 가격이 비교적 싼 데다 구하기 쉽다는 장점이 있다. 오로지 바닷물로만 만드는 천일염은 별도의 표시가 없으면 대부분 비정제 상태인데, 이는 여기에 소량의 미네랄이 들어 있음을 의미한다.

코셔 솔트

암염의 일종인 코셔 솔트kosher salt는 입자가 거친 특수한 소금 종류인데, 빨리 녹을 뿐만 아니라 고유의 모양이나 질감 때문에 손가락으로 원하는 양만큼 재빨리 집을 수 있다는 장점이 있어서 셰프나 요리하는 사람들에게 인기가 높다. 이 소금의 결정은 가볍고, 크고 편편한 플레이크처럼 생겨서 음식에 잘 붙는 편이다. 일반 소금보다 부피는 커도 밀도가 떨어지기 때문에 요리에 쓸 때 오히려 양을 적게 쓰게 되고, 결과적으로 과도하지 않게 쓰는 효과를 낸다.

이 소금이 내가 선호하는 소금 중 두 번째로 밀려난 이유는 다음 두 가지다. 첫째, 소금의 질이 브랜드에 따라 상당한 차이가 있고(북아메리카에서 인기 있는 상표는 모턴Morton과 다이아몬드 크리스털Diamond Crystal, 이 두 가지다), 둘째, 다른 나라에서는 쉽게 구할 수가 없다. 나만의 레시피를 개발할 때 주로 고운 천일염이 들어가는 요리가 중심이 된 것도 이런 이유 때문이다.

특수한 소금

이런 소금 종류는 기본적으로 흥미로운 질감과 색, 풍미를 지니고 있어서 요리할 때 간을 조절하는 용도보다는 마무리용으로 쓰는 것이 좋다. 다만, 이런 소금도 레시피 설명에 쓴 것처럼, 각각의 알맞은 용도가 있다.

소금 플레이크

눈처럼 크고 얇은 결정으로 된 이 멋진 소금 플레이크flaky salt는 요리는 물론 마무리용으로도 쓸 수 있다. 아삭한 식감의 이 소금을 초코칩 쿠키나 브라우니에 솔솔 뿌려서 먹으면 환상적인 식감을 내기 때문에 나는 영국의 몰던 소금 한 박스를 찬장에 꼭 준비해둔다.

몰던 소금은 영국 에섹스 카운티의 하구에서 끌어모은 바닷물을 널따란 염전에 몰아넣은 다음, 수분을 증발시켜서 채취한 것이다. 플레이크 형태로 결정화되면 그다음 단계로 오븐에 넣고 열로 완전히 말려서 완성한다.

셰프들 사이에서 인기 있는 소금으로는 프랑스가 원산지인 '플뢰르 드 셀Fleur de sel'과 '셀 그리Sel gris'도 있다. 플뢰르 드 셀은 특수한 기후 조건에서 바닷물의 수분이 증발하면서 수면에 생기는 결정을 채취한 소금이다. 그리고 가장 비싼 소금이기도 하다. 셀 그리(회색 소금)는 염전 바닥을 덮은 찰흙의 미네랄 때문에 회색빛을 띠는 것이 특징인데, 이 소금의 풍미와 색과 식감을 최대한 즐기려면 마무리용으로 쓰는 것이 좋다.

칼라 나마크(인도 검은 소금)

힌두어로 '검은 소금'이라는 뜻인 칼라 나마크Kala namak는 인도 북부, 네팔, 방글라데시, 파키스탄의 암염갱과 염수호에서 채굴하거나 채취한다. 이 소금은 특유의 유황 냄새로 그 가치를 인정받는다. 검다는 뜻의 이름과 달리, 이 소금의 두터운 결정은 깊고 진한 붉은색이고, 곱게 분쇄한 가루는 분홍색을 띤다.

암염을 채굴하면 그 특징적인 색과 풍미를 내는 황화철 화합물을 끌어내기 위해 가마에서 몇 시간 동안 굽는다. 인도 요리에서 칼라 나마크는 길거리 음식은 물론 스튜나 채소 요리의 마무리용으로 쓰인다. 나는 석쇠에 구운 고기, 채소 요리 위에 뿌리거나 식탁용 소금 대신 바비큐 소스에 넣는다. 칼라 나마크의 유황 향은 대부분 30분 뒤에 사라지므로 상에 내기 직전에 쓰는 것이 좋다. 매콤한 풍미의 요리에 잘 어울리고, 특히 '스파이스 과일 샐러드'(164쪽)에 넣으면 좋다. 이 소금의 인기는 점점 올라가고 있는데, 특수한 향신료를 판매하는 다양한 매장이나 인도 식품점에서 구입할 수 있다.

가미 소금

가미 소금의 종류도 다양하다. 향신료나 바닐라, 레몬 껍질처럼 향이 있는 재료를 우려서 만든 종류도 있고, 본연의 풍미와 아름다운 색을 지닌 종류도 있다. 하와이의 바다 소금에는 붉은색 알라이아Alaea와 검은색 히와 카이Hiwa Kai, 두 종류가 있다. 알라이아 소금은 화산의 붉은 찰흙 때문에 붉은 색감과 진한 흙 맛이 나는데, 하와이의 대표적인 요리 가운데 하나인 '칼루아 포크Kalua pork'를 만들 때 사용한다. 히와 카이 소금의 색과 풍미는 숯에서 유래한다.

또 다른 널리 알려진 인도 소금으로는 히말라야 핑크 솔트(센다 나마크Sendha namak)가 있다. 이 소금은 미네랄 성분이 포함되어 있어 특유의 연한 분홍색을 띤다. 증명되지 않은 영양적 효능으로 인기를 얻긴 했지만, 사실 이 소금은 다른 소금과 마찬가지로 일반적인 용도로 쓸 수 있는 맛이 좋고, 분홍빛으로 색도 예쁜 소금이다.

훈제 소금은 훈연 재료가 무엇이냐에 따라 선택할 수 있는 종류가 다양하다. 이런 소금들은 플레이크 모양부터 고운 가루에 이르기까지 결정의 모양이 다양하고, 음식을 직접 훈연해야 하는 수고를 하지 않고도 훈연 풍미를 내고 싶을 때 활용하면 좋다. 석쇠에 구운 고기나 채소에 쓰면 좋다.

소금을 양념으로 쓸 때
올리브, 정어리, 피클처럼 소금이나 절임액에 보존한 음식을 요리에 쓸 때는 여기에 이미 염분이 들어 있으므로 간을 할 때 평소보다 소금을 적게 써야 한다. 모든 미소 된장 종류는 본래의 진한 감칠맛과 더불어 기본적으로 짠맛을 가지고 있는데, 이 점이 오히려 색다른 접근법의 요리를 할 때 장점이 될 수 있다(132쪽 '미소 된장 브레드 푸딩').

무염이나 저염 식재료를 기본으로 만들어두고 쓰면 요리할 때 원하는 맛을 내는 데 유연하게 간을 조절할 수 있다. 내가 저염 닭 육수, 저염 간장, 무염 버터를 주로 쓰는 것도 이런 이유 때문이다.

요리할 때 짠맛을 맛있게 활용하는 방법

+ 달콤하거나 감칠맛 나는 요리에 마무리용으로 소금을 뿌리면 아삭한 식감을 낼 수 있다. 감칠맛 나는 페이스트리나 과일, 초콜릿 맛 디저트 위에 소금을 뿌려보라. 아삭한 식감은 물론 대비되는 짭조름한 맛을 더해줘 훨씬 입체적이고 조화로운 맛을 느낄 수 있을 것이다.

+ 소금은 단백질이 녹을 수 있도록 돕는다. 농도가 높은 소금물에 잘 녹는 단백질이 있는 반면에 녹지 않고 침전되는 종류도 있다. 소금이 물에 녹으면 양전하와 음전하로 갈라지고 음이온이 단백질의 음전하(단백질은 기본적으로 음전하를 가지고 있다)를 증가시켜 단백질 구조에 변화를 일으킨다. 고기 표면에 소금을 뿌리거나 절임액에 담가놓으면 근육 단백질과 근육을 이루는 주요 단백질인 미오신(myosin)이 더 잘 녹는다. 소금 처리된 고기를 조리하면 근육 단백질에서 녹는 부분과 녹지 않는 부분이 서로 붙어버리면서 물 분자를 가두기 때문에 고기가 육즙이 풍부하고 부드러운 상태가 된다. 다진 고기의 경우에도 역시 소금이 이런 역할을 한다. 소금에 녹아 나온 미오신이 지방과 기름을 에멀전처럼 에워싸 부드럽고 촉촉한 식감과 맛이 나게 한다. 버거 패티나 다진 고기로 만드는 케밥을 만들 때는 이런 점을 고려해 열에 조리할 준비가 되었을 때 소금 간을 해야 고기가 육즙을 잃지 않는다. (고기를 소금 처리하면 일부 근육 단백질인 미오신이 소금에 녹으면서 고기 조직을 부드럽게 만들고 풍미를 더 좋게 한다. 단백질은 또한 소금으로 변성되면서 팽창하여 그물망을 형성하는데, 이런 상태에서 고기를 가열하면 이 그물망이 더 견고해지면서 육즙을 가두는 효과를 낸다. 다만, 소금 처리를 너무 일찍 하거나 많은 양을 쓰면 오히려 고기가 퍽퍽해질 수 있다는 점에 유의해야 한다.— 옮긴이)

+ 소금은 물을 아주 좋아하고, 수분을 흡수하는 성질도 있다. 과일과 채소 표면에 소금을 뿌리면 삼투압에 의해 안에 있던 수분이 밖으로 빠져나온다. 채소의 잘린 단면에 있던 수분에 소금이 녹으면서 상당히 고농도의 소금물이 되는데, 이렇게 채소 표면의 소금 농도가 채소 세포 속의 농도와 달라지면서 생기는 불균형 때문에 세포 안에 있던 수분이 다시 균형을 되찾기 위해 밖으로 이동한다. 요리하는 사람들은 이런 점을 이용해 채소에 포함된 수분을 밖으로 빼내는 방법을 요리에 활용한다. '콜리플라워 아차르'(320쪽)처럼 아삭하게 채소를 절이고 싶을 때, 아니면 '토마토 아차르 폴렌타 타르트'(86쪽)처럼 채소에서 나온 수분 때문에 크러스트가 눅눅해지는 것을 방지하기 위해 미리 수분을 제거할 때 쓰는 방법이다.

+ 채소를 삶거나 데칠 때 소금을 넣으면 채소의 섬유질 구조를 만드는 헤미셀룰로오스가 파괴되어 더 빨리 익는다. 게다가 맹물에서 데칠 때보다 소금이 일으키는 삼투압 현상으로 영양소 파괴가 줄어든다. 감자처럼 전분이 많은 채소를 물로 삶을 때는 소금 양을 많이 잡는 편이 좋다. 전분이 나트륨을 서로 결합하게 만들어 짠맛을 덜 느끼게 하기 때문이다.

+ 파스타를 삶을 때는 평상시보다 소금을 많이 넣어야 한다. 파스타는 익으면서 표면에 젤라틴과 비슷한 막이 생기는데, 소금이 이런 막이 생기는 것을 막아주어 파스타 가닥들이 서로 붙지 않게 한다.

+ 삼투압 원리는 고기에도 적용된다. 살라미, 연어를 절인 그라블락스(gravlax)처럼 고기에 소금(설탕에 절이는 경우도 있다)을 입혀 고기 안에 있던 수분을 밖으로 끌어내면서 단백질 구조에 변화가 일어나도록 장시간 숙성하는 음식이 그러하다. 고기 표면으로 배출된 수분은 결국 증발한다. 이렇게 수분이 감소하고 소금 농도가 올라간 상태가 되면, 유해한 미생물이 증식할 수 없는 환경이 조성되고 고기에는 더 풍부한 풍미가 생겨난다.

+ 다음은 요긴하게 활용할 수 있는 소금 무게 팁이다.
  고운 천일염 1작은술 = 5.7g
  다이아몬드 크리스털 코셔 솔트 1작은술 = 3.3g
  모턴 코셔 솔트 1작은술 = 6.2g
  굵은 소금 1작은술 = 6.2g

소금으로 풍미를 끌어올리는 요긴한 방법

+ 소금으로 요리의 간을 조절하는 방법을 알려드릴 수는 있지만, 얼마나 사용해야 하는지는 사실 개인의 기호와 취향으로 결정된다. 아무리 강조해도 부족함이 없는 불문율은, 요리할 때는 음식 맛은 꼭 봐가면서 해야 한다는 것이다. 그래야 자신의 입맛에 맞는 소금의 양을 파악할 수 있다. 생고기라든지 베이킹용 반죽이나 도처럼 직접 맛을 보기 힘든 음식인 경우, 레시피에 소금 양을 계량해서 써놓았다. 이미 염분이 많이 들어간 음식이나 식재료를 활용할 때는 소금 양을 좀 더 적게 잡거나 전혀 쓰지 않아도 된다. '닭봉 막대사탕'(242쪽)처럼, 닭에 직접 소금 간을 하는 대신 마리네이드와 밀가루에 간을 해야 하는 경우에는 튀긴 닭 조각 하나를 먼저 소스에 묻혀서 맛을 본 뒤, 상에 내기 전에 닭 튀김을 버무릴 소스에 간을 더 할지 말지를 판단하면 된다.

+ 컵 언저리에 소금을 입힐 때 가미 소금이나 붉은색 비트로 색을 낸 소금, 혹은 앞서 언급했던 알라이아나 히와 카이처럼 용암에서 채취한 붉거나 검은 라바 솔트(Lava salt)를 활용해보라. 컵 언저리에 소금을 입히려면 먼저 가미된 소금을 작은 접시에 담고(사용하려는 소금과 잘 어울리는 설탕을 살짝 넣어도 좋다), 컵 언저리를 따라 물, 혹은 라임 즙이나 레몬 즙을 바른 다음, 잔을 거꾸로 들어 준비한 소금에 찍으면 된다.

+ 올리브, 염장 달걀 노른자, 정어리 통조림, 소금에 절인 레몬이나 라임 같은 염장 음식은 양념 역할도 하므로 음식에 짠맛을 살짝 내고 싶을 때 활용하면 좋다. 다만, 매우 짠 종류도 있으니 이런 재료를 활용한 요리를 할 때는 먼저 맛을 본 다음에 필요한 만큼 소금 간을 해야 한다.

+ 염분은 식물성 음식에 일반적으로 들어 있는 펙틴의 칼슘 성분을 배출시키는 역할을 한다. 이런 원리를 이용해 콩이나 감자를 조리할 때 소금을 넣으면 익는 속도도 단축되고 질감이 부드러워진다(192쪽 '달 막카니', 144쪽 '건파우더 감자튀김' 참조).

소금과 맛의 교감

+ 감칠맛이든 달콤한 맛이든, 소금은 모든 요리의 다양한 풍미가 어우러지게 하는 데 사용된다. 얼마나 넣는가는 각자의 감각에 달렸다. 일반적으로 음식에 소금을 많이 쓰지 않는 사람의 미뢰는 적은 양으로도 소금을 감지하는 데 적응되었을 것이고, 음식 본연의 짠맛을 남들보다 좀 더 예민하게 느낄 것이다. 이처럼 짠맛을 느끼는 정도는 사람마다 다르므로 요리할 때는 어떤 정해진 기준을 정해놓고 간을 하기보다는 맛을 보면서 조절하는 것이 좋다.

+ 나는 인도의 바스마티 쌀로 밥을 지을 때 소금은 절대 넣지 않는다. 바스마티처럼 향을 가진 쌀 종류에 소금을 넣으면 향이 사라지기 때문이기도 하지만, 소금 간 없이 지은 바스마티 밥이 맛이 더 좋기 때문이다. 다만, 향신료와 허브처럼 향이 있는 다른 재료들이 들어가는 풀라오(220쪽 '고아식 풀라오', 80쪽 '파니르와 허브 풀라오')나 비리아니의 풍미를 최대한 끌어올리려면 바스마티 쌀을 쓰더라도 소금을 넣어야 한다.

+ 염장, 건조, 절임, 훈제 등 오래 보관할 수 있도록 가공된 생선, 절인 올리브, 절인 토마토에는 비교적 많은 양의 소금이 들어가므로 이런 식재료로 요리에 간을 할 때는 특별히 신경 써야 한다.

+ 소금은 쓴맛의 강렬함을 감소시키는 효과가 있다. 나의 부모님은 가지 요리를 할 때면 가지에 소금을 뿌려 30분간 두었다가 빠져나온 물기를 제거하는 작업부터 했다. 이런 방식으로 가지의 쓴맛 분자를 약화시킨 것이다.

+ 전분이 풍부하게 들어간 식재료는 소금의 나트륨을 서로 결합하게 만들어 짠맛을 덜 느끼게 한다. 육수나 수프가 너무 짜면 감자 몇 조각이나 밀가루 반죽을 조금 떼어서 넣어보라. 소금기를 흡수해 짠맛이 줄어들 것이다(이렇게 넣은 전분 재료는 먹기 전에 제거해야 한다). 루 또는 '강황 케피르에 넣고 구운 콜리플라워'(82쪽)처럼 전분으로 농도를 걸쭉하게 만드는 요리는, 같은 이유로, 소금 양을 좀 더 많이 잡는 것이 좋다.

+ 레몬 즙이나 식초 같은 산은 짠맛을 상승시키는 효과가 있다. 요리할 때 염분 양을 줄이고 싶다면 산을 조금 써보라.

+ 감칠맛이 풍부한 식재료는 더 짜게 느껴진다. 저염 간장이나 타마리(tamari)로 요리해보라. 확실히 적은 양으로도 큰 효과를 볼 수 있다. (대두를 100% 사용하는 타마리 대신 역시 대두만 쓰는 조선 간장을 써도 된다. 다만, 짠맛이 강하니 적은 양을 써야 한다.—옮긴이).

+ 소금은 단맛을 느끼는 정도에도 영향을 미친다. 소금이 많이 들어가면 음식의 단맛을 덜 느끼게 된다. 당도 높은 복숭아나 망고 같은 과일이 완전히 익은 상태일 때 소금을 뿌려서 맛을 보면 단맛이 별로 나지 않는다는 것을 알 수 있다. 마찬가지로 요즘 트렌드가 된, 소금을 살짝 뿌린 달콤한 캐러멜이나 초콜릿도 소금 때문에 단맛이 덜 느껴지는 것이다.

+ 소금을 과하게 쓰면 지방이 분해되어 지방 고유의 풍미를 해칠 수 있고, 고기의 붉은색 헤모글로빈 색소를 갈변하게 만든다.

'피자' 토스트

"Pizza" Toast

이 레시피는 모양도 형태도 우리가 일반적으로 알고 있는 피자는 아니지만, 내가 어린 시절에 아침 식사로 먹었던 음식을 떠올리며 만들어본 요리다. 부엌에서 요리하는 것이 편해진 뒤로, 나는 일요일마다 아침밥을 직접 만들어 먹었는데, 그 무렵 자주 만든 요리에는 지금 소개하는 '피자'도 포함된다. 이 요리를 완벽하게 만들어주는 것은 소스다.

재료(토스트 4개 분량)

무염 버터 1/4컵(55g) 또는 엑스트라 버진 올리브유 1/4컵(60ml)

샌드위치용 식빵 4조각

'뚝딱 만드는 나만의 마리나라 소스'(316쪽) 1/4컵(60ml) 또는 시판용 피자 소스

슈레디드 체더 치즈 1/2컵(40g)

파프리카(중) 1개(200g)

토마토(중) 1개 140g

고운 천일염

흑후추 가루, 바로 갈아서

고수 또는 파슬리● 2큰술, 큼직하게 다져서

붉은 고추 플레이크 1작은술(알레포 추천)

풍미 내는 방법

이 요리에 짠맛을 내는 재료는 첫 번째가 토마토, 그다음은 치즈다.

채소들은 토스트와 소스에 대비되는 여러 가지 질감을 내는 역할을 한다.

1. 오븐을 177℃로 예열한다. 넓적한 베이킹팬에 종이 포일을 깔고, 그 위에 와이어 랙을 얹는다.
2. 식빵 4조각에 각각 버터를 1큰술씩 바른 뒤, 와이어 랙에 올린다. 여기에 마리나라 소스를 1큰술씩 바른 다음, 그 위에 치즈를 1큰술씩 솔솔 뿌린다.
3. 파프리카와 토마토를 단면대로 얇게 썰어서 4쪽씩만 남겨둔다(남은 채소는 다른 요리를 할 때 쓸 수 있게 냉장 보관한다).
4. 버터, 마리나라 소스와 치즈를 올린 식빵 조각 위에 각각 얇게 썬 파프리카와 토마토를 올리고 소금과 후추를 뿌린 다음, 남은 치즈를 마저 뿌려서 오븐에서 10~12분간 굽는다. 치즈가 녹고 빵이 적당히 토스팅되면 완성이다.
5. 완성된 피자 하나당 고수 1/2큰술과 붉은 고추 플레이크를 뿌려 바로 상에 낸다.

● 여기서 말하는 파슬리는 잎이 곱슬곱슬한 일반적인 파슬리가 아니라 이탈리안 파슬리다. 이탈리안 파슬리는 잎이 넓고 납작하며, 향이 일반 파슬리보다 좀 더 강하다.

오븐에 구워 건파우더를 뿌린 감자튀김과 염소 치즈 딥

Gunpowder Oven "Fries" with Goat Cheese Dip

이 요리는 엄밀히 말해서 감자를 튀긴 것은 아니지만 감자를 길쭉하게 잘라 손으로 집어 먹기 쉬운 모양으로 만든다는 점에서 비슷한 핑거푸드로서의 장점이 있고, 무엇보다 기 버터가 만들어내는 기분 좋은 고소한 향이 매력적이다. 건파우더 마살라의 경우, 레시피에 나와 있는 용량에 구애받지 말고 마음 가는 대로 넣어도 좋다. 팍팍 뿌리고, 그것으로도 부족하면 그릇에 따로 담아 요리에 곁들여라. 이 레시피에서 응용하는 방법은 채혈할 때 혈액에 있는 특정한 금속 성분과 결합해 응고되는 것을 막아주는 일종의 킬레이트화chelation 원리다. 여기서는 킬레이트제chelator 역할을 하는 레몬 즙과 구연산나트륨(베이킹소다와 레몬 즙이 반응하면서 생성된다)은 감자에 들어 있는 금속 성분인 칼슘 이온 및 마그네슘 이온과 결합해 식감을 더 좋게 한다.

재료(2~4인분 기준)

감자튀김

- 갓 짠 레몬 즙 1/4컵(60ml)
- 고운 천일염 1작은술, 여분도 준비
- 베이킹소다 1/4작은술
- 강황 가루 1/8작은술(생략 가능)
- 감자(대) 3개(총무게 910g) (러셋 품종 추천)
- 기 버터 2큰술, 녹여서
- '건파우더' 너트 마살라 2큰술(312쪽)

염소 치즈 딥

- 소프트 염소 치즈 또는 프로마주 블랑* 140g, 실온에 둔 것
- 플레인 그릭 요거트 2큰술
- 파슬리 1큰술, 큼직하게 다져서
- 갓 짠 레몬 즙 1큰술
- 레몬 제스트 1작은술
- 마늘 1쪽, 갈아서
- 흑후추 가루 1/2작은술
- 고운 천일염

풍미 내는 방법

사람들이 튀긴 음식을 많이 찾는 이유는 올레오거스투스라는 지방맛 때문인데, 이 요리에서는 기 버터가 그 역할을 한다. 요리에 들어가는 염소 치즈나 프로마주 블랑은 바로 구운 감자튀김의 온기, 향신료의 풍미와 합해져 그와 대비되는 짭조름한 맛으로 요리 전체의 맛있는 조화를 이룬다.

기 버터는 높은 발연점(232℃ 이상)을 가진 지방으로, 이 온도에서 타는 포도씨유나 카놀라유와 달리 높은 온도에서 요리할 수 있다는 장점이 있다.

감자는 포슬포슬하고 전분이 많은 러셋 품종이 전분이 적고 수분이 많은 유콘 골드 품종보다 수분이 적어서 튀김에 적합하다. 그렇다고 유콘 골드를 쓸 수 없다는 말은 아니다. 차이가 있다면, 포슬포슬한 감자는 튀겼을 때 수분이 별로 빠져나가지 않아 좀 더 밀도 높은 식감의 튀김이 나오고, 수분이 많은 감자는 튀길 때 수분이 대부분 빠져나가 감자 안에 빈 공간이 생긴다는 것이다.

길게 자른 감자 조각을 먼저 끓는 물에 살짝 익히면 감자 표면의 전분이 젤라틴화하여 튀겼을 때 겉이 바삭해진다.

소금을 넣은 끓는 물 속의 나트륨이 감자의 펙틴에 들어 있는 칼슘 성분을 배출시키는 역할을 하는데, 이 과정에서 감자 세포들이 분리되어 부드럽고 크리미한 식감이 만들어진다.

레몬 즙에 있는 구연산도 펙틴에 영향을 미쳐, 나트륨이 감자 펙틴 밖으로 배출시킨 칼슘과 결합해 식감을 더 좋게 만든다. 구연산은 마야르 반응으로 음식, 특히 감자튀김을 맛없어 보이게 하는 갈변화가 지나치게 진행되는 것을 막는 역할을 한다.

베이킹소다와 구연산이 서로 반응해 생성되는 구연산나트륨은 칼슘과 결합해 감자의 식감을 더 좋게 만든다.

강황 가루는 색감을 더 잘 살려준다.

1. 감자튀김을 만들려면, 먼저 중간 크기 소스팬에 물 4컵(960ml), 레몬 즙, 소금, 베이킹소다를 넣고, 강황 가루를 쓴다면 함께 섞는다. 레몬 즙과 베이킹소다 때문에 거품이 조금 일어날 것이다.
2. 오븐을 218℃으로 예열한다. 오븐 와이어 랙을 오븐의 중간 칸에 올려놓은 다음, 넓적한 베이킹팬 2개에 종이 포일을 깔고 그 위에 와이어 랙을 하나씩 얹는다.
3. 감자는 껍질을 벗겨서 약 1×9cm 길이로 길게 자른다. 자른 감자 조각을 앞서 준비한 소스팬에 넣고 강불에서 삶는다. 물이 팔팔 끓으면 불을 줄이고 1분간 더 뭉근한 불에서 익히다가 부드럽지만 으깨지지 않는 정도가 되면 물을 따라내고 감자를 큰 볼에 옮겨 담는다. 여기에 녹인 기 버터를 넣고, 볼째 손의 스냅을 이용해 감자를 몇 차례 위로 던졌다 받기를 반복한다. 이렇게 재료가 충분히 섞이게 한 뒤에 소금으로 간을 한다.
4. 준비해둔 두 베이킹팬의 와이어 랙 위에 감자를 나눠서 올린다. 이때 감자 조각들이 골고루 익도록 사이사이에 간격을 두어 잘 펼쳐서 오븐에서 20~25분간 굽는다. 굽다가 실리콘 주걱이나 요리용 집게로 감자 조각을 한 번씩 뒤집어주고, 팬도 한 번 돌려준다.
5. 감자 조각들이 연한 황갈색을 띠고 속은 부드러우면서 겉은 바삭한 상태가 되면 오븐에서 꺼내 마살라 가루를 1큰술 뿌린다.
6. 딥을 만들려면, 작은 볼에 치즈, 요거트, 파슬리, 레몬 즙, 레몬 제스트, 마늘, 후추 가루를 넣고 잘 섞다가 맛을 보고 소금으로 간을 조절한다.
7. 감자튀김은 뜨거울 때 상에 내고, 딥은 그릇에 따로 담아 곁들인다.

•

프로마주 블랑(Fromage blanc)은 잘 발리고, 부드럽고, 새콤한 맛이 나는 소젖으로 만든 하얀색 치즈다.

망고-라임 드레싱을 올린 파니르와 비트 샐러드

Paneer + Beet Salad with Mango-Lime Dressing

잘 익은 인도 망고를 먹으면 말할 수 없이 맛있는 행복감이 밀려온다. 망고는 익으면서 과육의 전분이 가수분해 과정을 거치면서 새콤달콤하고 부드러운 식감이 생기고, 특히 나에게는 고아에서 보낸 더운 여름 방학의 추억을 환기하는 향이 난다. 망고는 달콤한 간식으로도 더할 나위 없지만, 감칠맛 요리를 훨씬 맛있게 해주는 요리 재료로도 손색이 없다. 망고의 달콤하면서도 청량한 과일 풍미에 라임까지 얹은 조합이 이 비트 샐러드를 상쾌하게 변신시켜준다. 분필처럼 입안에서 까끌거리는 뒷맛이 없는 잘 익은 망고를 쓰면 좋다. 당연히 인도 망고를 추천하지만, 샴페인 망고champagne mango도 좋은 옵션이다.●

재료(4인분 + 드레싱 1과 1/2컵, 360ml 분량)

마리네이드

무가당 케피르, 버터밀크 또는 요거트 1컵(240ml)

고운 천일염 2작은술

쿠민 가루 1/2작은술

강황 가루 1/2작은술

붉은 고추 가루 1/2작은술

흑후추 가루 1/2작은술, 바로 갈아서

단단한 파니르 400g, 수제로 만들 경우(334쪽 참조)

비트

비트(중) 4개(총무게 455g) (자색과 노랑색을 섞어서 사용할 것을 추천)

엑스트라 버진 올리브유 2큰술, 팬에 두를 여분도 준비

고운 천일염

망고-라임 드레싱

잘 익은 망고 140g, 잘게 깍둑썰기 해서

케피르 또는 버터밀크 1/2컵(120ml)

포도씨유 또는 쓴맛을 뺀 엑스트라 버진 올리브유 1/4컵(60ml) (104쪽 참조)

갓 짠 라임 즙 1과 1/2큰술

옐로 머스터드 1큰술

흑후추 가루 1/4작은술

붉은 고추 가루 1/4작은술

고운 천일염

가니시용

루콜라 200g

엑스트라 버진 올리브유 1큰술

흑후추 가루 1작은술, 바로 갈아서

고운 천일염

암추르 2작은술

풍미 내는 방법

파니르는 짠맛이 나는 치즈가 아니므로 치즈에 흡수되는 마리네이드의 간을 조금 세게 해야 한다. 샐러드 드레싱은 요리에 염분을 더하기도 하고, 또 다른 풍미를 한 겹 더 씌우는 역할도 한다.

파니르는 아마도 집에서 가장 손쉽게 만들 수 있는 치즈일 텐데, 이 레시피에는 모양과 촘촘한 구조를 가진 종류를 써야 하므로 시판용을 쓰는 편이 더 낫다. 파니르는 상당한 무게로 눌러야 단백질 분자들이 밀착되어 단단하고 촘촘하게 엉겨서, 자르거나 요리할 때 흐트러지지 않는다. 압력을 충분히 줄 수 있는 장비를 갖춘 제조업체에서는 단단한 파니르를 만들 수 있지만, 집에서 만들 때 이런 완성도를 기대하기는 어렵다. 다만, 집에서도 비슷한 효과를 낼 방법을 고안했으니 참조하라.

1. 작은 볼에 케피르, 소금, 쿠민 가루, 강황 가루, 붉은 고추 가루, 후추 가루를 넣고 잘 섞어서 맛을 본 다음, 소금으로 간을 한다. 이렇게 만든 마리네이드는 커다란 지퍼백에 옮겨 담는다.
2. 파니르를 가로세로 2.5×5cm에 두께 12mm로 잘라 마리네이드와 함께 지퍼 백에 넣고 밀봉한 뒤, 마리네이드가 골고루 묻게 잘 흔들어준다.
3. 파니르는 실온에서 1시간 동안 재우고, 좀 더 오래 재우려면 냉장 보관한다.
4. 오븐을 204℃로 예열한다.
5. 파니르를 마리네이드에 재우는 동안 비트를 준비한다. 비트 껍질을 벗기고, 위아래 끝 부분을 자른 다음, 4등분한다.
6. 넓적한 베이킹팬이나 내열 베이킹 그릇에 비트를 담아 올리브유와 소금을 뿌린 다음, 오븐에서 30~45분간 굽는다. 칼로 중간을 찔러봤을 때 푹 들어가는 상태로 잘 익으면 오븐에서 꺼내 실온에 10분간 둔다.
7. 비트를 굽는 동안 드레싱을 준비한다. 망고, 케피르, 기름, 라임 즙, 머스터드, 후추, 붉은 고추 가루를 블렌더에 넣고 재료가 전부 섞여서 부드럽게 갈릴 때까지 느린 펄스 모드로 몇 번 돌린 다음, 맛을 보고 소금으로 간을 한다.
8. 샐러드를 먹기 직전에 파니르를 구워야 하는데, 무쇠 그릴팬 또는 중간 크기의 코팅된 소스팬을 중강불에 올리고 솔에 올리브유를 조금 묻혀서 파니르에 잘 바른다.
9. 요리용 집게로 파니르를 뜨겁게 달군 팬에 조심스럽게 올려 2~3분간 굽다가 황갈색이 나고 살짝 지진 자국이 나타나면 뒤집어서 같은 방법으로 굽는다.
10. 상에 내기 직전에 루콜라를 큰 볼에 담아 올리브유와 후추, 소금을 넣고 손의 스냅을 이용해 재료들을 몇 차례 위로 던졌다 받기를 반복하며 잘 섞는다. 여기에 갓 구운 파니르와 구운 비트를 올리고, 샐러드 드레싱을 몇 큰술 살살 뿌리고 나서 암추르도 그 위에 뿌린다. 남은 샐러드 드레싱은 그릇에 따로 담아 곁들인다.

●

한국에서 나는 망고는 약 네 종류 정도 있는데, 주로 애플망고가 많이 유통되고, 외국 망고와 달리 단맛이 강한 편이다.

그린 올리브와 쇼리수 소시지 스터핑

Green Olives + Chouriço Stuffing

스터핑stuffing은 마치 그리는 사람이 풍미로 색을 칠할 때까지 기다리는 하얀 도화지와 같아서 나는 이 요리의 콘셉트를 참 좋아한다. 그린 올리브에 캘리포니아에 대한 나의 애정이 담겼다면, 쇼리수와 사프란과 식초에는 어린 시절을 보낸 인도에 대한 사랑이 담겼다.

재료(8~10인분 기준)

- 치아바타 또는 사워도 빵 455g
- 무염 버터 1/2컵(110g), 팬에 두를 여분도 준비
- 사프란 가닥 20개
- 고운 천일염
- 쇼리수 소시지 310g
- 리크(대파) 1개(300g), 얇게 썰어서
- 양파(중) 1개 (260g), 얇게 썰어서
- 마늘 4쪽, 얇게 저며서
- 단단하고 새콤한 사과 2개(개당 200g), 깍둑썰기 해서 (그래니 스미스Granny Smith 또는 풋사과, 초록색 사과 추천)
- 말린 타트 체리 85g
- 호두 1/2컵(60g), 반으로 잘라서
- 사과 식초 또는 맥아 식초 1/4컵(60ml)
- 그린 올리브(중) 통조림 1캔(170g), 절임액을 따라내고 반으로 잘라서
- 저염 닭 육수 3컵(720ml)
- 달걀(대) 2개, 가볍게 풀어서
- 고수 2큰술, 큼직하게 다져서(가니시용)
- 파슬리 2큰술, 큼직하게 다져서(가니시용)

풍미 내는 방법

짭짤하게 절인 그린 올리브는 쇼리수 소시지의 강렬한 풍미와 대비되는 또 다른 강한 맛을 가진 재료다. 쇼리수의 풍미를 한층 더 끌어올리고 싶다면 '쇼리수 소시지 파오'(91쪽)를 참조하라.

사과와 타트 체리는 달콤함뿐만 아니라 은근한 새콤함도 품고 있다.

사프란 가닥은 고운 가루를 내야 하는데, 갈 때 소금을 조금 넣으면 연마재 역할을 해서 더 잘 간린다.

빵은 수분을 날려야 캐러멜화와 마야르 반응이 잘 일어나고 스펀지처럼 국물을 잘 빨아들인다.

스터핑은 처음에 뚜껑을 닫고 조리해야 달걀 단백질들이 변형되어 그물처럼 엉기면서 다른 재료들과 재료의 풍미 분자들까지 붙들어 전체적으로 잘 어우러진다. 그런 다음에 불을 줄이고 뚜껑을 연 상태로 더 구워야 겉이 타지 않으면서 훨씬 바삭한 스터핑을 만들 수 있다.

1. 오븐을 93℃로 예열한다.
2. 넓적한 베이킹팬에 종이 포일을 잘 깐다. 칼이나 손으로 뜯어 가로세로 12mm 큐브 모양으로 썬 빵 조각을 베이킹팬에 잘 펴서 딱딱하게 잘 말린 상태가 될 때까지 오븐에서 1시간 정도 굽는다. 오븐에서 꺼낸 뒤에는 완전히 식을 때까지 실온에 두었다가 빵 조각을 큰 볼에 옮겨 담는다.
3. 오븐의 온도를 177℃로 올리고, 23×33×5cm 크기 도자기나 유리로 된 내열 베이킹 그릇에 버터를 골고루 바른다.
4. 사프란 가닥 중 절반 정도를 소금과 함께 블렌더에 넣고 고운 가루가 될 때까지 간다.
5. 쇼리수 소시지 바깥쪽의 케이싱을 벗겨내서 버리고 손으로 소시지 필링을 잘게 으스러뜨린다. 중간 크기 소스팬을 약불에 올려 소시지 필링을 8~10분 정도 볶다가 갈색이 돌기 시작하면 버터를 넣고 완전히 녹을 때까지 잘 젓는다. 이어서 불 온도를 올려 대파와 양파를 넣고 4~5분간 볶다가 약간 투명해지면 마늘을 넣고 약 1분간 더 볶은 뒤 남은 사프란 가닥들과 고운 사프란 가루도 넣는다. 그다음으로 사과, 타트 체리, 호두를 넣고 1분 정도 더 볶다가 쪼그라든 체리가 다시 통통해지면 식초를 넣고 팬을 불에서 내린다.

6. 이어서 올리브를 넣고 살살 섞다가 말린 빵 조각들까지 넣은 다음, 기호에 맞게 소금으로 간을 한다. 이렇게 완성한 스터핑을 준비해둔 내열 베이킹 그릇에 옮겨 담는다.

7. 중간 크기 볼에 닭 육수 1컵(240ml)과 풀어놓은 달걀을 넣고 잘 섞다가 남은 육수를 마저 넣는다.

8. 육수를 섞은 달걀물을 내열 베이킹 그릇에 담긴 스터핑 위에 부은 다음, 스터핑이 뭉개지지 않고 골고루 섞이도록 실리콘 주걱으로 조심조심 젓거나 폴딩한다. 이 과정을 끝낸 스터핑을 오븐에서 굽기 전까지 30분 정도 실온에 두거나 플라스틱 랩을 씌워서 하룻밤 냉장 보관한다.

9. 구울 준비가 되면 스터핑을 씌운 랩을 벗겨내고, 냉장고에서 바로 꺼낸 차가운 상태이면 먼저 실온에 15분 정도 두어서 찬 기운을 약간 뺀다.

10. 구울 때 김이 새지 않도록 팬을 알루미늄 포일로 잘 감싼 다음, 오븐에서 40분간 굽다가 오븐 온도를 149℃로 줄이고 포일을 벗긴 상태로 다시 20~30분간 더 굽는다.

11. 스터핑의 표면이 수분이 완전히 날아가 바삭한 상태가 되고 황갈색을 띠면 칼이나 꼬챙이로 찔러본다. 내용물이 묻어나지 않으면 완성이다.

12. 스터핑은 오븐에서 꺼내 10분 정도 식힌 다음, 고수와 파슬리로 가니시해서 따뜻한 상태일 때 상에 낸다.

커리 잎을 넣은 토마토 오븐 구이

Roasted Tomatoes with Curry Leaves

내가 가드닝에 제대로 입문한 것은 뒷마당이 있는 오클랜드 집으로 이사하고 난 뒤다. 마트에 잘 들어오지 않는 종류들과 내가 좋아하는 종류들까지, 지금도 나는 이런저런 채소를 재배한다. 이렇게 좋아해서 심은 채소 중에 토마토가 있는데, 토마토를 기르다 보면 잘 익는 것들도 있지만 그냥저냥한 것들도 있다. 지금 소개하는 레시피는 설익었거나 풍미가 떨어지는 토마토를 처리하려고 개발한 요리인데, 따뜻하게 토스팅한 사워도 빵에 얹어 기호대로 소금과 후추를 뿌려서 먹는 에피타이저다. 커리 잎과 마늘 덕분에 새로운 풍미가 우러난 기름은 남은 빵으로 싹싹 긁어먹고 싶을 만큼 맛있다. 토마토는 방울토마토, 송이토마토 등 크기나 종류를 무엇을 택하든 상관없지만, 큰 토마토를 쓸 때는 굽기 전에 반으로 잘라야 한다. 줄기가 그대로 붙은 상태로 잘 익은 토마토를 구할 수 있다면, 꼭 한 번 써보라. 접시에 담으면 아주 먹음직스러워 보이는 효과가 있다.

재료(약 910g 분량)

- 엑스트라 버진 올리브유 1/2컵(120ml)
- 토마토(소) 910g
- 마늘 4쪽, 껍질을 벗기지 않고
- 생 커리 잎● 3~4줄기(한 줄기에 작은 잎사귀가 8~10개 붙어 있음)
- 코리앤더 씨 1큰술, 살짝 짓이겨서
- 흑후추 1작은술, 굵은 입자로 빻아서
- 천일염 또는 소금 플레이크
- 겉을 토스팅한 빵(곁들임용)

풍미 내는 방법

이 요리는 열이 어떻게 풍미 분자들을 농축시키고 우려내는지 잘 보여준다. 토마토를 올리브유에 넣고 구우면 즙이 증발하면서 염분, 당분, 글루타메이트를 비롯한 여러 가지 풍미가 더 진하게 농축된다.

커리 잎과 향신료의 향기로운 풍미 분자는 열을 가하면 밖으로 배출되는데, 지방과 기름에는 녹는 성질이 있어서 이렇게 빠져나온 풍미 분자가 그대로 흡수된다.

1. 오븐을 160℃로 예열하고, 23×30.5cm 크기 직사각형 로스팅팬에 올리브유를 붓는다.
2. 토마토를 흐르는 물에 가볍게 씻어서 키친타올로 물기를 제거하고 로스팅팬에 담는다. 마늘은 껍질이 붙은 상태로 짓이겨서 그대로 팬에 넣고, 이어서 커리 잎, 코리앤더 씨, 후추, 소금을 뿌려 뭉개지지 않고 골고루 섞이도록 실리콘 주걱으로 살살 젓거나 폴딩한다.
3. 오븐에서 1시간 동안 굽다가 토마토가 터지면서 약간 캐러멜화되는 모습이 보이면 꺼내서 상에 내기 전까지 식힌다. 토마토는 뚜껑 있는 용기에 담으면 최장 2주까지 냉장 보관할 수 있다.
4. 구운 토마토는 따뜻할 때, 혹은 실온 정도로 식었을 때 빵을 곁들여 상에 낸다.

●
커리 잎(Curry leaf)은 커리 가루와는 완전히 다른 식재료로, 커리나무에서 자라는 잎사귀다. 훈연 향 같은 향과 상큼한 시트러스 향의 풍미가 매력적이며, 서아시아와 동남아시아 요리에서 자주 쓰이는 향신료다. 생 커리 잎은 외국 식자재를 파는 마트에서 구입할 수 있는데, 만약 구입하기가 어렵다면 생 커리 잎 한 줄기당 말린 커리 잎(온라인으로 구입 가능) 15개, 혹은 레몬 제스트, 라임 제스트, 월계수 잎 중 하나를 선택해서 생 커리 잎 대신 활용하면 된다. 이때 양은 맛을 보면서 입맛에 맞게 조절한다.

깨를 입혀 구운 당근과 페타 치즈를 올린 쿠스쿠스

Couscous with Sesame-Roasted Carrots + Feta

오클랜드에서 교육 방송인 PBS의 다큐멘터리를 촬영하고 있을 때, 이 다큐멘터리의 프로듀서이자 친구인 제시카 존스가 한번은 구운 당근과 신선한 녹색 허브를 잔뜩 올린 쿠스쿠스 샐러드를 가져왔다. 당시 나는 새집에 막 이사 온 터라 가구기 아직 도착하지 않은 상태여서 우리는 그냥 나무 바닥에 앉아 그 요리를 허겁지겁 먹을 수밖에 없었다. 하지만 그때까지 내가 먹어본 음식 중 최고로 꼽힐 정도로 정말 맛있었다. 물론 제시카가 너무 멋진 사람이라는 점이 크게 작용해서 그 음식이 더 맛있게 느껴졌는지도 모르겠다. 어쨌거나 제시카의 쿠스쿠스에서 영감을 얻은 이 요리는 간단해도 상당히 우아한 맛을 자랑한다.

재료(사이드 디시로 4인분 기준)

쿠스쿠스●

당근 455g, 껍질을 벗긴 뒤 길게 반으로 잘라서

마늘 8쪽

엑스트라 버진 올리브유 3큰술

검은깨 1작은술

참깨 1작은술

붉은 고추 플레이크 1작은술(알레포, 마라슈, 우르파 추천)

고운 천일염

흑후추 가루 1/2작은술

저염 닭 육수, '브라운' 채소 스톡(57쪽), 또는 물 1컵(240ml)

월계수 잎 2장

쿠스쿠스 3/4컵(135g)

고수 또는 파슬리 2큰술 , 큼직하게 다져서

페타 치즈 1/4컵(30g), 잘게 으스러뜨려서

생 민트 잎 2큰술 , 큼직하게 다져서

드레싱

쌀(현미) 식초 1/4컵(60ml)

참기름 2큰술

메이플 시럽 1큰술 또는 꿀 2작은술

붉은 고추 플레이크 1/2작은술(알레포, 마라슈 또는 우르파 추천)

고운 천일염

샬롯(양파) 1개(60g), 얇게 썰어서

풍미 내는 방법

샬롯이 들어간 참깨 드레싱에 식초를 넣었을 때 짠맛이 어떻게 달라지는지 한번 살펴보라. 산은 짠맛을 더 강하게 느껴지게 하므로, 적절하게 활용하면 평소보다 소금을 적게 쓸 수 있다.

샬롯은 아주 얇게 썰기 때문에 식초에 담그면 빨리 절여진다. 샬롯을 사용할 경우, 샬롯의 분홍빛을 띤 붉은색 안토시아닌 색소가 식초 때문에 색이 더 강렬해지는데, 산의 낮은 pH가 색상을 더 도드라지게 해서 그렇다.

1. 오븐을 218℃로 예열한다.

2. 당근을 로스팅팬이나 넓적한 베이킹팬에 담고 마늘 4쪽도 같이 넣는다. 여기에 올리브유 1큰술과 검은깨, 참깨, 붉은 고추 플레이크를 뿌리고, 당근과 마늘에 오일이 골고루 묻도록 손으로 문지른 다음, 소금과 후추로 간을 하고 오븐에서 25~30분간 굽는다.

3. 당근의 겉이 바삭해지면서 속까지 잘 익고, 마늘은 갈색이 조금 돌기 시작하면 꺼낸다. 마늘은 구울 때 잘 살펴보다가 탈 것 같으면 요리용 집게로 재빨리 꺼내야 한다.

4. 육수와 남은 올리브유 2큰술을 중간 크기 소스팬에 넣고 중강불에 올린다. 나머지 마늘 4쪽을 세게 쳐서 짓이긴 다음, 월계수 잎과 함께 육수에 넣고 소금으로 간을 하여 끓인다.

5. 육수가 끓기 시작하면 쿠스쿠스를 넣고 불에서 내려 팬 뚜껑을 닫는다. 쿠스쿠스가 육수를 흡수하면서 팽창할 수 있도록 5분간 뜸을 들이다가 뚜껑을 열고 쿠스쿠스가 포실하게 올라오도록 포크로 살살 뒤적여서 부풀린다.

6. 드레싱을 만들려면, 식초, 참기름, 메이플 시럽, 붉은 고추 플레이크를 작은 볼에 넣고 잘 섞다가 소금으로 간을 하고, 마지막에 샬롯(양파)을 넣어 살살 젓거나 폴딩을 한 뒤에 맛이 잘 어우러지게 15분간 그대로 둔다.

7. 상에 낼 때는 쿠스쿠스에 고수를 넣고 실리콘 주걱으로 살살 젓거나 폴딩해서 잘 섞어 접시에 담고, 구운 당근과 마늘을 올리고, 페타 치즈와 민트로 가니시한 다음, 드레싱을 뿌려서 따뜻하거나 실온 정도로 식었을 때 낸다.

●

쿠스쿠스(Couscous)는 모로코, 튀니지 등 북아프리카에서 많이 먹는 식재료로, 듀럼 밀을 잘게 조각 내고 쪄서 말린 알갱이다. 우리의 쌀밥처럼 메인 요리에 곁들여 내는 음식이다. 외국 식자재를 파는 마트나 온라인으로 구입 가능.

타마린드와 구운 토마토 수프

Roasted Tomato + Tamarind Soup

추운 날, 몸이 으슬으슬할 때면 여러분도 이 후추 맛이 도는 토마토 수프를 찾게 될 것이라고 장담한다. 서로 다른 풍미가 섞여서 매력적인 이 수프와 버터 바른 토스트에 새콤한 맛이 강한 샤프 체더 치즈나 짭조름한 페타 치즈를 올려서 같이 먹으면 아주 잘 어울린다. 카슈미르 고추 가루는 맛이 순하고 화사한 붉은색이 나는데, 인도 마트나 국제 마트, 또는 향신료 전문 가게에서 구할 수 있다.

재료(4인분 기준)

- 잘 익은 토마토(대) 680g, 4등분해서
- 마늘 4쪽
- 검은색 또는 갈색 머스터드 씨 1작은술
- 코리앤더 씨 1작은술
- 쿠민 씨 1작은술
- 강황 가루 1작은술
- 흑후추 1작은술
- 아사페티다 1/4작은술
- 엑스트라 버진 올리브유 2큰술
- 고운 천일염
- 붉은 고추 가루 1작은술
- 흑설탕 또는 재거리 1작은술, 여분도 준비
- 타마린드 페이스트 1큰술(67쪽 참조)
- 엑스트라 버진 올리브유 또는 머스터드 오일(가니시용)
- 흑후추, 굵게 분쇄해서(가니시용)
- 버터 바른 따뜻한 토스트(곁들임용)

풍미 내는 방법

토마토는 염분을 비롯한 다양한 맛 분자를 가지고 있는데, 토마토를 본 요리에 쓰기 전에 미리 구우면 염분이 더 농축되어 염분, 당분, 글루타메이트 외에도 새로운 풍미 분자가 생겨난다.

타마린드는 토마토의 달콤새콤하고 짭조름한 맛을 더 조화롭게 해주는 신맛을 지닌 재료다.

약간의 설탕으로 토마토와 타마린드의 신맛을 누를 수 있다.

수프가 따뜻할 때와 식었을 때 각각 맛을 보면서 온도에 따라 짠맛과 신맛이 어떻게 달라지는지 살펴보라. 수프를 더 맵게 하고 싶다면 고추 가루(카슈미르 고추 가루) 대신 카옌고추 가루 1/2작은술과 붉은 고추 플레이크를 넉넉히 넣어라.

1. 오븐을 218℃로 예열한다.
2. 토마토를 4등분해서 넓적한 베이킹팬이나 로스팅팬에 담는다. 여기에 마늘, 머스터드 씨, 코리앤더 씨, 쿠민 씨, 강황 가루, 흑후추, 아사페티다를 넣고 올리브유를 뿌려 골고루 섞이도록 팬째 손의 스냅을 이용해 몇 차례 위로 던졌다 받기를 반복한 다음, 소금으로 간을 한다.
3. 토마토의 자른 단면이 위를 향하게 가지런히 놓고 오븐에서 30분간 굽는다. 마늘이 탈 기미가 보이면 꺼내서 따로 두고, 나머지 재료는 다시 오븐에 넣어 마저 굽는다.
4. 토마토가 갈색을 띠기 시작하면 오븐에서 꺼낸다. 토마토와 따로 꺼내놓은 마늘까지, 팬에 있던 모든 재료를 블렌더나 푸드 프로세서에 옮겨 담는다.
5. 이어서 붉은 고추 가루, 설탕, 물 3컵(720ml), 타마린드도 넣고 내용물이 완전히 부드럽게 갈릴 때까지 돌린다.
6. 맛을 보고 기호에 맞게 소금으로 간을 조절한다. 필요하면 설탕을 더 넣는다.
7. 뜨거운 수프를 볼 4개에 나눠 담고, 그 위에 올리브유나 머스터드 오일을 뿌리고 흑후추도 충분히 갈아 넣는다. 상에 낼 때 버터 바른 따뜻한 토스트를 곁들인다.

●

카슈미르 고추 가루는 온라인에서 구입할 수 있다. 카옌고추 가루로 대체해도 된다.

향신료를 입혀 석쇠에 구운 치킨 샐러드와 암추르

Grilled Spiced Chicken Salad with Amchur

이 요리는 내가 주중에 점심으로 자주 챙겨 먹는 샐러드다. 만드는 방법이 상당히 간단한 이 요리는 살짝 친 라임 즙과 암추르의 신맛이 내는 화사함도 좋지만, 이 요리의 풍미 담당은 단연코 닭고기다. 이 레시피로 만든 닭고기를 넣고 마요네즈를 조금 발라서 샌드위치로 만들어도 브런치나 소풍 메뉴로 딱이다. 부엌에 어떤 재료가 있느냐에 따라 나는 민트, 고수 혹은 타라곤Tarragon 같은 신선한 허브를 골라 2큰술 정도 넣을 때도 있다. 이 요리에 어울리는 닭고기 부위로는 가슴살이나 넓적다리살이 좋다.

닭고기를 절이는 시간까지 계산해야 하므로 요리 시간은 넉넉하게 잡는 것이 좋다. 일주일 동안 집에서 해 먹을 요리를 미리 준비할 때 내가 활용하는 팁을 하나 알려드리자면, 양념한 닭고기를 냉장고에 1시간 정도 두었다가 양념과 고기 모두를 작은 지퍼백 몇 개에 나누어서 냉동하는 것이다. 요리하기 하루 전에 냉장칸으로 필요한 만큼 옮겨 밤새 해동하거나 당일에 실온에서 해동해서 쓰면 된다.

재료(4인분 기준)

- 뼈를 발라낸 닭 넓적다리살 4개(총무게 약 455g)
- 엑스트라 버진 올리브유 1/4컵(60ml), 추가로 2큰술과 팬에 바를 여분도 준비(기호에 따라 쓴맛을 뺀 올리브유도 활용 가능)
- 레드 와인 식초 1/4컵(60ml)
- 코리앤더 가루 1작은술
- 쿠민 가루 1작은술
- 붉은 고추 가루 1작은술
- 고운 천일염 1작은술, 여분도 준비
- 흑후추 가루 1/2작은술, 여분도 준비
- 버터레티스 2통(총무게 400g), 잎을 분리한 뒤 찢어서 준비
- 샬롯 또는 양파 3개(총무게 180g), 얇게 썰어서
- 방울토마토 340g, 반으로 잘라서
- 갓 짠 라임 즙 2큰술
- 고운 천일염
- 흑후추, 먹기 직전에 바로 갈아서
- 암추르 1과 1/2~2작은술

풍미 내는 방법

닭고기의 마리네이드는 풍미를 한층 더 끌어올리는 부스터 역할을 할 뿐 아니라 절임액 역할도 한다.

절임액에 들어가는 소금(염분)과 식초(산) 조합은 염분이 고기 안으로 잘 퍼지면서 다른 재료의 풍미가 스며들 수 있는 최적의 조건을 만들어주는 역할을 한다. 염분과 산은 고기의 단백질 구조에 영향을 미치고 수분을 더 많이 머금게 해주어 결과적으로 촉촉하고 부드러운 식감의 요리가 되게 한다.

1. 키친타올로 살살 두드려서 물기를 제거한 닭 넓적다리살을 커다란 지퍼백에 담는다.
2. 중간 크기 볼에 올리브유 1/4컵(60ml), 식초, 코리앤더 가루, 쿠민 가루, 붉은 고추 가루, 소금, 후추를 넣고 잘 섞어서 닭고기를 넣은 지퍼백에 부은 뒤 밀봉해 4~8시간 정도 냉장고에서 재운다. 요리하기 전에 지퍼백을 냉장고에서 꺼내 최소 15분간 실온에 두어 찬 기운을 빼주는 것이 좋다.
3. 중강불에 그릴팬을 올리고 그릴 부분에 살짝 기름칠을 한다.
4. 요리 집게로 지퍼백에서 닭고기를 꺼내 절임액을 조금 털어낸 다음 뜨거운 그릴팬에서 앞뒤로 각각 4~5분간 굽는다. 양면에 그릴 자국이 보이고, 요리용 온도계에 닭고기의 온도가 74℃가 표시되면 접시로 옮겨 5분간 식힌 뒤에 길쭉한 모양으로 자른다.
5. 큰 볼에 찢어놓은 레티스, 샬롯(양파), 방울토마토를 담는다. 이어서 작은 볼에 라임 즙과 남은 올리브유 2큰술을 넣고 잘 섞어서 큰 볼에 담은 채소 위에 붓는다. 소금, 후추로 간을 하고 모든 재료가 잘 버무려지도록 볼째 손의 스냅을 이용해 몇 차례 위로 던졌다 받기를 반복하면 완성이다.
6. 상에 낼 때는 접시에 샐러드를 담고 그 위에 닭고기를 올려서 암추르를 살살 뿌리면 된다.

판체타, 쇠고기, 고추 볶음

Beef Chilli Fry with Pancetta

이번에 소개하는 레시피는 어릴 때 갓 지은 밥에 올려 먹던 전통 고아 요리를 재해석한 것이다. 전통 방식에서는 판체타를 쓰지 않지만, 은근한 풍미를 더하는 재료여서 여기에 추가했다. 감자와 고기를 좋아하는 사람이라면 특히 좋아할 만한 요리라고 장담한다. '코코넛을 얹은 양배추 찜'(290쪽)과 같이 먹으면 궁합이 잘 맞는다.

재료(4인분 기준)

- 판체타 115g, 잘게 깍둑썰기 해서
- 감자 2개(총무게 445g), 껍질 벗긴 뒤 가로세로 12mm로 깍둑썰기 해서(유콘 골드 추천)
- 고운 천일염
- 엑스트라 버진 올리브유 2큰술
- 양파 2개(총무게 500g), 반으로 자른 뒤 얇게 썰어서
- 마늘 6쪽, 다져서
- 생강 1쪽(길이 2.5cm), 껍질 벗긴 뒤 갈아서
- 정향 6개, 분쇄해서
- 흑후추 가루 1작은술
- 시나몬 가루 1작은술
- 강황 가루 1작은술
- 쇠고기 설도 455g(양지, 토시 혹은 부채살로 대체 가능)
- 맥아 식초 또는 사과 식초 2큰술
- 고수 1/4컵(10g), 큼직하게 다져서
- 고추 2~3개, 다져서

풍미 내는 방법

판체타는 염장한 돼지고기로, 염장을 통해 더 풍부한 풍미 물질이 생성된 재료다. 판체타에 열을 가하면 지방과 염분이 밖으로 빠져나와 요리의 풍미가 한 단계 올라간다.

요리의 풍미를 확 올려주는 재료 중 양파처럼 매운맛이 나면서 기름에 녹는 성질이 있는 종류가 있다. 이런 재료들은 뜨거운 기름으로 매콤한 풍미 분자를 추출할 수 있다. 양파를 기름에 몇 분간 볶으면 매운맛이 줄고 단맛이 확 살아서 먹을 때 매운맛을 거의 느끼지 못한다.

1. 커다란 스테인리스 또는 무쇠 소스팬을 중약불에 달군다.
2. 달군 팬에 판체타를 넣고 5~8분간 볶다가 지방이 스며 나오면서 갈색을 띠면 감자를 넣고 소금으로 간을 한 다음, 약 30분간 볶는다.
3. 감자가 황갈색을 띠면서 겉이 바삭해지고 속이 완전히 익으면 팬에서 볶던 재료를 중간 크기 볼에 옮겨 담는다.
4. 고기와 감자를 볶았던 팬에 기름을 두르고 중강불에서 달구다가 양파를 넣고 약간 투명해질 때까지 4~5분간 볶는다. 이어 마늘과 생강을 넣고 향이 나도록 1분간, 정향 가루, 흑후추 가루, 시나몬 가루, 강황 가루를 넣고 30~45초간 더 볶다가 향이 올라오면 팬의 재료를 전부 작은 볼에 옮기고 팬을 다시 중강불에 올린다.
5. 쇠고기는 키친타올로 살살 두드려서 물기를 제거한 다음, 고깃결과 반대로 두께 12mm, 가로세로 2.5cm로 깍둑썰기 해서 소금으로 간을 한 다음, 달군 팬에서 4~5분간 볶는다.
6. 고기가 미디엄 레어로 육질이 부드럽게 익고, 요리용 온도계로 온도가 54℃로 표시되면 약불로 줄인다.
7. 팬 바닥으로 흘러나온 육즙과 부산물을 긁어서 고기에 다시 몇 번 끼얹어 주다가, 볶은 감자와 양파와 판체타를 넣고 실리콘 주걱으로 살살 젓거나 폴딩한다. 마지막으로 식초를 뿌리고 기호에 맞게 소금으로 간을 해서 완성한다.
8. 접시에 요리를 옮겨 담고 고수와 고추로 가니시해서 바로 상에 낸다.

양갈비 구이와 파-민트 살사

Lamb Chops with Scallion Mint Salsa

이 요리에서 양갈비에 들어가는 양념이 온몸을 풍미로 감싸는 외투라면, 파-민트 살사는 화려한 디너 파티에 걸맞은 화룡점정의 화사한 녹색 스카프일 것이다. 좀 더 가벼운 풍미를 원한다면 마늘 양을 절반으로 줄이면 된다. 살사 대신 '투움'(315쪽 참조)을 곁들이거나 따로 그릇에 담아서 곁들여도 좋다.

재료(4인분 기준)

양갈비

양갈비 8대(총무게 910g)

갓 짠 레몬 즙 1/4컵(60ml)

엑스트라 버진 올리브유 4큰술(60ml)

암추르 1작은술

흑후추 가루 1작은술

붉은 고추 가루 1작은술

펜넬 씨 1작은술, 살짝 짓이겨서

칼라 나마크 2작은술, 필요에 따라 여분도 준비

살사(약 1과 1/2컵, 360ml 분량)

엑스트라 버진 올리브유 1/2컵(120ml)

갓 짠 레몬 즙 1/4컵(60ml)

생 민트 1단(55g), 큼직하게 다져서

파 4대, 흰 몸통과 녹색 잎 모두 가늘게 썰어서

마늘 4쪽, 다져서

흑후추 가루 1작은술

녹색 고추 1개, 다져서

고운 천일염

풍미 내는 방법

칼라 나마크가 고기를 절일 뿐 아니라 풍미를 더해준다.

마리네이드에 들어가는 소금과 산은 양고기의 단백질 구조를 바꿔놓는다. 양고기 같은 레드 미트를 마리네이드에 재우면 질긴 콜라겐이 녹고 수분을 머금은 조직이 팽창하면서 육질이 부드러워진다. 이렇게 마리네이드한 고기를 조리하면 식감이 촉촉하고 부드러워진다.

1. 양갈비는 키친타올로 살살 두드려 물기를 제거해서 큰 지퍼백에 담는다.
2. 작은 볼에 레몬 즙, 올리브유 2큰술, 암추르, 흑후추 가루, 붉은 고추 가루, 펜넬 씨, 칼라 나마크를 잘 섞어서 양갈비를 담은 지퍼백에 붓는다.
3. 지퍼백을 잘 밀봉하고 양념이 양갈비에 충분히 묻도록 잘 흔들어서 최소한 2시간(6시간까지 권장) 정도 냉장고에서 재운다.
4. 요리를 본격적으로 시작하기 1시간 전쯤 살사를 만든다. 뚜껑 있는 볼에 올리브유, 레몬 즙, 민트, 파, 마늘, 흑후추 가루, 다진 고추를 넣고 잘 섞은 다음, 소금으로 간을 해서 요리에 쓰기 전까지 뚜껑을 덮어둔다.
5. 양갈비는 요리하기 전에 냉장고에서 꺼내 실온에 최소한 15분간 두어 찬 기운을 뺀다.
6. 마리네이드에 재워둔 양갈비는 한 번에 여러 대씩 나누어 요리해야 한다. 먼저 큰 스테인리스 또는 무쇠 스킬릿이나 프라이팬에 올리브유를 두르고 중강불에 달군다. 팬이 충분히 뜨거워지면 요리용 집게로 갈비 4대를 꺼내서 굽는다. 레어를 원하면 한 쪽당 3~4분씩, 미디엄-레어를 원하면 5~6분씩 굽는다. 요리용 온도계로 측정했을 때 레어는 62.8℃, 미디엄-레어는 71℃일 때가 적당하다. 나머지 양갈비도 팬에 다시 올리브유를 1큰술 두르고 같은 방법으로 마저 구우면 된다.
7. 구운 양갈비를 접시에 옮겨 담고, 안쪽에 공간을 두고 알루미늄 포일을 덮어 5분 정도 휴지(레스팅)한다.
8. 양갈비가 따뜻할 때 파-민트 살사로 가니시해서 상에 낸다.

스파이스 과일 샐러드

Spiced Fruit Salad

대부분의 레시피는 어떤 음식에 담긴 당시 누군가의 생각을 보여주면서도 이미 여러 사람을 거치는 과정에서 여러 번 변형된 형태로 소개되는 경우가 많다. 그리고 우리는 이런 레시피를 통해 어떤 아이디어가 어떻게 진화해왔는지를 짐작할 수 있다. 이 레시피는 《샌프란시스코 크로니클》이라는 신문이 칼럼용으로 작성한 버전으로, 인도의 과일 차트에서 영감을 얻었다.

재료(4인분 기준)

천도복숭아 또는 복숭아 1개(260g), 충분히 익었지만 단단한 것

자두 1개(85g), 충분히 익었지만 단단한 것

포도 400g, 여러 종류 섞어서

생 민트 잎 12장

라임 즙 2큰술

메이플 시럽 1/4컵(60ml)

석류 시럽 2큰술

붉은 고추 플레이크 1작은술(알레포, 마라슈, 우르파 추천)

펜넬 씨 1/2작은술, 살짝 짓이겨서

흑후추 가루 1/2작은술

칼라 나마크 1/2작은술, 필요하면 여분도 준비

풍미 내는 방법

물을 만나면 독특한 유황 향이 나는 칼라 나마크는 이 요리에 들어가는 향신료들과 잘 어울린다.

소금이나 시럽 같은 감미료는 삼투압과 마세레이션maceration을 일으켜 과일 즙을 밖으로 끌어내는 역할을 한다.

1. 천도복숭아는 반으로 잘라 씨를 제거한 뒤 너무 두껍지 않게 길쭉하게 썰어 큰 볼에 담는다. 자두도 같은 방법으로 썰어서 넣고, 포도와 민트도 함께 넣는다.
2. 작은 볼에 라임 즙, 메이플 시럽, 석류 시럽, 붉은 고추 플레이크를 넣고 잘 섞는다.
3. 작은 스킬릿이나 프라이팬에 펜넬 씨를 넣고 중강불에서 기름 없이 30~45초간 볶는다.
4. 씨앗이 갈색을 띠면서 진한 향이 올라오면 불에서 얼른 내려 절구에 넣고 거칠게 빻아 후추, 칼라 나마크와 함께 과일에 뿌린다. 과일이 뭉개지지 않도록 실리콘 주걱으로 살살 젓거나 폴딩한다. 맛을 보고, 칼라 나마크가 부족하면 더 넣는다.
5. 볼의 뚜껑을 덮어 30분 이상 냉장 보관했다가 상에 낸다.

4장

달콤한 단맛

'슈거, 버터, 플라워'라는 곳에서 페이스트리 셰프로 일할 당시, 나의 주요 업무는 다양한 페이스트리와 케이크의 데코레이션을 준비하고 케이크에 바를 프로스팅frosting을 대량으로 만들어놓는 것이었다. 작업장에는 다양한 종류의 설탕이 서로 섞이지 않게 개별 통에 담긴 채로 잘 분류되어 있었는데, 어느 날 뚜껑이 뒤바뀌었는지 하필이면 슈거 파우더 대신 전분을 잔뜩 넣은 프로스팅을 만든 적이 있다. 여러분도 상상이 되겠지만, 그날 만든 프로스팅은 아무 맛도 없는 분필처럼 퍽퍽한 실패작이어서 어쩔 수 없이 전량 폐기하고 처음부터 다시 시작해야 했다. 인간에게 탄수화물은 주요 에너지원이고, 설탕의 단맛은 우리에게 신진 대사에 필요한 에너지 공급원이 될 음식을 식별하는 척도로 진화했다. 설탕은 빵과 케이크 같은 베이킹 요리의 질감을, 그리고 식초와 같은 산, 와인을 비롯한 술, 빵이나 요거트의 발효를 책임지는 박테리아와 이스트의 에너지원이다.

단맛의 달콤한 풍미

잘 익은 자두를 한입 베어 먹을 때, 혹은 아이스크림을 핥아 먹거나 꿀을 한 수저 퍼 먹을 때, 우리는 달콤함을 느낀다. 이런 음식에 들어간 당 때문에 단맛을 느끼는 것이지만(331쪽 '탄수화물과 당' 참조), 일부 단백질과 기타 물질(333쪽 '아미노산, 펩타이드, 단백질')도 이런 맛을 낼 수 있다. 우리가 달콤한 음식이나 음료를 먹거나 마시면 당 분자가 침에 녹아 미각 수용기로 바로 이동한다. 전분과 같은 복합 탄수화물은 아밀레이스 효소에 의해 포도당 같은 단당류로 분해되어야 단맛을 느낄 수 있다(이 정도로 아주 미세한 단맛을 경험하려면 약 30분 정도 아무것도 먹지도 마시지도 않다가 혀에 작은 빵 조각을 올려보라. 은은한 단맛을 느낄 수 있을 것이다). 이렇게 단맛 나는 재료들은 이동하면서 단맛 수용기들(T1R2와 T1R3; T=맛taste, R=수용기receptor)에 다양한 강도로 결합되는데, 이렇게 결합된 수용기 정보는 신호 형태로 뇌에 전달되어 우리에게 음식이 단지 어떤지, 그리고 얼마나 단지를 알려준다.

단맛을 가늠하는 방법

다양한 재료가 지닌 단맛이 각각 어느 정도인지 가늠해볼 수 있는 단맛 척도를 만들기 위해 백설탕(자당)을 기준으로 여러 가지 당 종류를 비교했다. 재료의 단맛이 적을수록 수치는 낮아진다. 설탕 대신 쓰는 대부분의 감미료는, 스테비아stevia 같은 자연 성분이든 무열량 감미료인 수크랄로스sucralose든 대체로 백설탕보다 상당히 달게 느껴진다.

아래 표에 있는 당 종류는 고체 혹은 액체 상태로 구입 가능한데, 케이크나 아이스크림에 들어갔을 때 각각 다르게 반응할 수 있다. 한편 젖당, 꿀, 메이플 시럽, 당밀과 아가베는 특유의 향과 맛이 있어서 음식의 맛에 영향을 미칠 수 있는 당 종류다.

정제 설탕은 맛은 달아도 특유의 향은 없다.

설탕	% 단맛*
전분	0
셀룰로오스	0
락토오스(젖당)	20
말토오스(엿당)	30
갈락토스	35
메이플 시럽	60
포도당	70
당밀	70
꿀	97
수크로스/자당(테이블 슈거, 일반적인 정제 백설탕)	100
액상 과당, 콘 시럽	120
아가베	140
프럭토스(과당)	170
아스파탐(Aspartame)	180
스테비아	250
사카린	300
수크랄로스(스플렌다Splenda)	600

* 수크랄로스와 비교한 수치

단맛의 달콤한 풍미를 올려주는 부스터

감미료로 사용되는 액체 당과 고체 당은 여러 종류가 있다. 백설탕은 단맛 외의 다른 풍미는 없지만 중립적인 맛 때문에 레시피에 들어가는 다른 풍미들을 살리는 조연 역할을 잘한다. 특히 베이킹을 할 때 일정한 맛을 보장하는 미덕이 있어서 요리하는 사람들이 많이 찾는 설탕이다. 172~173쪽의 도표는 용도에 맞는 당 활용을 위해 다양한 당 종류와 각각의 효과를 소개한다.

탄수화물 성분이 아닌 감미료와 설탕 대체재

아미노산과 단백질 중에는 달게 느껴지는 종류가 있다. 몇 년 전, 내 친구 제시카가 소개한 미러큘린miraculin은 미러클베리에서 추출한 단백질 성분인데, 이것을 음식에 넣었을 때 맛이 달라지는 것을 경험하며 감탄한 적이 있다. 미러큘린은 식초나 라임과 같은 재료의 신맛을 단맛으로 바꾸는 기능이 있다. 직접 실험해보고 싶다면, 이 열매를 씹었다가 멈춰서 잠시 기다린 다음, 레몬 조각을 입에 물면 새콤한 맛보다 단맛을 느낄 수 있을 것이다.
시중에 설탕 대신 쓸 수 있는 감미료가 몇 가지 나와 있다. 스테비아처럼 식물성도 있고, 아스파탐처럼 연구실에서 인공으로 만들어낸 종류도 있다. 이런 감미료는 칼로리가 거의 없고, 일반 설탕처럼 몸 안에서 대사 과정을 거치지 않지만, 베이킹에는 적합하지 않다.

이 같은 설탕 대체용 감미료는 설탕과는 화학적으로 달라서 케이크를 부풀게 하거나 부드럽게 만드는 기능이 없어서 설탕을 넣는 케이크나 쿠키에서 사람들이 보통 기대하는 식감을 내지는 못한다. 감미료 중에서 사카린과 수크랄로스가 열에 가장 안정적으로 반응하는 종류다. 설탕 대체용으로 쓰는 대부분의 감미료는 높은 베이킹 온도에서 불안정한 반응을 보이며 결과에도 영향을 미친다. 더구나 이런 대체 감미료는 일반 백설탕보다 몇 배는 강한 단맛을 내므로 용량에 특별히 신경 써야 하며, 완성된 요리의 맛에도 영향을 미치는, 튀는 뒷맛이 있다. 이런 감미료는 당이 아니므로 설탕처럼 새로운 풍미와 색을 내는 캐러멜화나 마야르 반응도 일어나지 않아, 설탕이 들어간 케이크처럼 예쁜 갈색을 기대하기 어렵다.

우리가 먹는 음식 속에 존재하는 다른 당 종류

정도 차이는 있지만, 대부분의 과일은 단맛을 가지고 있다. 과일이 익으면 과일 세포에 저장된 전분 일부가 포도당이나 과당처럼 단맛을 내는 당으로 전환된다. 채소는 적당한 양의 포도당과 과당(0.3~4%), 자당(0.1~12%)을 가지고 있고, 소나 염소 등의 동물 젖은 동물 종류와 품종에 따라 4~6% 정도의 젖당을 가지고 있다(우유는 약 4.8% 정도이며 역시 품종에 따라 조금씩 차이는 있다).

단맛으로 풍미를 끌어올리는 요긴한 방법

+ 달콤한 빵이나 디저트에 들어가는 과일을 석쇠 직화 구이, 그릴팬 구이, 혹은 재료 위쪽에서 불로 굽는 브로일 방식으로 조리할 때 재거리나 머스코바도(muscovado)처럼 색이 짙은 갈색 원당을 뿌려보라. 팬 바닥에 설탕에 버무린 과일을 깔고 그 위에 케이크 반죽을 부어서 구운 다음, 케이크가 완전히 식으면 접시에 뒤집어 올려놓고 캐러멜화된 설탕과 과일이 위로 오게 하는 업사이드 다운 케이크(upside down cake)에도 이런 종류의 설탕을 쓰면 좋다.

+ 음료나 칵테일을 상에 낼 때 유리잔 언저리를 시트러스 계열 과즙(과일 종류에 따라 음료의 풍미를 확 살게 할 수 있다)을 바른 다음, 거꾸로 들어 원당과 소금 플레이크(또는 천일염)를 살짝 섞은 조합에 가볍게 찍어보라.

+ 캐러멜을 만들 때 일반 설탕 대신 재거리, 황설탕, 혹은 짙은 갈색 원당을 쓰면 더 흥미로운 맛을 낼 수 있다. 다만, 이렇게 짙은 색의 설탕은 캐러멜화할 때 좀 더 주의를 기울여야 한다. 온도가 더 빨리 올라가는 경향이 있어서 일반 설탕보다 캐러멜 색이 빨리 나오기 때문이다.

+ 다양한 향신료를 메이플 시럽이나 꿀에 우려내거나 함께 활용할 수 있다. 흑후추, 시나몬, 코리앤더, 펜넬, 그린 카다멈이 그렇고, 그 밖에 잘 어울리는 향기 재료로 오렌지 블라썸(오렌지나무 꽃), 라벤더, 판단(pandan, 동남아시아의 열대 식물), 강황 잎이 있다.

+ 말린 향신료를 사용할 때는 짓이긴 뒤에 30~45초간 기름 두르지 않은 팬에서 살살 볶아 시럽에 넣어보라. 꽃이나 식물의 잎사귀로 향을 내려면 따뜻하게 데운 액체 상태의 감미료에 몇 시간 우리면 된다.

+ 향기 좋은 설탕을 만들어보라. 설탕에 시트러스 계열의 과일 껍질이나 마크루트 라임(타이 카피르 라임) 잎, 커리 잎, 또는 바닐라빈이나 그린 카다멈 등의 향신료를 빻거나 분쇄해서 설탕과 함께 넣으면 된다. 이렇게 향을 입힌 설탕은 밀폐 용기에 담아놓으면 유통 기한 없이 언제든 사용할 수 있고, 달콤한 간식이나 음료 가니시용으로 쓰면 좋다.

요리할 때 단맛을 맛있게 활용하는 방법

+ 잔뜩 쌓아 올린 팬케이크 위에 솔솔 뿌린 메이플 시럽이나 꿀, 혹은 팬케이크용 시럽은 누구나 환영하는 맛있는 질감의 조합이다.

+ 브로일링하거나 오븐에서 로스팅한 과일 위에 곱게 분쇄한 재거리 혹은 파넬라(panela, 중남미의 비정제 사탕수수 원당.—옮긴이)를 가니시로 뿌려 아삭한 식감과 달콤함을 더해보라.

+ 구운 번에 골든 시럽이나 꿀 혹은 메이플 시럽을 발라 달콤하고 맛깔스럽게 윤이 나는 글레이즈를 입혀보라.

+ 슈거 파우더와 달콤한 프로스팅으로 케이크를 단장하면 맛있을 뿐만 아니라, 다양한 시각적 디테일과 서로 대비되는 시각 효과, 흥미로운 질감을 낼 수 있다.

+ 굵어서 잘 녹지 않는 설탕이 들어간 바삭한 진저 스냅 생강 쿠키(또는 '버번 쿠키'라 부르는 어릴 적 내가 제일 좋아했던 초콜릿 샌드 쿠키)는 설탕의 굵은 결정이 아삭해서 쿠키와 대비되는 재미있는 식감을 낸다.

베이킹할 때 당은 단맛 외에도 다음 몇 가지 다른 중요한 역할을 담당한다.

+ 이스트와 박테리아로 발효시키는 빵을 만들 때, 당은 미생물이 빵의 포실포실한 질감을 만들어내는 이산화탄소와 산을 발생할 수 있도록 에너지를 제공한다.

+ 당은 음식의 캐러멜화와 마야르 반응에 관여하며, 황갈색 색감과 우리가 맡고 맛보는 다양한 풍미 분자가 생길 수 있게 돕는다.

+ 당은 수분을 끌어당기고 결합하게 하는 습윤제 성질이 있어서 음식이 마르거나 묵은 식감이 생기는 것을 막아준다.

+ 당은 기포가 유지되도록 돕는 기능이 있어서 케이크와 빵을 부풀게 하는 데 중요한 역할을 한다.

+ 밀가루에 당이 들어가면, 케이크나 페이스트리의 식감을 질기게 만들고 먹기 어렵게 하는 글루텐의 생성을 방해한다.

+ 마세레이션: 당은 소금처럼 수분을 끌어당기는 성질이 있다. 껍질이 얇은 베리 종류, 혹은 사과처럼 껍질이 좀 더 두꺼운 과일을 썰어서 그 위에 설탕을 뿌리면 과일 세포에 있던 수분이 밖으로 나오면서 과일 특유의 향과 맛 분자도 같이 끌려 나온다. 그러면 수분이 빠져나간 세포는 부드러워지고, 배출된 과즙은 맛있는 과일 시럽이 된다. 와인, 리큐르, 식초, 향신료 섞은 단물처럼 맛과 풍미를 들인 액체 종류를 가지고도 과일 마서레이션을 할 수 있다. '절인 천도복숭아'나 '스파이스 과일 샐러드'는 이렇게 만든 레시피다. '히비스커스 청량 음료'에 들어가는 생강 우린 시럽처럼, 재료의 풍미 분자를 더 빨리 끌어내기 위해 열을 가하는 경우도 있다.

+ 디저트에 들어간 감미료의 단맛은 따뜻한 온도에서 더 강하게 느껴지지만, 소르베나 아이스크림처럼 낮은 온도에서는 단맛이 덜 느껴진다.

+ 페이스트리 셰프나 사탕 장인은 열에 당이 어떻게 반응하는지를 잘 알기 때문에 설탕을 포함한 당 종류로 여러 가지 맛있고 재미있는 과자를 만든다. 설탕 포화 용액(특정한 온도에서 일정한 용량의 물에 설탕을 넣어 만든 설탕물로, 이 용액에서는 설탕이 더는 녹지 않는다)을 가열하면 당 분자의 물리적 성질에 변화가 일어난다. 온도를 어떻게 조절하느냐에 따라 '페퍼민트 마시멜로' 같은 소프트 캔디도 만들 수 있고, 막대사탕 같은 하드 캔디를 만들 수도 있다. 당은 열을 가하면 결정화하는 경향이 있는데, 이를 막기 위해 셰프들은 크림 오브 타르타르나 레몬 즙 같은 산을 쓴다든지, 콘 시럽 같은 자당을 가수 분해한 전화당을 쓴다.

+ 요리에 들어가는 감미료의 적정량을 알아두면 과하게 써서 음식 맛을 해친다거나 다른 재료의 풍미를 압도하는 실수를 막을 수 있다.

+ 당은 산을 더 먹기 좋게 만들어준다. 설탕을 넣은 레몬 커드나 라임에이드의 신맛은 설탕 덕분에 부드러워진다.

+ 당은 쓴맛을 숨기는 역할을 한다. 커피에 당을 섞으면 바로 쓴맛 분자와 반응하면서 쌉싸름함을 눌러준다. 생 양배추 같은 배추속 식물의 쓴맛도 당을 쓰면 역시 줄어든다. 양파를 낮은 온도에서 장시간 익히거나 달콤한 과자에 쓸 캐러멜을 만들 때처럼 당을 가열하면 캐러멜화로 쓴맛과 단맛 분자가 새로 생성되어 우리가 자주 찾는 맛있는 풍미가 생겨난다.

+ 약간의 당은 음식의 감칠맛을 끌어올리기도 하는데, 경험상 감칠맛을 낼 때는 설탕을 포함한 당 종류보다 소금이 더 효과적이다.

+ 때로 어떤 레시피에서는 고추처럼 매운 재료가 들어간 요리의 매운맛을 누를 때 설탕을 약간 쓰라고 한다. 많은 고아 요리(그리고 타이의 커리)에서 야자나무 재거리로 매운맛을 누르는 방법을 쓴다.

+ 사오싱주(紹興酒)나 미림처럼 달콤한 맛이 나는 요리술은 고기 조림이나 찜, 볶음의 진한 육향의 풍미를 더 끌어올린다. 이런 요리술에 들어 있는 당에 열을 가하면 캐러멜화나 마야르 반응을 일으켜 풍미에 영향을 미친다.

+ 당밀, 재거리, 원당, 황설탕처럼 진하고 투박한 풍미를 지닌 감미료는 더 깊고 다양한 풍미를 낼 수 있어서 바비큐 소스나 오븐에서 오래 굽는 고기 요리에 잘 어울린다.

요리에 자주 쓰이는 자연 성분의 단맛 부스터

감미료 종류	색과 질감	향과 맛	설명	용도	참고 사항
재거리/구르Gur	연한 톤에서 짙은 갈색까지 다양하고, 야자나무로 만든 것은 당밀처럼 흑갈색을 띤다. 밀폐 용기에 담아 건조하고 어두운 곳에 보관하지 않으면 공기 중의 수분을 금세 흡수해버리니 수의해야 한다.	설탕보다 단맛이 적고 살짝 짠맛이 도는 광물성 맛이다. 팜 슈거로 만든 재거리는 캐러멜 맛이 살짝 돌면서 사탕수수 재거리와는 완전히 다른 맛이 난다.	사탕수수 즙이나 발효가 안 된 야자나무(코코넛) 수액을 커다란 냄비에 넣고 끓여서 만드는 비정제 원당이다.	인도 요리에 자주 쓰이는 감미료. 디저트나 빵 만들 때 마무리용으로 쓰거나 베이킹이나 아이스크림 레시피에도 활용된다. 황설탕이 들어가는 대부분의 요리에 황설탕 대용으로 활용할 수 있다.	분말 형태가 사용이 더 편리하다. 덩어리로 된 재거리는 칼로 자르고 다져서 밀폐 용기나 비닐봉지에 보관하면 된다. 너무 딱딱한 경우, 덩어리를 강판에 갈거나 무거운 도구로 두드려서 잘게 조각 내야 한다.
파넬라	단단한 고체형 설탕. 블란코(blanco)라는 연한 색과 오스쿠로(oscuro)라는 짙은 색, 두 종류가 있다.	맛은 당밀과 비슷한데, 오스쿠로는 풍미가 좀 더 강하다.	사탕수수 즙을 농축해서 만드는 비정제 설탕.	중남미 요리에 쓰는 감미료. 나라와 언어에 따라 다른 이름으로 불린다(필론시요(piloncillo)/찬카카(chancaca)/라파두라(rapadura)). 재거리보다 더 단단하고 주로 고깔 모양 덩어리로 판매된다.	황설탕 대용으로 쓴다. 쓰기 전에 강판에 갈거나 톱니가 있는 칼로 잘라야 한다. 너무 단단해서 자르기 힘들면 전자레인지에 몇 초간 돌리면 부드러워진다.
황설탕	갈색 설탕 결정. 연한 색과 짙은 색 두 가지가 있다.	당밀과 비슷한 독특한 맛이 있다. 짙은 갈색 종류는 더 진한 당밀 맛이 난다.	당밀을 설탕과 혼합해서 만드는 정제 설탕이다.		수분을 쉽게 흡수하므로 잘 말린 용기에 보관해야 한다. 단맛 요리와 감칠맛 요리에 쓸 수 있다.
원당	사탕수수에서 불순물이나 수숫대 등의 부산물을 깨끗하게 제거하고 다양한 형태로 가공해 판매하는 설탕. 백설탕에 당밀을 넣은 데메라라(Demerara), 고운 알갱이가 있고 촉촉하면서 짙은 색인 바베이도스(Barbados)/머스코바도(Muscovado)/, 연갈색 결정을 가진 터비나도(Turbinado), 작은 갈색의 거친 결정으로 되어 있고, 브랜드의 이름이기도 한 수카낫(Sucanat)가 있다.	데메라라: 설탕 버터를 졸인 토피와 비슷한 맛. 바베이도스/머스코바도: 깊고 진한 당밀 맛. 터비나도: 연한 캐러멜 풍미 수카낫: 강렬하고 스모키한 당밀 맛.	사탕수수 즙을 가공하면서 발생하는 잔여물의 정제 과정에서 여러 등급으로 나뉜다.		머스코바도는 재거리 대용으로 쓸 수 있을 정도로 비슷한 풍미를 가지고 있다. 수카낫은 액체에 빨리 녹지 않아서 쓰기 전에 가루 형태로 갈아야 할 때도 있다.
백설탕	순백색이고, 큰 알갱이에서 고운 가루까지 다양한 크기의 결정 형태로 구입할 수 있다.	향 없이 순수한 단맛만 난다.	사탕수수 또는 사탕무를 가공해서 만드는 정제 설탕.		아주 고운 입자의 설탕 종류는 빨리 녹아서 베이킹이나 디저트 레시피에 적합하다. 나는 이 종류의 설탕을 거의 모든 디저트 레시피에 쓴다. 단맛 요리와 감칠맛 요리에도 쓸 수 있다.
가루 설탕, 슈거 파우더, 열 번 분쇄해 가공한 설탕, 아이싱용 설탕	아주 고운 입자로 된 하얀 가루.	단맛 외에는 특별한 향이나 맛이 없다.	정제한 백설탕을 곱게 빻은 뒤, 수분으로 뭉치지 않도록 소량의 전분을 혼합한 설탕.		디저트의 가니시용으로 체로 내려서 쓰는데, 수분을 빨리 흡수해 찐득찐득해질 수 있으니 상에 내기 직전에 뿌리는 것이 좋다. 이런 종류의 설탕은 빨리 녹고, 소량의 전분이 들어 있어서 소스의 농도를 재빨리 걸쭉하게 만들 때 쓰기도 한다. 함유한 전분과 고운 입자 때문에 쿠키나 케이크 만들 때 모양과 질감에 영향을 미칠 수 있다.

감미료 종류	색과 질감	향과 맛	설명	용도	참고 사항
골든 시럽, 라이트 트리클	걸쭉하고 연한 황색 액체.	도드라진 버터 맛.	설탕(사탕수수)으로 만들었지만 전화당 종류다.	영국 요리, 특히 베이킹에 자주 쓰인다.	디저트용 감미료로 쓰기도 하고 구운 빵 위에 솔로 바르는 용도로도 쓴다.
당밀, 블랙 트리클(영국)	걸쭉하고 끈적끈적한 짙은 갈색 액체.	사탕수수 당밀: 가공 과정에서 가장 먼저 나오는 당밀/A등급/케인 시럽/라이트 당밀/바베이도스산이 가장 단맛이 강하다. 2차 당밀/B등급/흑당밀은 약간 쓴맛이 있다. 3차 당밀/C등급/블랙스트랩 당밀은 당 함량이 적어서 단맛이 적고 쓴맛이 도드라진다. 유황 처리한 당밀은 사탕수수에 이산화황 연기를 입혀 독특한 화학적 풍미가 있다. 요리할 때는 꼭 유황 처리하지 않은 당밀을 써야 한다. 가장 하위 등급인 사탕무 당밀은 먹기 어려운 맛이라 가축 사료용으로 쓰인다.	사탕수수 또는 사탕무 가공 과정에서 만들어지는 비정제 감미료.	북아메리카와 유럽권 요리에 많이 쓰이며, 단맛과 감칠맛 요리에도 모두 쓰인다.	감칠맛 요리와 단맛 요리 모두 라이트 당밀, 다크 당밀 또는 블랙 트리클을 쓰는 것이 좋다. 레시피에서 구체적으로 언급하지 않는 이상 블랙스트랩 당밀은 쓰지 않는 것이 좋다. 쓴맛이 강할 뿐만 아니라 당 함량이 상당히 낮아 이런 종류의 당밀을 쓰면 원치 않는 질감과 풍미가 나올 수 있다.
꿀	주로 걸쭉한 액체 형태로 판매된다. 파우더 꿀은 꿀을 고체 상태로 건조해 고운 가루로 분쇄해서 만든 종류다. 생꿀은 살균하지 않은 꿀을 말한다.	어디서 채집했는가에 따라 향과 맛이 달라진다. 오렌지꽃, 클로버('토끼풀'), 마누카에서도 채집된다.	꿀은 꿀벌이 꽃에서 채집하는 화밀로 만들어진다.		단맛 요리와 감칠맛 요리에 쓸 수 있다.
메이플 시럽	주로 액체 형태로 판매된다. 메이플 시럽의 파우더는 시럽의 수분을 날리는 건조 과정을 거쳐서 만든다. A등급은 색에 따라 다음 네 종류로 분류된다. 황금색인 라이트 앰버, 미디움 앰버, 다크 앰버, 베리 다크.	A등급 메이플 시럽 종류 -라이트 앰버: 섬세한 맛 -미디엄 앰버: 풍부한 맛 -다크 앰버: 굵직하게 강한 맛 -베리 다크: 아주 강렬한 맛	북아메리카에서 단풍나무 수액을 채집해 만드는 비정제 액체.		단맛 요리와 감칠맛 요리에 쓸 수 있다.
콘 시럽	액체 상태로 판매되고, 다음 세 가지 등급으로 분류된다. 라이트, 다크(캐러멜 색소가 첨가된다), 고과당 콘 시럽.	라이트 콘 시럽은 바닐라 풍미가, 다크 시럽은 캐러멜 풍미가 첨가된다.	전분 가공 과정에서 나온다.		베이킹과 감칠맛 요리에 쓰인다. 당의 결정화를 막아주어 아이스크림을 만들 때 필요한 재료다.
대추야자 시럽	주로 끈적끈적한 액체 상태로 판매되고, 짙은 캐러멜 색을 띤다.	고소하면서 상큼한 과일 풍미가 나고 당밀과 비슷한 연한 신맛이 있다.	대추야자를 끓는 물에 졸여서 당을 추출한 다음, 농축시킨 비정제 감미료.	페르시아, 중동, 북아프리카 요리에 쓰인다.	단맛 요리와 감칠맛 요리에 쓸 수 있다.
페크메즈Pekmez	주로 걸쭉한 액체 상태로 판매된다.	상큼한 과일 풍미와 당밀 비슷한 맛이 나는데, 어떤 과일로 만들었느냐에 따라 풍미가 조금씩 다르다.	당분이 풍부한 포도, 무화과, 오디, 대추야자를 농축해서 만든다.	튀르키예, 아제르바이잔, 그리스 요리에 쓰인다.	단맛 요리와 감칠맛 요리에 쓸 수 있다.
몰트(맥아) 시럽과 에센스	걸쭉하고 찐득찐득한 갈색 액체.	맥아 또는 엿기름과 비슷한 향이 있다.	보리와 같은 통곡물을 발아해서 만드는 비정제 감미료.	인류가 가장 일찍부터 사용하기 시작한 감미료 가운데 하나.	베이킹, 단맛 요리, 감칠맛 요리에 쓸 수 있다.

LYLE'S GOLDEN
SUGAR REFINERS
CANE SUGAR SYRUP
NET WT. 11 fl.oz. (325ml)

메이플-크렘 프레슈 드레싱을 올린 고구마 오븐 구이

Baked Sweet Potatoes with Maple Crème Fraîche

누구나 항상 부엌에 두고 쓰는 식재료가 있을 것이다. 내 경우에는 케피르와 크렘 프레슈가 그렇다. 오븐에서 고구마를 좀 더 맛있게 굽는 방법을 시험하다가, 여기에 소개하는 레시피처럼 고구마를 찐 뒤에 구우면 식감도 좋아지고 새로운 향 분자가 생긴다는 것을 알게 됐다. 먼저 고구마를 쪄서 반 정도 익히면 수분이 빠져나가지 않는다. 그러고 나서 찐 고구마를 오븐에서 구우면 투박하고 강한 풍미가 만들어진다. 될 수 있으면 향이 있는 견과를 쓰는 것이 좋고, 땅콩 대신 헤이즐넛을 살짝 볶아서 넣어도 좋다.

재료(4인분 기준)

고구마

고구마 4개(각 200g) (속이 주황색인 품종 추천)

무염 버터 2큰술, 실온에 둔 것

고운 천일염

드레싱

크렘 프레슈 또는 사워 크림 1/2컵(120g)

메이플 시럽 또는 꿀 1큰술

갓 짠 라임 즙 1큰술

피시 소스 2작은술(생략 가능)

흑후추 가루 1/2작은술

고운 천일염

가니시

파 2큰술, 흰 몸통과 녹색 잎 모두 얇게 썰어서

볶은 땅콩 2큰술

붉은 고추 플레이크 1작은술(알레포, 마라슈, 우르파 추천)

라임 제스트 1/2작은술

풍미 내는 방법

버터는 발연점이 높은 편이어서 이 요리에 아주 적합한 지방이다. 버터가 녹으면서 버터를 구성하는 지방, 수분, 당, 유고형분으로 분리되고 캐러멜화와 마야르 반응이 일어난다.

여러 가지 당 종류가 조리 과정에서 수분 증발로 농축된다.

피시 소스는 드레싱에 감칠맛을 하나 더 얹는 역할을 한다. 비건 피시 소스를 써도 된다.

땅콩과 파는 감자와 드레싱의 부드러움과 대비되는 아삭한 식감을 낸다.

1. 오븐을 204℃로 예열한다.
2. 고구마를 흐르는 물에 잘 씻은 다음, 길게 반으로 잘라 자른 면이 위로 오게 로스팅팬에 담아, 솔로 녹인 버터를 바른 뒤 소금을 뿌린다. 이어서 김이 새지 않게 알루미늄 포일로 고구마를 담은 로스팅팬을 잘 감싸서 20분간 찌듯이 굽는다.
3. 이번에는 포일을 벗기고 고구마를 뒤집어서 20분간 더 굽는다. 칼로 가운데를 찔러봤을 때 부드럽게 푹 들어갈 정도로 충분히 익으면 오븐에서 꺼내 실온에 5분간 둔다.
4. 드레싱을 만들려면, 작은 볼에 크렘 프레슈, 메이플 시럽, 라임 즙, 후추 그리고 기호에 따라 피시 소스를 넣고 잘 섞어서 소금으로 간을 한다.
5. 아직 따뜻한 고구마 위에 메이플 시럽과 크렘 프레슈 드레싱을 몇 큰술 뿌린 다음, 파, 땅콩, 붉은 고추 플레이크, 라임 제스트를 뿌려서 완성한다. 필요하면 더 뿌리거나 찍어 먹을 수 있도록 드레싱을 따로 그릇에 담아 함께 상에 낸다.

바삭한 당근 튀김과 마늘-민트 타히니 소스

Crispy Carrots with Garlic + Mint Tahini

구할 수 있다면 다양한 색상의 당근을 사용해보라. 반짝거리는 아삭한 크러스트 사이로 살짝 모습을 드러내는 다양한 예쁜 색상이 이 요리의 매력이다. 마늘을 좋아해서 마늘의 풍미를 한껏 느끼고 싶다면 주저하지 말고 더 넣어라. 또 레시피에는 당근에 밥가루를 입히라고 소개했으나 빵가루를 써도 상관없다. 암추르와 칼라 나마크는 온라인에서 구입할 수 있다. 이 당근 요리는 '허브 요거트 드레싱'(252쪽 참조)과도 아주 잘 어울린다.

재료(4인분 기준)

마늘-민트 타히니 소스

타히니 1/4컵(55g)

끓는 물 1/4컵(60ml)

갓 짠 레몬 즙 2큰술

마늘 1쪽, 다져서

페퍼민트 가루 1작은술

카옌고추 가루 1/4작은술

고운 천일염

구운 당근

달걀(대) 2개

흑후추 가루 2작은술

카옌고추 가루 1/2작은술

고운 천일염

밥가루 200g(310쪽 참조)

엑스트라 버진 올리브유 1/2컵(120ml)

당근 455g, 길게 반으로 잘라서

암추르 1큰술

칼라 나마크 1작은술

풍미 내는 방법

당근 본래의 단맛이 이 레시피의 최대 장점이지만, 소리와 질감이 주는 만족감도 꽤 크다. 당근을 감싼 가루가 뜨거운 기름을 만났을 때 지글지글 튀겨지는 소리, 요리에서 빠져나오는 김을 타고 퍼지는 맛있는 향기, 그리고 바삭한 밥가루의 '아삭' 하는 효과음과 식감까지.

페퍼민트나 스피아민트처럼 다양한 종류의 민트를 써도 되지만, 나는 좀 더 강한 풍미의 향 물질(멘솔, 멘톤, 멘틸 아세테이트, 1, 8-시네올)이 들어 있는 페퍼민트를 더 선호한다. 더 연한 풍미를 원할 때는 스피아민트를 사용하라.

칼라 나마크는 재료 본연의 독특한 풍미와 짠맛을 충분히 활용하기 위해 요리 마무리용으로 쓴다.

1. 마늘-민트 타히니를 만들려면, 작은 볼에 타히니, 끓는 물, 레몬 즙, 마늘, 페퍼민트, 카옌고추 가루를 넣고 걸쭉한 소스가 될 때까지 잘 섞은 뒤 맛을 보고 소금으로 간을 조절한다. 이 소스는 하루 전날 만들어서 밀폐 용기에 담아 냉장 보관하면 좋다.

2. 당근을 요리하려면, 먼저 넓적한 베이킹팬에 신문이나 키친타올을 깔고 그 위에 와이어 랙을 얹는다.

3. 당근이 충분히 들어갈 수 있는 크기에 속이 그리 깊지 않은 접시나 큰 볼을 2개 준비한다. 하나에는 달걀, 후추, 카옌고추 가루, 소금을 넣고 잘 섞고, 다른 접시에는 소금으로 간을 한 밥가루를 담아 골고루 편다.

4. 중간 크기 소스팬에 기름을 넣고 중강불에서 177℃로 달군다.

5. 당근을 양념된 달걀물에 넣어 굴린다. 가루가 얇게 입혀지도록 달걀물 일부를 털어낸 뒤, 밥가루로 옮겨 조심스럽게 눌러 가며 가루를 입히고, 뭉친 가루가 떨어지도록 당근을 살살 흔든다.

6. 자작하게 부어놓은 기름에서 당근을 3~4분간 뒤집어가며 튀긴다.

7. 당근이 황갈색을 띠고 속까지 잘 익으면 뜰채로 건져 와이어 랙으로 옮겨서 기름이 빠지게 올려둔다. 당근이 아직 뜨거울 때 접시에 담고, 암추르와 칼라 나마크를 뿌린다. 상에 낼 때 마늘-민트 타히니는 따로 그릇에 담아 당근과 함께 낸다.

꿀과 강황을 넣은 파인애플과 치킨 케밥

Honey + Turmeric Chicken Kebabs with Pineapple

케밥은 언제나 나를 매료시키는 요리다. 뜨거운 숯불이나 인도식 화덕인 탄두르 위에서 강렬한 자태로 회전하며 익는 모습을 볼 때마다 눈을 뗄 수가 없다. 케밥이 얼마나 익었는지 판단하려면 경험, 직관, 향과 질감, 이 모두가 동원되어야 한다. 꼬챙이에 같이 끼우는 과일과 채소는 두 가지 역할을 한다. 첫째, 풍미와 색을 풍요롭게 해주고, 둘째, 고기 조각이 익는 동안 움직이지 않게 양 옆에서 잘 고정해준다. 케밥을 상에 낼 때 민트 처트니(322쪽)나 민트 파라타(297쪽)를 곁들이면 좋다.

재료(4~6인분 기준)

마리네이드

갓 짠 라임 즙 1/4컵(60ml)

엑스트라 버진 올리브유 1/4컵(60ml)

마늘 8쪽, 갈아서

꿀 2큰술

흑후추 가루 2작은술

코리앤더 가루 2작은술

붉은 고추 가루 2작은술

강황 가루 2작은술

고운 천일염 2작은술

케밥

껍질을 벗기고 뼈를 바른 닭가슴살 680g, 가로세로 2.5cm로 깍둑썰기 해서

잘 익은 파인애플 455g

적양파(대) 1개(300g)

피망(중) 1개(200g)

붉은색 파프리카(중) 1개(200g)

노란색 파프리카(중) 1개(200g)

엑스트라 버진 올리브유 4큰술(60ml)

흑후추 가루 1/2작은술

고운 천일염

가니시

고수 잎 2큰술

라임 1개, 4등분이나 6등분해서

풍미 내는 방법

꿀과 파인애플은 이 요리의 따뜻한 풍미에 대비되는 달콤한 조화를 이루는 재료다.

파인애플과 닭고기는 꼬챙이에 끼우기 전까지 따로 보관해야 한다. 파인애플의 브로멜라인bromelain 효소가 단백질 분자를 더 작은 펩타이드로 조각 내는 단백질 가수 분해를 일으키기 때문이다. 따라서 마리네이드에 파인애플과 닭고기를 같이 넣으면 닭고기의 식감에 영향을 미칠 뿐 아니라 조리한 닭고기의 겉이 지저분해진다. 브로멜라인 효소는 가열하면 단백질 분해 능력을 상실한다.

1. 작은 볼에 라임 즙, 올리브유, 마늘, 꿀, 흑후추, 코리앤더 가루, 붉은 고추 가루, 강황 가루, 소금을 넣고 잘 섞는다.
2. 케밥을 만들려면, 먼저 키친타올로 닭고기를 살살 두드려서 물기를 제거해 지퍼백에 담고 마리네이드를 부어 잘 밀봉한 뒤, 마리네이드가 닭고기에 골고루 묻도록 잘 흔들어준다.
3. 지퍼백에 담은 닭고기를 냉장고에 넣어 최소한 4시간 동안 재운다. 될 수 있으면 하룻밤 두는 것이 좋다. 닭고기는 굽기 전에 냉장고에서 꺼내 실온에 15분 정도 두어 찬 기운을 조금 뺀다.
4. 파인애플, 양파, 파프리카, 피망을 닭고기 크기로 잘라 큰 볼에 담고, 올리브유 2큰술과 후추, 소금을 넣은 뒤 양념이 채소에 골고루 묻도록 볼째 손의 스냅을 이용해 몇 차례 위로 던졌다 받기를 반복한다.
5. 꼬챙이에 색 배합을 고려해 양파, 피망, 파프리카, 파인애플, 닭고기를 꽂고, 남은 마리네이드는 케밥 위에 끼얹는다.
6. 중불 위에 석쇠나 그릴팬을 올리고 기름칠을 한다. 팬이 충분히 뜨거워지면 케밥을 올리고, 솔로 남은 마리네이드와 기름을 발라가며 약 10~12분간 굽는다. 이때 재료가 골고루 익고 간이 잘 밸 수 있도록 케밥을 돌려가며 마리네이드와 기름을 계속 발라야 한다.
7. 채소와 닭고기의 표면이 갈색을 띠고, 살짝 탄 자국이 나타나고, 요리 온도계를 닭고기에 꽂아 74℃가 표시되면 다 익은 것이다. 만일 케밥 중에 다른 것보다 익는 속도가 빠른 것이 보이면 석쇠에서 불이 잘 닿지 않는 곳으로 옮겨주고, 나머지 케밥을 마저 굽는다.
8. 완성된 케밥을 접시에 옮겨 담고, 알루미늄 포일 안쪽에 공간을 두고 덮어서 약 2~3분간 식힌다.
9. 상에 낼 때 고수로 가니시하고, 라임 조각을 곁들인다.

마살라 체더 치즈 콘브레드

Masala Cheddar Cornbread

피자 먹을 때 항상 치즈 토핑을 더 올리는 사람으로서, 이 콘브레드 레시피 역시 치즈에 대한 내 사랑이 가득 담겨 있다. 이 요리는 새콤한 맛의 체더 치즈, 입안에서 터지는 달콤한 옥수수 알갱이들, 그리고 붉은 고추 플레이크의 매콤함까지 풍미 대폭발 그 자체다.

재료(4~6인분 기준)

기 버터 또는 무염 버터 1/2컵(120ml), 녹여서, 베이킹 그릇에 바를 여분도 준비

중력분 밀가루 2컵(280g)

콘밀/옥수수 가루 2컵(280g), 중간 정도의 입자로 분쇄한 것

베이킹파우더 1큰술

코리앤더 가루 1작은술

펜넬 가루 1작은술

붉은 고추 플레이크 1~2작은술(알레포, 마라슈 추천)

강황 가루 1/2작은술

카옌고추 가루 1/4작은술

샤프 체더 치즈 1과 1/2컵(120g), 갈아서 혹은 슈레디드로

스위트 콘, 옥수수 알갱이 1컵(144g), 생 옥수수 또는 냉동 옥수수 중 선택(냉동인 경우 해동해서)

흑설탕 또는 재거리 1/4컵(50g)

꿀 1/4컵(85g)

달걀(대) 4개, 실온에 둔 것

우유 2컵(480ml), 실온에 둔 것

고운 천일염 2작은술

풍미 내는 방법

밀가루와 콘밀 반죽에 옥수수 알갱이가 들어가 달콤한 결을 더 잘 살린다.

흑설탕과 꿀은 단맛을 내기도 하지만 빵을 만들 때 그 구조가 잘 세워지도록 도와주고, 캐러멜화와 마야르 반응으로 새로운 풍미 분자를 생성한다.

기 버터나 체더 치즈 같은 유지방, 달걀 노른자의 지질은 콘브레드의 질감과 맛과 향을 한층 끌어올리는 지방을 제공하는 재료다.

강황 가루에는 진한 노란색 색소가 들어 있다.

펜넬 씨는 단맛을 더 강하게 느끼게 한다.

1. 오븐을 204℃로 예열하고, 23×30.5cm 베이킹 그릇에 기 버터나 무염 버터를 살짝 바른다.
2. 큰 볼에 밀가루, 콘밀, 베이킹파우더, 코리앤더 가루, 펜넬 가루, 붉은 고추 플레이크, 강황 가루, 카옌고추 가루를 넣고 잘 섞은 다음, 3큰술만 떠서 따로 덜어놓는다.
3. 중간 크기 볼에 체더 치즈 1컵(80g), 옥수수 알갱이, 따로 덜어놓은 가루 혼합물 3큰술과 잘 섞는다.
4. 큰 볼에 녹인 기 버터나 무염 버터, 흑설탕, 꿀, 달걀, 우유, 소금을 넣고 설탕이 완전히 녹을 때까지 잘 젓는다.
5. 큰 볼에 가루 혼합물을 담고 한가운데에 작은 웅덩이를 만들어 액상 혼합물을 부어서 덩어리지지 않도록 재료를 잘 섞는다.
6. 체더 치즈와 옥수수 혼합물을 마저 넣고 뭉개지지 않게 실리콘 주걱으로 살살 젓거나 폴딩한다. 이어서 버터 바른 베이킹 그릇에 이 혼합물을 붓고 실리콘 주걱으로 수평이 되도록 반죽을 고르게 편다.
7. 남은 체더 치즈 1/2컵(40g)을 반죽 위에 뿌리고, 오븐에서 25~30분간 굽는다. 빵의 가장자리에 황갈색이 돌고, 가운뎃부분에 꼬챙이나 칼을 넣었다 뺐을 때 반죽이 묻어나지 않으면 완성이다.
8. 따뜻할 때 상에 낸다.

STAUB

폴렌타 키르

Polenta Kheer

북인도 마투라의 거리에서는 달콤한 간식인 미타이Mithai 만드는 장인들이 가스불 위에 우유가 들어 있는 커다란 팬을 휘젓는 풍경을 쉽게 볼 수 있다. 우유는 수분이 거의 증발해서 농축된 풍미가 나고, 젖당(락토스)도 서서히 캐러멜화되어 더 맛있게 바뀐다. 이렇게 만든 무가당 연유는 우유를 기본 재료로 삼는 인도의 다양한 디저트에서 핵심 재료로 들어가는데, 여기서 소개하는 라이스 푸딩인 키르Kheer 역시 마찬가지다. 이 레시피에 들어가는 무가당 연유는 전통적인 연유의 캐러멜 풍미를 내면서도 조리 시간을 상당히 단축한다는 장점이 있다. 이 요리에는 원래 쌀이 들어가지만, 폴렌타도 쌀처럼 익숙한 식감이 나서 쌀 대신 썼다.

재료(4~6인분 기준)

키르

흑설탕 1/2컵(100g)

사프란 20가닥

고운 천일염 1/4작은술

폴렌타 가루 1컵(140g), 입자가 굵게 분쇄된 것

우유 1컵(240ml)

무가당 연유 1캔(355ml)

그린 카다멈 가루 1/2작은술

로즈 워터 1/2작은술

토핑

기 버터 또는 무염 버터 2큰술

말린 살구 1/2컵(85g), 깍둑썰기 해서

볶지 않은 캐슈너트 1/4컵(35g)

건포도 2큰술

흑후추 가루 1/2작은술

그린 카다멈 가루 1/4작은술

고운 천일염 1/4작은술

풍미 내는 방법

이 요리는 로즈 워터와 카다멈으로 특별한 포인트를 조금 더 살린 단맛이 주인공이다. 대비되는 풍미로 조화로움을 얻고 싶다면 흑후추와 소금을 살짝 토핑하는 것도 좋다.

말린 과일과 견과에 향신료를 넣고 기름에 살짝 볶으면 풍미가 좋은 에센셜 오일이 나오면서 향이 확 사는 효과가 생길 뿐 아니라, 열 때문에 캐러멜화와 마야르 반응이 일어난다. 이렇게 만든 말린 과일과 향신료 조합은 풍미가 좋으므로 우유에 넣고 끓이기보다는 토핑으로 쓰면 더 빛을 발한다.

1. 키르를 만들려면, 먼저 바닥이 두꺼운 소스팬에 물 3컵(720ml)을 붓는다.
2. 흑설탕 2큰술과 사프란 가닥 12개를 절구 또는 전동 분쇄기에 넣고 고운 가루로 빻거나 간다. 남은 흑설탕과 사프란 가닥, 소금을 위의 소스팬에 방금전에 빻은 가루와 함께 넣고 중강불에서 끓인다.
3. 물이 끓기 시작하면 폴렌타를 넣고 불을 줄여 폴렌타가 타거나 바닥에 눌어붙지 않게 계속 저으면서 30~40분간 뭉근하게 끓인다.
4. 폴렌타가 걸쭉해지고 부드럽게 익으면 중강불로 다시 올리고 우유와 무가당 연유, 카다멈을 넣고 더 끓인다.
5. 폴렌타가 끓기 시작하면 불에서 내려 로즈 워터를 넣고 섞은 뒤에 볼에 옮겨 담는다.
6. 말린 과일과 견과 토핑을 만들려면, 중간 크기 소스팬에 기 버터를 넣고 중약불에서 녹이다가 적당히 뜨거워지면 말린 살구, 캐슈너트, 건포도를 넣고 2분에서 2분 30초 동안 볶는다.
7. 말린 과일이 통통해지고 캐슈너트가 연한 황갈색을 띠면 후추와 카다멈을 넣고 소금으로 간을 한 다음, 30초간 더 볶다가 중간 크기 볼에 바로 옮겨 담는다.
8. 이렇게 완성한 폴렌타 키르에 말린 과일과 견과 토핑을 올려서 푸딩처럼 먹으면 되는데, 따뜻할 때 상에 내거나 실온 정도로 식혀서 낸다.

후추를 넣은 체리 그래놀라 바

Cherry + Pepper Granola Bars

이 레시피에서 소개하는 그래놀라 바는 넉넉하게 넣은 흑후추 덕분에 먹으면 몸에서 열이 살짝 오를 정도로 따뜻한 기운을 선사한다. 나는 가끔 이 그래놀라 바를 부수어서 아이스크림이나 오븐에 구운 과일 위에 뿌려서 먹기도 한다.

재료(2.5×5cm 크기, 32조각)

올리브유 2큰술, 팬에 바를 여분도 준비
압착한 귀리 오트밀 2컵(200g)
볶지 않은 캐슈너트 1/2컵(70g)
볶지 않은 피스타치오 1/2컵(70g)
말린 체리 200g(신맛이 강한 종류 추천)
흑후추 가루 1작은술
그린 카다멈 가루 1/2작은술
고운 천일염 1/2작은술
메이플 시럽 1/2컵(120ml)
대추야자 시럽 1/4컵(60ml)

풍미 내는 방법

이 요리에는 몇 가지 다른 유형의 감미료를 썼다. 메이플 시럽은 과당과 포도당이 거의 없는 자당 성분이고, 대추야자 시럽은 포도당과 과당(과당 함량이 포도당보다 높다)이 들어 있다.

그래놀라 바에 넣을 시럽을 만들 때 대추야자 시럽보다는 메이플 시럽이 배로 많이 들어가는데, 이 두 감미료를 섞어서 끓인 시럽 온도가 122℃에 이르면 수분은 거의 증발하고 당이 농축되어 메이플 시럽의 자당이 결정화되기 시작하는 하드볼 스테이지•에 도달한다. 이렇게 만든 시럽은 식으면서 굳어 재료들이 서로 떨어지지 않게 잡아주고, 그래놀라 바의 모양을 유지해준다.

1. 오븐을 163℃로 예열하고, 20×20×5cm 베이킹팬에 올리브유를 살짝 바르고 종이 포일을 깐다.••
2. 중간 크기 소스팬에 올리브유를 두르고 중불에 달군다. 기름이 충분히 데워지면 오트밀을 넣고 5~6분간 저어가며 볶는다. 오트밀이 갈색을 띠면 캐슈너트와 피스타치오를 넣고 2분간 더 볶다가 큰 볼에 옮겨 담는다. 여기에 체리, 후추, 카다멈, 소금도 넣고 재료들이 뭉개지지 않게 실리콘 주걱으로 살살 젓거나 폴딩해서 섞는다.
3. 중간 크기 소스팬에 메이플 시럽과 대추야자 시럽을 넣고 중불에서 계속 저어가며 8~12분간 졸인다. 시럽의 온도가 요리용 온도계로 쟀을 때 122℃가 표시되는 하드볼 스테이지에 도달하면 큰 볼에 들어 있던 오트밀 위에 시럽을 부어 오트밀과 충분히 섞이도록 실리콘 주걱으로 살살 젓거나 폴딩한다.
4. 잘 섞은 오트밀을 종이 포일을 깔아둔 베이킹팬으로 옮겨서 일정한 두께로 촘촘하게 굳을 수 있도록 주걱으로 꾹꾹 눌러가며 편편하게 편다.
5. 이 작업이 끝나면 오트밀을 오븐에 넣고 15~20분간 굽는다.
6. 그래놀라에 약간 짙은 황갈색이 돌기 시작하면 오븐에서 꺼내 와이어 랙으로 옮겨 실온에서 완전히 식힌다.
7. 그래놀라가 담긴 베이킹팬 가장자리를 칼로 죽 훑은 다음, 도마 위로 팬을 뒤집어 그래놀라를 빼내고 종이 포일을 제거한 뒤, 그래놀라를 2.5×5cm 크기로 자른다.
8. 밀폐 용기에 담으면 최장 2주까지 보관할 수 있다. 용기 안에 그래놀라 바를 담을 때 사이사이에 종이 포일을 깔아야 서로 들러붙지 않는다.

•
하드볼 스테이지(hard ball stage)는 당 농축률이 90% 정도 되는 시럽 상태로, 찬물에 떨어뜨려보면 공 모양으로 응고되고 다시 풀어지지 않는다.

••
베이킹팬에 기름을 먼저 바르고 종이 포일을 까는 이유는 끈적끈적한 상태의 그래놀라를 팬에 깔 때 종이 포일이 마구 움직이지 않게 하기 위해서다.

라즈베리와 스톤 프루트 크리스프

Raspberry + Stone Fruit Crisp

카블러와 크리스프®, 그리고 그 외 과일이 주인공이 되는 화사하고 달콤한 디저트 세계로 나를 인도해주신 분은 내 남편의 어머니다. 미리 크러스트를 만들어야 하고, 이래저래 손이 더 많이 가는 파이와 달리, 크리스프는 손쉽게 만들 수 있어서 정말 좋다

재료(4~6인분 기준)

과일

잘 익은 복숭아 3개(총무게 680g)

잘 익은 천도복숭아 3개(총무게 455g)

잘 익은 자두 3개(총무게 255g)

라즈베리 340g

재거리 또는 흑설탕 3/4컵(150g)

생강 편강 1/4컵(40g)

고운 천일염 1/4작은술

바닐라빈 1개

갓 짠 라임 즙 2큰술

옥수수 전분 2큰술

토핑

압착한 귀리 오트밀 1컵(100g)

아몬드 슬라이스 1컵(100g), 껍질 벗기지 않은 것

재거리 또는 흑설탕 3/4컵(150g)

고운 천일염 1/4작은술

무염 버터 1/4컵(55g)

라임 제스트 1작은술

시나몬 가루 1작은술

풍미 내는 방법

버터에 열을 가해 브라운 버터를 만들어야 하는데, 이때 열 때문에 유단백질과 젖당이 마야르 반응과 캐러멜화를 일으킨다.

시나몬과 라임 제스트를 지방에 넣으면 녹아서 에센셜 오일이 나온다.

스톤 프루트stone fruit(딱딱한 씨가 있는 복숭아, 자두, 살구 등의 과일)에 열을 가하면 수분이 많이 나와서 바삭해야 할 토핑이 눅눅해진다. 이런 문제가 생기지 않게 하려면 토핑을 따로 만들어 먹기 직전에 넣어야 한다.

1. 과일을 요리하려면, 먼저 오븐을 177℃로 예열하고, 넓적한 베이킹팬 2개에 종이 포일을 각각 깐다. 복숭아, 천도복숭아, 자두를 각각 반으로 잘라 딱딱한 씨를 제거하고 얇게 썰어 23×30.5×5cm 베이킹팬에 담는다. 여기에 라즈베리, 재거리, 생강 편강, 소금을 넣어 뭉개지지 않도록 실리콘 주걱으로 살살 젓거나 폴딩한다.
2. 바닐라빈은 과도로 길게 반으로 갈라 안에 있는 작은 씨를 죽 긁어낸 후 씨와 껍질 모두 과일과 함께 베이킹팬에 넣는다. 이어 라임 즙도 뿌려서 다시 실리콘 주걱으로 폴딩한다. 그런 뒤 과일 위에 체를 놓고 전분을 내려서 잘 버무려지도록 또다시 폴딩해서 섞는다.
3. 과일이 들어간 베이킹팬을 통째로 미리 준비한 넓적한 베이킹팬 위에 얹어서 오븐에서 45~60분간 굽는다. 베이킹팬 한가운데에 과일 즙이 빠져나와 보글보글 끓으면 팬을 오븐에서 꺼낸다. 이때 구운 과일은 따뜻한 상태를 유지하도록 덮어주는 것이 좋다.
4. 토핑을 만들려면, 오트밀, 아몬드 슬라이스, 재거리, 소금을 중간 크기 볼에 담고, 작은 소스팬에 버터를 넣고 중약불에서 5~8분간 끓인다. 버터의 유고형분이 분리되고 불그스름한 갈색으로 바뀌기 시작하면 불에서 내려 라임 제스트와 시나몬 가루를 넣고 소스팬 바닥에 붙은 유고형분까지 주걱으로 잘 긁어가며 충분히 섞은 다음, 준비한 오트밀 조합 위에 부어 골고루 버무린다.
5. 충분히 버무린 오트밀 조합은 종이 포일을 깔아둔 다른 넓적한 베이킹팬 위에 잘 펴서 오븐에서 10~12분간 굽는다. 오트밀과 견과가 황갈색을 띠면 오븐에서 꺼내 실온에서 15~20분간 식힌다. 식은 오트밀과 견과를 손으로 잘 부수면 완성이다. 바삭한 이 토핑은 미리 만들어놓을 수도 있고, 완전히 식힌 후 밀폐 용기에 담아 보관하면 최장 일주일까지 쓸 수 있다.
6. 아직 따뜻한 과일 조합 위에 역시 따뜻한 토핑을 올려서 상에 바로 낸다. 따뜻한 상태일 때 여기에 바닐라 아이스크림을 올려도 좋다.
7. 다시 데우고 싶다면 오븐을 177℃로 맞춰 살짝 구우면 된다.

카블러(Cobbler)와 크리스프(Crisp)는 쉽고 간단하게 만들 수 있는 음식이어서 미국 가정에서 자주 만들어 먹는 디저트 종류다. 만드는 방법은 같지만, 토핑 종류에 따라 이름이 달라진다. 설탕, 레몬 즙, 향신료, 전분 등을 넣고 버무린 복숭아, 사과, 블루베리 등의 생과일 위에 비스켓이나 케이크, 쿠키 반죽을 툭툭 올려서 구운 것은 카블러(큰 돌이나 벽돌을 깔아서 만든 돌길을 뜻하는 'cobbled road'에서 유래한 이름)이고, 오트밀에 견과, 설탕, 밀가루, 버터, 향신료를 섞은 다음, 카블러와 같은 방식으로 미리 만들어놓은 과일 위에 올려서 굽는 것은 크리스프(굽는 과정에서 오트밀이 바삭하게 구워진다고 해서 붙은 이름)다. 크리스프는 크럼블(Crumble)과 혼용된다.

세몰리나 코코넛 쿠키(볼린하스)

Semolina Coconut Cookies(Bolinhas)

코코넛 애호가에게 더할 나위 없는 쿠키다. 나는 이 쿠키를 달게 만들어서 우유 넣은 홍차와 함께 먹는 걸 좋아하는데, 고아에서 볼린하스Bolinhas라고 부르는 이 쿠키는 아삭하고 바삭한 식감과 코코넛 향, 달콤함까지 겸비했다. 눈치챈 분도 있을 텐데, 이 레시피는 파운드케이크에 들어가는 재료와 비율이 비슷한다. 나는 얇게 채 썰어 건조해서 판매되는 향이 강한 건조 코코넛*을 쓰거나, 아니면 품질 좋은 코코넛 에센스를 쓰라고 권하고 싶다. 나는 고운 입자의 1등급 세몰리나 밀가루를 사용했는데, 전통 방식에서 쓰는 거친 입자의 밀가루 대신 이렇게 고운 가루를 쓰는 이유는 이렇게 하면 원래의 쿠키 반죽 불리는 작업을 생략해도 되기 때문이다.

재료(쿠키 약 24개 분량)

- 얇게 채 썬 무가당 코코넛 3컵 + 2큰술(250g)
- 고운 입자의 세몰리나 밀가루 1과 1/2컵 + 1큰술(250g)
- 설탕 1과 1/4컵(250g)
- 기 버터 또는 무염 버터 2큰술
- 고운 천일염 1/4작은술
- 그린 카다멈 가루 1과 1/2 ~ 2작은술
- 코코넛 에센스 1작은술(생략 가능)
- 달걀 노른자(대) 3개와 흰자(대) 1개, 같이 가볍게 풀어서
- 중력분 밀가루, 쿠키 모양 만들 때 손에 붙지 않게 하기 위해

풍미 내는 방법

그린 카다멈 가루와 코코넛의 향기 분자는 이 쿠키의 달콤함을 한층 더 끌어올리는 역할을 한다. 이처럼 감미료를 적게 쓰면서 단맛을 올리고 싶다면, 달콤한 디저트에 자주 들어가서 향을 맡기만 해도 바로 달콤함을 떠올리게 하는 시나몬, 니드멕, 오렌지 블리썸 워터와 로즈 워터 같은 향신료, 혹은 향을 가진 재료를 쓰면 좋다. 다른 과자를 만들 때도 이 방법을 활용할 수 있다.

전통적인 방식의 볼린하스는 생 코코넛을 갈아서 걸쭉한 페이스트로 만들기 때문에 부드러운 식감이 나오는데, 나는 얇게 채 썬 코코넛의 식감을 좋아해서 코코넛 가루와 채 썰어서 말린 코코넛, 둘 다 쓴다.

세몰리나 밀가루에 채 썰어서 말린 코코넛을 넣기 전에 코코넛을 한 번 굽거나 기름 없이 볶으면 좋은데(306쪽 '코코넛 밀크 케이크' 참조), 이때 먼저 충분히 식혀서 가루에 넣어야 한다.

1. 코코넛의 반은 푸드 프로세서에 넣어 곱게 갈아서 큰 볼에 담는다. 여기에 나머지 코코넛과 세몰리나 밀가루도 넣고 함께 섞는다.
2. 중간 크기 소스팬에 물 1컵과 2작은술(총용량 250ml)에 설탕을 넣고 중불에서 끓여 시럽을 만든다. 설탕이 전부 녹을 때까지 잘 젓다가 기 버터와 소금을 넣고 저어서 기 버터가 완전히 녹으면 불에서 내린다.
3. 시럽을 세몰리나 밀가루와 코코넛 조합 위에 부어 실리콘 주걱으로 살살 젓거나 폴딩한 다음, 플라스틱 랩을 씌워 실온에서 식힌다.
4. 세몰리나 밀가루와 코코넛 조합이 완전히 식으면 카다멈 가루를 넣는다. 만약 코코넛 에센스를 쓴다면 같이 섞어서 실리콘 주걱으로 폴딩해서 잘 버무린다.
5. 이어서 달걀물을 넣고 다시 폴딩해서 버무린 다음, 잘 덮어서 4~8시간 동안 냉장 보관한다. 이렇게 하면 도 반죽이 단단해지고 재료의 풍미를 충분히 흡수할 수 있다.
6. 만들어놓은 쿠키 도 반죽은 잘 싸서 냉동실에 두면 최장 2주까지 보관할 수 있다. 냉동된 도를 사용할 때는 실온에 미리 15분 정도 두어 손으로 다룰 수 있을 정도로 부드러워지면 굽는 작업을 진행한다.

7. 오븐을 177℃로 예열하고 넓적한 베이킹팬 2개에 각각 종이 포일을 깐다.

8. 쿠키 모양 잡는 작업은 한 번에 여러 개씩 할 수 있는데, 우선 쿠키 도가 손에 달라붙지 않도록 밀가루를 살짝 묻힌다. 도는 약 2큰술씩 떼어 지름 2.5cm 정도 둥근 패티를 만들어 넓적한 베이킹팬에 담는다. 이때 쿠키 패티 사이사이에 빈 공간을 두어, 팬 하나에 12개씩 가지런히 담는 것이 좋다.

9. 이 작업이 끝나면 둥글게 모양을 낸 쿠키 반죽 위를 칼등으로 일정한 간격으로 세 번씩 살짝 눌러 줄을 세 개씩 만든다. 이때 칼등을 너무 세게 눌러도 안 되고 패티의 양 끝까지 자국을 내도 안 된다. 넓적한 베이킹팬을 90도로 돌려서 같은 방법으로 나란히 줄 3개를 더 찍어 쿠키 도에 격자무늬를 만든다.

10. 팬을 차례대로 하나씩 오븐에서 25~30분간 굽는데, 시간이 절반 정도 지나면 골고루 잘 익도록 팬을 한 번 돌려준다.

11. 쿠키가 연한 황갈색을 띠고 그 가장자리는 갈색이 돌기 시작하면서 단단하게 굳으면 오븐에서 꺼내 와이어 랙으로 옮겨서 완전히 식힌다.

12. 두 번째 팬도 같은 방법으로 굽는다.

13. 쿠키는 밀폐 용기에 담으면 최장 1개월까지 냉장 보관할 수 있다. 냉장 보관한 쿠키는 상에 내기 전에 꺼내서 실온에 두고 찬 기운을 조금 빼주는 것이 좋다.

●

얇게 채썰어 건조한 상태로 판매되는 코코넛은 이 레시피에 필요한 아주 곱게 채 썰거나 갈아서 말린 종류이고(외국 식자재 판매하는 곳에서 'dessicated coconut'으로 표기된 것을 구입하면 된다), 슈레디드 코코넛(shredded coconut)은 슈레딩된 치즈처럼 좀 더 굵게 채썰어서 말린 코코넛이다.

말린 과일을 넣은 사프란 회오리 번

Saffron Swirl Buns with Dried Fruit

베이킹의 꿈을 좇던 시절, 오로지 번만 파는 작은 베이커리를 운영하면서 다양한 종류와 모양과 풍미의 번, 달콤한 번, 감칠맛 진한 번까지 만드는 나의 모습을 상상하곤 했다. 내 인생은 결국 다른 방향으로 흘러갔지만, 지금도 종종 번을 구워 친구, 이웃 들에게 나눠 준다. 요리책 저자이자 베이킹의 귀재이며 '빵 굽는 소년The Boy Who Bakes'이라는 블로그를 운영하는 에드 킴버Edd Kimber를 통해 골든 시럽의 미덕을 알게 된 이후, 나는 달콤한 빵을 구울 때면 이 시럽을 빵 거죽에 바르는 용도로 쓴다. 140년 가까운 역사를 자랑하는 라일즈 골든 시럽Lyle's Golden Syrup은 온라인에서 구입할 수 있지만, 만일 구하기 어렵다면 이 레시피에서 소개하는 방법대로 다른 재료로 대체할 수 있다. 참고로 찐득찐득해서 다루기 어려운 이 번의 도 반죽을 스탠드 반죽기로 만든다면, 갈아 끼우는 액세서리는 도 날보다는 플랫 비터가 더 효과적이라는 점을 기억해두기 바란다.

재료(번 12개 분량)

도

사프란 20가닥

설탕 1/4컵(50g)

우유 1/2컵(120ml)

무염 버터 1/4컵(55g), 깍둑썰기 해서, 팬에 바를 여분도 준비

고운 천일염 1/2작은술

달걀(대) 1개, 살짝 풀어서

이스트 1과 1/2작은술

중력분 밀가루 2컵(280g), 여분도 준비

필링

아몬드 슬라이스 100g, 껍질 벗기지 않은 것

말린 살구 85g, 다져서

말린 블루베리 85g

말린 무화과 85g, 다져서

무염 버터 1/4컵(55g), 팬에 바를 여분도 준비

시나몬 가루 1작은술

그린 카다멈 가루 1작은술

레몬 제스트 1작은술

흑설탕 1/4컵(50g)

고운 천일염 1/2작은술

달걀(대) 1개

골든 시럽 1/4컵(80g) 또는 꿀 1/4컵(85g)에 레몬 즙 1작은술 섞어서

풍미 내는 방법

설탕이 많이 들어가는 케이크나 쿠키와 달리 이 레시피에서 소개하는 가장 기본적인 번의 도 반죽에는 이스트 발효에 필요한 에너지를 제공하면서 은근한 단맛을 내는 정도로만 설탕이 들어간다.

이 디저트의 단맛은 말린 과일 필링과 빵의 거죽을 코팅하는 골든 시럽이 담당한다.

이스트는 도 반죽에 들어가는 당의 도움을 받아 반죽을 발효시켜 가볍고 포실포실한 빵의 질감을 만들어낸다.

이스트와 밀가루에 들어 있는 아밀레이스 효소는 이스트가 에너지로 쓸 수 있도록 전분을 작은 분자로 분해한다.

1. 도 반죽을 만들려면, 먼저 절구에 사프란 가닥과 흑설탕 2큰술을 넣고 고운 가루로 잘 빻아서 작은 소스팬에 담는다. 여기에 남은 설탕, 우유, 버터, 소금을 넣고 중약불에서 43℃가 될 때까지 계속 저으면서 끓인다. 버터와 설탕이 완전히 녹으면 팬을 불에서 내려 풀어놓은 달걀과 이스트를 넣고 잘 섞는다.

2. 작업대에는 밀가루를 가볍게 뿌리고, 큰 볼에는 버터를 바른다.

3. 스탠드 반죽기 볼에 밀가루를 담아 손으로 한가운데에 오목한 웅덩이를 만든다. 반죽기에 플랫 비터 액세서리를 끼워 저속으로 작동시키고 우유 조합을 천천히 부어가며 잘 섞어서 도 반죽이 만들어질 때까지 5~6분간 반죽한다.

4. 아마 도 반죽이 손에 달라붙을 정도로 찐득찐득할 것이다. 볼 스크레이퍼나 실리콘 주걱을 이용해 반죽을 밀가루를 뿌려놓은 작업대로 긁어서 옮기고, 손으로 1분간 반죽하다가 버터 바른 볼에 옮겨 담는다.

5. 볼에 플라스틱 랩을 씌워 따뜻한 곳에 두고 반죽이 2배 정도로 부풀 때까지 1시간 30분에서 2시간 동안 발효한다.

6. 도가 발효되는 동안 필링을 만든다. 먼저 중간 크기 볼에 아몬드와 말린 과일을 넣는다. 그리고 다른 작은 소스팬을 중강불에 올려 버터를 넣고 팬을 살살 돌리면서 4~5분간 가열한다. 버터가 녹다가 유고형분이 분리되면서 살짝 붉은색을 띤 갈색으로 바뀌기 시작하면 팬을 불에서 내려 시나몬 가루, 카다멈 가루, 레몬

제스트를 넣고 섞다가 소스팬 바닥에 붙은 유고형분까지 싹싹 긁어서 말린 과일과 아몬드 조합 위에 붓는다. 여기에 흑설탕과 소금을 넣고 실리콘 주걱으로 살살 버무린다. 이렇게 완성된 필링을 뚜껑으로 덮어서 최소한 30분 이상 둔다.

7. 이제 번 모양을 만들 차례다. 도 반죽이 2배 크기로 부풀면 43×31cm 크기의 넓적한 베이킹팬에 종이 포일을 깔고 그 위에 밀가루를 살짝 뿌린 뒤에 옮겨서 작은 밀대로 팬 바닥 전체를 완전히 덮을 정도로 널찍하게 밀어서 편다.

8. 밀어놓은 도 반죽 위에 말린 과일과 견과 조합을 뿌려 가볍게 눌러준 다음, 도 아래에 깔린 종이 포일을 이용해 (김밥 말 듯이) 도와 필링을 조심스럽게 만다.

9. 말아놓은 반죽이 좀 더 단단하게 자리 잡을 수 있도록 베이킹팬에 담은 채 30분간 냉장한다.

10. 23×30.5cm 크기의 직사각형 베이킹 그릇에 먼저 버터를 바르고 종이 포일을 깐다.

11. 냉장고에서 반죽을 꺼내 날카로운 칼로 (김밥 썰 듯) 2.5cm 두께로 잘라 조각들끼리 서로 닿지 않게 2.5cm 정도 간격을 두고 자른 단면이 위를 향하도록 베이킹 그릇에 가지런히 올린다. 이 작업이 끝나면 종이 포일로 덮어 반죽의 크기가 2배 정도로 부풀 때까지 1시간 정도 둔다.

12. 오븐을 177℃로 예열하고, 작은 볼에 달걀을 풀어 달걀물을 만든다. 팬 안에서 부풀어 오른 번 위에 솔로 달걀물을 발라준 다음, 오븐에서 25~30분간 굽는다. 굽는 시간이 반 정도 지나면 번이 골고루 구워지도록 팬의 방향을 한 번 돌려준다.

13. 번이 황갈색을 띠면 오븐에서 꺼내 골든 시럽을 전체적으로 바른 다음, 로스팅팬에서 15분간 식힌다. 식힌 번을 차례대로 와이어 랙으로 옮겨 완전히 식힌다.

14. 번은 따뜻하거나 실온 정도로 식었을 때 상에 낸다. 구운 당일에 먹는 것이 가장 좋지만, 플라스틱 랩에 잘 싸서 지퍼백에 넣어두면 최장 3일까지 보관할 수 있다. 다시 데워 먹으려면 93℃로 예열한 오븐에서 구우면 된다.

페퍼민트 마시멜로

Peppermint Marshmallows

12월이 오면 우리 집은 온 가족이 할머니 댁의 대형 나무 식탁에 모여 앉아, 식탁 위에 전분과 슈거 파우더를 뿌린 뒤 마시멜로 덩어리를 기다랗게 미는 작업을 했다. 기분이 너무 좋은 나머지 그 포실포실한 마시멜로 덩어리를 가지고 장난치다 보면 어느새 팔과 얼굴은 온통 하얀 가루로 뒤덮여 있었다. 이 요리는 할머니의 오리지널 레시피에 크림 오브 타르타르를 넣어서 약간 보완한 것이다. 그 당시 인도에서는 마시멜로를 만들 때 당의 결정화를 막는 포도당 성분인 콘 시럽을 구하기 어려웠던 터라 할머니는 비슷한 효과를 내는 라임 즙을 썼다.

재료(2.5cm 정육면체 18개 조각 분량)

- 옥수수 전분 1/4컵(35g)
- 슈거 파우더 1/4컵(30g)
- 과립형 젤라틴 21g
- 고운 입자의 설탕* 300g
- 크림 오브 타르타르 1/8작은술
- 달걀 흰자(대) 2개, 실온에 둔 것
- 페퍼민트 에센스 1/2~1작은술
- 붉은색 식용 요리 색소 또는 비트 가루 1작은술에 물 2큰술 섞어서
- 튀는 향이 없는 기름, 팬에 바르는 용도로 준비

풍미 내는 방법

'후추를 넣은 체리 그래놀라 바'(186쪽)를 만들 때는 여러 가지 재료가 서로 단단히 붙어야 해서 접착제 역할 하는 설탕의 결정화를 위해 높은 온도가 필요하지만, 마시멜로의 설탕(자당)은 결정이 생기면 안 되므로 낮은 온도에서 만들어야 한다.

산성인 크림 오브 타르타르는 자당을 포도당과 과당으로 분해함으로써 설탕의 결정화를 막는다. 포도당과 과당은 당의 결정 형성을 방해하는 특성이 있다

젤라틴은 콜라겐에서 추출한 단백질인데, 뜨거운 물에 넣고 섞으면 젤라틴의 작은 알갱들이 물을 흡수하면서 팽창해 젤 상태가 된다. 여기에 달걀 흰자와 설탕을 넣고 잘 휘저으면 달걀 흰자 단백질이 풀리다가 결합하면서 마시멜로의 부드러운 질감과 포실한 모양을 만들어내는 그물 구조가 형성된다.

전분과 슈거 파우더를 혼합한 조합은 베이비 파우더와 같은 역할을 한다. 다시 말해 마시멜로 표면에 얇은 막을 입혀서 마시멜로끼리 서로 붙거나, 공기 중에 있는 수분을 흡수하지 못하게 한다.

1. 전분과 슈거 파우더를 작은 볼에 올린 고운 체로 내려 그중 2큰술은 다시 체로 23×23×5cm 크기의 베이킹팬 바닥에 골고루 뿌리고, 나머지 가루는 나중에 쓸 수 있게 남겨둔다.
2. 입구가 넓은 커다란 내열 볼에 물 1/2컵(120ml)을 붓는다. 물의 표면적이 넓어야 젤라틴이 물을 흡수해 팽창하는 과정에서 덩어리가 생길 가능성을 줄일 수 있으니 큰 볼을 사용해야 한다. 젤라틴을 물 위에 뿌리고 젓지 않은 상태로 5~6분간 두면 팽창한다.
3. 중간 크기 소스팬에 물 1/2컵(120ml)을 붓고 여기에 설탕과 크림 오브 타르타르를 넣은 다음, 뚜껑을 닫고 중약불로 끓인다.
4. 설탕이 완전히 녹고 요리용 온도계나 사탕 온도계로 측정했을 때 114~115℃로 표시되는 소프트볼 단계(soft ball stage)에 도달할 때까지 가열한다.
5. 설탕을 끓이는 동안 스탠드 반죽기에 거품기 액세서리를 끼워서 중속으로 달걀 흰자에 거품을 낸다. 5분 정도 지나 달걀 흰자가 부풀어 오르면서 어느 정도 모양이 고정된 상태가 되면 반죽기를 끄고, 부풀어 오른 흰자를 그대로 둔 채로 다음 작업을 진행한다.

6. 설탕 시럽의 온도가 114~115℃에 도달하면 젤라틴이 볼의 벽을 타고 가늘게 흘러내리도록 천천히 붓는다. 젤라틴은 뜨거운 시럽을 만나면 거품이 일어나는데, 이렇게 천천히 부으면 거품이 넘치지 않는다. 젤라틴이 시럽에 완전히 녹아서 부드럽게 풀어질 때까지 포크로 젓는다.

7. 부풀어오른 흰자가 담긴 반죽기를 중속으로 다시 작동시키고, 뜨거운 시럽에 넣은 젤라틴을 역시 가는 줄기로 천천히 붓는다. 시럽을 다 부으면 반죽기를 1분간 더 돌리다가 고속으로 올려 8~10분간 돌린다. 윤이 나고 보드라우면서 모양이 흐트러지지 않는 상태가 되면 여기에 페퍼민트 에센스를 넣고 속도를 유지한 채 1분간 더 돌리다 반죽기를 끈다.

8. 반죽기에 식용 색소를 몇 방울 떨어뜨린 다음, 다시 붉은색 회오리 무늬가 나올 정도로만 반죽기를 3~4초간 더 돌린다. 너무 오래 돌리면 전체적으로 핑크색이 되어버리니 유의해야 한다.

9. 케이크 아이싱용 오프셋 스패출라●●에 튀는 향이 없는 식물성 기름을 살짝 바른다.

10. 반죽기에 장착되어 있던 볼을 빼낸 다음, 실리콘 주걱을 이용해 반죽을 재빨리 베이킹팬으로 옮긴다. 이때 반죽은 식을수록 모양이 빨리 굳으므로 속도가 중요하다.

11. 기름칠한 스패출라로 일정한 높이와 두께가 되도록 반죽 윗부분을 잘 편 다음, 팬을 덮어서 최소한 4시간 동안 그대로 둔다(되도록 6시간 정도 두는 것이 좋다). 마시멜로가 완전히 식고 가운뎃부분을 눌렀을 때 스펀지처럼 다시 올라오면 완성이다.

12. 마시멜로를 개별적인 조각으로 자르려면 깨끗한 작업대에 남은 전분과 슈거 파우더 조합을 살짝 뿌린다. 마시멜로가 잘 떨어지도록 팬과 마시멜로 덩어리 사이의 가장자리를 따라 칼로 한 번 죽 훑는다. 그래도 잘 떨어지지 않으면 손으로 마시멜로 끝을 살짝 잡아당기면 된다.

13. 톱니가 있는 칼을 이용해 마시멜로를 가로세로 2.5cm 정육면체로 자른다. 이때 마시멜로가 칼에 붙지 않도록 튀는 향이 없는 기름을 바르면 좋다. 잘라놓은 마시멜로에 남은 전분과 슈거 파우더 조합을 뿌리고 밀폐 용기에 담아놓으면 최장 일주일까지 보관할 수 있다.

●
분말 형태의 설탕에는 파우더드 슈거(powdered sugar)와 컨펙셔너스 슈거(confectioner's sugar, 아이싱 슈거(icing sugar))가 있다. 둘의 차이는 전분의 유무에 달렸다. 국내에서 판매되는 '슈거 파우더'는 전분이 들어간 컨펙셔너스 슈거 종류로, 이 레시피에서 '슈거 파우더'로 표시된 설탕을 말하고, '고운 입자의 설탕'으로 표시된 것은 전분 없는 파우더드 슈거를 말한다. 고운 입자의 설탕을 구하기 어려운 경우, 일반 설탕을 블렌더에 갈아서 고운 분말 형태로 만들면 된다.

●●
오프셋 스패츌라(offset spatula)는 케이크 아이싱이나 반죽을 펴서 바르기 쉽게 만들어진 제과용 조리 도구다.

매콤한 벌집 사탕

Hot Honeycomb Candy

벌집 사탕Honeycomb candy(신더 토피Cinder toffee라고도 불린다)은 과학과 독창성이 만들어낸 경이로운 결과물이다.● 이 벌집 사탕은 만들기도 쉬울 뿐만 아니라 만드는 재미도 있다. 나는 은근한 매운맛을 내려고 카옌고추 가루도 조금 넣었다. 만들다 보면 진한 갈색으로 얼룩진 곳들이 나타나는데, 이는 베이킹소다가 조금 더 쏠린 부분으로, pH가 올라가면서 캐러멜화가 더 진행된 된 것뿐이니 신경 쓰지 않아도 된다.

재료(300g 분량)

튀는 향이 없는 식물성 기름, 팬에 바르는 용도로 준비

베이킹소다 1과 1/4작은술

카옌고추 가루 1/2작은술

설탕 1컵(200g)

꿀 1/2컵(170g)

풍미 내는 방법

전화당의 일종인 꿀은 설탕이 단단한 균열 단계인 하드 크랙 스테이지hard crack stage 온도까지 올라가는 동안 사탕의 질감에 영향을 미치는 결정화를 막아준다.

벌집 사탕의 거부할 수 없는 매력은 숭숭 비어 있는 속과 바삭한 질감인데, 이것을 만들어내는 것은 뜨거운 시럽에 베이킹소다(탄산수소나트륨)를 섞었을 때 발생하는 이산화탄소 기포다. 탄산수소나트륨은 80℃에서 탄산나트륨과 이산화탄소로 분리되는데, 이 과정에 꿀도 일조한다. 꿀의 글루콘산이 탄산수소나트륨을 만나면 약하게 반응하는데 이때도 역시 가스가 발생한다.

카옌고추 가루를 뜨거운 설탕에 넣으면 캡사이신이 우러나와 사탕에 '매콤한' 맛을 더한다. 더 매운맛을 원한다면 카옌고추 가루를 더 많이 넣어라.

사탕에 매콤한 맛을 내는 또 다른 방법으로는 매운 고추를 우려낸 꿀을 쓰는 것이다.

1. 가로세로 20cm 크기의 정사각형 베이킹팬에 살짝 기름칠을 한다. 알루미늄 포일을 크게 잘라 팬 안쪽에 완전히 밀착되게 하고 팬 밖으로 충분히 삐져나올 수 있게 넉넉히 깐다. 밖으로 삐져나온 포일은 베이킹팬 언저리 부분에서 접어 팬의 바깥면에 완전히 붙인다.

2. 작은 볼에 베이킹소다와 카옌고추 가루를 섞는다.

3. 중간 크기 소스팬에 설탕, 꿀, 물 1/4컵(60ml)을 넣고 중강불에서 8~10분간 끓인다. 나무 수저나 주걱으로 계속 저어가며 끓이다가 사탕 온도계에 149℃가 표시되면 재빨리 베이킹소다와 카옌고추 가루 조합을 넣고 거품기로 휘젓는다.

4. 거품이 생기면 준비해둔 베이킹팬에 끓인 설탕물 조합을 붓고 팬을 조금씩 기울여가며 설탕물이 팬 바닥 전체에 골고루 묻게 한다. 이 사탕은 거품이 중요한데, 거품을 잃지 않으려면 기구로 사탕물 윗부분을 평평하게 만들겠다는 유혹에 넘어가지 말고 그대로 두어야 한다.

5. 팬을 실온에 그대로 2시간 정도 두어 완전히 식힌다. 사탕 모양이 잡히고 굳으면 삐져나온 포일 끝을 잡고 팬에서 사탕을 빼낸 뒤, 포일을 벗긴다.

6. 사탕을 큰 조각으로 쪼개거나 톱날이 있는 칼로 자른다. 남은 사탕은 밀폐 용기에 담아두면 3~4일 정도 보관할 수 있다.

●

우리나라의 길거리 간식인 '달고나'를 떠올리면 이해하기 쉬울 것이다.

휘젓지 않고 만드는 팔루다 아이스크림

No-Churn Falooda Ice Cream

인도 사람들은 상당히 덥고 습한 여름날의 더위를 기발한 방법으로 식힌다. 페르시아의 팔루데Faloodeh에서 그 기원을 찾을 수 있는 팔루다Falooda는 우유로 만든 차가운 음료다. 어떤 기교도 부리지 않은 순수한 팔루데에는 달콤한 로즈 시럽, 바질 씨, 가느다란 국수가 들어간다. 치아chia 씨를 물에 불리면 바질처럼 검은 씨 주변에 몽글몽글하고 반투명한 젤 비슷한 것이 생겨서 바질 씨 대용으로 쓰기에 좋다. 씨는 가라앉기 때문에 아이스크림이 반 정도 얼었을 때 잘 저어야 씨가 한쪽으로 쏠리지 않고 아이스크림 속에 골고루 자리를 잡을 수 있다. 생크림과 연유가 들어가며 젓지 않고 만드는 아이스크림 정보를 나는 영국의 유명한 요리 연구가인 나이젤라 로슨Nigella Lawson의 걸작 요리책 《먹는 법How to Eat》에서 처음 접했고, 이 레시피를 만들 때 가장 기본이 되는 토대가 되었다.

재료(6컵, 1.4L 분량)

- 생크림 1과 1/4컵(300ml)
- 무가당 연유 1캔(355ml)
- 로즈 워터 1작은술
- 그린 카다멈 가루 1/2작은술
- 비트 가루 1/2작은술 또는 붉은색 식용 색소 몇 방울
- 연유 400g
- 치아 씨 또는 스위트 바질 씨 2큰술
- 피스타치오 1/4컵(30g), 다져서

풍미 내는 방법

생크림은 아이스크림의 질감을 만드는 데 핵심적인 재료로, 아이스크림으로 재해석한 이 팔루다에도 잘 어울린다.

이 레시피에서는 치아 씨를 생크림에 불리는데, 생크림의 수분을 흡수하면서 유지방을 뒤집어쓴 이 씨앗들은 아이스크림에 들어가도 완전히 얼지 않아서 쫄깃하고 아삭한 식감을 유지한다.

이 아이스크림의 단맛은 연유의 당분, 무가당 연유의 캐러멜화한 젖당에서 나온다.

1. 큰 볼에 생크림 1컵(240ml)을 넣고 가벼운 머랭 상태가 될 때까지 거품기로 잘 휘젓는다.
2. 작은 볼에 무가당 연유 2큰술과 로즈 워터, 카다멈 가루, 비트 가루를 넣는다. 비트 가루의 붉은 점이 더는 보이지 않고 덩어리 없이 모든 재료가 부드럽게 섞일 때까지 잘 젓는다.
3. 이 혼합물을 남은 무가당 연유, 연유, 생크림과 섞어서 걸쭉한 액체가 될 때까지 2~3분간 젓는다.
4. 이 아이스크림 용액을 냉동 용기에 옮겨 담고 플라스틱 랩을 씌워 1시간 동안 냉동한다.
5. 작은 볼에 치아 씨와 남은 생크림 1/4컵(60ml)을 담고 요리에 쓰기 전까지 치아 씨를 냉장고에서 불린다.
6. 냉동 중인 아이스크림 용액을 꺼내 살펴보고 가장자리가 얼기 시작했다면 불린 치아 씨를 넣고 포크로 살살 젓거나 폴딩한 다음, 다시 플라스틱 랩을 씌워서 냉동실에 넣는다.
7. 2시간 정도 지나 아이스크림을 냉동실에서 꺼내, 가라앉은 치아 씨가 골고루 잘 섞이고 뭉친 얼음 결정이 서로 떨어질 수 있도록 포크로 잘 긁고 섞는다.
8. 이 작업이 끝나는 대로 아이스크림을 다시 냉동실에 넣고 단단하게 얼 때까지 최소한 4시간 동안 더 냉동한다.
9. 상에 내기 전, 실온에 약 5분간 두어 아이스크림을 살짝 녹여서 그릇에 덜고 그 위에 다진 피스타치오로 가니시한다.

5장

기분 좋은 감칠맛

나의 부모님이 살고 있는 봄베이에서 그리 멀지 않은 곳에 침바이라는 어촌 마을이 있다. 그곳에 가면 잡아 온 어획물을 커다란 매트에 펼쳐놓거나 대나무 기둥 사이에 걸린 빨랫줄에 '봄베이 오리'(이름에 오리라는 말이 들어가지만 '봄빌bombil' 또는 '붐말로bummalo'라고도 불리는 생선 종류)와 새우를 죽 매달아놓은 풍경을 볼 수 있고, 어디를 가도 바다 내음과 생선 비린내를 맡을 수 있다. 그렇게 말린 생선과 새우는 커리나 스튜에 들어가거나, 고추와 식초를 넣어 은근한 감칠맛을 자랑하는 매운 절임이 된다.

감칠맛(최근에는 일본어 '우마미'로 더 널리 알려졌다)은 기본 맛에 가장 늦게 포함된 맛으로, 고기와 사골을 우려낸 진국의 맛이 언뜻 떠오른다. 감칠맛의 핵심 요소로 가장 잘 알려진 글루타메이트는 1908년에 일본 과학자 이케다 기쿠나에池田菊苗가 다시마에서 발견했다고 한다. 그의 발견은 수많은 연구자에게 영감을 주었고, 다시마가 지닌 맛이 다른 맛들과 차별성 있으면서도 맛의 조건을 모두 충족한다는 것을 증명하는 각종 데이터 수집으로 이어졌다.

감칠맛이 정확히 어떤 메커니즘으로 작동하는지 알아내는 데는 상당한 시간이 걸렸지만, 사실 이 맛을 요리에 다양하게 적용한 지는 이미 오래되었다. 고기가 들어간 커리에 양파와 생강과 마늘을 넣는 것, 완성한 파스타 위에 파르메산 치즈를 갈아서 토핑하는 것, 뜨거운 달걀국에 간장 한 방울을 떨어뜨리는 것, 혹은 감칠맛이 필요한 요리에 토마토를 넣는 것 모두 음식에서 감칠맛을 내기 위한 방편이다.

감칠맛의 기분 좋은 풍미

음식에 들어 있는 일부 물질은 감칠맛을 낸다. 숙성과 발효 역시 이런 감칠맛 분자를 증가시키는데(치즈와 간장을 떠올려보라), 이런 물질은 주로 글루타메이트와 같은 아미노산이거나 DNA나 RNA와 같은 핵산을 구성하는 뉴클레오티드nucleotide다. 우리가 섭취하는 글루타메이트는 우리 몸의 중요한 에너지원으로서 대사 과정을 통해 다양한 물질을 합성해 우리의 몸이 제 기능을 할 수 있게 한다. 현재 파악되는 감칠맛 수용기 후보는 여러 가지가 있는데, 연구에 따르면 이런 수용기 가운데 오직 글루타메이트에 반응하는 것들과 글루타메이트와 뉴클레오티드 둘 다에 반응하는 것들이 있다고 한다.

글루타메이트

글루타메이트는 다시마에서 발견된 아미노산의 일종인 글루탐산의 나트륨염 형태다. 글루타메이트의 염이 물에 녹으면 양이온인 나트륨과 음이온인 유리 글루타메이트로 분리된다. 글루탐산 자체는 신맛이 나고, 유리 글루타메이트는 음식에서 감칠맛을 낸다. 글루타메이트는 단백질에도 존재하지만 펩타이드 사슬에서는 다른 아미노산에 붙어 있어 자유롭지 못한 상태여서 이런 상태의 글루타메이트 맛은 우리가 느낄 수가 없다. 글루타메이트는 열에 쉽게 분해되지 않는 등 안정적이어서 요리에 효과적으로 활용된다.

뉴클레오티드

핵산인 DNA와 RNA는 뉴클레오티드라는 분자로 구성되어 있다(336쪽 '핵산' 참조). 이런 분자 중 RNA의 아데노신 삼인산ATP과 구아노신 삼인산GTP이이 음식에서 감칠맛을 내는 두 가지 분자다.

5'-이노시네이트

나는 샌프란시스코로 이사 간 뒤로 첫 몇 달 동안 그 지역 주민들이 사랑하고 추천하는 맛집을 섭렵하고 다녔다. '나무 가지Namu Gaji'(이 한국 식당은 그사이 '나무 스톤팟'으로 상호가 변경되었다)가 그중 하나였다. 그곳에서 먹은 가다랑어포로 토핑된 김치 오코노미야키는 그야말로 감칠맛의 향연이었다. 가다랑어포 또는 가쓰오부시는 가다랑어를 손질해서 훈제 처리한 뒤 말리면서 발효시키는 식재료인데, 특유의 감칠맛은 5'-이노시네이트IMP에서 온다. 5'-이노시네이트 역시 글루타메이트처럼 가열해도 쉽게 분해되지 않는 성질이다.

5'-구아닐레이트

육수의 풍미를 끌어올리고 싶을 때 나는 종종 표고버섯을 쓴다. 신선한 식재료의 세포들이 아직 살아 있는 동안에 RNA는 리보핵산 가수 분해 효소인 리보뉴클레이스와는 만날 일이 없지만, 말린 버섯처럼 세포까지 마른 상태가 되면 구조가 무너져 리보핵산과 효소가 직접 만나게 된다. 이런 만남으로 5'-구아닐레이트GMP가 생성된다.

기타 음식에 들어 있는 화학 물질

녹차에는 테아닌theanine과 글루타메이트라는 아미노산이 풍부하게 들어 있어 차에서 감칠맛을 낸다. 홍차는 다른 방식으로 만들어져서(녹차는 산화가 덜 일어난 차다) 테아닌 양도 현저히 떨어진다. 이런 점을 이용해 뜨거운 물에 녹차의 테아닌 성분을 우려낸 다음, 채소 스톡을 만들 때 넣으면 좋다(자주 쓰는 재료의 감칠맛 물질 함량을 보려면 341쪽 참조). 몇 가지 다른 분자도 감칠맛 반응을 보인다. 예를 들면 아미노산의 일종인 아스파르트산의 아스파르테이트aspartate, 치즈에 들어 있는 젖산과 같은 유기산, 그리고 치즈, 마늘, 양파에 들어 있는 작은 펩타이드 등이 그렇다(333쪽 '단백질' 참조).

감칠맛 시너지

시너지란 두 가지 이상의 물질이 결합할 때 단독으로 있을 때보다 더 큰 효과가 생기는 특별한 현상을 말한다.
글루타민산나트륨MSG이 풍부한 요리를 5'-뉴클레오티드에 속하는 이노시네이트와 구아닐레이트 둘 중 하나라도 들어 있는 음식과 같이 먹으면 글루타민산나트륨 없이 뉴클레오티드만 들어 있는 음식을 단독으로 먹을 때보다 감칠맛을 더 많이 느낄 수 있다.
5'-뉴클레오티드는 글루타메이트에 비해 감칠맛이 약한 편이다. 이런 점을 참고했다가 더 진한 감칠맛을 내고 싶을 때 재료 선택에 활용하면 좋다. 예컨대 다시마 같은 해조류를 표고버섯과 함께 끓인 육수는 강렬한 감칠맛을 낸다.
직접 실험해보고 싶다면, 212쪽 '가다랑어포를 올린 꽈리고추 팬 구이' 레시피에서처럼 살짝 태워서 익힌 꽈리고추에 간장을 찍어서 한 번 먹어보고, 그다음에는 가다랑어포를 뿌려서 먹어보라. 후자의 감칠맛이 훨씬 강하다는 것을 알 수 있을 것이다.

감칠맛을 가늠하는 방법

특수한 분석을 통해 산출한 글루타메이트, 5'-뉴클레오티드와 기타 감칠맛 나는 물질들의 수치로 각 식재료의 감칠맛 정도를 측정할 수 있다.

감칠맛의 기분 좋은 풍미를 올려주는 부스터

요리의 감칠맛을 끌어올리고 싶을 때 선택할 수 있는 몇 가지 채식과 비채식 방법이 있다. 바다에서 나는 재료를 활용하는 방법이 있고, 많은 경우 효소로 단백질의 가수 분해가 일어나는 발효로 생기기도 한다. 한편 토마토처럼 익는 과정에서 감칠맛이 올라가는 식재료도 있다.

글루타민산나트륨(글루탐산 일 소듐MSG)

내가 어머니에게 물려받은 중국 요리책과 일본 요리책에는 MSG(또는 인도에서도 조미료라는 의미로 쓰고 있는 아지노모토Ajinomoto)가 재료 목록에 자주 등장한다. 글루타메이트와 감칠맛의 관계가 발견된 이후 맛을 개선하는 작업을 본격적인 사업 수단으로 삼은 회사로는 일본의 아지노모토가 거의 최초였다. 이 회사는 1909년에 글루타민산나트륨이라는 글루타민산 정제염이 들어간 제품인 '아지노모토Aji-No-Moto'를 처음 출시했다. 이 상품은 물에 직접 녹였을 때는 감칠맛이 강하게 나타나지 않지만, 다른 5'-뉴클레오티드와 합해지면 감칠맛이 확 올라갔다. 1960년대에는 요리에 들어간 MSG의 안정성을 둘러싼 보고서들이 등장하면서 '중국 식당 신드롬'(1968년에 처음 나온 주장으로, 조미료를 많이 친 중국 식당의 음식을 먹은 사람들에게 어지러움, 두통, 가슴과 등 쪽 통증 등의 증세가 나타난 현상을 말한다.-옮긴이)이라는 현상이 나타났다. 이 주장은 틀렸다는 것이 여러 차례에 걸쳐 증명되었고, 그 이후에 MSG의 안전성을 입증하는 과학 연구도 일부 나왔다. 우선, 글루타메이트는 살아 있는 모든 유기체에 존재한다. 따라서 우리가 먹는 거의 모든 음식에 들어 있고, 특히 인간의 뇌에는 인체 어떤 부위보다 글루타메이트가 많이 있다. 음식에 '무無 MSG'가 표시되어 있다면, 이는 5'-뉴클레오티드로 감칠맛을 냈다는 것을 의미한다.

파속 식물

파속 식물에 속하는 마늘, 수저이 리크(대파), 양파, 샬롯 등은 신선한 상태로 있을 때는 미소 된장이나 안초비 등의 식재료와 비교했을 때 글루타메이트를 그리 많이 가지고 있지 않지만 구하기 쉽다는 장점이 있다. 말려서 가루 형태로 가공한 양파나 마늘이 종종 양념으로 활용되는 이유는 신선한 상태일 때보다 글루타메이트를 더 많이 가지고 있기 때문이다. 이런 종류의 채소를 생강이나 간장 같은 식재료와 함께 쓰면 감칠맛이 극대화된다. 며칠에 걸쳐 서서히 일정한 온도에서 발효시킨 특수한 형태의 흑마늘은 일반 마늘처럼 요리에 쓸 수도 있고, 마늘의 매운맛 없이 감칠맛을 올리고 싶을 때 사용하면 더 좋다.

안초비와 피시 소스(액젓)

지방이 풍부한 작은 생선인 안초비는 신선한 상태, 혹은 소금이나 기름에 절인 형태로 판매된다. 오래 두고 먹기 위해 가공된 안초비는 글루타메이트가 풍부해 진한 감칠맛이 난다. 토마토 소스가 들어간 이탈리아 파스타인 푸타네스카Puttanesca, 정통 시저 샐러드 드레싱, 그리고 남아시아의 삼발Sambal에도 들어간다. 안초비를 요리에 사용할 때는 올리브유를 조금 두르고 생선 살이 완전히 녹아 형태가 보이지 않을 정도로 볶은 뒤 소스 및 여러 요리에 활용하면 된다. 이 책에서 소개하는 '마리나라 소스'(316쪽)에서도 글루타메이트의 양을 더 올리기 위해 안초비를 썼다.

피시 소스(액젓)는 감칠맛이 매우 풍부한 재료 중 하나로, 조금만 써도 큰 효과를 볼 수 있다. 생선을 발효해서 만드는 이 식재료는 냄새는 꽤 지독하지만 글루타메이트가 풍부하다. 고대 로마에서 쓰던 가룸Garum, 베트남의 느억 남Nuoc nam, 타이의 남 플라Nam pla, 인도네시아의 케찹 이칸Kecap ikan 등이 요리에 쓰는 피시 소스 종류다. 아시아권의 피시 소스는 멸치에 소금을 치거나 소금물에 담가서 발효시키는 방법으로 만들고, 가룸의 고대 레시피는 멸치, 고등어 혹은 장어를 썼다고 한다. 샐러드 드레싱(286쪽 '구운 옥수수를 넣은 오이 샐러드' 참조), 수프, 채소 조림이나 찜에 피시 소스를 살짝만 뿌려도 음식의 감칠맛을 확 올릴 수 있다.

가다랑어포(가쓰오부시)

아주 얇은 종이처럼 생긴 가쓰오부시는 말려서 발효한 다음 훈연한 가다랑어포다. 가다랑어를 햇빛에 말린 다음에 수개월에서 수년까지 숙성 과정을 거치는데, 이 과정으로 나무처럼 딱딱해진 생선 살을 특수한 대패(일반적인 나무 대패와 비슷하다)로 종이처럼 얇은 포를 깎아내서 쓴다. 가다랑어포는 전통적으로 일본식 육수(해산물 스톡)인 '다시'를 낼 때 쓰이는데, 이 식재료를 연구하는 과정에서 일본 과학자들이 감칠맛 나는 뉴클레오티드 5'-구아닐레이트를 발견했다. 가다랑어포는 말려서 가공하므로 작업 공정의 초기 단계부터 감칠맛 물질이 농축되기 시작한다. 따라서 감칠맛을 내기 위해 굳이 오랜 시간을 들여 조리할 필요가 없다. 그래서 일본 요리에서는 다시 낼 때 가다랑어포를 몇 분 동안만 우려낸다. 국물이나 수프의 감칠맛을 짧은 시간 내에 끌어올리려면 가다랑어포를 뿌리면 좋다. 가다랑어포는 음식에 독특한 질감을 얹어주거나, 바람과 뜨거운 김에 의해 움직여서 마치 '살아 있다'는 착각을 일으키기도 한다.

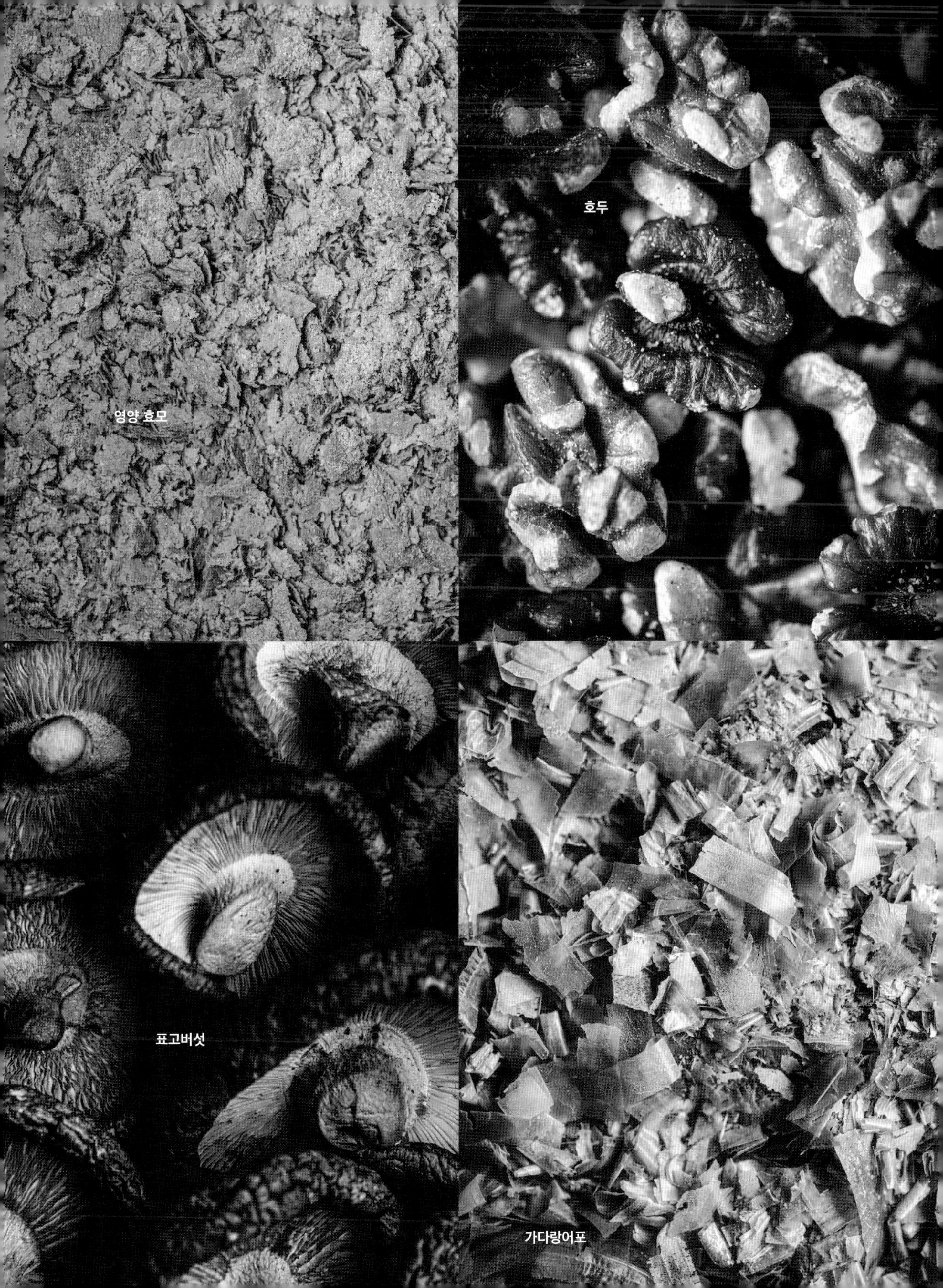
영양 효모
호두
표고버섯
가다랑어포

오믈렛이나 구운 채소 위에 뿌리거나 가니시로 쓰면 좋다(284쪽 '게살 티카 마살라 딥').

미소 된장

콩으로 만든 장인 미소 된장은 작은 용기에 담겨 웬만한 마트에서는 쉽게 구입할 수 있는 형태로 판매되고 있다. 미소 된장을 만드는 과정을 보면, 먼저 쌀이나 보리 또는 대두에 누룩곰팡이 균인 코오지koji(일본어로 고지麴, 한국어로는 누룩균, 중국어로 취qu)를 소금, 찐 대두와 함께 섞어 삼나무 통에 넣고 수개월에서 수년까지 발효한다. 이렇게 해서 만든 미소 된장은 짠맛이 나는 발효 장이다. 미소 된장은 색(진한 붉은색인 아카 미소, 중간 정도의 진한 색인 일반 미소, 하얀색인 시로 미소), 맛(단맛이 나는 아마쿠치와 짠맛이 있는 카라쿠치), 그리고 들어간 코오지의 종류(쌀, 보리, 대두)에 따라 분류한다. 어떤 대두를 썼느냐에 따라 색이 결정되고 엿기름이 단맛을 더한다. 수프나 스튜에 하얀 시로 미소나 붉은 아카 미소를 넣으면 감칠맛이 올라간다. 시로 미소는 '미소 된장을 넣은 초콜릿 브레드 푸딩'(133쪽)이나 브라우니 같은 달콤한 디저트에 써도 좋다. 나는 '둘세 데 레체Dulce de leche'라는 캐러멜화한 우유에 짠맛과 감칠맛을 살짝 얹고 싶을 때 가끔 시로 미소를 넣기도 한다.

버섯

표고버섯과 같은 버섯 종류는 요리의 감칠맛을 확 올려주는 상당히 좋은 식재료다. 신선한 버섯은 글루타메이트를 보유하고 있고, 말린 버섯은 찬물에 담그면 효소가 활성화되어 5'-구아닐레이트를 생성한다. 나는 말린 표고버섯을 부엌에 늘 쟁여두고 요리에 활용하는데, 찬물에 불린 뒤 그 물을 육수와 소스에서 감칠맛을 내고 싶을 때 넣는다. 감칠맛 시너지를 최대한 내려면 버섯을 글루타메이트가 풍부한 다른 식재료와 함께 쓰면 좋다.

파르메산 치즈

파르메산 치즈는 이탈리아 외의 나라에서 제조한 하드 치즈로, 파르미자노 레자노Parmigiano Reggiano라는 면허를 받은 이탈리아 하드 치즈와 유사한 종류다. (유럽연합과 이탈리아만 이 이름으로 면허를 받을 수 있다.—옮긴이) 이 치즈를 만드는 과정을 보면, 먼저 신선한 우유를 저녁에 짜서 그대로 두어 지방이 위에 뜨면, 이것을 걷어내 버터를 만든다. 지방을 걷어낸 우유에 레닛rennet(치즈 만들 때 사용하는 단백질 응고 효소)을 넣고 잘 섞어서 커다란 구리 가마솥에 넣는다. 이때 이전에 발효 작업을 하고 남은 유청(젖산)도 넣는데, 유청은 유단백질 응고를 도와주는 역할을 한다. 변성을 거친 유단백질에 물리적 힘을 가해 더 작은 입자로 쪼개고 단백질 변성이 더 진행될 수 있도록 열을 가하면 단백질이 서로 엉겨 붙어서 큰 덩어리를 이룬다. 이렇게 가마솥 바닥에 가라앉은 덩어리를 건져 면포로 싼 다음, 틀에 넣고 꾹 눌러서 둥근 모양으로 만들고 소금물에 담갔다가 적어도 12개월간 숙성한다. 파르메산 치즈의 감칠맛은 주로 글루타메이트 외에도 젖산과 같은 유기산에서 오는데, 특히 치즈 숙성 과정에서 글루타메이트의 양이 상당히 증가한다.

해조류

해외에 머무르다가 일본으로 돌아온 과학자 이케다 기쿠나에는 말린 다시마로 낸 국물에서 익숙한 맛을 발견했다. 자신이 수년간 독일에 살면서 먹은 토마토, 치즈와 고기 요리를 생각나게 하는 맛이었다. 이때의 경험이 계기가 되어 그는 마침내 글루타메이트와 감칠맛을 발견하기에 이르렀다. 어떤 종류의 해조류냐에 따라 보유한 글루타메이트의 양은 다르지만, 다시마는 다른 해조류와 비교했을 때 글루타메이트가 상당히 많은 편이고 구하기도 쉽다. 다시마는 가다랑어포처럼 말린 상태에서 이미 감칠맛이 농축되어 있으므로 조리할 때 글루타메이트를 쉽게 배출한다. 따라서 우려내는 데 굳이 긴 시간을 할애하지 않아도 된다. 그저 몇 장을 끓는 물이나 육수 혹은 채수에 넣고 몇 분간 뭉근하게 우려내면 된다. 해산물, 채소 요리 위에 풍미나 식감을 더하려면 김 가루를 뿌리거나 후리카케에 섞어 밥 위에 뿌려도 좋다. 일본식 양념 중에 내가 항상 부엌에 두고 쓰는 식재료로 시치미토가라시七味唐辛子(고추를 비롯해 여러 가지 말린 재료를 혼합한 양념.—옮긴이)와 고마시오(깨소금)가 있는데, 이 두 가지 양념은 후리카케처럼 구운 채소나 해산물 요리에 다른 풍미나 식감을 얹고 싶을 때 쓴다. 한편 말린 미역을 잘 다져서 짭조름한 크래커나 스콘 등의 빵 종류에 넣고 구워도 좋다.

간장과 타마리

아시아 음식 문화에서 빠질 수 없는 식재료인 간장(여기서 말하는 간장은 양조 간장이나 일본식 간장이다.—옮긴이)은 누룩곰팡이 균을 대두와 밀에 넣고 발효한 다음, 그것을 소금물에 담갔다가 다시 발효해서 만든다. 발효 과정에서 곰팡이가 효소를 이용해 단백질을 분해하고, 이때 글루타메이트가 증가한다. 여기서 생기는 액체(간장)는 진한 갈색을 띠며, 짠맛과 감칠맛이 난다.
타마리Tamari는 맛이나 모습이 간장과 비슷하지만 만드는 방법은 완전히 다르다. 타마리에는 밀이 조금 들어가거나 전혀 들어가지 않는다(글루텐을 피해야 하는 분들은 성분표를 잘 살펴서 '글루텐 프리'인지 확인해야 한다). 타마리의 주원료는 미소 된장이고 간장에 비해 짠맛이 적으면서 좀 더 균형 잡힌 맛이 난다. 요리에 쓸 때는 간장이든 타마리든 거의 구분 없이 사용하는 경우가 많지만, 간을 맞출 때는 각각의 염도를 감안해서 써야 한다(255쪽 '닭 넓적다리살 구이' 또는 254쪽 '만차우 수프' 참조).

차

차에는 테아닌(또는 5-N-에틸글루타민)이라는 감칠맛 나는 아미노산이 들어 있다. 연하게 우려낸 홍차, 특히 랍상소우총처럼 훈제한 차를 이용해 수프나 육수에서 감칠맛을 낼 수 있다. 녹차와 녹차 가루 역시 아미노산이 풍부해 감칠맛을 내고 싶을 때 활용하면 좋다.

토마토

토마토는 익힐수록 글루타메이트 농축률이 무려 480퍼센트 또는 5.84배까지 증가하니 요리에 감칠맛을 내고 싶을 때 활용하면 좋다. 씨가 들어 있는 속 부분은 이를 둘러싼 과육보다 감칠맛이 훨씬 더 강한데, 글루타메이트와 뉴클레오티드가 더 집중되어 있어서 그렇다. 그러니 감칠맛이 풍부하게 들어 있는 이 부분을 요리할 때 버리지 말고 활용하면 좋다. 수프, 스튜, 육수 또는 커리(292쪽 '달 막카니')처럼 토마토의 감칠맛은 필요하지만 꼭 신선한 토마토 맛이 필요하지 않을 때, 나는 토마토 페이스트를 쓴다. 토마토 페이스트는 토마토 퓌레를 농축한 것인데, 몇 큰술만으로도 수분을 늘리지 않고 훨씬 더 깊은 감칠맛을 낼 수 있다. '선드라이드 토마토와 붉은 파프리카 스프레드'(314쪽)와 말린 토마토 가루 역시 감칠맛을 확 올리는 좋은 재료이다.

이스트 추출물

식물성 식단을 선택해야 하는 분들이 음식에 치즈 풍미를 내고 싶을 때 아마도 가장 많이 찾는 재료가 이스트 추출물 혹은 효모 추출물일 것이다. 발효 후에 죽은 이스트 세포에 열을 가해 가공해서 만드는 이스트 추출물은 단백질 가수 분해와 같은 복합적인 효소 반응으로 감칠맛이 증폭된다. 가다랑어포처럼 파스타, 칩 종류, 팝콘, 채소 위에 뿌리거나 수프 또는 채수에 넣으면 좋다. 맥주 양조 과정에서 발생하는 부산물로 만드는 영국의 마마이트Marmite, 맥주 효모 부산물로 만드는 호주의 베지마이트Vegemite에도 다른 풍미 재료들과 함께 이스트 추출물이 들어 있는데, 주로 토스트나 샌드위치에 발라 먹는다.

피시 소스
간장

감칠맛으로 풍미를 끌어올리는 요긴한 방법

+ 감칠맛을 더 강하게 내려면 감칠맛을 가미한 소금을 쓰는 방법도 있다. 요리할 때 쓰거나 음식을 내기 직전에 뿌리면 좋다.

+ 김치, 생선과 새우 절임(젓갈), 아차르, 매운 삼발 등 대부분의 발효 음식은 감칠맛과 매운맛을 비롯해 여러 가지 다른 맛을 가지고 있다. 풍미를 더하고 싶을 때 요리에 곁들이는 소스로 활용하거나 샌드위치 혹은 랩에 들어가는 재료로 써도 좋다. 마요네즈나 딥에 더 깊은 맛을 내고 싶을 때 이런 재료를 넣어서 만드는 방법도 있다. 예를 들면 김치를 몇 큰술 갈아서 퓌레로 만들어서 소스 만들 때 넣어보라.

+ 인도의 중국식 소스들(317쪽)은 맵고, 짭조름하고, 새콤하면서 감칠맛이 난다. 쓰임새가 많은 인도식 쓰찬 소스(318쪽)를 나는 거의 모든 에피타이저에 곁들임용으로 쓴다. 많은 인도 식당에서는, 내 요리책《시즌》에서도 소개한 '포테이토 촙(potato chops, 고기 고로케와 비슷하다.— 옮긴이)'을 낼 때 이 소스를 곁들인다.

+ 풍미 가득한 육수를 내고 싶다면 다시마, 찻잎이나 녹차 가루인 말차, 혹은 가다랑어포를 뜨거운 액체에서 우려내 써보라. 이런 재료의 대부분이 건조된 상태여서 다른 식재료보다 짧은 시간 내에, 그것도 몇 분 안에 감칠맛을 낼 수 있다는 장점이 있다.

+ 미소 된장 한 수저로 깊은 풍미를 낼 수 있다. 나는 달콤한 요리에는 시로 미소를 쓰고, 감칠맛을 내야 하는 요리에는 진한 붉은색 아카 미소를 쓴다.

+ 다진 선드라이드 방울토마토나 토마토 가루 역시 요리의 감칠맛을 올리고 싶을 때 쓰면 좋다. 샐러드 드레싱용 비네그레트, 찌거나 조리거나 구운 채소, 또는 고기 요리에 곁들일 소스를 만들 때 쓰면 좋다.

요리할 때 감칠맛을 맛있게 활용하는 방법

+ IMP가 풍부한 가다랑어포와 같은 재료로 육수를 낼 때는 반드시 완성되어 식은 다음에 요리용 산을 넣어야 한다. 산은 뜨거운 상태에서 IMP를 감소시키는 경향이 있다.

+ 가다랑어포를 듬뿍 뿌려서 음식의 질감을 더 풍부하게 만들어보라. 삶은 달걀, 샌드위치 필링, 혹은 수프 가니시로 올리면 음식 맛이 훨씬 더 재미있어진다.

+ 배, 복숭아, 사과처럼 새콤달콤한 과일과 볶은 견과를 넣은 샐러드에 얇게 포를 뜬 파르메산 치즈를 올리면 감칠맛이 더해져 맛이 훨씬 풍부해진다.

+ 염장한 달걀 노른자(312쪽 참조)는 감칠맛을 내는 글루타메이트가 풍부하다. 이것을 갈아서 쓰면 짭짤한 치즈 맛이 나므로 치즈 대신 가니시용으로 좋다.

+ 글루타메이트가 풍부한 호두와 같은 견과는 요리에 아삭한 식감을 내기도 하지만 감칠맛까지 더해준다.

+ 온도가 떨어지면 감칠맛도 덜 느껴진다. 따라서 요리는 따뜻할 때 먹어야 감칠맛을 더 느낄 수 있다. 같은 국물이라도 식었을 때 먹는 것이 따뜻했을 때만큼 맛있지 않은 것도 바로 이런 이유 때문이다.

+ 오븐의 열로 발생한 뜨거운 공기층이 재료를 감싸 서서히 익히는 로스팅은 음식의 감칠맛을 더 끌어올릴 수 있는 조리법이다. 제철이 아니거나 그저 맛이 떨어지는(예를 들면 내 여름 텃밭의 토마토) 토마토의 풍미를 올리고 싶을 때 이 방법을 써보라(152쪽 '커리 잎을 넣은 토마토 오븐 구이' 참조).

+ 감칠맛은 짠맛을 더 강하게 느끼게 하므로 요리할 때 염분의 양을 줄이려면 이 점을 잘 활용하면 된다. 피시 소스는 조금만 넣어도 간이 확 달라진다. 그 밖에도 저염 간장처럼 비슷한 효능을 가진 재료를 시중에서 쉽게 구할 수 있다(176쪽 '고구마 오븐 구이'와 226쪽 '셰퍼드 파이' 참조).

+ 얇게 썬 토마토나 볶은 버섯 위에 소금을 살짝만 쳐도 감칠맛을 끌어올릴 수 있다(142쪽 '피자 토스트'와 220쪽 '고아식 풀라오' 참조).

+ 설탕이나 꿀 같은 감미료를 조금만 써도 감칠맛을 끌어올릴 수 있다. 대부분의 요리에는 다양한 풍미가 섞여 있지만, 남아시아 음식을 먹다 보면 특히 단맛이 자주 느껴질 것이다. 내가 너무나 좋아하는 마사만(Massaman) 같은 커리에는 감칠맛을 더하기 위해 설탕을 살짝 치기도 한다. 감미료가 아니더라도 커리 요리에는 당이 약간 들어간 코코넛 밀크나 타마린드가 들어가는 경우가 많다.

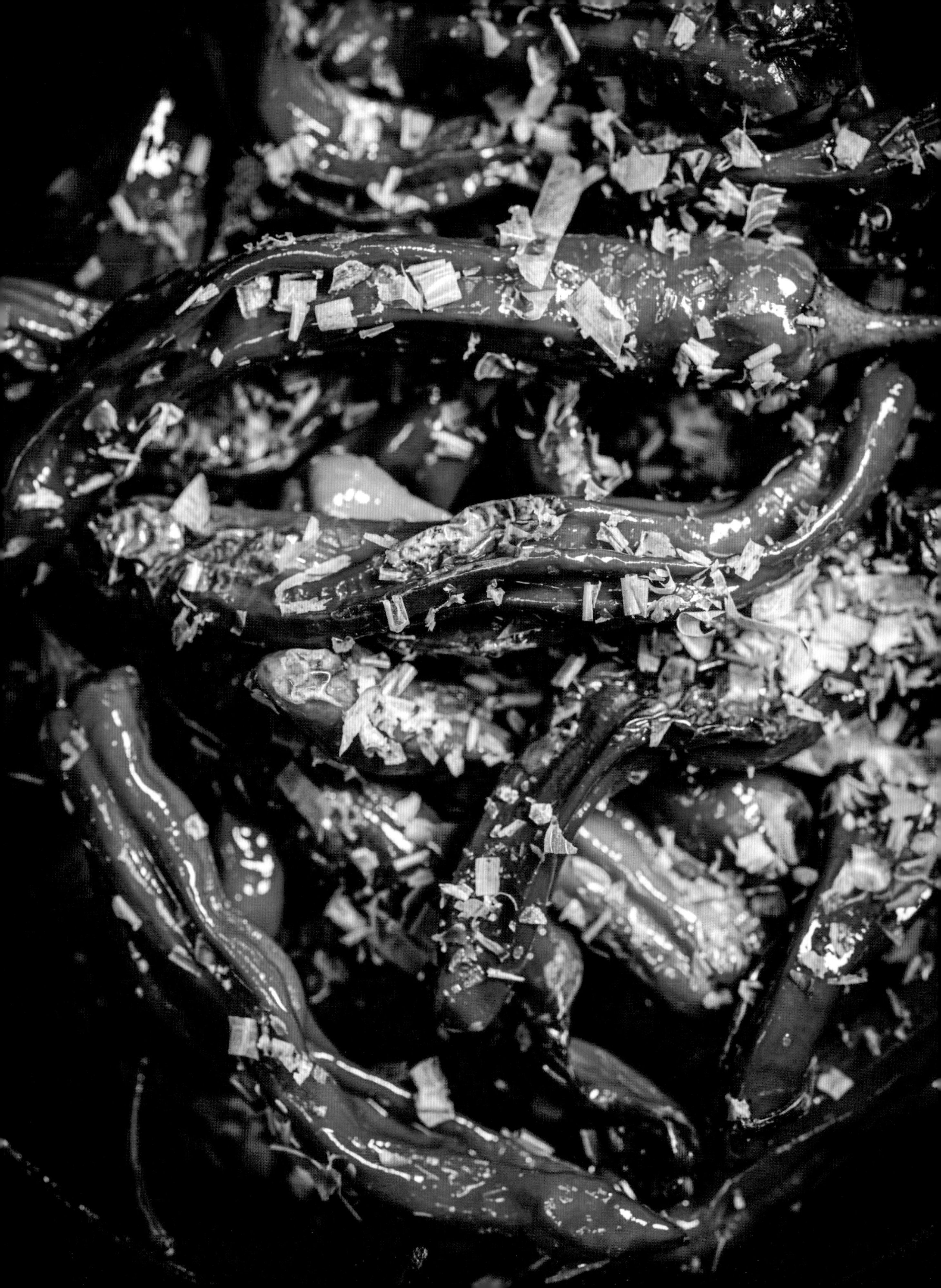

가다랑어포를 올린 꽈리고추(파드론 고추) 팬 구이

Blistered Shishito/Padrón Peppers with Bonito Flakes

꽈리고추 혹은 파드론 고추를 먹는 즐거움은 갑자기 강렬한 매운맛이 언제 확 치고 들어올지 예상할 수 없다는 것이다. 나는 아주 조심스럽게 맛을 본 뒤에 맵지 않은 것들만 골라서 먹는데, 대체로 순한 맛인 이 고추에 제대로 매운 것이 꼭 한두 개는 끼어 있기 마련이다. 좀 더 많은 사람들에게 이 요리를 대접하고 싶다면, 지금 소개하는 레시피 양을 배로 늘리면 된다.

재료(4인분 기준)

- 엑스트라 버진 올리브유 2큰술
- 꽈리고추 혹은 파드론 고추 340g
- 저염 간장 2큰술
- 소금 플레이크 또는 천일염
- 가다랑어포 3~4큰술

풍미 내는 방법

이 요리에서는 간장과 가다랑어포가 만났을 때 내는 시너지가 제대로 빛을 발한다. 가다랑어포를 넣기 전과 후에 각각 맛을 보면 감칠맛 시너지가 음식 맛을 어떻게 달라지게 하는지 금세 알 수 있을 것이다.

저염 간장을 쓰면 염분 조절을 원하는 대로 하기가 수월하다.

소금으로 감칠맛을 끌어올릴 수 있다.

1. 중간 크기 프라이팬이나 스킬릿에 기름을 두르고 중강불에서 달군다. 기름이 충분히 데워지면 고추를 넣고 골고루 지진다. 고추가 부풀어 오르고 껍질이 터질 때까지 2~3분 지지다가 간장을 뿌리고 골고루 잘 묻도록 손의 스냅을 이용해 프라이팬째 고추를 몇 차례 위로 던졌다 받기를 반복하면서 30초간 더 조리한다.
2. 불에서 내린 고추를 접시에 옮겨 담고 소금과 가다랑어포를 충분히 뿌려서 바로 상에 낸다.

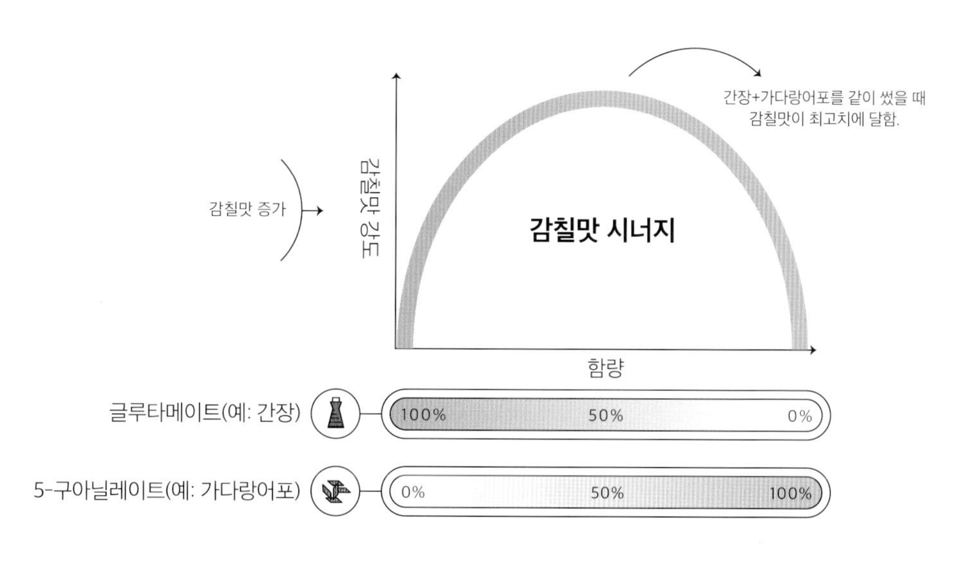

출처: Yamaguchi S., Ninomiya K. “Umami and food palatability.” *Journal of Nutrition* 130, 4S (2000).

병아리콩 팬케이크와 구운 브로콜리니

Roasted Broccolini + Chickpea Pancakes

병아리콩 팬케이크 또는 나의 아버지가 '병아리콩 오믈렛'이라고 부르는 베산 칠라Besan chilla는 구워서 바로 먹을 때가 가장 맛있다. 이 팬케이크에 인도식 쓰촨 소스를 듬뿍 바르고 브로콜리니를 몇 개 올린 뒤 돌돌 말아서 한 입 크게 베어 먹어보라. 끝내주게 맛있다.

재료(4인분 기준)

브로콜리니

브로콜리니● 2단(총무게 455g)
엑스트라 버진 올리브유 2큰술
흑후추 가루 1/2작은술
고운 천일염

팬케이크

병아리콩 가루 2컵(240g)
붉은 고추 가루 1/2작은술
강황 가루 1/2작은술
고운 천일염 1/2작은술
고수 2큰술, 큼직하게 다져서
녹색 고추 1개, 다져서
엑스트라 버진 올리브유 4큰술(60ml)
인도식 쓰촨 소스 1/2컵(97g)

풍미 내는 방법

브로콜리를 비롯해 많은 배추속 채소는 글루타메이트가 풍부해서, 특히 로스팅하면 감칠맛이 확 살아난다. 감칠맛을 더 끌어올리려면 익힌 브로콜리니 위에 간장이나 타마리를 1큰술 뿌리고, 고운 천일염 대신 감칠맛을 가미한 소금을 써보라.

브로콜리니를 로스팅할 때 와이어 랙 위에 올려서 구우면 공기 순환이 잘될 뿐만 아니라, 브로콜리니에서 빠져나온 수분에 잠긴 상태로 삶아지면서 채소가 물컹해지는 사태가 발생하지 않는다. 브로콜리니를 넓적한 베이킹팬 두 개에 나눠 담고 간격도 넉넉하게 두어야 구웠을 때 아삭한 식감을 유지할 수 있다.

참고 팬케이크를 미국식으로 가볍고 포실하게 만들려면 베이킹파우더 1작은술과 베이킹소다 1/2작은술, 사과 식초 1큰술을 넣으면 된다.

1. 오븐을 218℃로 예열한다. 넓적한 베이킹팬 두 개에 알루미늄 포일을 깔고 각 팬마다 와이어 랙을 얹는다.
2. 브로콜리니 줄기 끝을 잘 다듬은 다음, 올리브유, 후추, 소금을 잘 섞어서 브로콜리니에 바른다.
3. 준비해둔 팬 2개에 간격을 넉넉하게 주고 브로콜리니를 올려 오븐에서 15~20분간 굽는다.
4. 브로콜리니 위쪽 끝이 바삭하게 살짝 탄 느낌이 나면 오븐에서 꺼낸다.
5. 팬케이크를 만들려면, 먼저 병아리콩 가루에 물 1과 1/2컵(360ml)을 넣고 덩어리 없이 부드러운 반죽이 될 때까지 젓다가 붉은 고추 가루, 강황 가루, 소금을 넣고, 이어서 고수, 다진 녹색 고추를 넣고 마저 섞는다.
6. 무쇠 또는 스테인리스 프라이팬이나 스킬릿에 올리브유를 1큰술 넣고 중강불에서 달군다.
7. 잘 섞은 반죽 1/4컵(60ml)을 달군 팬에 붓고, 반죽이 바닥에 골고루 잘 퍼지도록 팬을 이리저리 돌린다.
8. 팬케이크가 팬 바닥에서 떨어질 때까지 2분간 굽다가 뒤집어서 다시 2분간 더 굽는다.
9. 팬케이크가 살짝 단단해지면서 황갈색을 띠면 꺼낸다. 같은 방법으로 남은 팬케이크 반죽도 마저 구워서 접시에 담는다.
10. 팬케이크에 구운 브로콜리니와 인도식 쓰촨 소스를 올려서 상에 낸다.

●
일본에서 '중국 브로콜리'라고 부르는 카이란과 브로콜리를 교배한 채소. 브로콜리와 비슷한 맛이지만 좀 더 달콤하고 아스파라거스와 비슷한 맛이 난다.

하카식 닭고기 국수(인도식 중국 요리)

Chicken Hakka Noodles(Indo-Chinese)

인도식 중국 요리는 우리에게 익숙한 일반적인 중국 음식과 비슷한 면을 찾기 어려울 정도로 다르다. 인도인들에게 많이 사랑받고 인도 음식에서 빼놓을 수 없는 특별함을 지닌 하카 요리는 콜카타로 이주한 최초의 중국인인 하카족 이민자들이 고향의 음식에 새로움을 불어넣어서 탄생시킨 요리다. 여기에 인도인 셰프들이 다양한 향신료로 현지 색깔을 입히고 형식에 얽매이지 않고 접근해, 어느새 인도 요리의 새로운 장르로 정착시켰다. 그럼에도 하카 요리는 몇몇 해외 대도시를 제외하고는 인도 밖에서 찾아보기 어렵고, 인도 요리책에서 언급조차 안 된 경우가 많다. '치킨 하카 국수'는 그 자체로도 맛있지만 고추-간장-식초 소스, 혹은 인도식 쓰촨 소스(317, 318쪽)와 곁들이면 더 맛있다.

재료(4인분 기준)

- 중화면 340g
- 고운 천일염
- 참기름 2큰술
- 포도씨유 또는 튀는 향이 없는 기름 2큰술
- 마늘 2쪽, 다져서
- 생강 1쪽(길이 2.5cm), 껍질을 벗긴 뒤 갈아서
- 녹색 고추 1개, 다져서
- 양파(중) 1개 (260g), 반으로 잘라 얇게 썰어서
- 파 1단(115g), 몸통과 잎 부분 모두 얇게 썰어서
- 흑후추 가루 1작은술
- 쿠민 가루 1작은술
- 붉은 고추 가루 1/2작은술
- 양배추 200g, 채 썰어서
- 피망(중) 1개(200g), 얇게 썰어서
- 그린빈 155g, 길게 반으로 잘라서
- 당근 155g, 길이 2.5cm 성냥개비 모양으로 채 썰어서
- 전기 구이 통닭 200g, 껍질과 뼈를 제거한 뒤 잘게 찢어서
- 저염 간장 2큰술
- 현미 식초 2큰술
- 암추르 2작은술

풍미 내는 방법

암추르의 과일 신맛이야말로 감칠맛을 내는 간장, 파, 마늘, 생강의 따뜻한 기운 속에서 이 국수 요리만의 풍미를 살리는 재료다.

포도씨유가 없다면 발연점이 높은 기름을 선택하면 된다. 볶을 때 웍●의 온도가 177℃로 표시되고(요리용 적외선 온도계를 활용하면 좋다), 기름 표면에 잔잔한 물결이 일어나면 볶기에 적당한 온도가 된 것이다.

1. 큰 솥에 소금으로 간을 한 물이 팔팔 끓기 시작하면 국수를 넣고 부드럽게 익을 때까지 3~4분간 삶다가 체에 걸러 흐르는 물에 잘 씻은 뒤 물기를 충분히 뺀다.
2. 삶은 국수를 큰 볼에 담고 참기름을 뿌려 손의 스냅을 이용해 볼째 국수를 몇 차례 위로 던졌다 받기를 반복한 뒤 소금으로 간을 한다. 이렇게 하면 기름이 국수에 골고루 묻어 국수 가닥이 서로 들러붙지 않는다.
3. 포도씨유를 웍이나 소스팬에 넣고 중강불에서 달군 뒤, 마늘, 생강, 고추를 넣고 30~45초간 볶다가 향이 나기 시작하면 양파를 넣고 약간 투명해질 때까지 4~5분간, 그다음에 파를 넣고 1분간, 파가 부드러워지면 후추, 쿠민 가루, 붉은 고추 가루를 넣고 30~45초간 더 볶는다.
4. 향신료에서 향이 나기 시작하면 양배추, 피망, 그린빈, 당근을 넣고 채소가 아삭한 정도로 익을 때까지 3~4분간 볶다가 소금으로 간을 한다. 이어서 닭고기를 넣어 마지막으로 1분간 더 볶다가 큰 볼에 담아둔 국수도 넣는다.
5. 작은 볼에 간장, 식초, 암추르를 넣고 잘 섞어서 국수, 채소, 닭고기가 담긴 볼에 붓는다. 모든 재료가 골고루 버무려지게 요리용 집게로 잘 섞어서 완성하고, 따뜻할 때 상에 낸다.

●
중화 요리용 프라이팬인 웍(wok)은 바닥이 깊고 반구 모양으로 되어 있어 찜, 조림, 국물 요리, 특히 볶음이나 튀김 요리를 하기에 적합하다.

양배추 볶음

Stir-Fried Cabbage

아주 간단하면서도 감칠맛을 꾹꾹 눌러 담은 이 요리는 양배추 자체의 감칠맛이 최대한 돋보일 수 있게 모든 재료를 잘 활용한다.

재료(사이드 디시로 4인분 기준)

양배추 800g

포도씨유 또는 튀는 향이 없는 기름 1큰술

마늘 1쪽, 짓이겨서

흑후추 가루 1/2작은술

고운 천일염

저염 간장 1큰술

참기름 1큰술

풍미 내는 방법

글루타메이트가 풍부한 배추속 채소인 양배추에 간장과 참기름이 들어가 감칠맛이 더 잘 살아난다.

양배추를 볶기 전에 물기를 잘 빼주어야(채소 탈수기를 쓰면 좋다) 물기 때문에 웍이나 프라이팬 온도가 떨어져 양배추 찜이 되어버리는 불상사를 막을 수 있다.

포도씨유가 없다면 발연점이 높은 다른 기름을 선택한다. 볶을 때 웍의 온도가 177℃로 표시되고 기름 표면에 잔잔한 물결이 일어나면 볶기에 적당한 온도가 된 것이다.

1. 양배추를 칼로 크게 조각 낸 다음, 잎을 한 겹씩 따로 떼어낸다.
2. 포도씨유를 웍이나 큰 스테인리스 소스팬에 넣고 강불에서 달군다. 기름에 잔잔한 물결이 일어나면 마늘을 넣고 갈색이 날 때까지 30~45초간 볶다가 양배추를 넣고 다시 10~12분간 더 볶는다.
3. 양배추 잎이 숨이 죽으면서 갈색 지진 자국이 조금씩 나타나면 후추를 뿌리고 소금으로 간을 살짝 한 다음, 간장과 참기름을 넣어 손의 스냅을 이용해 프라이팬째 양배추를 몇 차례 위로 던졌다 받기를 반복해서 양념이 골고루 묻게 한다.
4. 볶은 양배추는 접시에 옮겨 담고 바로 상에 낸다.

고아식 새우와 올리브와 토마토 풀라오

Goan Shrimp, Olive + Tomato Pulao

나는 해안가에서 어린 시절을 보내서인지 바다와 바다가 우리에게 주는 혜택이 얼마나 고마운지 어렵지 않게 깨달을 수 있었다. 신선한 새우와 말린 새우는 고아 요리에서 빠져서는 안 되는 재료다. 새우가 들어가는 이 일품 요리는 샐러드 외에는 아무것도 곁들일 필요 없이 그 자체로 충분한 한 끼 식사가 된다. 나의 할머니는 이 요리를 할 때 쌀에 새우를 넣기도 했지만, 너무 오래 익히면 새우가 질겨질 수 있으니 요리 거의 막바지 단계에 넣는 것이 더 좋다. 생새우와 냉동 새우 둘 중 어느 것을 써도 상관없지만, 미리 익혀둔 새우는 좋지 않은 뒷맛을 남길 수 있으니 피하는 것이 좋다(이미 익힌 생선을 다시 조리했을 때 맛과 향이 변하는 것도 비슷한 이유 때문이다).

재료(4인분 기준)

- 찰기 없는 쌀 2컵(400g) (바스마티 추천)
- 양파 570g, 반으로 잘라 얇게 썰어서
- 엑스트라 버진 올리브유 4큰술(60ml)
- 고운 천일염
- 시나몬 스틱 2개(길이 5cm)
- 정향 4개
- 그린 카다멈 가루 1작은술
- 마늘 4쪽, 얇게 저며서
- 생강 1쪽(길이 5cm), 껍질을 벗긴 뒤 길이 2.5cm 성냥개비 모양으로 채 썰어서
- 카옌고추 가루 1/4작은술
- 토마토 페이스트 1/4컵(55g)
- 저염 닭 육수(치킨 스톡) 또는 '브라운' 채소 스톡 4컵(960ml)
- 새우(중) 680g, 꼬리만 남겨두고 껍질을 벗기고 내장을 제거해서
- 갓 짠 레몬 즙 2큰술
- 블랙 올리브 1캔(170g), 씨를 빼고 반으로 잘라서(가니시용)
- 파 2큰술, 하얀 몸통과 푸른 잎 모두 얇게 썰어서(가니시용)
- 무가당 그릭 요거트(곁들임용)

풍미 내는 방법

진한 감칠맛을 내는 재료는 토마토와 올리브와 새우이지만 소금도 그런 감칠맛이 제대로 빛을 발할 수 있게 돕는다.

나는 이 풀라오를 만들 때 언제나 닭 육수를 쓰는데, 더 풍부한 감칠맛을 내고 싶다면 '브라운' 채소 스톡을 써도 좋다.

1. 오븐을 149℃로 예열한다. 오븐 랙을 오븐 맨 위칸에 설치하고, 넓적한 베이킹팬에 종이 포일을 깐다.
2. 쌀에 불순물이 없는지 확인한 뒤, 충분히 잠길 정도로 물을 부어 30분간 불린다.
3. 양파를 볼에 담고 올리브유 2큰술과 소금을 넣어 손의 스냅을 이용해 볼째 내용물을 몇 차례 위로 던졌다 받기를 반복해서 잘 묻힌다. 미리 준비한 넓적한 베이킹팬에 양파를 겹치지 않게 잘 펼쳐서 오븐에서 1시간 동안 굽는다. 이때 양파에 색이 골고루 잘 들도록 한 번씩 저어주고 혹시 타지 않는지 잘 지켜봐야 한다. 오븐이 너무 뜨거운 것 같으면 랙과 팬을 오븐 중간 칸으로 옮겨서 계속 굽는다. 양파가 황갈색으로 바삭하게 구워지면 완성이다.
4. 쌀 불리는 시간이 끝나기 5분 전쯤, 중간 크기 소스팬이나 더치 오븐에 남은 올리브유 2큰술을 넣고 중강불에서 충분히 달군 뒤 시나몬 스틱, 정향, 카다멈을 넣고 30~45초간 볶다가 향이 올라오면 마늘, 생강, 카옌고추 가루를 넣고 1분간 더 볶는다. 재료들이 연한 갈색을 띠고 향이 올라오면 토마토 페이스트를 넣고 계속 저으면서 4분간 더 볶는다.
5. 토마토 페이스트가 갈색으로 바뀌면서 팬 바닥에 눌러붙기 시작하면 물을 전부 따라낸 쌀을 팬에 있는 다른 재료들과 합치고 쌀알이 부서지지 않게 살살 섞는다. 쌀이 팬에 들러붙기 시작할 때까지 2~3분간 익힌다.
6. 쌀이 익어가는 팬에 육수나 채수를 붓고 불을 올려 한소끔 끓이다가 줄여서 뭉근하게 익힌다. 이때 팬 뚜껑을 덮어 수분이 거의 날아갈 때까지 쌀에 손대지 않은 채 15~20분간 익힌다.
7. 준비한 새우에 소금으로 간을 해서 밥 위에 가지런히 올려 3~4분간 더 익힌다.
8. 새우가 핑크색으로 바뀌고 수분이 완전히 다 날아가면 밥 위에 레몬 즙을 뿌리고, 팬을 불에서 내려 5분 정도 뜸을 들인다.
9. 밥에 뜸이 충분히 들면 포크로 살살 뒤적이며 밥을 부풀리다가 조심스럽게 새우와 밥을 섞어서 접시에 옮겨 담고, 올리브, 파, 구운 양파로 가니시한다. 따뜻할 때 요거트를 따로 담아 곁들여서 상에 낸다.

닭고기 칸지

Chicken Kanji

산스크리트어로 칸지Kanji는 쌀을 한참 끓이다 남은 걸쭉한 전분기 가득한 액체를 가리키는데, 쌀이 주식인 다른 아시아권에서 먹는 죽의 홍콩식 명칭인 콩지Congee의 어원이기도 하다. 몸이 아플 때마다 어머니가 만들어주시던 칸지의 레시피(어머니는 닭고기를 넣었다)에 향신료를 넣어 조금 색다르게 바꾸어보았다.

재료(4인분 기준)

칸지

쌀 1/2컵(100g)

닭 넓적다리살 4개(총무게 약 680g), 껍질을 벗기지 않은 뼈 있는 닭

고운 천일염

포도씨유 또는 튀는 향이 없는 기름 1큰술

흑후추 가루 1/2작은술

정향 4개

월계수 잎 2장

샬롯이나 양파(총무게 180g)

엑스트라 버진 올리브유 2큰술

처트니

엑스트라 버진 올리브유 2큰술(60ml)

고수 잎 1/2컵(20g), 큼직하게 다져서

갓 짠 라임 즙 1/4컵(60ml)

마늘 2쪽, 다져서

붉은 고추 플레이크 1/2작은술(알레포, 마라슈, 우르파 추천)

풍미 내는 방법

이 요리의 주재료인 쌀은 찰기가 있든 없든 아무 종류나 써도 상관없다. 일반적으로 풀라오처럼 쌀알이 길고 찰기 없는 바스마티가 들어가는 요리는 조리할 때 손대지 않고 익혀야 하지만, 이 요리는 한 번씩 저어줘야 부드럽게 익어가는 밥알이 깨지면서 더 걸쭉한 농도를 만들 수 있다.

이 죽 요리의 감칠맛은 닭에서 오는데, 특히 풍미 분자를 만들어내기 위해 닭을 양념하고 센 불에서 갈색으로 지지는 과정(시어링)을 거쳐서 마야르 반응을 유도하는 방법을 쓴다.

라임 즙은 이 죽 요리에 필요한 신맛을 낸다.

샬롯(양파)의 아삭한 식감이나 처트니의 신맛은 이 소박한 요리의 매끈하고 부드러운 식감에 대비되는 질감과 맛으로 조화를 이끌어내는 역할을 한다.

1. 칸지를 만들려면, 먼저 쌀을 고운 체에 담고 흐르는 물에 씻어서 작은 볼에 담아 완전히 잠길 정도로 물을 부어 30분간 불린다.
2. 키친타올로 닭고기를 살살 두드려 물기를 제거한 뒤 앞뒤로 소금을 살짝 뿌린다.
3. 중간 크기 소스팬이나 더치 오븐에 포도씨유를 두르고 중강불에 달군 다음, 닭고기를 3~4분간 뒤집어가며 지진다.
4. 양쪽 면 모두 황갈색을 띠면 후추, 정향, 월계수 잎을 넣고 향이 날 때까지 30~45초간 더 볶는다.
5. 쌀 불린 물을 모두 따라낸 다음, 닭을 볶던 팬에 쌀을 넣고 물 2컵(480ml)을 부어 중강불에서 익히다가 끓기 시작하면 약불로 줄이고 다시 45분에서 1시간 동안 뭉근하게 끓인다. 이때 밥알이 잘 깨지도록 이따금 젓는다.
6. 닭이 완전히 익고 밥알이 터지면서 농도가 걸쭉해지면 불을 끈다. 퍽퍽해 보이면 물을 더 넣고 끓인다.
7. 익은 닭은 요리용 집게로 꺼내 뼈를 발라낸 뒤, 살을 잘게 찢는다.
8. 닭과 쌀이 익는 동안 샬롯(양파)을 준비한다.
9. 오븐을 149℃로 예열하고, 넓적한 베이킹팬에 종이 포일을 깐다.
10. 손질한 샬롯을 반으로 자르고 얇게 썰어서 작은 볼에 담고 올리브유를 뿌려서 손의 스냅을 이용해 볼째 몇 차례 위로 던졌다 받기를 반복해 잘 묻힌 뒤, 소금으로 간을 한다.

11. 이어서 준비해둔 넓적한 베이킹팬에 샬롯을 겹치지 않게 잘 펼쳐서 30~45분간 굽는다. 이때 색이 골고루 잘 들도록 굽는 동안 한 번씩 저어주는 것이 좋다. 샬롯 색이 황갈색으로 바뀌고 바삭하게 잘 구워지면 오븐에서 꺼낸다.

12. 처트니를 만들려면, 작은 볼에 올리브유, 고수, 라임 즙, 마늘, 붉은 고추 플레이크를 넣고 잘 섞은 다음, 소금으로 간을 한다.

13. 살짝 식어서 따뜻하거나 뜨거운 칸지 위에 닭고기, 샬롯, 처트니로 토핑하고, 여분의 처트니는 그릇에 따로 담아 곁들여서 상에 낸다.

닭 넓적다리살과 채소 오븐 구이

Roast Chicken Thighs + Vegetables

손쉽고 간단하게 만들 수 있는 풍미 가득한 닭 요리다. 여유가 있다면 닭을 하룻밤 재우면 풍미를 더 살릴 수 있다. 또 감칠맛이 가미된 소금을 쓰면 감칠맛을 확 올리면서 다른 차원의 맛을 낼 수도 있다.

재료(4인분 기준)

닭고기

닭 넓적다리살 4개(총무게 약 910g), 껍질 벗기지 않고 뼈 있는 닭

마리네이드

마늘 2쪽

생강 1쪽(길이 2.5cm), 껍질 벗겨서

식초 2큰술

우스터 소스 2큰술

엑스트라 버진 올리브유 2큰술

고운 천일염 1작은술

흑후추 1/2작은술

구운 채소

햇 알감자 455g

버섯 230g, 적당한 두께로 썰어서

완두콩 1컵(120g), 신선한 것 혹은 냉동한 것(냉동인 경우 해동할 필요 없음)

엑스트라 버진 올리브유 1큰술

흑후추 가루 1/2작은술

고운 천일염

가니시

차이브(실파) 2큰술, 큼직하게 다져서

녹색 고추나 붉은 고추 1개, 얇게 썰어서(새눈고추 추천)

풍미 내는 방법

닭은 재울 때 마리네이드에 들어가는 우스터 소스가 감칠맛 부스터 역할을 한다.

닭 구울 때 빠져나오는 지방은 팬에 함께 구워지는 채소에 또 다른 풍미를 선사한다.

마늘, 생강, 후추, 고추에서는 매운 케메스테시스를 느끼게 하는, '매콤한' 맛 분자가 흘러나온다.

1. 닭고기는 키친타올로 살살 두드려서 물기를 제거한 뒤, 커다란 지퍼백에 담는다.
2. 마리네이드를 만들려면, 마늘, 생강, 식초, 우스터 소스, 올리브유, 소금, 흑후추를 블렌더에 넣고 몇 초간 고속으로 돌려 잘 섞는다.
3. 완성된 마리네이드를 닭이 들어 있는 지퍼백에 붓고 마리네이드가 충분히 묻도록 잘 흔들어준 다음, 냉장고에서 최소한 2시간은 재운다. 하룻밤 재우면 더 좋다.
4. 조리를 시작하기 전에 냉장고에서 닭고기를 꺼내 실온에 약 15분간 두어 찬 기운을 뺀다.
5. 오븐을 204℃로 예열한다.
6. 감자, 버섯, 완두콩을 큰 볼에 담고 올리브유, 소금, 후추를 넣고 잘 버무려지도록 손의 스냅을 이용해 볼째 몇 차례 위로 던졌다 받기를 반복한 다음, 모든 재료를 큰 베이킹팬이나 로스팅 그릇으로 옮겨서 골고루 펼친다.
7. 지퍼백에서 닭고기를 꺼내 껍질 부분이 위를 향하게 베이킹팬의 채소 위에 얹고, 남은 마리네이드를 닭고기 위에 끼얹어 오븐에 넣고 55~60분간 굽는다.
8. 감자가 속까지 잘 익고, 닭 껍질이 눈으로 봤을 때 갈색으로 바삭하게 변했으면 요리용 온도계로 닭 내부 온도를 측정해보고 74℃가 되면 오븐에서 꺼낸다.
9. 구운 닭고기와 채소를 실온에 5분 정도 두었다가 채소와 함께 접시에 담아 차이브(실파)와 얇게 썬 고추로 가니시해서 상에 낸다.

쇼리수 소시지와 양고기 키마를 넣은 셰퍼드 파이

Shepherd's Pie with Kheema + Chouriço

이 요리는 우리 가족이 크리스마스나 부활절 때처럼 아주 특별한 명절에만 만들어 먹는 음식이지만, 언제 먹어도 위안을 주는 음식이기도 하다. 이 요리에 들어가는 감자는 요리 시간을 상당히 단축할 수 있는 작은 크기나 중간 크기로 준비한다. 그리고 양고기 대신 쇠고기를 써도 좋다.

재료(6~8인분 기준)

양고기 키마

엑스트라 버진 올리브유 1큰술

양파(중) 1개(260g), 잘게 깍둑썰기 해서

마늘 4쪽, 다져서

생강 1쪽(길이 2.5cm), 껍질을 벗긴 뒤 다져서

녹색 고추 1개, 다져서

토마토 페이스트 1/4컵(55g)

가람 마살라 2작은술(312쪽 참조)

강황 가루 1작은술

붉은 고추 가루 1작은술

완두콩 230g

당근 230g, 길이 2.5cm 성냥개비 모양으로 채 썰어서

쇼리수 소시지 170g

다진 양고기 910g

중력분 밀가루 2큰술

맥아 식초 또는 사과 식초 1/4컵(60ml)

고수 잎 1/4컵(10g), 큼직하게 다져서

피시 소스 1작은술

매시드 포테이토 토핑

감자(중) 1개(455g)

크렘 프레슈 또는 사워 크림 140g

무염 버터 1/4컵(55g), 깍둑썰기 해서 실온에 둔 것

흑후추 가루 1작은술

고운 천일염

굵은 빵가루 1/2컵(25g)

풍미 내는 방법

다진 고기를 뜻하는 키마Kheema는 인도 식탁에 다양한 형태와 요리법으로 등장한다. 이 요리에 들어가는 쇼리수 소시지는 고기 자체의 감칠맛뿐만 아니라 맛있는 신맛과 매콤함까지 더해주는 재료다.

피시 소스를 살짝 뿌리면 필링의 감칠맛을 한 단계 더 끌어올릴 수 있다.

식초의 신맛은 향신료와 고기의 강한 풍미를 균형 있게 잡아준다.

토마토 페이스트는 고기와 더불어 감칠맛을 더한다.

매시드 포테이토에 들어가는 지방은 촉촉하고 부드러운 식감을 만들어내고 유지한다.

굵은 빵가루는 바삭한 식감을 낸다.

1. 오븐을 204℃로 예열한다.

2. 양고기 키마를 만들려면, 먼저 큰 프라이팬이나 스킬릿에 기름을 두르고 중강불에 달군 다음, 양파를 넣고 약간 투명해질 때까지 4~5분간 볶다가 마늘, 생강, 녹색 고추를 넣고 1분간, 이어서 토마토 페이스트, 가람 마살라, 강황 가루, 붉은 고추 가루를 넣고 향이 올라올 때까지 30~45초간 볶는다.

3. 이어서 완두콩과 당근을 넣고 부드러워질 때까지 8~10분간 볶고, 그다음에는 쇼리수 소시지의 케이싱을 벗겨내고 손으로 필링을 잘게 으스러뜨려서 다른 재료와 함께 4~5분간 볶는다. 쇼리수의 필링이 갈색을 띠면 양고기를 마저 넣고 역시 갈색이 날 때까지 4~5분간 더 볶는다.

4. 이쯤 되면 재료에서 기름이 많이 빠져나올 텐데, 수저로 일부는 떠서 버린다. 그런 뒤 체로 고기 위에 밀가루를 뿌리고 살살 섞다가 식초를 넣고 불을 줄여서 수분이 거의 날아갈 때까지 계속 저으며 볶는다.

5. 고기 볶는 작업이 끝나면 프라이팬이나 스킬릿을 불에서 내려 고수와 피시 소스를 넣고 잘 섞는다. 그런 뒤 볶은 고기를 큰 베이킹 그릇에 옮겨 담고 오프셋 스패출라나 실리콘 주걱으로 수평이 되게 펼친다.

6. 감자는 흐르는 물에서 잘 씻어 큰 냄비에 담고 감자 위로 물이 약 2.5cm 올라오게 부은 다음, 소금을 넣고 중강불에서 삶는다. 물이 끓기 시작하면 불을 중약으로 줄여 부드럽지만 질척거리지 않을 정도로 속까지 익도록 20~30분간 삶는다.

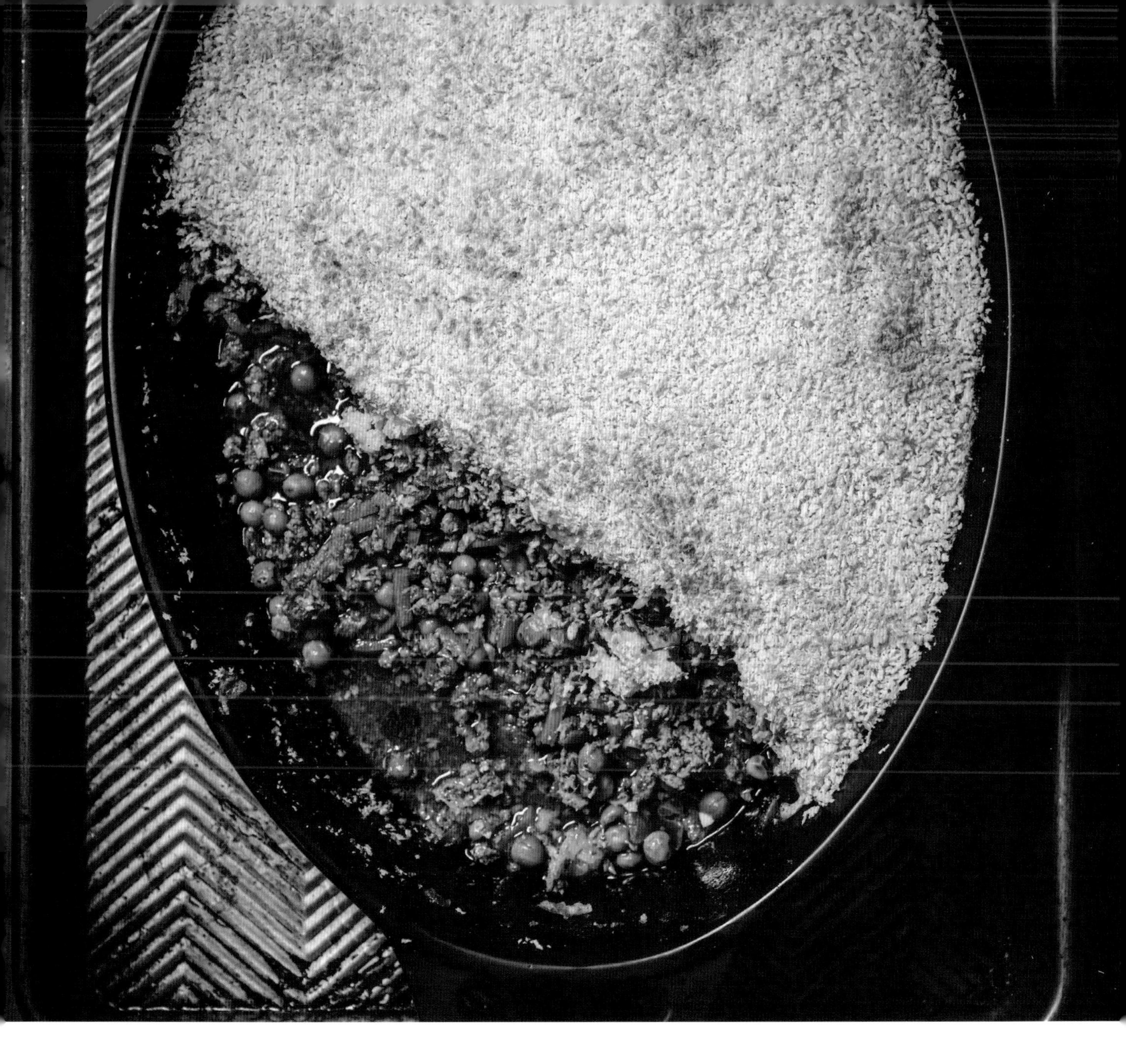

7. 감자가 다 익으면 물을 전부 따라내 버리고 손으로 만질 수 있을 정도로 식을 때까지 실온에 둔다.
8. 식은 감자의 껍질 벗겨서 큰 볼에 담고 크렘 프레슈, 버터, 후추를 넣어 부드럽게 잘 으깬 뒤, 소금으로 간을 해 매시드 포테이토를 만든다.
9. 매시드 포테이토를 베이킹 그릇에 담아놓은 고기 위에 얹어 오프셋 스패출라나 실리콘 주걱으로 고기를 완전히 덮도록 고르게 펼쳐서 덮는다. 그 위에 굵은 빵가루를 뿌려 겉이 황갈색을 띨 때까지 오븐에서 20~25분간 굽는다.
10. 완성된 요리를 오븐에서 꺼내 10분간 실온에 두었다가 상에 낸다.

커피 가루를 입혀서 구운 스테이크와 살짝 태운 카춤버 샐러드

Coffee-Spiced Steak with Burnt Kachumber Salad

인도에서 카춤버Kachumber는 주로 메인 요리에 곁들이는, 일종의 소스 역할을 하는 샐러드로 오이, 양파, 토마토가 들어가는 요리다. 내가 약간 다르게 재현한 이 샐러드 레시피에는 구운 양파, 토마토, 그리고 수분이 많은 생 오이가 들어간다. '살짝 태워서' 만드는 이 샐러드는 구운 스테이크와 잘 어울리는데, 몇 시간 전에 미리 만들어놓으면 더 좋다.

재료(2인분 기준)

카춤버 샐러드

방울토마토 340g, 반으로 잘라서

적양파(중) 1개(260g), 반으로 잘라서

녹색 고추 1개, 반으로 잘라서

엑스트라 버진 올리브유 3큰술

오이 1개(340g), 깍둑썰기 해서

고수 2큰술, 큼직하게 다져서

갓 짠 레몬 즙 2큰술

흑후추 가루 1/2작은술

고운 천일염

스테이크

커피 원두 2큰술, 입자를 굵게 분쇄해서

코리앤더 씨 1큰술, 살짝 짓이겨서

붉은 고추 플레이크 1큰술(우르파 추천)

고운 천일염 1큰술

그린 카다멈 가루 1작은술

립아이 스테이크(꽃등심) 2덩어리(1덩어리에 455g), 두께 2.5cm 정도

녹인 기 버터 또는 엑스트라 버진 올리브유 2~4큰술

풍미 내는 방법

커피는 쓴맛이 있지만 다른 향신료와 섞어서 고기에 넣고 요리하면 감칠맛이 더 풍부해진다.

튀르키예 산 고추인 우르파 비베르Urfa biber는 초콜릿과 비슷한 향이 나서 스테이크 양념으로 들어간 커피 가루와 잘 어울린다.

토마토와 양파를 오븐에 구우면 풍미가 달라질 뿐만 아니라, 무엇보다 토마토가 익어 으스러지면서 즙도 나온다. 이 즙은 열에 점점 농축되어 스테이크에 살사처럼 발라먹기 좋은 걸쭉한 농도가 된다. 이처럼 진해진 토마토의 풍미 분자가 스테이크의 감칠맛을 더 풍부하게 해준다.

스테이크 잘 굽는 방법을 알려드리자면, 해럴드 맥기의《음식과 요리》에서 설명하는 방법대로, 고기를 자주 뒤집어가며 구우면 육즙이 골고루 퍼지면서 퍽퍽해질 가능성이 줄어든다.

1. 카춤버를 만들려면, 먼저 오븐을 218℃로 예열한다.
2. 넓적한 베이킹팬에 알루미늄 포일을 깐다. 그 위에 올리브유를 뿌려 잘 버무린 토마토, 양파, 고추를 올린 다음, 팬을 오븐의 가장 위쪽 랙에 넣고 15~20분간 굽는다.
3. 채소에서 살짝 탄 느낌이 나기 시작하고 빠져나온 토마토 즙이 보글보글 끓기 시작하면 온도를 230℃로 올려 채소에 탄 자국이 더 선명해질 때까지 5~8분간 더 굽는다. 단, 너무 많이 태우면 쓴맛이 날 수 있으니 유의해야 한다.
4. 구운 채소를 오븐에서 꺼내 실온에서 10분간 식힌다. (미리 만들어놓는 경우, 밀폐 용기에 담아 최장 2일까지 냉장 보관 가능하다. 냉장 보관한 채소는 레시피대로 요리에 쓰면 된다.)
5. 채소가 모두 식으면 듬성듬성 썰어서 중간 크기 볼에 넣는다. 여기에 오이, 고수, 레몬 즙, 남은 올리브유 2큰술, 소금, 후추를 넣고 잘 섞이도록 손의 스냅을 이용해 볼째 몇 차례 위로 던졌다 받기를 반복한다. 상에 내기 전까지 뚜껑을 덮어 30분 이상 둔다.

6. 스테이크를 만들려면, 먼저 커피 가루, 고수, 붉은 고추 플레이크, 소금, 카다멈 가루를 작은 볼에 넣고 섞는다. 고기를 키친타올로 살살 두드려 물기를 제거한 다음, 만들어놓은 향신료 조합을 고기 앞뒷면에 꼭꼭 누르며 충분히 입혀서 45분에서 1시간 정도 실온에 둔다.

7. 스테이크를 구우려면, 먼저 석쇠를 기름칠해 강불에서 달군다. 기 버터나 올리브유 1큰술을 스테이크 앞뒤로 발라서 뜨겁게 달군 석쇠에 올리고 완전히 덮을 수 있는 뚜껑을 씌워 굽는다. 한 면당 앞뒤로 굽는 시간은, 레어의 경우 3~4분, 요리용 온도계로 내부 온도 49℃로 잡고, 미디엄-레어의 경우 5~6분, 55℃로 잡는다.

8. 그릴팬에서 굽는 경우, 기 버터나 올리브유 2큰술을 팬에 바르고 강불에서 달구다가 연기가 나기 시작하면 한 번에 스테이크 한 덩어리씩 차례대로 굽는다. 멋스럽게 그릴 자국 내는 데 연연하지 않는다면, 익을 때까지 30초마다 한 번씩 스테이크를 뒤집어가며 구우면 된다. 스테이크를 자주 뒤집으면 육즙이 고기에 골고루 퍼져서 촉촉함을 유지할 수 있다.

9. 구운 스테이크를 접시로 옮겨서 안쪽에 약간 공간을 두고 포일을 느슨하게 씌워 5분간 실온에서 휴지한다.

10. 스테이크를 상에 낼 때 살짝 태운 카춤버 샐러드를 곁들인다.

6장

매콤한 매운맛

나는 우리 가족만큼 매운 음식을 잘 즐기지는 못한다. 내 아버지는 매 끼니마다 작고 매운 녹색 고추를 빼놓지 않고 챙겨서 드시고, 어머니는 마른 고추를 블렌더로 잔뜩 갈아서 생선 커리에 넣으신다. 나로선 도저히 감당하기 어려운 매운맛이다.

부모님이 만드는 모든 음식을 따라서 만들고 싶었던 어린 시절, 한번은 펀자브 지역의 전통 음식인 사모사Samosa(만두와 비슷한 인도 음식.—옮긴이)를 시도해봤다. 흑후추와 녹색 고추가 많이 들어가는 레시피대로 사모사를 만들어 기름에 튀기기까지 했다. 그런데 그 맛은 이루 말할 수 없이 매웠고, 내 입과 귀는 무섭게 불타올랐다. 결국 그 경험으로 어떤 사람에게는 맛있고 즐길 수 있는 매운맛이, 다른 사람에게는 그렇지 않을 수 있다는 것, 즉 사람마다 매콤함을 견디는 수준이 다를 수 있다는 교훈을 얻었다. 그 이후로 어떤 음식을 하든지 나와 내가 만든 음식을 드시는 분들 모두가 감당하거나 즐길 수 있는 중간 정도의 매운맛이 무엇인지, 그리고 요리마다 어떤 고추를 쓰면 좋은지를 좀 더 세심하게 신경 쓰기 시작했다. 내 식탁에는 손님들을 위해 소금과 기호대로 매운맛을 조절할 수 있는 다양한 핫소스를 언제나 비치해둔다.

매운맛의 매콤한 풍미

매운맛은 표준이 되는 다섯 가지 맛에 포함되지 않는다. 입안이 갑자기 뜨거워지는 상태도 아닌 일종의 환각이자, '열'이 오르는 느낌일 뿐이다. 과학적으로 설명하자면 거슬리는 자극에 몸이 반응하는 케메스테시스다. 우리의 입과 코를 포함한 몸 전체에 걸쳐 존재하는 다양한 감각 수용기가 우리를 둘러싼 환경을 끊임없이 살피면서 온도 변화(온도 수용기), 그리고 통증과 압력(기계 수용기) 등을 감지한다. 마른 고추나 흑후추를 씹었을 때 이 재료들에 들어 있는 특수한 화학 물질이 감각 수용기에 달라붙어 자극하면 감각 수용기는 뇌를 속여 우리에게 열이 오르거나 고통스럽다는 착각을 일으킨다. 시간을 두고 매운 음식의 강도를 높여가며 통증에 대한 통각 수용기를 적응시키면 매운맛도 좀 더 편하게 즐길 수 있게 된다. 많은 이들이 매운맛이 주는 열 오르고 매콤하다는 느낌을 좋아하면서 매운맛을 접했을 때 맛있다는 느낌을 떠올린다.

우리가 접하는 많은 일반적인 식재료도 케메스테시스 반응을 일으킨다. 예를 들면 시나몬은 따뜻하고, 카다멈은 화한 '맛'이 난다고 느낀다.

매운맛을 가늠하는 방법

몸에서 열이 확 나게 하는 식재료의 매운 강도를 가늠하는 방법에는 몇 가지가 있다. 사실 인간이 느끼는 맛을 기계로 가늠하기란 어려운 일이어서 대부분은 미각 실험 그룹 참가자들의 반응을 수치로 환산해서 판단한다. 마늘과 양파의 매운 정도를 측정하는 피루브산 지수pyruvate scale는 몇 가지 특수한 요소의 양을 측정해서 산출한다.

스코빌 지수

고추의 매운맛은 주로 유전적 특징과 환경의 영향을 받는데, 개별 고추마다, 그리고 각각의 품종마다 보유한 캡사이신 양이 다르게 나타나는 것도 이 때문이다. 예를 들면 카슈미르 고추는 매운 정도가 낮은 편이고, 스코빌 지수가 1,000~2,000SHU(Scoville Heat Units)인 반면, 카옌고추는 30,000~50,000SHU를 기록한다.

토양, 물, 기후와 기타 환경적 요소도 생성되는 캡사이신의 양에 영향을 미친다. 예를 들면 그리 맵지 않은 고추 품종을 스트레스가 있는 조건에서 키우면 이런 환경에 적응한 고추는 더 매운맛을 띠게 된다.

고추의 스코빌 지수는 고추 추출물을 설탕물로 희석했을 때 미각 실험 참가 그룹이 더는 매운맛을 느끼지 않는 설탕의 양을 숫자로 환산한 것으로, 설탕 양이 많을수록 고추의 매운 강도는 올라간다. 스코빌 방식은 실험자들이 맛을 느끼는 정도에 의존하기 때문에 정확도가 떨어져서, 고추 전문가들은 고추의 매운 정도를 양으로 환산하는 과학적 캡사이신 측정법으로 이를 보완한다.

파속 식물을 측정하는 피루브산 척도

양파나 마늘 같은 파속 식물을 자르면 세포가 파손되면서 연쇄 반응이 일어나 톡 쏘는 향과 맛을 가진 풍미 분자가 생성된다. 양파를 썰면 눈이 따가워지면서 눈물이 나는 것도 이런 현상 때문이다. 파속 식물의 톡 쏘는 강도는 이렇게 연쇄 반응에서 부산물로 생기는 피루브산의 양으로 측정한다.

피루브산 지수는 1에서 10까지인데, 기본 전제는 숫자가 낮을수록 단맛이 더 강하다는 것이다. 파속 식물의 매콤함 정도는 채소의 종류와 자란 환경에 따라 달라지는데, 가장 강한 풍미를 지닌 종류는 주로 더운 기후와 유황 성분이 풍부하며 건조한 토양에서 자란 것들이다.

음식에서 매운맛을 내는 방법은 여러 가지가 있는데, 여기서는 필자가 많이 사용하는 재료 몇 가지를 소개하겠다.

후추와 그 밖의 매운맛 식재료들

후추 종류 중에 가장 널리 알려진 것으로는, 블랙 페퍼콘black peppercorn, 롱 페퍼long pepper(필발蓽撥), 큐베브cubeb가 있다. 이들 후추는 저마다 다른 '매콤함'을 띠는 여러 화학 물질을 지니고 있는데, 가장 널리 알려진 것이 피페린piperine이다(260쪽 '흑후추 닭 볶음' 참조).

페퍼콘(후추나무 열매를 일컫는 페퍼콘은 우리말로 보통 통후추로 불린다.—옮긴이)은 줄기에 아직 설익은 채 달려 있을 때는 녹색의 열매다. 페퍼콘은 수확 시점과 처리 방식에 따라, 다양한 색, 매운 강도와 향으로 상품화된다. 일반적으로 흑후추(블랙 페퍼콘)의 매운맛이 가장 강하고, 녹색 후추(그린 페퍼콘)와 흰색 후추(화이트 페퍼콘)는 매운맛이 좀 더 연하다. 주로 피클처럼 절여서 판매되는 그린 페퍼콘은 소스나 스튜, 샐러드 드레싱에 사용된다. 블랙 페퍼콘은 다양한 품종이 있고, 저마다 다른 향과 풍미를 자랑한다. (그린 페퍼콘은 덜 익은 상태로 수확한 후추 열매를 바로 말리거나 절임 상태로 가공한 것이고, 화이트 페퍼콘은 익은 후추 열매를 물에 불린 뒤에 껍질을 벗긴 것이다. 블랙 페퍼콘은 완전히 익은 후추 열매를 수확해서 데친 다음에 말린 것으로, 이 과정에서 발생하는 효소의 작용으로 색이 검게 변한 것이다.—옮긴이) 기계로 문질러서 껍질을 제거한 페퍼콘(위에서 설명한 화이트 페퍼콘을 가공하는 방법이다.—옮긴이)은 블랙 페퍼콘보다 맛이 더 연하다.

핑크 페퍼콘은 '레인보 페퍼콘'이라는 라벨이 붙여진 병에 다른 후추 종류와 혼합된 형태로 판매되지만, 실은 페퍼콘이 아니다. 모양도 다를 뿐만 아니라 피페린이 아닌 카르다놀cardanol이라는 화학 물질이 들어 있다. 이 작은 열매는 페루와 브라질의 페퍼나무에서 채취하는 열매인데, 의외로 단맛이 난다. 이 페퍼콘은 열을 가하면 풍미가 현저히 떨어지므로 가열하지 않고 써야 하고, 치즈나 샐러드 위에 살짝 갈아서 뿌리면 좋다.

롱 페퍼는 긴 솔방울처럼 생겼는데, 나는 이 후추의 특별한 꽃 향기를 좋아해서 음료로 우려내거나, 분쇄해서 아이스크림이나 디저트(268쪽 '생강 케이크와 대추야자 시럽 버번 소스') 위에 뿌린다. 모로코산 세몰리나 밀가루가 들어간 마크루트Makrout 페이스트리나, 중동식 향신료 블렌드인 라스 엘하누트Ras el hanout(라스 알하누트Ras al hanout), 그리고 인도네시아 커리 스튜 종류인 굴라이Gulai에 쓰인다.

지금은 다양한 후추를 쉽게 구할 수 있고 해외 식재료를 전문으로 다루는 가게도 많이 생겼으니, 다양한 종류의 페퍼콘을 이용해 요리해보면서 각각의 풍미와 활용도를 충분히 파악해보는 것도 재미있을 것이다.

쓰촨(사천) 후추

서양에서는 쓰촨 후추를 페퍼콘이라고 부르지만, 사실 쓰촨 후추는 페퍼콘과 관계없는 화초花椒, prickly-ash에서 얻는 향신료로, 중국 요리에 자주 등장한다. 하이드록시-알파-산쇼올hydroxy-alpha-sanshool이라는 화학 물질 때문에 먹었을 때 혀가 마비되는 느낌이 나는 쓰촨 후추는 핑크색 껍질에 모든 풍미가 집중되어 있으므로, 속에 들어 있는 검은 씨는 제거하고 껍질만 사용해야 한다.

산쇼올을 추출하는 방법에는 몇 가지가 있다. 하나는 마른 팬에서 향이 날 때까지 중강불에서 30~45초 동안 볶다가 빻아서 뜨거운 기름에 넣는 방법이다. 또 하나는 콜드 추출법cold infusion으로, 가열하지 않은 실온의 기름에 넣고 하룻밤 재웠다가 기름과 쓰촨 후추를 같이 천천히 데워서 우려내는 방법이다(283쪽 '칠리 오일과 타일 바질을 올린 부라타 치즈' 참조).

고추(신선한 것과 말린 것)

고추는 인도 요리나 인도 문화와는 따로 떼어서 생각할 수 없는 식재료지만, 실은 포르투갈인들이 가지고 들어온 중앙아메리카의 고추가 급속히 퍼지면서 현지 요리에 스며든 경우다.

고추는 고추류 식물의 열매로, 식물의 태반(꼭지 아래의 씨들이 붙어 있는 연한 색의 부드러운 부분)과 씨에 집중적으로 몰려 있는 캡사이신 분자 때문에 매운맛이 난다. 그래서 이 두 부위만 제거하면 고추의 매운맛도 줄어든다. 참고로, 스코빌 지수는 다양한 고추의 매운 강도를 알려준다. 말린 고추는 건조 과정에서 수분이 증발하면서 캡사이신 성분이 더 농축되어 말리기 전보다 한층 강한 매운맛이 난다. 파프리카, 알레포, 인도 요리에 들어가는 카슈미르 고추처럼 화사한 붉은색을 띠는 종류가 있는가 하면, 카옌고추나, 새눈고추처럼 불타는 매운맛, 치폴레(할라페뇨를 말려서 만드는 종류), 튀르키예의 우르파 비베르처럼 약간 스모키한 맛이 특징인 종류도 있다.

고추의 매운맛을 가시게 하는 데는 물보다는 우유나 요거트 같은 유제품이 낫다. 우유의 카제인 단백질은 캡사이신 분자들이 감각 수용기와 교감하지 못하게 가로막아 매운 고통을 조금 완화해준다. 인도 레스토랑에 가보면 메뉴에 요거트나 라이타를 종종 볼 수 있는데, 이런 음식들은 열을 식히기도 하지만 음식에 들어 있는 고추의 매운맛을 중화하기도 한다.

미국에 처음 왔을 때, 나는 고추를 뜻하는 칠리chilli라는 단어가 상당히 헷갈려서 애를 먹었다. 이 책에서는 인도식으로 'chilli'로 통일해서 표기했으나, 일반적으로 peppers, chillies, chiles 등으로도 혼용된다. 해럴드 맥기, 앨런 데이비슨Alan Davidson(음식 백과사전 격인 《옥스퍼드 음식 안내서The Oxford Companion to Food》의 지은이이자 음식 작가.—옮긴이)의 주장에 따르면, 'chilli'는 남아메리카의 '나후아틀 칠리Nahuatl chilli'에서 유래했는데, 아메리카 대륙에 상륙한 스페인 탐험가들이 이 고추를 맛본 뒤 유럽, 아시아, 아프리카를 아우르는 구세계의 블랙 페퍼콘을 연상시키는 맛이라 하여 '페퍼'라는 명칭을 쓰기 시작하면서 이때부터 본격적으로 칠리와 페퍼를 같은 의미로 쓰기 시작했다고 한다.

생강

향과 매운맛 때문에 꽤 자주 쓰이는 향신료 가운데 하나다. 생강은 마늘, 양파와 더불어 인도 및 아시아의 많은 육류 요리에 필수로 들어가는 삼인조에 속한다. 이 뿌리줄기는 다양한 형태로 나온다. 신선한 상태로 갈아서 소스나 스튜나 커리에 넣기도 하는데, 섬유질이 많으므로 잘게 잘라서 블렌더나 푸드 프로세서에서 갈아서 쓰는 것이 좋다.

햇 생강은 껍질이 얇아서 굳이 벗기지 않아도 되고 맛도 연해서 음료나 디저트용 심플 시럽에 활용하는 것이 가장 좋다. 생강 즙(혹은 햇 생강의 즙)은 차이Chai나 시럽에 맛을 낼 때도 쓸 수 있는데, 생강 즙에 들어 있는 산이 유단백질을 응고시킬 수 있으니 유제품과 같이 쓸 때는 유의해야 한다. 뿌리째 말려서 판매하는 생강은 통째로 육수나 수프에 넣고 끓이거나, 더 흔하게는 갈아서 베이킹할 때 넣기도 한다. 신선한 생강과 말린 생강은 향과 풍미가 상당히 다르므로, 서로 대체해서 쓸 수 없다는 것이 내 개인적 생각이다.

마지막으로, 생강 편강, 혹은 설탕에 절인 생강(일반적으로 생강 편강crystallized makrout ginger과 설탕에 절인 생강candied ginger은 혼용해서 쓰지만, 엄밀히 따지면 생강 편강은 심플 시럽에 졸여서 설탕을 묻힌 것이고, 설탕에 절인 생강은 심플 시럽에 졸인 상태 그대로 담긴 것을 말한다.—옮긴이)은 이미 조리된 생강으로, 진저스냅 같은 생강 쿠키나 케이크에 달콤하면서도 매운맛을 더하고 싶을 때 쓴다. 타이, 라오스, 인도네시아 요리에 많이 쓰이는 갈랑갈galangal(고량갈 혹은 양강근으로도 부른다.—옮긴이)도 생강의 일종으로, 말린 갈랑갈은 육수나 맑은 국물에 넣어 우려서 쓰기도 한다. 커리 페이스트를 만들 때는 꼭 신선한 갈랑갈을 써야 한다.

마늘과 양파, 그리고 기타 파속 식물

파속 식물에는 유황 복합체ACSO 때문에 특유의 풍미를 지닌 마늘, 양파, 샬롯, 파, 마늘 줄기, 야생 양파, 리크, 차이브 등이 포함된다. 파속 식물을 썰거나, 누르거나, 짓이기면 세포에서 ACSO가 나와 향과 맛을 지닌 풍미 요소를 만들어내는 연쇄 화학 반응이 일어난다. 샐러드를 한입 먹다가 씹힌 생 양파의 맛은 신선한 파보다 더 강하게 느껴지지만, 햄버거에 들어간 양파 슬라이스의 매운맛은 다르게 기분 좋게 다가온다. 양파에는 유황 복합체가 3개 있고, 마늘에는 4개가 있는데, 이런 차이점 때문에 비슷한 느낌이면서도 저마다 특유의 맛이 있다.

서양고추냉이와 고추냉이

맛은 비슷하지만 서양고추냉이(호스래디시Horseradish)와 고추냉이(와사비Wasabi)는 완전히 다른 식물이다. 둘 다 순식간에 입에서 코로 이동해, 우리의 감각 수용기를 자극해서 타는 듯한 느낌을 주며, 강력한 휘발성 화학 물질인 알릴 아이소사이오사이아네이트allyl isothiocyanate를 가지고 있다. 고추냉이를 넣은 스시를 먹거나 서양고추냉이 소스를 올린 소갈비를 먹을 때의 확 쏘는 느낌을 떠올려보라. 둘 다 생으로 먹는 것이 좋고, 주로 뿌리를 곱게 갈아서 쓴다. 공기 중에 노출되는 순간부터 강렬함이 점차 감소하는 성질이 있으니 갈아서 바로 쓰는 것이 좋다. 높은 온도는 서양고추냉이나 고추냉이의 확 쏘는 매운맛을 생성하는 효소를 파괴하므로, 둘 다 가열하지 않는 것이 좋다.

머스터드와 머스터드 오일

겨자과 식물에는 양배추, 머스터드 씨와 머스터드 오일을 얻을 수 있는 식물 등이 있다. 검은색, 갈색, 흰색, 이 세 가지 유형의 머스터드 씨에는 서양고추냉이처럼 매운맛이 나는 여러 식물에서 발견되는 확 쏘는 성분인 글루코시놀레이트glucosinolate가 들어 있다. 씨의 종류에 따라 확 쏘는 강도도 조금씩 다르다. 검은색과 갈색 씨는 하얀색 씨와는 다른 종류의 아이소사이오사이아네이트를 생성해 더 강렬한 맛이 난다. 주로 북인도에서 조리용 기름으로 쓰는 검은색 머스터드 씨 오일은 씨를 빻아서 짜낸 기름의 톡 쏘는 풍미와 높은 발연점 때문에 많은 이들에게 사랑받는다. 검은 머스터드 씨를 타드카 만들 때처럼, 뜨겁게 달군 기름이나 기 버터에 넣어 가열하면 씨들이 톡톡 터지면서 고유의 풍미가 기름에 스미는데, 이렇게 만든 머스터드 오일은 씨와 함께 음식 위에 뿌려서 요리의 마무리에 쓴다. 다만, 이렇게 만든 기름은 높은 온도로 추출하는 과정에서 매운맛을 내는 효소가 파괴되어 확 쏘는 맛이 사라지고 고소한 풍미가 생긴다.

머스터드 가루는 검은색과 하얀색 머스터드 씨를 섞어서 말린 뒤에 분쇄한 것인데, 이 가루는 많은 이들에게 사랑받는 소스인 머스터드를 만들 때 들어간다. 머스터드의 잎은 먹을 수 있고, 샐러드에 활용하거나 볶음 요리에 쓸 수 있다.

올리브유

올리브유는 다음 장에서 더 자세히 다룰 테지만, 머스터드 오일처럼 여기서 한번 언급할 만한 가치가 있어서 짧게 추가했다. 언젠가 나는 올리브유 테이스팅에 참가했다가 올리브유에도 매콤한 맛이 있다는 사실을 처음 알게 되었다. 신선한 올리브유의 맛을 보면 입 뒤쪽에서 타는 듯한, 후추의 톡 쏘는 느낌이 남는데, 감각 수용기를 자극하는 올레오칸탈oleocanthal이라는 물질의 작용 때문이다. 올리브유가 신선할수록 이 느낌이 더 강렬하다.

고추의 매운맛 지수

스코빌 지수SHU는 0에서 1600만까지 표시된다.

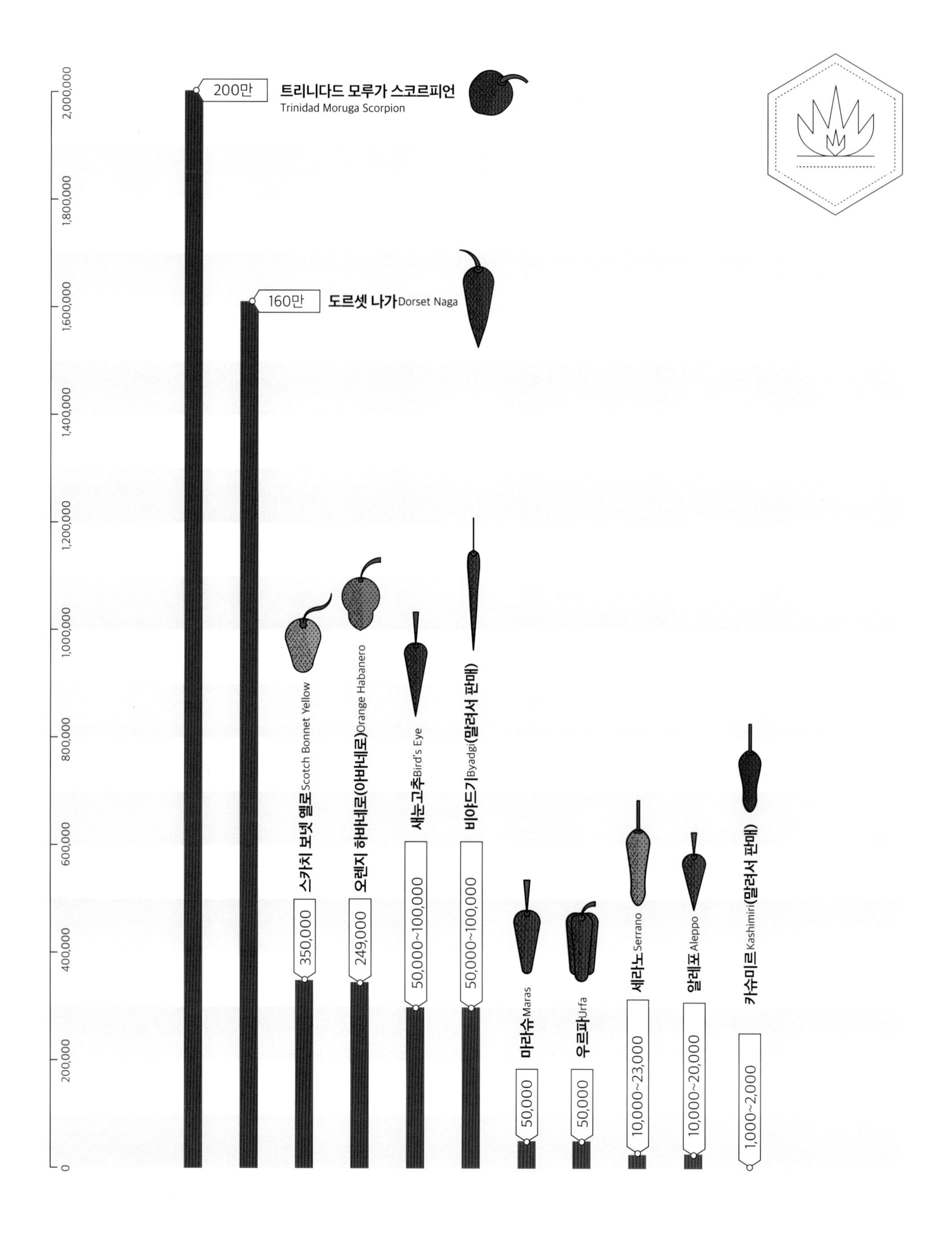

요리할 때 매운맛을 맛있게 활용하는 방법

+ 투박하게 분쇄한 흑후추나 큐베브, 혹은 제스터 강판에 간 롱 페퍼를 치즈, 생채소나 구운 채소, 과일, 달걀 위에 뿌려보라. 더 큰 입자로 분쇄할수록 후추의 매콤함은 더 강렬해진다.

+ 화사한 붉은 고추 가루를 인도식 요거트 소스인 라이타 위에 넉넉히 올리거나, 샐러드 혹은 감칠맛 요리를 상에 내기 직전에 마무리용으로 진한 붉은색 고추기름을 살살 뿌려보라.

+ 잘게 다진 차이브, 튀긴 마늘 슬라이스, 얇게 썬 신선한 고추 또는 한국 요리에 쓰는 실고추는 훌륭한 가니시다.

+ 향신료를 우려낸 매콤한 머스터드 오일을 따뜻하게 데워서 라이타, 달 요리, 짭조름한 감칠맛 요리 위에 뿌리면 맛있게 확 쏘는 맛을 낼 수 있다.

+ 따뜻한 온도는 요리에 들어간 고추나 후추 등 매콤한 재료의 매운맛을 더 끌어올리는 역할을 한다. 매운 음식을 먹고 찬물을 마시면 매운맛이 잠시 사라지는 듯하다가 물을 삼켰을 때 다시 돌아온다. 찬 우유나 요거트는 찬물보다 매운맛을 더 효과적으로 잠재울 수 있는 음료다.

+ 고추와 후추를 너무 많이 쓰면 음식의 다른 다양한 맛을 덮어버릴 수 있으니 매콤한 재료를 얼마만큼 쓸지 신중히 판단해야 한다.

+ 매운맛이 나는 대부분의 화학 물질은 알코올이나 지방에 더 잘 녹기 때문에 음료에 맛을 우려내거나 감칠맛 요리를 할 때 이 점을 잘 활용하면 좋다. 고추를 뜨거운 기름이나 보드카와 같은 알코올에 우려내면 더 강한 맛이 나지만 물에 우려내면 훨씬 순한 맛이 난다.

+ 매운맛을 내는 화학 물질 중 일부는 열에 민감해서 조리하는 동안 파괴되기도 한다. 예를 들어 양파와 마늘이 지닌 본연의 톡 쏘는 맛은 조리 과정에서 사라지고 단맛으로 바뀐다.

+ 머스터드 오일은 비네그레트, 마요네즈, 그 외의 여러 소스에 들어가는 기름 대신 쓸 수 있다. 또 생선과 육류와 채소 튀김에서 풍미를 내고 싶을 때도 쓸 수 있다.

+ 올리브유의 톡 쏘는 맛은 생채소가 들어가는 샐러드를 먹었을 때 가장 잘 느껴지는데, 가열하거나 보관 기간이 길어질수록 톡 쏘는 맛이 현저히 떨어지므로 샐러드에 활용할 때는 이 점을 고려해야 한다. 올리브유는 1년 이내에 사용하는 것이 좋다.

+ 매운 풍미를 우려낸 알코올로 톡 쏘는 매운 분자의 장점을 잘 활용한 칵테일을 만들 수도 있다. 알코올로 이런 재료들이 지닌 다양한 향과 맛 분자도 추출할 수 있다. 더 강렬한 매운맛을 원한다면 고추를 통째 쓰지 말고 썰거나 짓이겨서 우려내면 더 효과적이다.

+ 뜨거운 기름을 이용해 신선한 고추 혹은 마른 고추의 매운맛과 색(마른 고추의 경우)을 추출할 수 있다. 더구나 고추에 들어 있는 캡사이신은 기름을 가열했을 때 산화되는 것을 방지하는 기능도 한다.

매운맛으로 풍미를 끌어올리는 요긴한 방법

+ 껍질을 벗기지 않은 통마늘이나 작은 양파에 솔로 올리브유를 바른 다음, 204℃ 오븐에서 45분에서 1시간 정도 구우면 부드럽게 익어 손으로 눌러보았을 때 페이스트 같은 상태가 되어 나온다. 이런 마늘 페이스트는 더 진한 맛의 마요네즈를 만들고 싶을 때, 올리브유나 버터를 바른 따뜻한 빵에 펴 바를 때, 육류 요리나 스튜에 고소한 풍미를 내고 싶을 때 쓰면 좋다.

+ 캐러멜화한 양파는 어떤 요리든 훌륭한 토핑으로 활용하거나 달콤한 감칠맛을 내고 싶을 때 쓰면 좋다. 양파에 열을 가하면 톡 쏘는 매콤함이 사라진다.

+ 얇게 썬 마늘을 낮은 온도로 달군 올리브유에 넣고 황갈색을 띨 때까지 볶아서 고운 천일염을 살짝 뿌려보라. 이렇게 볶은 마늘과 마늘 기름은 감칠맛 요리에 가니시로 쓰면 좋다.

+ 무가당 그릭 요거트에 강판에 간 마늘 한 쪽, 혹은 서양고추냉이 1작은술, 소금, 후추를 넣고 잘 섞으면 구운 채소에 잘 어울리는 딥이 된다.

+ 올리브유를 데워서 화사한 붉은색의 알레포나 마라슈, 우르파 품종 고추 가루 1~2작은술과 거칠게 짓이긴 코리앤더 씨 또는 쿠민 씨 1~2작은술을 넣고 볶아보라. 이렇게 우려낸 풍미 가득한 기름은 아침 식사용 달걀 요리(달걀 프라이, 삶은 달걀, 수란), 혹은 채소나 육류 요리에 매콤함을 살짝 내고 싶을 때 뿌리면 좋다. 더 강한 매운맛을 원한다면 머스터드 오일을 써라.

+ 가느다란 성냥개비 모양으로 채 썬 생강을 약간의 올리브유나 포도씨유에 볶아서 달 요리, 커리 혹은 스튜 같은 감칠맛 요리에 넣으면 음식의 풍미를 올릴 수 있고 재미있는 식감도 낼 수 있다.

+ 위에서 설명한 생강 풍미를 낸 기름처럼, 말린 고추를 통째로 몇 초간 뜨거운 기름에 볶아서 고추의 풍미와 붉은색이 우러나온 기름을 감칠맛 요리 위에 끼얹어보라. 이 방법은 인도 요리에서 많이 쓰는 타드카 기법으로, 재료 본연의 색과 풍미 분자를 끌어내고 싶을 때 뜨거운 기름을 활용하는 방식이다.

닭봉 막대사탕

Chicken Lollipops

몇 년 전, 남편 마이클을 위해 처음 만들어본, 이 멋지게 매운 에피타이저는 언젠가부터 인도에서 선풍적인 인기를 몰고 오며 인도식 중국 음식 레스토랑에 등장하더니, 심지어 봄베이의 부모님 집 근처 동네 빵집에서도 팔고 있었다. 인도식 쓰촨 소스(318쪽)가 꼭 들어가야 하는 이 막대사탕 모양의 요리는 미국인들이 즐기는, 간이 센 핑거푸드인 치킨윙과 느낌이 비슷해서 마이클이 특히 좋아하는 것 같다. 당연히 닭날개로도 만들 수 있는데, 그런 경우 닭봉 대신 닭날개 910g을 쓰면 되고, 막대사탕처럼 모양낼 필요 없이 레시피대로 만들면 된다.

재료(4인분 기준)

닭고기

닭봉 12개(총무게 455~680g)

마리네이드

저염 간장 2큰술

삼발 볼렉 2큰술

현미 식초 또는 사과 식초 2큰술

마늘 8쪽, 갈아서

생강 1쪽(길이 5cm), 껍질을 벗긴 뒤 갈아서

흑후추 가루 1작은술

고운 천일염 1/2작은술

카옌고추 가루 1/4작은술

달걀 흰자(대) 1개, 가볍게 풀어서

포도씨유 또는 튀는 향이 없는 기름 4컵(960ml), 튀김용

중력분 밀가루 1/4컵(35g)

옥수수 전분 2큰술

비트 가루 또는 붉은 식용 색소 1작은술

고운 천일염 1/4작은술

닭고기를 코팅하는 소스

포도씨유 또는 튀는 향이 없는 기름 1큰술

삼발 2큰술

저염 간장 2큰술

마늘 4쪽, 갈아서

생강 1쪽(길이 2.5cm), 껍질을 벗긴 뒤 갈아서

고운 천일염

인도식 쓰촨 소스 1컵(194g)

풍미 내는 방법

이 요리에서 매운맛을 담당하는 재료는 삼발, 후추, 마늘, 생강, 카옌고추 가루다.

비트는 화사한 붉은색을 내고, 닭에 입힌 밀가루와 달걀 크러스트는 튀겼을 때 재미있는 바삭한 식감을 낸다.

마리네이드와 밀가루에 소금이 들어가 있으므로 튀긴 닭봉을 먼저 맛본 다음, 마무리로 코팅할 소스에 소금을 더 넣어야 할지 말지를 판단하는 것이 좋다.

1. 닭봉을 막대사탕 모양으로 만들려면 뼈 끄트머리를 잡고 가장자리에 붙은 껍질을 칼로 죽 둘러서 절개한 다음 뼈를 따라 고기가 많이 붙은 쪽으로 전부 밀어 내려, 칼끝으로 껍질을 안쪽으로 접어 넣어야 한다. 껍질이 없는 것을 선호한다면 껍질은 전부 제거한다.
2. 뼈에 붙은 인대나 힘줄은 가위로 잘 잘라서 정리한다. 그러면 완성된 모양이 마치 막대사탕처럼 고기가 한쪽으로 몰린 형태가 된다.
3. 이렇게 모양을 낸 닭봉을 모두 큰 볼에 담는다.
4. 간장, 삼발, 식초, 마늘, 생강, 후추, 소금, 카옌고추 가루를 작은 볼에 담고 잘 섞어서 마리네이드를 만든 뒤, 닭봉 위에 부어 양념이 골고루 묻도록 잘 버무린다.
5. 닭봉 담은 볼에 뚜껑을 덮어 실온에 30분간 두거나 하룻밤 냉장고에서 재운다. 냉장 보관할 경우, 닭을 튀기기 전에 먼저 냉장고에서 꺼내 실온에 15분간 두어 찬 기운을 뺀다.
6. 가볍게 푼 달걀 흰자를 재워둔 닭봉에 붓고 골고루 버무린다.
7. 바닥이 두꺼운 소스팬이나 더치 오븐에 기름을 붓고 중불로 달구는데, 이때 온도는 177℃로 유지하는 것이 좋다.
8. 기름을 데우는 동안 밀가루, 옥수수 전분, 비트 가루, 소금을 넣은 마른 반죽을 잘 섞어서 닭봉 위에 체로 내리고 손으로 잘 주물러가며 닭고기의 수분으로 질어진 반죽을 충분히 입힌다. 이때 특히 고기 부위에 반죽이 골고루 잘 묻도록 신경 써야 한다.
9. 닭봉은 한 번에 여러 개씩 기름에 넣어 고기 내부 온도가 74℃가 될 때까지 5~6분간 튀긴다.

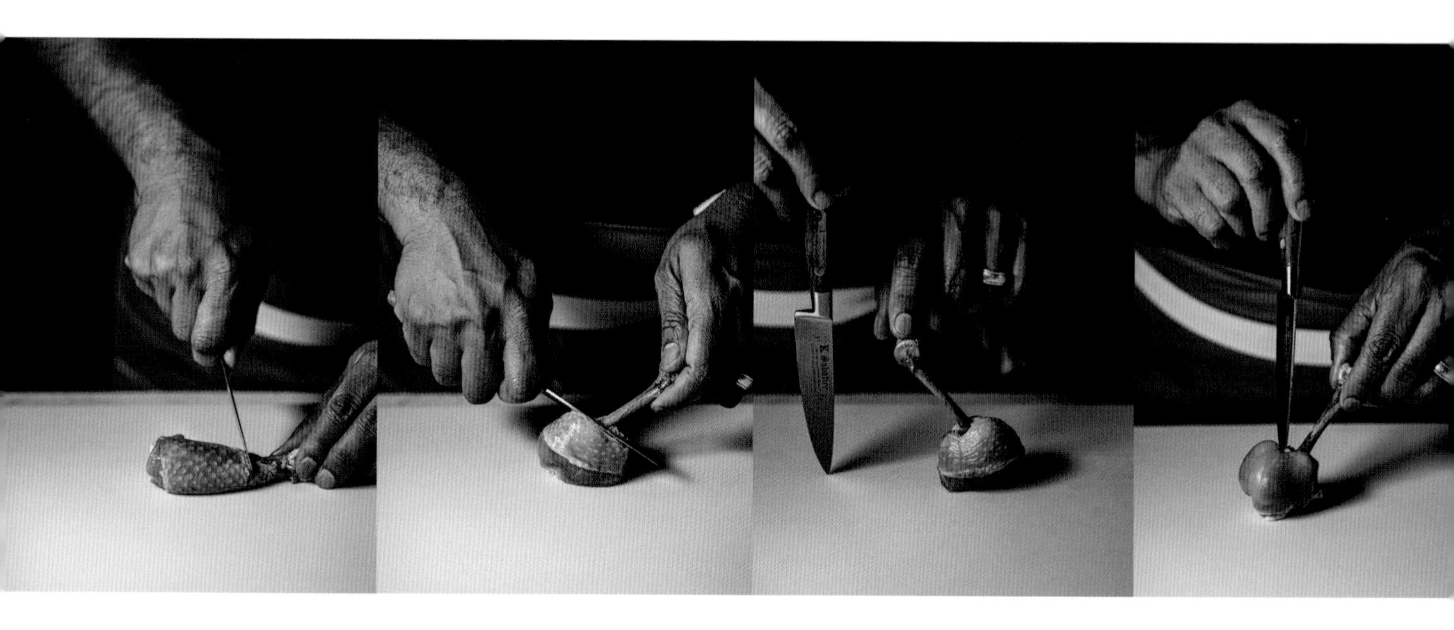

10. 닭봉 표면에 진한 붉은색 크러스트가 생기면 키친타올을 깔아둔 접시로 옮겨 기름이 빠지도록 둔 다음, 큰 볼에 담는다.

11. 다음으로 튀긴 닭봉에 마무리로 코팅할 소스를 만들어야 한다. 먼저 작은 프라이팬이나 스킬릿에 기름을 두르고 중강불에서 달구다가 삼발, 간장, 마늘, 생강을 넣고 1분 30초에서 2분간 끓인다.

12. 향이 올라오고 끓기 시작하면 소금으로 간을 하는데, 닭고기에 이미 소금 간이 되어 있으니 조금만 한다.

13. 이렇게 만든 소스를 아직 뜨거운 닭봉 위에 붓고 소스가 골고루 묻도록 잘 버무린다.

14. 상에 낼 때는 인도식 쓰찬 소스를 따로 그릇에 담아 닭봉과 함께 곁들인다.

•

삼발 올렉(Sambal oelek)은 인도네시아의 매운 고추 페이스트다. 인도네시아어로 'Sambal'은 매운 양념, 'oelek'은 '절구에 찧다'를 의미한다. 보통 줄여서 '삼발'이라 부른다. 온라인에서 구입 가능.

달걀 프라이, 마살라 해시 브라운과 지진 토마토-그린 페퍼콘 처트니

Fried Eggs with Masala Hash Browns + Seared Tomato Green Peppercorn Chutney

대학원에 다니던 시절, 나는 주말 아침마다 작은 아파트의 부엌에서 이 요리를 해 먹었다. 바삭한 감자, 달걀 프라이와 짭조름한 토마토 소스로 이루어진 조합은 마치 완벽한 수학 공식처럼 너무 잘 맞아떨어졌고, 기나긴 한 주를 시작하기 전 나른하게 보내고 싶은 일요일에 딱 어울리는 요리였다. 겉이 갈색이 될 때까지 센 불에서 지진 토마토가 들어가는 그린 페퍼콘 처트니는 아마 한번 맛보면 잔뜩 만들어서 쟁여놔야겠다는 생각이 들 거라고 장담한다. 긴 시간을 들이지 않고도 간단하게 만들 수 있는 이 소스는 다양한 감칠맛 요리에 잘 어울리고, 구운 땅콩호박이나 얇게 썬 늙은 호박에 곁들여도 좋다. 이 처트니는 시간이 갈수록 숙성되어 더 맛있어진다.

재료(4인분 + 소스 1컵, 240ml 분량)

해시 브라운

- 기 버터 3큰술
- 감자 455g, 가로세로 12mm로 깍둑썰기 해서(유콘 골드 추천)
- 양파(중) 1개(260g), 깍둑썰기 해서
- 가람 마살라 2작은술(312쪽 참조)
- 카옌고추 가루 1/4작은술
- 고운 천일염 또는 칼라 나마크
- 암추르 1과 1/2~2작은술
- 고수 잎 2큰술, 가니시용

처트니

- 방울토마토 340g
- 엑스트라 버진 올리브유 1큰술
- 사과 식초 1큰술
- 마늘 1쪽
- 절인 그린 페퍼콘 2큰술, 짓이겨서
- 녹색 고추 1개
- 고운 천일염

달걀 프라이

- 기 버터 4큰술(55g)
- 달걀(대) 4개
- 고운 천일염 또는 칼라 나마크
- 흑후추 가루

풍미 내는 방법

매운맛과 따뜻한 기운이 이 요리의 다른 재료들과 잘 어우러지도록 구성한 레시피다. 따뜻한 성질을 가진 여러 향신료 가루 조합인 가람 마살라는 이 요리에 같이 들어가는 카옌고추 가루의 매운맛과 조화를 이루며 감자를 맛있게 매콤하게 한다.

암추르의 신맛은 매운맛을 더 도드라지게 한다. 신맛을 더 강하게 내고 싶다면 암추르 양을 늘린다.

방울토마토의 품질과 갈색으로 지진 정도가 지금 소개하는 처트니의 풍미를 결정한다. 토마토를 지질 때 큰 프라이팬이나 스킬릿을 쓰면 팬 바닥 표면적이 넓어서 토마토끼리 바싹 붙지 않아 김이 잘 날아가서 효과적이다.

절인 그린 페퍼콘은 토마토 처트니에 은근한 매콤함을 더해주고, 후추는 달걀 프라이에 매콤함을 살짝 입혀준다.

이 요리는 따뜻하게 먹기 때문에 매운맛 재료 각각의 케메스테시스를 더 효과적으로 경험할 수 있다.

1. 해시 브라운을 만들려면, 기 버터 3큰술을 커다란 스테인리스 혹은 무쇠 프라이팬이나 스킬릿에 두르고 중약불에서 달군다.
2. 기 버터가 적당히 뜨거워지면 감자와 양파를 넣고 가람 마살라와 카옌고추 가루를 뿌린 다음, 소금으로 간을 한다.
3. 감자를 6~8분마다 뒤집어가며 총 25~30분간 볶다가 겉에 골고루 갈색이 나고 속까지 완전히 익으면 불에서 내려 암추르를 뿌려 맛을 보고 간이 더 필요하면 추가한다. 마지막에 고수로 가니시한다.
4. 해시 브라운을 익히는 동안 처트니를 만든다. 먼저 큰 스테인리스 프라이팬이나 스킬릿을 강불에서 3~4분간 달궈 연기가 나기 시작하면 토마토를 넣고 4~6분간 갈색으로 지진다.

5. 껍질에 지진 자국이 생기면서 터지고 벗겨지면 토마토를 블렌더나 푸드 프로세서에 옮겨서 올리브유, 식초, 마늘, 녹색 페퍼콘, 고추를 넣고 몇 초간 돌려, 재료가 모두 섞이고 페퍼콘도 적당히 분쇄될 때까지 간다. 소스는 덩어리가 약간 씹히게 하든지, 완전히 부드럽게 갈린 상태로 만들든지 어느 쪽이든 기호에 맞게 갈아서 맛을 보고 소금으로 간을 한다.

6. 이번에는 달걀 프라이를 해야 하는데, 기 버터를 작은 스테인리스 혹은 무쇠 프라이팬이나 스킬릿을 중강불에서 달구고 기름으로 골고루 코팅되도록 팬을 돌린다.

7. 팬이 충분히 달궈지면 약불로 줄이고, 작은 볼에 깨어놓은 달걀을 팬에 조심스럽게 떨어뜨려 흰자가 하얗게 응고되면서 언저리가 바삭하게 튀겨질 때까지 1분 30초 동안 굽는다.

8. 완성된 달걀 프라이를 접시로 옮겨놓고(노른자 위가 하얗게 익은 상태를 원하면 달걀을 구울 때 팬 위에 뚜껑을 덮어라), 나머지 달걀도 같은 방법으로 굽는다.

9. 달걀 위에 소금과 후추를 뿌린 다음, 따뜻한 해시 브라운도 옆에 담고 토마토와 그린 페퍼콘 처트니를 곁들여서 상에 낸다.

감자 팬케이크

Potato Pancakes

감자 팬케이크는 어떤 요리에 곁들여 내도 더할 나위 없이 훌륭한 사이드 디시다. 따뜻할 때 경험할 수 있는 바삭한 식감은 완벽함 그 자체다. '판체타, 쇠고기, 고추 볶음'(160쪽)이나 달 요리(256쪽 '마늘-생강 타드카를 올린 녹황색 채소 달', 또는 292쪽 '달 막카니') 등에 잘 어울린다. 나는 점심으로 '구운 가지 라이타'(288쪽)에 흰 쌀밥을 먹을 때 이 요리를 곁들이기도 한다.

재료(사이드 디시로 4~6인분 기준)

감자 680g, 껍질 벗겨서(유콘 골드 추천)

양파(중) 1개(260g)

고추(붉은 고추 혹은 녹색 청양고추) 2개, 다져서

고수 2큰술, 다져서

암추르 1작은술

코리앤더 가루 1작은술

쿠민 가루 1/2작은술

고운 천일염

달걀(대) 2개, 가볍게 풀어서

기 버터 1큰술 + 1작은술, 녹여서

풍미 내는 방법

이 팬케이크의 매콤한 풍미는 고추가 담당한다.

달걀의 단백질은 열을 가하면 변성이 일어나면서 그물망을 이루는데, 이 그물망은 여러 가지 재료가 서로 떨어지지 않게 잡아줘서 팬케이크의 견고한 형태를 만들어주는 역할을 한다.

강판에 간 감자와 양파를 꼭 짜서 물기를 최대한 제거해야 수분 때문에 팬케이크에 들어가는 달걀물이 희석되어 팬케이크 모양이 흐트러지는 것을 막을 수 있다.

1. 오븐을 177℃로 예열한다.
2. 감자와 양파를 구멍이 큰 강판에서 갈아 고운 체 위에 올려 꼭 짜서 물기를 최대한 뺀 다음, 큰 볼에 담는다. 여기에 고추, 고수, 암추르, 코리앤더 가루, 쿠민 가루를 넣고 소금으로 간을 한 다음, 포크로 섞다가 달걀을 넣고 마저 섞는다.
3. 기 버터 1큰술을 지름 25cm 정도 되는 스테인리스(오븐에서 사용 가능한 것) 혹은 무쇠 프라이팬이나 스킬릿에 두르고 중강불에서 달군다.
4. 팬이 충분히 뜨거워지면 감자와 양파 반죽을 잘 펴고 그 위에 남은 기 버터 1작은술을 뿌리고 3~4분간 굽는다.
5. 팬케이크가 익기 시작하는 느낌이 들면 팬에 들어 있는 상태 그대로 오븐에 넣어 팬케이크 윗부분이 바삭해지면서 황갈색으로 속까지 완전히 익을 때까지 15~20분간 굽는다.
6. 상에 낼 때는 등분해서 자른 다음, 따뜻하거나 미지근할 때 상에 낸다.

머스터드 오일 허브 살사에 버무린 햇 알감자

New Potatoes with Mustard Oil Herb Salsa

멕시코식 살사와 인도식 처트니를 섞어놓은 듯한 이 살사는 고추냉이를 사랑하는 분들에게 드리는 일종의 '사랑의 편지'다. 머스터드 오일이 없다면 톡 쏘는 강렬한 풍미가 나는, 질 좋은 엑스트라 버진 올리브유를 사용하라. 좀 더 건강한 샐러드를 만들고 싶다면 큼직하게 다진 샬롯과 큼직하게 썬 훈제 연어를 넣고, 기호에 따라 반숙이나 완숙 달걀을 한두 개 넣는다.

참고 민트 잎은 견과가 식은 다음에 넣어야 검게 변색하지 않는다.

재료(4인분 + 살사 1컵, 256g 분량)

감자

껍질이 얇은 햇 알감자 910g

고운 천일염

살사

볶지 않은 피스타치오 1/2컵(60g), 큼직하게 다져서

생 민트 잎 1/2컵(20g), 큼직하게 다져서

고수 또는 파슬리 1/2컵(20g), 큼직하게 다져서

머스터드 오일 또는 엑스트라 버진 올리브유 1/2컵(120ml)

마늘 4~5쪽, 다져서

갓 짠 라임 즙 2큰술

흑후추 가루 1/2작은술

고운 천일염

풍미 내는 방법

머스터드 오일과 마늘이 지닌 각각의 매콤한 풍미는 함께 쓰면 시너지를 내면서 감자에 매운맛을 입혀주고, 기름은 기름에 녹는 맛 분자를 끌어낸다.

라임 즙은 신선한 허브의 화한 풍미를 더 돋보이게 해준다.

감자는 염분을 굉장히 잘 빨아들이는 성질이 있으니 살사를 입힌 뒤에 맛을 보고 간을 조절하는 것이 좋다.

고추냉이처럼 확 쏘는 풍미를 좀 더 약하게 내고 싶다면, 머스터드 오일과 엑스트라 버진 올리브유를 1 : 1(각각 60ml씩)로 섞으면 된다.

1. 먼저 감자를 흐르는 물에 솔로 흙을 모두 제거하며 잘 씻은 뒤, 중간 크기 소스팬에 담고 감자 위로 물이 4cm 올라오게 부어 중강불에서 삶는다.
2. 물이 팔팔 끓기 시작하면 약불로 줄이고, 감자가 속까지 완전히 익을 때까지 15~20분간 삶는다. 감자의 크기에 따라 삶는 시간이 달라질 수 있으니 얼마나 익었는지 점검하면서 삶아야 한다.
3. 감자가 완전히 익으면 물을 모두 따라내고 키친타올로 톡톡 두드려서 물기를 제거한다.
4. 감자가 손으로 만질 수 있을 만큼 식으면 반으로 잘라서 큰 볼에 담는다.
5. 이제 살사를 만들 차례다. 먼저 피스타치오를 작은 프라이팬이나 스킬릿에 넣고 중약불에서 갈색이 막 돌기 시작할 때까지 1분 30초에서 2분간 볶다가 작은 볼에 옮겨 담고 완전히 식힌다. 이 볼에 이어서 민트, 고수, 머스터드 오일, 마늘, 라임 즙, 후추를 넣어 살살 섞고 소금으로 간을 한다.
6. 감자에 살사를 넣고 잘 섞이도록 손의 스냅을 이용해 볼째 몇 차례 위로 던졌다 받기를 반복한 다음, 맛을 보고 소금으로 간을 조절하면 완성이다.
7. 따뜻하거나 미지근할 때 상에 낸다.

허브 요거트 드레싱을 올린 델리카타 호박 오븐 구이

Roasted Delicata Squash with Herbed Yogurt Dressing

델리카타Delicata는 껍질이 얇아서 껍질을 벗기지 않고도 먹을 수 있는 호박인데, 오븐에서 구우면 속은 물론 껍질도 먹기 편하게 부드러운 상태가 된다. 따뜻하고 시원한 풍미, 온도가 서로 다른 재료들의 조화가 돋보이는 요리다.

재료(사이드 디시로 4인분 기준)

호박

델리카타 호박● 2개(총무게 910g)

엑스트라 버진 올리브유 2큰술

흑후추 가루 1/2작은술

고운 천일염

허브 요거트 드레싱(1과 1/4컵, 300ml 분량)

무가당 플레인 그릭 요거트 1컵(240g), 차가운 상태로

고수 1단(75g)

샬롯 1개(60g), 잘게 깍둑썰기 해서

마늘 4쪽, 다져서

생강 1쪽(길이 2.5cm), 껍질 벗겨서

녹색 고추 1개

갓 짠 레몬 즙 2작은술

고운 천일염

마무리용 토핑

볶지 않은 호박씨 2큰술

타마린드-대추야자 시럽 처트니 1/2컵(120ml, 322쪽 참조, 생략 가능)

파 2큰술, 잘게 썰어서

풍미 내는 방법

요리에 들어가는 파속 식물 재료 때문에 소스 맛이 강해질 수 있다는 단점을 보완하기 위해 샬롯을 썼다. 그래도 더 순한 맛을 내고 싶다면, 샬롯과 마늘(생강도 볶으면 강한 맛이 줄어든다)에 기 버터 1큰술을 넣고 반투명 상태가 될 때까지 조금 볶다가 다른 재료와 함께 블렌더에 넣고 간다.

온도는 이 요리의 풍미를 충분히 즐기는 데 중요한 요소다. 호박은 따뜻하게, 허브 요거트 드레싱은 차갑게, 그리고 타마린드-대추야자 시럽 처트니는 차갑거나 실온 상태로 상에 낸다. 이렇게 하면 미각 수용체가 동시에 다른 온도에서 풍미 분자를 맛보고 경험하기 때문에 혀 표면에서 다른 여러 가지 감각을 느낄 수 있다.

1. 오븐을 177℃로 예열하고, 넓적한 베이킹팬 2개에 종이 포일을 깐다.
2. 호박은 위아래의 꼭지와 끝 부분을 자르고 나서 세로로 한 번 자르고, 수저로 안에 있는 씨를 포함한 속을 파낸다.
3. 이어서 자른 단면이 바닥을 향하게 엎은 다음, 호박 두 쪽 모두 1cm 두께로 길쭉하게 썬다. 여기에 올리브유, 소금, 후추를 뿌려 골고루 잘 버무려서 종이 포일을 깔아둔 베이킹팬에 나누어서 겹치지 않게 잘 펼친 뒤, 오븐에서 25~30분간 굽는다.
4. 호박이 황갈색으로 속까지 잘 익으면 꺼내서 접시로 옮긴다.
5. 드레싱을 만들려면, 요거트, 고수, 샬롯, 마늘, 생강, 녹색 고추, 레몬 즙을 블렌더에 넣고 부드럽게 갈릴 때까지 고속으로 돌린다. 맛을 보고 소금으로 간을 해서 냉장 보관한다.
6. 기름을 두르지 않은 작은 프라이팬이나 스킬릿을 중강불에 올려 호박씨를 넣고 갈색이 날 때까지 2~3분간 볶다가 작은 볼에 옮겨 담는다.
7. 구운 호박 슬라이스에 파를 올리고, 드레싱과 타마린드-대추야자 시럽 처트니를 몇 큰술 뿌린다.
8. 상에 낼 때는 남은 드레싱과 처트니, 호박씨, 파를 따로 그릇에 담아 곁들인다.

●
델리카타 호박 대신 단호박이나 고구마로 대체해도 된다.

만차우 수프

Manchow Soup

인도에서는 뜨겁게 먹는 이 매콤한 수프를 먹으려면 인도식 중국 식당에 가야만 한다. 날씨가 쌀쌀하거나 몸이 안 좋을 때마다, 나는 이 수프를 만들어 먹는다. 단백질을 조금 더 보충하고 싶다면, 먹다가 남은 전기구이 통닭을 찢어서 넣거나, 두부를 넣으면 된다. 현미 식초, 고추-간장-식초 소스(317쪽), 인도식 쓰찬 소스(318쪽)를 곁들이면 좋다.

재료(4인분 기준)

- 포도씨유 또는 튀는 향이 없는 기름 2큰술
- 마늘 8쪽, 다져서
- 생강 2쪽(길이 5cm), 껍질을 벗긴 뒤 갈아서
- 녹색 고추 2개, 다져서
- 양배추 160g, 잘게 다져서
- 버섯 100g, 가늘게 썰어서
- 그린빈 100g, 가늘게 썰어서
- 당근 100g, 잘게 깍둑썰기 해서
- 피망 100g, 잘게 깍둑썰기 해서
- 저염 간장 3큰술
- 흑후추 가루 1작은술
- 옥수수 전분 3큰술
- 달걀(대) 2개, 가볍게 풀어서(생략 가능)
- 고운 천일염
- 파 3개, 흰 몸통과 녹색 잎 부분 모두 잘게 썰어서
- 고수 잎 2큰술, 다져서
- 튀긴 국수● 115g(시판용)
- 현미 식초(곁들임 양념용)
- 고추-간장-식초 소스(곁들임 양념용)
- 인도식 쓰찬 소스(곁들임 양념용)

풍미 내는 방법

지방으로 고추의 캡사이신, 생강의 진저롤gingerol, 마늘에 포함된 파속 식물의 매운맛을 추출할 수 있다.

감칠맛이 풍부한 마늘과 생강과 간장을 같이 써서 이 재료들이 만들어내는 시너지를 최대한 잘 이용하는 요리다.

수프의 농도를 걸쭉하게 만들려면 요리 거의 마무리 단계(온도 60℃)에서 옥수수 전분을 넣어야 한다. 식초는 먹기 직전에 넣어야 한다. 그 전에 넣으면 옥수수 전분이 만드는 젤 구조가 파괴되어 수프가 묽어진다.

1. 탄소강 재질의 웍이나 큰 들통(곰솥 냄비)을 강불에서 달구다가 충분히 뜨거워지면 기름을 두르고 마늘, 생강, 고추를 넣고 1분간 볶는다.
2. 이어서 양배추, 버섯, 그린빈, 당근, 피망을 넣고 양배추가 숨이 죽을 때까지 2분간 더 볶는다.
3. 간장, 후추, 물 2와 1/2컵(600ml)을 넣고 끓기 시작하면 불에서 내려 60℃ 정도로 식힌다.
4. 작은 볼에 물 1/2컵(120ml)과 옥수수 전분을 섞어서 전분물을 만들어 웍에 있던 수프를 저어가며 천천히 붓는다.
5. 웍을 다시 불에 올려 수프가 걸쭉해질 때까지 뭉근하게 끓인다. 시간 여유가 없을 때는 수프 식히는 과정은 생략해도 되는데, 웍을 불에서 잠시 내려 뜨거운 상태일 때 저어가면서 전분물을 수프에 붓는다. 그런 후에 웍을 다시 불에 올려 수프가 걸쭉해질 때까지 뭉근하게 끓인다.
6. 수프를 살살 저어가며 이번에는 풀어놓은 달걀물을 붓는다. 리본 모양의 띠가 생기면서 달걀물이 곧바로 익을 것이다.
7. 수프 맛을 보고 소금으로 간을 한 다음, 불에서 내려 파와 고수를 넣어 섞는다.
8. 뜨거운 수프를 볼 4개에 나누어 담고, 튀긴 국수를 1큰술씩 토핑해서 상에 낸다.
9. 현미 식초, 고추-간장-식초 소스, 인도식 쓰찬 소스는 따로 그릇에 담아 곁들인다.

●

튀긴 국수는 중화풍 중면을 튀겨서 포장된 형태로 판매하는 국수인데 국내에서는 찾기 쉽지 않으니 집에서 중화면을 약 8cm 길이로 잘라 기름에 튀겨서 쓰면 된다. 튀긴 국수는 수프에 아삭한 식감을 내는 고명 역할도 하고, 시간이 갈수록 수분을 머금어 일반 국수처럼 후루룩 먹을 수 있다는 점 때문에 좀 더 든든한 식사로 중화풍 수프를 먹고 싶을 때 올리기도 한다.

마늘-생강 타드카를 올린 녹황색 채소 달

Garlic + Ginger Dal with Greens

달•을 만들 때 기억해야 할 것은 렌틸콩을 약불에서 뭉근하게 익히고, 삶는 동안(찰기 없는 쌀로 밥을 지을 때와 마찬가지로) 건드리지 않거나 자주 뒤적거리지 말아야 한다는 것이다. 이렇게 천천히 익혀야 나중에 저었을 때 더 크리미한 질감을 낼 수 있다. 달 요리를 만들 때 꼭 레시피대로만 하지 말고 이것저것 시도해보는 것도 재미있으니, 다져서 볶은 토마토를 넣거나 고추 가루 대신 신선한 녹색 고추가 들어간 타드카로 자신만의 달 요리에 도전해보시길!

재료(4~6인분 기준)

- 붉은 렌틸콩 1컵(212g)
- 강황 가루 1/2작은술
- 기 버터 또는 튀는 향이 없는 기름 2큰술
- 케일 또는 시금치 1컵(60g), 큼직하게 다져서
- 고운 천일염
- 생강 1쪽(길이 2.5cm), 껍질을 벗긴 뒤 성냥개비 모양으로 채 썰어서
- 마늘 2쪽, 얇게 저며서
- 붉은 고추 가루 1/4작은술
- 아사페티다 1/4작은술(생략 가능)
- 밥 또는 플랫브레드(곁들임용)

풍미 내는 방법

마늘, 생강, 고추 가루에 들어 있는 매운 물질들은 기름에 녹는 성질이어서 뜨거운 기름을 이용해 추출할 수 있다. 이런 방식으로 우려낸 기름인 타드카는 달 요리를 완성하는 가니시로 쓰인다.

타드카를 만드는 과정을 거치면서 고추의 붉은 색소가 기름에 녹아 기름이 붉은색을 띤다.

아사페티다(인도 식품점에서는 힝Hing이라는 이름으로 판매된다)는 인도 요리에서 파속 식물 대용으로 쓰는 재료로, 이 레시피에서는 마늘의 맛을 한층 더 끌어올리는 요소다.

1. 렌틸콩에서 돌이나 불순물을 잘 골라낸 뒤, 고운 체에 담아 흐르는 물에서 씻는다. 중간 크기 볼에 씻은 콩을 담고 물 2컵(480ml)을 부어 30분간 불린다.
2. 중간 크기 소스팬에 렌틸콩, 콩 불린 물, 강황 가루를 넣어 중강불에서 삶다가 끓으면 불을 줄여서 완전히 부드럽게 익을 때까지 10~15분간 뭉근하게 삶는다. 이때 렌틸콩을 젓지 말고 그대로 두고, 삶는 동안 물이 너무 졸아들면 주전자에 따로 끓인 물을 담아 1/2컵(120ml)씩 필요한 만큼 붓는다. 만약 콩이 거의 다 익은 시점에도 콩 삶은 물이 충분히 졸아들지 않으면 수분이 보이지 않을 때까지 더 삶는다.
3. 콩이 다 삶아지면 불에서 내려 계속 젓는다. 이렇게 하면 서로 붙어 있던 콩들이 떨어지면서 점차 걸쭉한 상태가 된다.
4. 중간 크기 소스팬에 기 버터를 1큰술 넣고 중강불에서 달군다. 이어서 케일과 소금을 넣고 케일이 살짝 숨이 죽을 때까지 3~4분간 볶는다.
5. 볶은 케일을 익힌 렌틸콩에 합치고 실리콘 주걱으로 굴리듯 살살 버무리다가 소금으로 간을 한다.
6. 타드카를 만들려면, 먼저 중간 크기 소스팬에 남은 기 버터 1큰술을 넣고 중강불에서 달군다. 기 버터가 적당히 뜨거워지면 생강과 마늘을 넣고 황갈색이 될 때까지 45~60초간 볶는다. (생강과 마늘이 타면 쓴맛이 나서 좋지 않으니 볶는 동안 잘 지켜봐야 하며, 혹시 탔을 경우 전량 폐기하고 처음부터 다시 시작해야 한다)
7. 불에서 내린 소스팬에 붉은 고추 가루를 넣는다. 아사페티다를 넣는다면 이때 같이 넣는다.
8. 볶은 생강과 마늘, 그리고 생강과 마늘 풍미가 우러난 뜨거운 기름을 모두 달 위에 끼얹은 다음, 따뜻한 밥이나 플랫브레드를 곁들인다.

•
달(Dal)은 렌틸콩 또는 조각 낸 완두콩의 인도 명칭이자 이런 재료로 만든 요리 명칭이기도 하다.

마살라 새우 볶음

Masala Shrimp

오클랜드에 사는 친척들을 만나러 뉴질랜드를 방문한 적이 있는데, 그때 뉴질랜드 사람들이 바치bach라고 부르는 비치 하우스를 빌려 다 같이 바닷가에서 크리스마스를 보냈다. 뉴질랜드인들이 보통 그러듯이, 우리도 일주일 내내 바비큐를 해 먹고 아이스크림도 잔뜩 먹었다. 그릴 위에서 음식이 구워지는 동안 우리는 언제나 가장 빨리 익는 새우를 당연하다는 듯 에피타이저처럼 집어 먹었다. 이 요리 레시피는 내게 그때의 특별한 휴가를 정답게 떠올리게 한다.

재료(애피타이저로 4~6인분 기준)

생새우(중) 455g, 꼬리만 남긴 채 껍질을 모두 벗기고 내장도 제거해서

엑스트라 버진 올리브유 2큰술

마늘 2쪽, 갈아서

생강 1쪽(길이 2.5cm), 껍질을 벗긴 뒤 갈아서

토마토 페이스트 2큰술

갓 짠 라임 즙 1큰술

가람 마살라 1작은술(312쪽 참조)

카옌고추 가루 1/2작은술

시나몬 가루 1/4작은술

고운 천일염

차이브(실파) 2큰술, 다져서(가니시용)

라임 1개, 4등분해서(곁들임용)

풍미 내는 방법

라임 즙은 카옌고추 가루의 매운맛과 가람 마살라의 향신료 풍미를 확 살려준다.

라임 즙은 새우 단백질을 변성시켜, 가열했을 때 더 빨리 익게 한다. 따라서 새우가 질겨질 수 있으니 새우에 라임 즙을 넣고 재울 때 너무 오래 두지 않아야 한다.

1. 새우를 흐르는 차가운 물에 잘 씻은 다음, 키친타올로 살살 두드려서 물기를 제거하고 큰 볼에 담는다.
2. 작은 볼에 올리브유 1큰술, 마늘, 생강, 토마토 페이스트, 라임 즙, 가람 마살라, 카옌고추 가루, 시나몬 가루를 넣은 뒤 새우를 넣고 소금으로 간을 한다. 양념이 골고루 잘 묻도록 실리콘 주걱으로 살살 젓거나 폴딩해서 버무린 뒤, 5분간 그대로 둔다.
3. 남은 올리브유 1큰술을 중간 크기 스테인리스 혹은 무쇠 프라이팬이나 스킬릿에 두르고 중강불에서 달군다.
4. 기름이 충분히 뜨거워지면 팬에 양념해놓은 새우와 바닥에 가라앉은 양념까지 싹싹 긁어서 넣고 새우가 핑크색을 띨 때까지 3~4분간 볶는다. 토마토 페이스트 때문에 새우가 제대로 핑크색으로 바뀌었는지 판단하기 어려울 수 있으니, 새우 하나를 꺼내서 잘라보고 속이 완전히 부드럽게 익고 살은 하얗지만 겉면과 꼬리가 핑크색으로 바뀌었는지 확인하는 것이 좋다.
5. 새우를 접시에 담아 차이브(실파)로 가니시하고, 4등분한 라임을 곁들여서 상에 낸다.

흑후추 닭 볶음

Black Pepper Chicken

고추가 들어오기 전에 인도 요리에서 매콤한 맛을 담당하는 주요 재료는 흑후추였다. '흑후추 닭 볶음'을 만드는 방법에는 물기 없게 만드는 방법과 물기 있는 걸쭉한 소스 형태로 하는 방법이 있는데, 이 레시피보다 국물을 더 적게 잡고 싶다면 레시피의 코코넛 밀크 양을 반으로 줄이면 된다.

재료(4~6인분 기준)

- 흑후추 2큰술
- 코리앤더 씨 1작은술, 분쇄해서
- 펜넬 씨 1작은술, 분쇄해서
- 강황 가루 2작은술
- 갓 짠 라임 즙 2큰술
- 고운 천일염
- 닭 넓적다리살 1.4 kg, 뼈 없는 것으로 껍질 제거해서
- 코코넛 오일 2큰술
- 양파(대) 2개(총무게 약 800g), 반으로 자른 뒤 얇게 썰어서
- 마늘 4쪽, 갈아서
- 생강 2쪽(길이 5cm), 껍질을 벗긴 뒤 갈아서
- 무가당 코코넛 밀크 403ml
- 고수 2큰술, 큼직하게 다져서(가니시용)
- 흰 쌀밥, 찰기 없는 것(곁들임용)

풍미 내는 방법

이 요리의 매콤한 맛은 후추가 담당한다. 좀 더 도드라진 향과 맛을 원한다면 텔리체리Tellicherry라는 남인도 스튜에 들어가는 텔리체리 페퍼콘을 써보라. 같은 후추지만 더 크고 맛과 향이 더 강하다.

펜넬 씨와 약불에 오래 익힌 양파는 매콤한 맛을 눌러주는, 단맛이 나는 재료다. 양파에는 긴 사슬로 이루어진 프럭탄fructan이라는 과당 분자가 들어 있는데, 열을 가하면 사슬이 끊어져서 달콤한 과당 분자를 방출한다.

코코넛 밀크는 물, 지방, 단백질과 당이 유화된 것으로 요리에 크리미한 질감을 낸다.

될 수 있으면 향이 있는 코코넛 오일을 써야 요리에 코코넛 향과 풍미를 충분히 낼 수 있다.

1. 흑후추는 투박한 입자로 분쇄해 작은 프라이팬이나 스킬릿, 혹은 작은 소스팬에 코리앤더 가루, 펜넬 씨 가루와 함께 넣고 향이 올라올 때까지 기름 없이 30~45초간 볶다가 바로 작은 볼로 옮긴다. 여기에 강황 가루와 라임 즙을 넣고 소금으로 간을 해서 걸쭉한 페이스트가 될 때까지 잘 섞는다.
2. 닭고기를 큰 볼에 넣고 만들어놓은 향신료 페이스트를 골고루 바른 뒤, 커다란 지퍼백에 담거나 볼에 플라스틱 랩을 씌워 최소한 4시간 동안 냉장고에서 재운다. 될 수 있으면 하룻밤 재우는 것이 좋다.
3. 조리를 시작하기 전에 재워둔 닭을 냉장고에서 꺼내 15분간 실온에서 찬 기운을 뺀다.
4. 큰 소스팬에 코코넛 오일을 넣고 중강불에서 달군다. 기름이 충분히 데워지면 양파를 넣고 약간 투명해질 때까지 4~5분간 볶다가 마늘과 생강을 넣어 향이 올라올 때까지 1분간 더 볶는다.
5. 재워둔 닭고기, 닭고기를 재우고 남은 향신료 페이스트와 거기서 나온 국물, 코코넛 밀크까지 함께 넣고 강불에서 익힌다. 국물이 끓어오르면 약불로 줄여 10~15분간 졸이는데, 이때 타지 않게 이따금 저어야 한다.
6. 닭이 속까지 익고 소스가 걸쭉해지면 팬을 불에서 내려 맛을 본 다음, 소금으로 간을 한다.
7. 고수로 가니시해서 따뜻한 밥과 함께 상에 낸다.

스파이스 닭 오븐 구이

Spiced Roast Chicken

향과 색, 풍미 모두 화려한 이 닭 오븐 구이는 내가 집에서 자주 해 먹는 요리다. 먹고 남은 닭고기는 찢어서 랩이나 샐러드에 넣어서 먹기도 한다. '민트와 고추를 넣고 간단히 절인 천도복숭아'(319쪽)나 '청사과 처트니'(321쪽), 혹은 '구운 가지 라이타'(288쪽)를 곁들여도 좋다.

재료(6인분 기준)

- 엑스트라 버진 올리브유 또는 녹인 무염 버터 1/4컵(60ml)
- 마늘 4쪽, 갈아서
- 코리앤더 가루 2작은술
- 오레가노 가루 2작은술
- 흑후추 가루 1작은술
- 강황 가루 1작은술
- 훈제 파프리카 가루 1작은술
- 카슈미르 고추 가루* 1작은술
- 코셔 소금** 1작은술, 여분도 준비
- 생닭 1마리(1.8kg), 통닭으로
- 고운 천일염
- 저염 닭 육수(치킨 스톡) 2컵(480ml)
- 레몬 1개, 웨지 형태로 잘라서(곁들임용)

풍미 내는 방법

로스팅팬 안에 와이어 랙을 얹고 그 위에 닭을 올려서 구우면 육즙이 팬으로 떨어지면서 닭 껍질이 골고루 익는다.

강황 가루와 파프리카 가루는 이 요리에서 색과 풍미를 담당한다.

파프리카 가루와 카슈미르 고추 가루는 고기에서 너무 맵지 않으면서도 부드럽고 먹음직스러운 훈제 향을 낸다.

닭 육수는 이 요리에서 수분과 풍미를 담당한다. 닭을 구울 때 팬에 부어놓은 육수는 닭에서 떨어진 육즙으로 더 진한 풍미를 얻는데, 고기가 촉촉하도록 굽는 동안 한 번씩 솔로 발라주는 베이스팅용으로 좋다.

1. 닭고기에 바를 시즈닝 믹스를 만들려면, 올리브유, 마늘, 코리앤더, 오레가노, 후추, 강황, 파프리카, 고추 가루, 소금을 작은 볼에 담아 잘 섞는다.
2. 닭고기를 키친타올로 살살 두드려 물기를 제거해서 커다란 로스팅팬, 혹은 닭이 충분히 들어갈 만큼 입구가 크고 깊은 베이킹 그릇 안에 미리 얹어놓은 와이어 랙 위에 올린다.
3. 닭의 껍질과 살 사이로 손가락을 집어넣어 살살 휘저으며 껍질을 살에서 떼어놓는다. 그렇게 분리한 닭의 살과 껍질에 시즈닝 믹스를 바른 뒤, 소금을 가볍게 뿌리고 덮지 않은 상태로 1시간 정도 냉장 보관한다. 될 수 있으면 하룻밤 두는 것이 좋다.
4. 오븐 제일 아래쪽 칸에 와이어 랙을 설치하고 오븐을 204℃로 예열한다.
5. 시즈닝 믹스를 바른 닭이 놓인 팬에 닭 육수를 붓고 오븐에서 70~80분간 굽는다. 이때 팬에 부어놓은 닭 육수로 15~20분에 한 번씩 베이스팅 작업을 해야 한다.
6. 고기 내부 온도가 74℃ 정도로 표시되고 껍질에 황갈색이 돌 때까지 닭을 굽는다. 만일 팬에 있던 닭 육수가 거의 다 증발하면 물을 1컵(240ml) 더 붓는다.
7. 닭이 다 익으면 오븐에서 꺼내, 알루미늄 포일로 안쪽 위에 여유를 두고 덮어서 10분간 실온에 둔다.
8. 조심스럽게 닭을 큰 접시로 옮기고, 팬에 남은 국물 위에 뜬 지방은 걷어내고 남은 진국을 작은 볼에 담는다.
9. 닭이 따뜻할 때 레몬 조각, 볼에 따로 담은 닭 진국을 곁들여 상에 낸다.

* 카슈미르 고춧가루를 구하지 못하면 그리 맵지 않은 일반 고춧가루를 쓰면 된다.

** 코셔 소금 대신 히말라야 소금을 동량으로 쓰거나, 고운 천일염 3/4작은술을 써도 된다.

양고기 코프타와 아몬드 그레이비 소스

Lamb Koftas in Almond Gravy

서양에 미트볼이 있다면 인도에는 코프타Kofta가 있다. 어떤 종류의 고기든 상관 없고, 오븐에서 굽든 기름 두른 팬에서 지지든, 굽는 방식도 상관 없다. 코프타는 일반적으로 소스나 그레이비에 잠긴 채 나오는데, 지금 소개하는 요리는 아몬드 가루를 넣어 걸쭉하게 만든 황금색 강황 소스를 얹은 것이다. 같이 먹을 수 있는 탄수화물 종류로 파라타(297쪽)나 찰기 없는 흰 쌀밥(310쪽) 중 하나를 택해 '구운 옥수수를 넣은 오이 샐러드'(287쪽)와 함께 상에 내면 좋다. 나는 코프타를 잔뜩 만들어서 조리하지 않은 상태로 최장 2개월까지 냉동 칸에 쟁여두기도 한다. 냉동한 것을 요리하고 싶을 때는 전날에 냉장 칸으로 옮겨 해동해서 활용하면 된다. 때로는 코프타를 (아몬드 그레이비나 강황 그레이비 없이) 미트볼처럼 샌드위치나 피자에 넣어서 먹기도 한다.

재료(4인분 기준)

코프타

다진 양고기나 쇠고기 455g

양파(중) 1개(260g), 잘게 다져서

강황 가루 1작은술

코리앤더 가루 1작은술

붉은 고추 가루 1작은술

마늘 4쪽, 다져서

생강 1쪽(길이 2.5cm), 껍질을 벗긴 뒤 갈아서

녹색 고추 1개, 다져서(생략 가능)

달걀(대) 1개, 가볍게 풀어서

고운 천일염 1작은술

엑스트라 버진 올리브유 1/4컵(60ml) (기름에 지지는 경우)

그레이비 소스

기 버터 또는 엑스트라 버진 올리브유 또는 튀는 향이 없는 기름 2큰술

양파(중) 1개(260g), 잘게 다져서

마늘 2쪽, 다져서

생강 1쪽(길이 2.5cm), 껍질을 벗긴 뒤 갈아서

코리앤더 가루 1작은술

강황 가루 1/2작은술

붉은 고추 가루 1/2작은술

아몬드 가루 1/2컵(30g), 껍질 벗긴 것과 안 벗긴 것 모두 사용 가능

식초 또는 레몬 즙 2큰술

고운 천일염

생 민트 잎 1큰술(가니시용)

파라타 또는 흰밥(곁들임용)

풍미 내는 방법

아몬드 가루로 만드는 그레이비 소스는 아몬드에 들어 있는 탄수화물과 섬유질 때문에 걸쭉한 질감이 생긴다.

좀 더 부드러운 질감을 내려면 코프타를 넣기 바로 직전에 그레이비 소스를 블렌더에 넣고 고속으로 간다. 껍질을 벗긴 아몬드 가루는 껍질을 벗기지 않은 것보다 훨씬 부드러운 질감이 나온다.

1. 코프타를 만들려면, 먼저 넓적한 베이킹팬에 종이 포일이나 알루미늄 포일을 깐다.
2. 양고기를 큰 볼에 담고, 여기에 양파, 강황, 코리앤더, 고추 가루, 마늘, 생강, 녹색 고추, 달걀, 소금을 넣고 실리콘 주걱으로 살살 젓거나 폴딩해서 골고루 잘 섞는다. 고기를 일정한 무게로 12등분한 다음, 각각 손으로 둥글려서 포일을 깔아둔 베이킹팬에 담는다.
3. 오븐에 굽는다면, 오븐을 204℃로 예열해 코프타의 겉이 황갈색을 띠고 고기 내부 온도가 71℃로 속까지 잘 익을 때까지 20분간 굽는다. 잘라봤을 때 속이 핑크색을 띠어도 상관없다.
4. 잘 익은 코프타를 오븐에서 꺼내고, 팬에 떨어진 육즙은 따로 그릇에 담는다.
5. 코프타를 기름에 지진다면, 먼저 넓적한 베이킹팬에 와이어 랙을 올려놓는다. 이어서 중간 크기 소스팬에 기름을 두르고 중불에서 달구다가 코프타를 한 번에 여러 개씩 넣어 8~10분간 지진다. 오븐에 구울 때와 마찬가지로, 코프타의 겉이 황갈색을 띠고 고기 내부 온도가 71℃로 속까지 잘 익으면 완성이다. 다 익은 코프타는 채망을 이용해 준비한 와이어 랙으로 옮겨 기름이 빠지게 올려둔다.
6. 그레이비 소스를 만들려면, 먼저 기 버터를 중간 크기 소스팬이나 더치오븐에 두르고 중불에서 달군다. 팬에 양파를 넣고 약간 투명해질 때까지 4~5분간 볶다가 마늘과 생강을 넣고 향이 올라올 때까지 1분간, 이어 코리앤더, 강황, 고추 가루를 넣고 향이 올라올 때까지 30~45초간 더 볶는다.
7. 이어서 같은 팬에 아몬드 가루를 넣고 1분간 더 볶다가 물 1컵(240ml)을 붓고, 코프타, 코프타에서 나온 육즙을 다 함께 넣고 강불로 올려서 한소끔 끓인다. 팔팔 끓어오르면 약불로 줄이고 뚜껑을 닫은 채 뭉근하게 익힌다.
8. 5분 정도 지났을 때 뚜껑을 열어 저으면서 식초를 넣고 맛을 보아 소금으로 간을 한 뒤, 불에서 내린다.
9. 완성된 코프타에 그레이비 소스를 끼얹고 생 민트로 가니시한다, 상에 낼 때 파라타나 쌀밥을 곁들인다.

지방은 풍부함을 더해주기 때문에 음식을 더 맛있게 만든다. 유지방이 10퍼센트 포함된 요거트는 크리미하고 부드럽다. 프라이드치킨의 바삭한 껍질은 무엇에도 비할 데 없는 맛이다.

요리할 때 지방은 질감과 맛을 만들어내며, 적당히만 쓴다면 영양가도 있다. 지방은 우리 몸을 구성하는 세포들의 가장 풍부한 에너지원으로, 우리 몸에서 지용성 비타민을 흡수할 수 있게 해준다. 예를 들면 당근에 들어 있는 비타민 A는 지방으로 조리하면 훨씬 더 쉽게 흡수할 수 있는 상태가 된다. 이렇듯 유용하게 활용하면 지방은 우리에게 풍미뿐만 아니라 영양까지 제공한다.

부엌에서 지방은 수많은 방법으로 활용된다. 우리는 지방으로 질감, '크리미함'이나 '바삭함' 같은 식감의 여러 가지 특징을 만들어낸다. 지방은 고추의 매콤한 캡사이신 성분처럼, 기름에 녹는 성질을 가진 풍미가 밖으로 나올 수 있게 도와줄 뿐만 아니라 고추의 화사한 붉은색 같은 지용성 색소도 그 존재감을 드러내게 해준다. 레몬 껍질의 향기로운 에센셜 오일을 추출할 때도 쓰인다. 무엇보다 가장 일반적인 미덕은 조리할 때 열이 재료에 잘 전달되게 하는 것이다.

지방은 맛인가?

지방이 과연 그 자체로 맛인가 하는 질문은 사실 새롭지는 않지만 비로소 이 대목에 대한 연구가 시작된 것은 불과 몇 년 전이다. 과학자들은 미각 수용기 중 지방과 관련 있을 것으로 보이는 다수의 데이터뿐만 아니라, 지방이 어쩌면 올레오거스투스라는 여섯 번째 기본 맛일 수도 있음을 증명하는 방법론을 수집해왔다. 우리의 맛 시스템은 인류가 영양소와 독소를 감지하도록 진화해왔기 때문에 지방도 어느 날 갑자기 이런 요건을 충족한다는 것이 증명된다면 기본 맛으로 인정받을 수 있을 것이다. 과학자들이 지방의 기능에 대해, 그리고 지방을 맛 그룹에 공식적으로 포함해야 할지 말지로 논쟁하는 동안, 우리 같은 요리하는 사람들은 지방으로 요리의 풍미를 높이려는 노력을 끊임없이 해왔다. 그래서 나는 이 책에 별도의 장을 할애해 지방이 요리에서 어떻게 활용되는지 조명하고 싶었다. 책 뒷부분 '지질'(335쪽)에서 이 장에서 많이 쓰는 용어를 미리 살펴본다면, 지방이 어떻게, 왜 그렇게 반응하는지 이해하는 데 도움이 될 것이다.

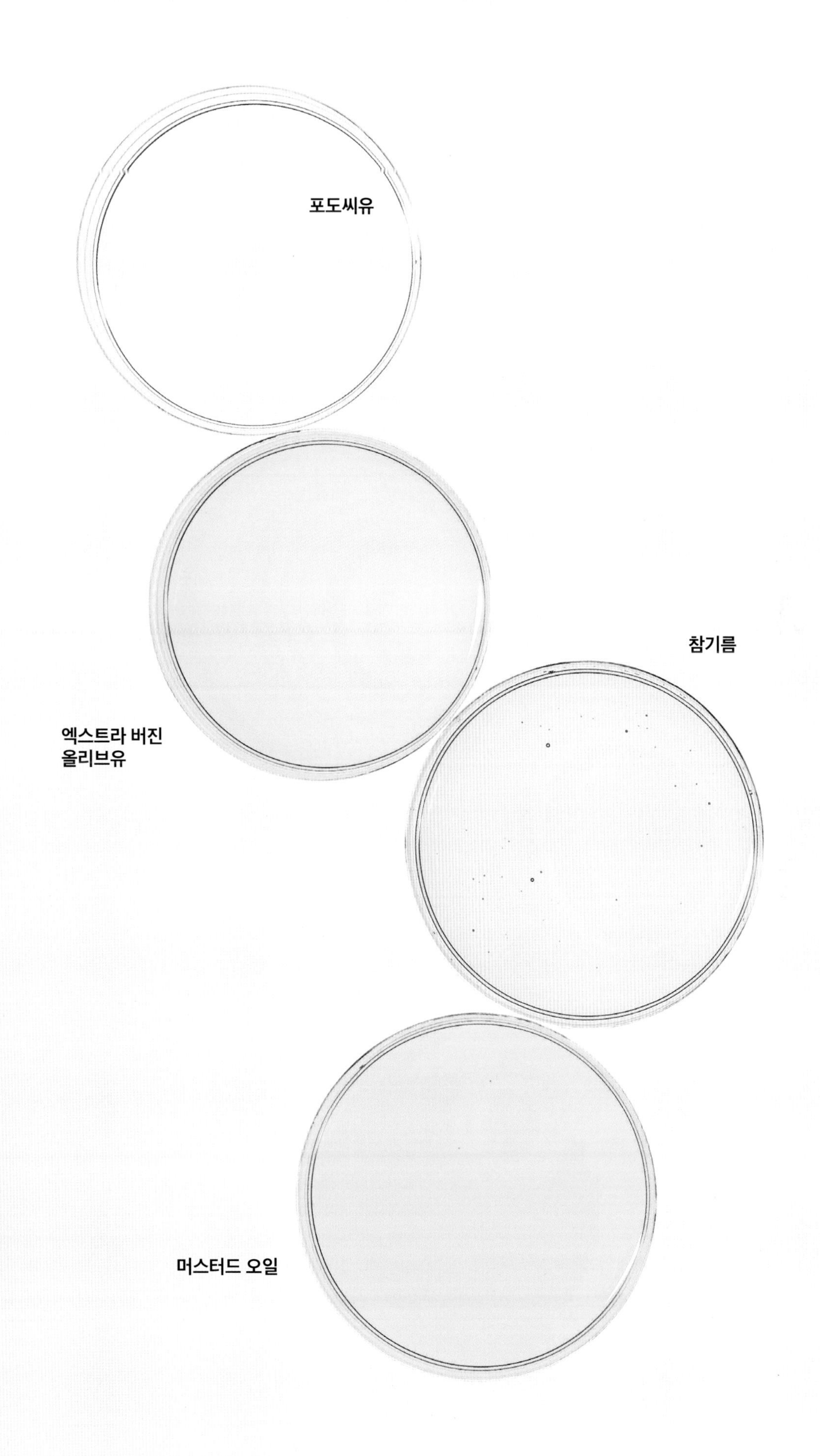
포도씨유
엑스트라 버진
올리브유
참기름
머스터드 오일

고형 지방 대 액체 기름

생화학에서 정의하는 지방fat에는 버터나 코코넛 오일처럼 일반적으로 지방이라 부르는 고형 지방과 올리브유나 카놀라유처럼 액체 상태의 기름이 있다. 어떤 종류는 머스터드 오일이나 코코넛 오일의 고소하고 달콤한 냄새처럼 독특한 향과 맛 프로필을 가지고 있고, 포도씨유처럼 요리에 쓸 때 특별한 풍미를 내지 않아서 중성인 기름, 즉 튀는 향이 없는 기름도 있다.

지방 = 고형 지방 + 액체 기름

지방과 기름은 세 가지 지방산(불포화 지방산, 포화 지방산, 그리고 이 두 지방산 모두)이 글리세롤glycerol이라는 알코올 분자에 고착된 트리아실글리세롤triacylglycerol 또는 트리글리세라이드triglyceride로 이루어져 있다. 고형 지방은 포화 지방산 함량이 높아서 실온에서 고체 상태이고, 기름은 불포화 지방산이 풍부해 실온에서 액체 상태다. 불포화 지방산 중 단일불포화 지방산monounsaturated fatty acids(MUFA)은 상대적으로 산화에 안정적이어서 산화되는 속도가 느리며, 더 건강한 지방 종류로 평가된다(예컨대 올리브유에는 MUFA가 풍부하게 들어 있다). 두 번째 유형의 불포화 지방산은 다불포화 지방산polyunsaturated fatty acids(PUFA)으로, 안정적이지 않은 이런 지방산에는 오메가-6와 오메가-3가 있다(335쪽 '지질' 참조).

지방과 기름의 포화 지방산과 불포화 지방산은 어떤 식물, 어떤 동물에서 온 것이냐에 따라 그 구성이 다르다. 예를 들면 우유로 만든 버터는 물소 젖이나 양 젖으로 만든 버터의 지방산과는 다른 구성으로 되어 있다. 동물의 식습관도 지방산의 특성에 영향을 끼칠 수 있고, 기후와 토양은 식물에서 짠 기름의 지방산 특성에 영향을 미친다.

비정제 및 정제 지방과 기름

추출 방식에 따라 지방과 기름은 두 가지 범주로 나뉜다. 비정제 지방과 기름은 열을 거의 가하지 않거나 아예 가하지 않고 추출하는 반면, 정제 기름은 열을 가하거나, 물리적·화학적 처리 과정을 거친 것이다. 약간의 여과 과정을 거친 비정제 지방이나 기름도 있다. 이런 종류가 담긴 기름병을 살펴보면 바닥에 탁하게 깔린 침전물을 볼 수 있는데, 이것은 기름을 짜고 남은 씨나 견과를 짜는 과정에서 나온 부산물로 몸에는 전혀 해롭지 않다. 비정제 지방이나 기름은 진한 색과 풍미가 특징이고, 보관 기간이 비교적 짧다. 이런 종류의 장점을 최대한 활용하려면 튀길 때처럼 높은 온도로 조리하는 대신, 낮은 온도로 볶는다든지 샐러드 드레싱이나 마요네즈에 풍미를 내고 싶을 때 쓰는 것이 좋다.

지방과 기름을 정제하는 방법에는 여과, 약하게 가열하는 방식, 혹은 이 두 가지 방식 모두를 이용한 자극적이지 않고 자연스러운 방법도 있지만, 강력한 화학 물질이나 상당히 높은 온도로 정제하는 경우도 있다. 정제란 기본적으로 지방이나 기름의 안정성을 높이고 보존 기간을 연장하기 위한 정화 과정이어서 많은 영양소와 풍미 분자가 사라지니, 될 수 있으면 이렇게 자극적인 방법으로 정제한 제품은 피하는 것이 좋다. 다만, 높은 온도를 견디지 못해 변질되는 지방(기름) 영양소와 풍미도 있는데, 문제는 이런 영양소와 풍미는 높은 온도에서 지방이나 기름에 특이한 맛을 더해줄 뿐만 아니라 결과적으로 이 기름에 닿는 재료마저 그 맛이 푹 배게 한다. 따라서 높은 온도로 조리해야 하는 튀김이나 그 외의 조리 방법에는 비정제 제품보다는 정제 제품을 사용하는 것이 좋다.

경화유硬化油, hydrogenated oil

불포화 지방산이 풍부한 액체 상태의 기름을 고형 지방으로 만들 때 수소를 첨가하기도 하는데, 이렇게 처리한 지방은 튀김, 볶음, 베이킹 등을 할 때 적당한, 높은 녹는점melting point을 갖게 된다. 수소는 일부 불포화 지방산의 이중 결합을 단일 결합으로 바꾸어 포화 지방산으로 만들어주기도 하지만, 이중 결합의 일부를 포화시켜서 트랜스 지방산을 생성하는 분자 구조로 바꿔놓는 부작용을 일으키기도 한다. 그 결과 경화유에 일부 포화 지방산과 트랜스 불포화 지방산이 섞인다. 트랜스 지방이 심장 질환에 끼치는 영향이 다수의 연구를 통해 증명되었으니 요리할 때 경화유 혹은 부분적 경화유는 피하는 것이 좋다.

튀는 향이 없는 지방과 기름

올리브유, 머스터드 오일, 참기름, 코코넛 오일이나 기 버터처럼 저마다 독특한 풍미를 내는 향과 맛을 지닌 지방과 기름 종류가 있다. 이런 지방 또는 기름으로 요리하면 원하든 원치 않든 요리에 독특한 풍미가 스며든다. 반대로 포도씨유나 면실유처럼 튀는 향이나 맛이 없는 기름도 있으니, 요리에 전혀 영향을 미치지 않는 지방 또는 기름을 쓰고 싶다면 이런 종류를 활용하라.

지방과 기름 보관법

빛, 공기, 수분, 심지어 일부 금속 종류는 시간이 갈수록 지방이나 기름의 질을 떨어뜨린다. 지방과 기름은 공기를 차단할 수 있는 병이나 용기에 담아 서늘하고 어두운 곳에 보관하는 것이 좋다.

지방과 기름의 산패와 분해

지방과 기름의 불포화 지방산은 글리세롤에 붙어서 트리글리세라이드 상태이지만 지방이나 기름이 분해되는 산화酸化, oxidation 과정을 거치면 글리세롤에 붙어 있지 않은 '유리 지방산 상태'가 된다. 산화는 산소가 지방 또는 기름의 불포화 지방산에 반응하면서 일어나는 과정이다. 지방 또는 기름의 안정성(337쪽 참조)을 높이기 위한 경화와 달리, 산화는 산패한 기름처럼 역한 맛이 생기게 해 지방 또는 기름이 분해되고 있음을 알리는 지표가 된다.

기름에 물이나 다른 음식이 닿지 않게 하는 것이 좋다. 왜냐하면 수분은 지방의 가수 분해를 일으키고 일부 음식에는 지방을 분해하는 효소인 퍼록시데이스peroxidase(과산화 효소)와 라이페이스lipase가 들어 있기 때문이다. 견과나 견과 가루처럼 지방이 풍부한 음식, 심지어 곡물 가루도 냉장고에서 가장 온도가 낮은 곳에 보관해야 효소나 따뜻한 온도 때문에 풍미 물질과 지방산이 분해되는 것을 어느 정도 막을 수 있다. 지방과 기름을 실온에 두면 결국 산패해 불쾌한 냄새와 맛이 난다.

지방과 기름으로 요리하기

요리에 쓸 지방 또는 기름을 선택할 때는 온도 때문에 안정성이 깨질 위험이 있는지 확인해야 한다. 영양이나 맛에서 장점이 많은 지방 또는 기름일지라도 낮은 온도로 조리하는데도 타면서 연기가 난다면 그 조리 방법은 적합하지 않다는 의미다. 지방이나 기름의 반응 온도를 어느 정도 파악하면 요리할 때 그게 도움이 된다.

온도

지방과 기름이 온도에 따라 어떻게 반응하는지는 요리할 때 중요한 요소다. 지방은 대체로 실온이나 더 낮은 온도로 있을 때는 고형 상태지만, 대다수 기름은 액체 상태다. 따라서 요리에 쓰는 기름의 녹는점을 알아두면 샐러드처럼 찬 음식에 넣었을 때 굳는지 아닌지 어느 정도 가늠할 수 있다. 지방이나 기름에서 연기가 나기 시작하는 온도, 즉 발연점을 알면 기름의 풍미를 해치지 않을 정도로 올라갈 수 있는 온도가 어느 정도인지 판단할 수 있고, 튀김처럼 높은 온도가 필요한 요리법에 사용해도 되는지 여부를 판단할 수도 있다.

유동점과 구름점 유동점pour point은 지방 또는 기름이 응고 상태에 도달하기 전, 따를 수 있는 정도의 액체 상태로 있을 수 있는 온도이고, 구름점cloud point은 지방이나 기름이 흐리고 탁해지기 시작하는 온도를 말한다. 이 두 가지 온도를 요리하는 사람들이 꼭 알아야 하는 것은 아니지만 매일 사용하는 지방이나 기름을 어떻게 보관하면 좋을지 판단할 때 도움이 되는 유용한 정보다. 예를 들면 냉장 보관한 기 버터나 올리브유는 빠른 속도로 탁해지고 굳어져서 따르기 힘들어진다. 따라서 이런 종류는 실온에 두는 것이 좋다(다만 직사광선과 불 옆은 피해야 한다).

녹는점(융점溶點) 지방 또는 기름은 이 온도에서 액체 상태다. 이 온도가 중요한 이유는 이를 알면 지방이나 기름을 어떻게 사용하면 좋을지 판단할 수 있기 때문이다. 고형 상태의 지방은 일반적으로 기름보다는 녹는점이 더 높아서 주로 베이킹에 쓰인다(올리브유 또는 효두 기름이 들어가는 케이크처럼 예외도 있다). 기름은 녹는점이 더 낮고 액체 상태이므로 샐러드 드레싱이나 비네그레트에 쓰면 좋다.

발연점 지방 또는 기름을 이 온도까지 가열하면 연기가 나기 시작하는데, 이는 열에 의해 지방 또는 기름이 해체되었음을 의미한다. 발연점發煙點, smoking point이 높은 기름은 높은 온도를 견딜 수 있으므로 튀기거나 볶는 요리에 쓸 수 있다. 한 가지 염두에 둘 점은, 337쪽에서 제시한 발연점 목록은 일반 지표로는 도움이 되겠지만 같은 종류의 기름일지라도 발연점이 달라질 수 있다는 사실이다. 예를 들면 올리브유의 경우, 올리브 종류나 수확한 올리브의 숙성 정도에 따라 발연점이 다르다.

요리할 때 아래에 언급한 온도까지 기름 온도를 올리지 않도록 유의해야 한다!

인화점 지방이나 기름을 이 온도로 가열하면 잠시 불이 붙는다.

발화점 지방이나 기름을 이 온도로 가열하면 최소 5초간 꺼지지 않고 연소된다.

기름에 튀기는 요리법과 지방에 일어나는 변화

프렌치프라이, 프라이드치킨, 도넛, 육류 또는 생선 튀김처럼 뜨거운 지방이나 기름에 튀긴 음식에는 누구에게나 사랑받는 바삭한 식감이 생긴다. 일반적으로 튀김은 음식을 뜨겁게 달군 기름에 바로 넣어, 겉은 바삭하고 속은 완전히 익은 상태가 될 때까지 몇 분간 익히는 것이다. 이때 지방과 기름은 음식에 열을 전달하는 매개체가 되는데, 물의 끓는점인 100℃보다 상당히 높은 온도에서 열을 전달할 수 있어서 기름에 튀긴 음식에는 물에서 조리한 음식보다 훨씬 다양한 질감과 풍미가 생긴다.

열을 가한 지방이나 기름에도 변화가 일어나는데, 불포화 지방산 분자들끼리 결합해 고분자가 되면서 기름이 점성을 띤다. 같은 기름으로 계속 음식을 조리하면 이런 현상이 더 진행되고, 반복해서 쓴 기름은 식으면 걸쭉해진다. 이런 점은 무쇠 팬을 녹슬지 않으면서 조리 과정에서 음식이 잘 들러붙지 않게 길들이는 작업인 시즈닝을 할 때 도움이 된다. 높은 온도로 가열한 기름의 고분자가 금속 재질 표면의 구멍을 채워 반질반질하게 해주는 원리다. 이렇게 하면 음식이 팬에 달라붙지 않고 달걀 프라이와 같은 음식을 조리할 때도 팬에 잘 붙지 않고 쉽게 떨어진다.

또 다른 반응도 일어난다. 공기 중의 산소가 수분에 반응하면서 지방의 산화를 일으킨다. 음식 재료의 수분도 기름의 향과 맛에 영향을 미친다. 재료에 있던 수분이 기름과 반응하면서 기름의 질에 영향을 미치는 다양한 물질을 생성하기 때문이다.
마지막으로, 지방과 기름은 물질을 녹이는 성질이 있어서 조리에 이용될 때마다 음식이나 향신료의 풍미 분자를 녹여서 함유한다. 이미 사용한 지방이나 기름에는 이렇게 풍미 분자가 쌓여 있으니 이 기름 또는 지방을 다른 요리에는 쓰지 않는 것이 좋다. 그리고 같은 음식을 할 때도 이미 여러 번 사용한 지방이나 기름은 피하고, 색과 점도, 냄새가 달라진 것 같으면 즉시 버리는 것이 좋다.

지방맛의 풍부한 풍미를 올려주는 부스터

지방 또는 기름에는 풍미가 좋은 종류부터 튀는 향이 없는 종류, 동물성, 식물성 등 선택의 폭이 넓다.

동물성 지방

요리에 쓰는 대부분의 동물성 지방은 풍미를 풍부하게 해주는 향과 맛을 가지고 있다. 자주 쓰이는 종류 몇 가지를 살펴보겠다.

버터와 기 버터

버터는 유지방, 단백질, 당(젖당)과 물로 구성된 에멀전으로, 소금이 포함된 형태(가염)와 소금이 들어가지 않은 형태(무염)로 시중에서 구할 수 있다. 요리에 무염 버터를 쓰면 간을 원하는 대로 조절할 수 있다는 장점이 있다. 발효 버터(가염과 무염 모두 시중에서 구할 수 있다)도 있는데, 이런 버터는 박테리아가 생성한 산 때문에 살짝 새콤한 맛이 난다. 이것 역시 요리와 베이킹에 쓸 수 있고, 막 구운 따뜻한 토스트에 마멀레이드와 함께 발라 먹으면 정말로 맛있다. 나는 냉장고를 가볍게 쓰고 싶은 편이라 여러 종류의 버터로 채우기보다는 무염 버터만 사서 필요할 때 천일염을 뿌려서 쓴다.

기 버터는 인도 요리에서 가장 많이 쓰는 지방으로, 전통 방식으로 휘저은 크림이나 일반 버터에 열을 가해 분리된 지방을 추출해서 만든다. 발연점이 높아서 튀김용으로 쓰면 좋고, 단백질과 당, 수분 함량이 적어서 장기간 보관하기도 좋다. 파라타 같은 플랫브레드에 넣어 특유의 바삭한 겹겹의 켜와 풍미를 내는 데도 쓰인다. 나는 특히 달걀 프라이를 바삭하게 튀기고 싶을 때 쓴다.

인도에 계시는 나의 어머니는 기 버터를 이렇게 만드셨다. 먼저 시중에서 구한 우유(인도에서는 일반적으로 균질화 과정을 거치지 않은 우유를 판매하는 경우가 많은데, 이 우유는 시간이 지나면 유지방이 위로 뜬다) 위에 뜬 크림을 따로 떠낸다. 이렇게 따로 떠낸 크림에서 버터를 만들기 위해 크림 휘젓는 작업(처닝churning 혹은 교동攪動이라 부르는 이 작업은 우유에서 채취한 크림으로 버터를 만들 때 필수적이다. 기계적으로 휘저은 크림은 지방구 피막이 파괴되어 지방이 서로 뭉치면서 버터와 수분인 버터밀크로 분리된다.—옮긴이)을 거치는데 버터와 버터밀크가 분리되면 그 상태로 불 위에서 천천히 끓인다. 이 과정에서 버터에 남아 있던 수분이 날아가고, 남은 유고형분(단백질과 당)에서 마야르 반응으로 고소한 향이 나는 풍미 물질이 생긴다. 이렇게 끓인 버터를 면포로 걸러 유고형분은 따로 걸러내고 남은 연한 황금색 액체 지방이 기 버터다. 기 버터는 젖당, 유단백질, 수분이 제거되었기 때문에 보관 기간이 상당히 길다는 장점이 있다.

집에서 기 버터를 만들 때 나는 이 같은 여러 단계는 건너뛰고 버터를 덩어리째 불 위에서 직접 가열하는 방법을 이용한다. 한꺼번에 잔뜩 만들어서 일부는 실온에 두고 요리할 때 쓰고, 나머지는 병에 담아서 냉장 보관한다.

라드와 기타 동물성 지방

비계가 많은 베이컨이나 판체타를 가열하면 지방이 녹으면서 조직에서 분리된다. 이렇게 지방을 분리하는 작업을 렌더링rendering이라고 하는데, 돼지고기의 지방을 렌더링한 것이 라드lard다. 동물은 제각기 독특한 향과 맛의 지방을 가지고 있어서, 이렇게 분리 작업을 거쳐서 얻은 동물 지방은 풍미 내는 재료로 활용할 수 있다. 나는 한 번씩 뜨겁게 녹인 동물 지방을 면포 깐 고운 체로 받쳐 유리병에 내리는 식으로 필요한 만큼 그때그때 만들어서 쓴다. 이렇게 얻은 지방은 열이나 빛을 피해 서늘하고 어두운 장소에 보관해야 한다. 닭과 오리 껍질에서 얻은 기름은 구운 채소에 풍미를 내고 싶을 때, 혹은 달걀 요리나 프렌치프라이에 색다른 차원의 풍미를 내고 싶을 때 쓴다. 필라프에 좀 더 재미있는 풍미를 내고 싶을 때 기 버터 대신 닭 기름이나 오리 기름을 쓸 때도 있다. 한번은 훈제한 오리 기름을 반죽에 넣은 초콜릿 케이크를 먹은 적이 있는데, 이런 풍미 조합 덕에 아주 색다르게 맛있는 경험을 했다.

식물성 지방

우리가 요리에 쓰는 지방과 기름은 대부분 과일, 견과, 씨앗에서 유래한 것이다. 요리용 지방과 기름은 과일, 견과, 씨앗을 기계적으로 압착해서 짠 것인데, 올리브나 호두처럼 부드러워서 기계적 압력만으로도 기름을 짤 수 있는 종류는 병에 '저온 압착(콜드 프레스드cold-pressed)'이라고 적혀 있다. 하지만 대두처럼 단단해서 깨뜨리기 어려운 재료인 경우, 압착이 더 잘 되도록 증기 형태로 열을 가해 짜내는 유압 프레스 방식expeller extraction으로 추출된다. 그런가 하면 화학 용액으로 씨앗 속에 들어 있는 지방을 녹여서 추출하는 경우도 있다. 이렇게 화학적으로 추출한 기름은 압착 기름보다 맛도 떨어질 뿐만 아니라 풍미와 영양적 가치가 거의 없으므로 되도록 쓰지 말아야 한다.

견과와 씨앗

견과와 씨앗에는 지방이 풍부하게 들어 있어서 물에 불려 부드럽게 만든 다음, 갈아서 진하고 크리미하면서 걸쭉한 페이스트 형태로 쓸 수 있다. 이렇게 만든 아몬드·캐슈너트·호박씨 버터는 땅콩버터만큼이나 널리 알려져 버터를 비롯한 유제품의 대용으로 활용된다. 참깨로 만든 타히니도 자주 쓰이는 식물성 지방이다. 호두와 참깨처럼 압력을 가해 짜내는 요리용 기름도 있다. 한편 기름으로 짤 씨앗과 견과를 볶아서 갈거나 압착하면 확연히 다른 향과 맛을 낼 수 있다. 요리에 좀 더 복합적인 풍미를 내고 싶을 때, 마지막에 뿌리는 가니시용으로, 혹은 샐러드 드레싱이나 마요네즈를 만들 때 식물성 지방을 쓰면 좋다.

코코넛 오일

포화 지방이 풍부한 코코넛 오일은 실온에서는 고체 형태지만 가열하면 액체로 바뀐다. 비정제 코코넛 오일은 코코넛 향이 강해서, 요리에 강한 코코넛 풍미를 내고 싶을 때 나는 이 오일을 쓴다. 정제 코코넛 오일이나 향을 제거한 코코넛 오일은 향이 없고 특별한 맛도 없다. 코코넛 크림과 지방 100%인 코코넛 밀크에서는 고소한 열대의 향이 나서 디저트나 감칠맛 스튜, 커리에 활용된다. (코코넛 밀크는 코코넛의 과육을 갈아서 뜨거운 물을 조금 넣고 짠 액체다. 코코넛 밀크를 냉장하면 위에 굳은 크림이 뜨는데, 이것이 코코넛 크림이다. 코코넛 밀크의 지방 함량은 약 10% 정도이고, 코코넛 크림은 20% 정도다.—옮긴이) 온도 변화로 코코넛 오일이 반복해서 녹았다가 굳으면 분해되어 산패할 수 있으니 열을 피해서 보관해야 한다. 코코넛 오일은 냉장 보관도 가능하다. 나는 기온이 올라가는 여름에는 냉장고에 넣어서 보관한다.

머스터드 오일

머스터드 오일은 인도 북부, 파키스탄, 방글라데시 요리에서 많이 쓰이는 지방이다. 고추냉이처럼 확 쏘는 풍미의 독특한 매운맛이 있고, 종종 인도 피클이나 아차르를 만들 때 핵심 재료로 들어간다. 발연점이 높아서 해산물 요리에도 자주 사용되지만, 얼마 전까지만 해도 미국과 유럽 몇 개국에서는 요리용으로 판매가 금지된 바 있다. 머스터드 오일 성분의 반 이상을 차지하는 에루크산erucic acid이라는 단일불포화 지방산이 심장 질환을 야기할 수 있다는 사실이 몇 가지 동물 실험을 통해 확인되었다는 연구 결과 때문이다. 하지만 머스터드 오일은 몇백 년 동안 인도 요리에 사용되었고, 일각에서는 머스터드 오일을 풍부하게 쓴 식단이 오히려 심장 질환의 발발 가능성을 낮춘다는 연구 보고도 있다. 인도 마트에서 구할 수 있는 머스터드 오일에는 앞서 설명한 이유로 "외용으로만 사용하세요(external usage)"라는 문구가 표시되어 있으니 참조하기 바란다.

다행히도 오스트레일리아 회사인 얀딜라Yandilla에서 최초로 미국 식품의약국FDA의 기준을 통과한 머스터드 오일을 출시했는데, 이 오일은 유전자 변형이 없는 머스터드 식물에서 추출해 에루크산이 들어 있지 않다. 이 오일은 외국 식자재 판매하는 곳과 온라인에서 구입할 수 있다.

올리브유

올리브유는 정말 멋진 기름이다. 풍미도 좋고, 매콤한 맛이 있으며, 에멀전 만들 때 그 존재감을 드러내는 쌉싸름함도 있다. 엑스트라 버진부터 블렌딩한 종류까지 그 종류도 다양하다.

올리브유에 대해 자주 하는 질문 중 하나가 '과연 튀김용으로 사용 가능한가'인데, 그 대답은 '그렇기도 하고, 아니기도 하다'일 것이다. 지중해 지역에서 요리하는 사람들에게 올리브유는 거의 독점적으로 쓰는 기름으로, 기름이 들어가는 요리, 기름으로 볶거나 튀기는 거의 모든 요리에 활용한다. 올리브유의 발연점은 종종 정확히 파악하기가 어렵다. 엑스트라 버진 올리브유는 대부분의 정제된 올리브유보다 발연점이 높아서 튀김용으로는 좋지만 묵을수록 발연점이 떨어진다. 올리브유에 유리 지방산이 얼마나 들어 있는지도 열 안정성에 영향을 미친다. 갓 수확한 올리브에서 추출한 기름은 유리 지방산의 양이 적고 발연점이 좀 더 높다. 올리브유에 들어 있는 두 가지 항산화제, 즉 지용성인 토코페롤tocopherol과 수용성인 폴리페놀polyphenol은 실온에 보관할 때 기름의 분해를 막는 역할을 한다. 올리브유를 177℃ 이상의 온도로 가열하면 토코페롤은 파괴되지만 폴리페놀은 안정된 상태를 유지하며 기름의 분해를 막아준다. 짠 지 얼마 안 된 미개봉 상태의 올리브유는 이런 항산화 물질이 풍부해서 분해로부터 잘 보호되지만, 시간이 지나면 어쩔 수 없이 기름에 있던 항산화 물질이 감소하면서 기름의 안정성과 발연점 역시 떨어진다.

냉장 보관한 올리브유를 꺼내 보면 굳어 있는 것을 본 적이 있을 것이다. 이렇게 저온에서 굳는 온도는 명확히 정해져 있다기보다 올리브를 언제 수확했고, 어떻게 블렌딩했느냐에 따라 달라진다. 한때는 굳는 온도로 올리브유의 질을 판단하기도 했으나, 이는 전혀 근거 없는 주장이다. 올리브유가 냉장고에서 굳는 것은 기름의 질과는 아무런 관계가 없다. 다만, 굳는다 해도 냉장고에 넣어두는 것은 올리브유를 오래 보관하는 방법이다.

참기름

참기름은 아시아 요리에 자주 사용되는 식재료로 리그난lignan이라는 항산화 물질이 풍부하게 들어 있다. 참기름 종류에는 좀 더 부드럽고 연한 풍미를 가진 것이 있는가 하면, 볶은 참깨를 짜서 진하고 묵직하면서 강한 향을 가진 것, 이렇게 두 종류가 있다. 나는 주로 요리를 마무리하는 용도로 두 종류를 다 활용한다. 국수 위에 살짝 뿌리거나(216쪽 '하카식 닭고기 국수' 참조), 향신료의 풍미를 우려내고 싶을 때 쓰기도 한다(282쪽 '칠리 오일과 타이 바질을 올린 부라타 치즈' 참조). 인도 요리에 쓰는 연한 황금색 참기름(진젤리gingelly)은 볶음 및 기타 요리에 쓰일 뿐 아니라 인도 피클이나 아차르 만들 때도 들어간다.

튀는 향이 없는 기름

포도씨유나 카놀라유 같은 기름은 특별한 향이나 맛이 없어서 요리에 다른 풍미가 들어가는 것을 원치 않을 때 쓰면 좋다. 나는 집에서 요리할 때 포도씨유와 카놀라유를 이런 용도로 쓴다.

카놀라유는 품종 개량한 유채에서 얻는데, 머스터드의 친척 식물인 유채에는 심장 질환을 일으키는 불포화 지방산인 에루크산이 있다고 해서 이를 보완한 것이 카놀라유를 추출하는 개량된 유채다. 이따금 카놀라유를 가열하면 이상하게 약간 산패한 듯한 '비린 맛'이 나는 경우도 있는데, 불포화 지방산이 가열 과정에서 파괴되어서 그런 듯하다.

기 버터 만드는 방법

기 버터는 버터, 혹은 휘저어서 버터나 버터밀크로 분리된 크림을 끓여서 수분을 날린 정제 지방으로, 젖당과 유단백질의 아미노산이 캐러멜화와 마야르 반응을 거치면서 새로 생겨난 풍미 분자를 가지고 있다.

밀폐 가능한 뚜껑 있는 병(480ml)에 면포 몇 장을 겹쳐서 깐 고운 체를 올린다. 무거운 재질의 중간 크기 소스팬에 무염 버터 455g을 중강불에서 금속 재질의 큰 수저로 이따금 저으면서 녹인다. 녹인 버터 위에 생긴 거품 떠내는 작업을 반복하면서 계속 끓인다. 버터의 수분이 모두 날아간 상태이고, 지방도 더는 지글지글 끓지 않고 색도 깊은 황금색이 나면서 팬 바닥에 가라앉은 유고형물이 붉은색이나 갈색으로 변하면 완성이다. 전체 작업 시간은 12~15분 정도 걸린다. 이어서 불에서 내린 액체 버터를 미리 준비한 체로 내린 뒤, 병뚜껑을 닫아서 보관한다. 서늘하고 어두운 장소에서는 최장 3개월, 냉장고에서는 별도의 유통 기한 없이 쓸 수 있다. 이렇게 하면 약 250g 분량의 기 버터가 나온다.

지방맛으로 풍미를 끌어올리는 요긴한 방법

+ 다른 선택지가 있는데도 꼭 마요네즈나 소스 종류를 만들 때 튀는 향이 없는 기름만 고집해야 할까? 이 질문에 대한 나의 답은 '그렇지 않다'이다. 다른 기름을 가지고 한번 실험해보라. 먼저 참기름이나 호두 기름처럼 연한 풍미의 기름으로 시작하면 좋고, 혹은 강렬한 풍미의 머스터드 오일도 좋다. 마요네즈 같은 에멀전에 고추냉이처럼 매콤한 머스터드 오일을 넣으면 확실히 새로운 풍미를 경험할 수 있다.

+ 풍미가 있는 다양한 종류의 기름은 요리 완성용 또는 가니시용으로도 쓸 수 있다. 상에 내는 요리에 아낌없이 뿌리면 맛을 한 차원 끌어올릴 수 있다. 대체로 음식이 따뜻할수록 향과 풍미가 더 강하게 올라온다.

+ 향신료나 말린 허브를 추출한 올리브유를 얼음 틀에 담아서 냉장하거나 냉동해보라. 유통 기한이 늘어날 뿐만 아니라 최상의 상태로 풍미를 유지할 수 있다. 특히 냉동 상태로 보관한 올리브유는 필요한 양만큼만 얼음처럼 쉽게 빼내서 요리에 쓸 수 있다는 장점이 있다. 이렇게 만든 기름 얼음은 실온에 두면 쉽게 액체 상태가 된다.

+ 기름은 될 수 있으면 진한 황색 병에 옮겨 담고 빛이 없는 곳에 보관하라. 그러면 좀 더 신선한 상태로 오래 쓸 수 있다.

+ 바삭한 달걀 프라이를 만들고 싶다면 기 버터처럼 발연점이 높은 지방이나 기름을 써야 한다. 기 버터는 달걀 프라이에 맛있게 고소한 풍미를 낼 수 있다. 고려해볼 만한 다른 지방 종류에는 오리 기름과 닭 기름이 있다.

+ 점심이나 저녁으로 흰 쌀밥을 먹고 싶은 날, 쌀에 닭 기름이나 오리 기름을 한 수저 정도 넣고 밥을 지어보라. 더 풍부한 풍미를 낼 수 있을 것이다. 나는 닭 기름이 없을 때는 껍질 있는 닭 넓적다리살을 넣고 밥을 짓기도 한다.

+ 마지막으로, 다음은 풍미와는 관계 없는 팁이다. 붉은색 비트는 닿는 모든 재료를 빨갛게 물들이기로 악명이 높은데, 다행히 비트 색소를 구성하는 베타레인 색소군은 기름에 녹지 않는다. 비트 때문에 피부나 조리대가 빨갛게 물드는 것을 방지하려면 비트를 다루기 전에 튀는 향이 없는 기름을 도마에 살짝 바르고 손에도 기름칠을 해보라. 붉은 색소는 기름에 녹지 않기 때문에 기름칠한 바닥이나 손에 묻지 않는다.

칠리 오일과 타이 바질을 올린 부라타 치즈

Burrata with Chilli Oil + Thai Basil

쓰촨 후추에서 풍미를 추출하는 방법은 두 가지다. 첫 번째는 몇 초 동안 기름 없이 볶아서 뜨거운 기름에 넣어 우려내는 방법. 두 번째이자 이 레시피에서 소개하는 방법은 대표적인 중국 요리의 교본인 키안 람 코Kian Lam Kho의 요리책《봉황의 발톱과 비취 나무Phoenix Claws and Jade Trees》에서 소개한 방법이다. 구체적으로, 쓰촨 후추를 기름에 넣고 몇 시간 동안 실온에서 우려낸 뒤 기름과 함께 발연점보다 낮은 온도로 데우는 것이다.

재료(에피타이저로 2~4인분 기준)

- 쓰촨 후추(초피) 1큰술
- 참기름 1/4컵(60ml)
- 코리앤더 씨 1작은술
- 붉은 고추 플레이크 1작은술(알레포, 마라슈 추천)
- 부라타 치즈 230g
- 타이 바질 잎 1작은술
- 소금 플레이크 또는 천일염
- 사워도 빵 또는 플랫브레드, 슬라이스한 뒤 구워서(곁들임용)

풍미 내는 방법

내 개인적인 의견인데, 쓰촨 후추를 열을 가하지 않는 방법과 가열하는 방법, 둘 다 사용해서 기름에 우려내면 더 강한 풍미를 얻을 수 있는 것 같다.

참기름은 고소한 향을 내고, 치즈의 유지방은 크리미한 식감을 만든다.

이 요리의 질감은 부드럽고, 아삭하고, 매끄하고, 감미롭다

1. 쓰촨 후추를 절구에 살살 빻아서 작은 병이나 볼에 담은 다음 참기름을 붓고 뚜껑을 잘 닫아서 흔든 뒤, 최소한 8시간 동안 서늘하고 어두운 곳에 둔다. 가능하면 하룻밤 두는 것이 더 좋다.
2. 쓰촨 후추와 우려낸 기름 모두 작은 소스팬에 붓고, 코리앤더 씨를 절구에 너무 곱지 않은 정도로 빻아서 붉은 고추 플레이크와 함께 기름을 넣고 약불로 가열한다.
3. 온도가 121℃가 되면 팬을 불에서 내리고 기름을 실온에서 완전히 식혀 작은 볼에 옮겨 담는다.
4. 부라타 치즈를 접시에 담고, 풍미를 우려낸 기름과 우려낸 향신료를 2~3큰술 뿌리고, 타이 바질 잎으로 장식한 뒤 소금 플레이크 또는 천일염을 뿌린다. 상에 낼 때 살짝 구운 빵 몇 조각을 곁들인다.

게살 티카 마살라 딥

Crab Tikka Masala Dip

이 요리는 닭고기, 토마토, 양파, 크림, 커리 등이 들어가는 인도의 티카 마살라를 재미있게 재해석한 것이다. 전통적인 티카 마살라처럼 맵지는 않지만 비슷하게 튀는 개성을 만들어내는 특별한 양념이 들어간다. 되도록 식기 전에 먹는 것이 좋고 핫 소스를 곁들여도 좋다.

재료(6~8인분 기준)

- 엑스트라 버진 올리브유 1큰술
- 샬롯(양파) 2개(총무게 120g), 다져서
- 마늘 2쪽, 갈아서
- 생강 1쪽(길이 2.5cm), 껍질을 벗긴 뒤 갈아서
- 파프리카 가루 2작은술
- 카슈미르 고추 가루 2작은술
- 코리앤더 가루 1작은술
- 쿠민 가루 1작은술
- 흑후추 가루 1작은술
- 너트맥 1/2작은술, 갈아서(너트맥 가루도 가능)
- 토마토 페이스트 1/4컵(55g)
- 크림 치즈(230g), 실온에 둔 것
- 크렘 프레슈(140g)
- 고운 천일염
- 게살(455g), 익힌 것
- 갓 짠 라임 즙 2큰술
- 녹색 또는 붉은 고추 1개, 다져서(생략 가능)
- 쪽파 2큰술, 잘게 썰어서(가니시용)
- 크래커, 살짝 구운 난이나 사워도 빵(곁들임용)

풍미 내는 방법

이 요리에서 색을 담당하는 재료는 토마토 페이스트와 더불어 꽤 많이 들어가는 파프리카와 고추 가루다. 다른 고추 가루를 쓰고 싶다면 맵기를 염두에 두고 선택해야 한다. 카슈미르 고추 가루는 매운맛이 상당히 약하니 다른 종류의 고추 가루를 쓰고 싶다면 이 레시피에 적힌 양보다 적게 잡아야 한다.

이 요리에서 풍부하고 진한 식감을 만들어내는 지방은 크림 치즈와 크렘 프레슈다.

지방과 유제품 조합이 이 요리의 매콤함을 눌러준다.

1. 중간 크기 소스팬에 기름을 두르고 중강불에서 달군다.
2. 기름이 충분히 뜨거워지면 샬롯(양파)을 넣고 5~6분간 볶다가 약간 투명해지면서 갈색을 띠면 마늘과 생강을 넣고 1분간 더 볶는다.
3. 약불로 줄이고 파프리카 가루, 고추 가루, 코리앤더 가루, 쿠민 가루, 후추 가루, 너트맥 가루를 넣고 30~45초간 볶다가 향이 올라오면 토마토 페이스트를 넣고 2~3분간 더 볶는다.
4. 토마토 페이스트가 갈색을 띠기 시작하면 크림 치즈와 크렘 프레슈를 넣고 소금으로 간을 한 다음, 실리콘 주걱으로 살살 젓거나 폴딩해서 잘 버무린다.
5. 팬을 불에서 내려 게살, 라임 즙, 다진 고추(생략 가능)를 넣고 살살 버무려서 맛을 보고 필요하다면 간을 더 한다.
6. 완성된 요리를 볼에 담고 파로 가니시한다. 여기에 크래커나 살짝 구운 난, 혹은 사워도를 곁들여서 상에 낸다.

구운 옥수수를 넣은 오이 샐러드

Cucumber + Roasted Corn Salad

여름에 먹으면 좋은 이 오이 샐러드는 바비큐 요리에 곁들여도 좋다. 머스터드 씨는 너무 오래 볶으면 씁쓸한 맛이 날 수 있으니 볶을 때 잘 지켜봐야 한다. 만약 쓴 맛이 난다면 모두 버리고 처음부터 다시 시작하는 것이 좋다. 옥수수는 무쇠 프라이팬이나 스킬릿 대신 '감자와 구운 옥수수를 넣은 허브 라이타'(78쪽)에서처럼 석쇠에 올려 불 위에서 구워도 된다.

재료(4인분 기준)

샐러드

통 옥수수 1개(230g) (스위트 콘 추천)

엑스트라 버진 올리브유 1큰술

오이 1개(340g), 깍둑썰기 해서

샬롯(양파) 1개(60g), 얇게 썰어서

고수 잎 또는 파슬리 잎 2큰술

호박씨 2큰술

드레싱

엑스트라 버진 올리브유 1/4컵(60ml)

검은색 머스터드 씨 1작은술

셰리 와인 식초 1/4컵(60ml)

피시 소스 1작은술

꿀 1작은술

붉은 고추 플레이크 1작은술(알레포, 마라슈, 우르파 추천)

흑후추 가루 1/2작은술

고운 천일염

풍미 내는 방법

엑스트라 버진 올리브유는 이 샐러드에 들어가는 피시 소스의 강한 감칠맛을 더 돋보이게 한다.

스위트 콘을 쓰는 경우, 스위트 콘과 꿀이 이 요리의 단맛을 책임진다.

피시 소스는 드레싱에서 감칠맛을 낸다.

1. 샐러드를 만들려면, 먼저 큰 무쇠 프라이팬이나 스킬릿을 중강불에서 달군다.
2. 솔로 기름의 반은 프라이팬이나 스킬릿에 바르고, 나머지 기름은 옥수수에 전부 발라서 지진 자국이 선명하게 보일 때까지 요리 집게로 4~5분에 한 번씩 뒤집어가며 굽는다. 이 과정은 총 15~20분 정도 걸린다.
3. 지진 옥수수를 전부 꺼내 5분간 식힌 다음, 조심스럽게 잡고 칼로 죽 훑어서 옥수수 알갱이들을 분리하고 딱딱한 심은 버린다(통으로 구워서 옥수수 알갱이를 분리하는 방법은 78쪽 '감자와 구운 옥수수를 넣은 허브 라이타' 참조).
4. 큰 볼에 옥수수 알갱이들과 오이, 샬롯(양파), 고수를 담는다.
5. 기름을 두르지 않은 작은 프라이팬이나 스킬릿에 호박씨를 넣고 갈색을 띨 때까지 1분간 중강불에서 볶아 채소가 담긴 볼에 넣는다.
6. 드레싱을 만들려면, 작은 프라이팬이나 스킬릿에 엑스트라 버진 올리브유를 1큰술 넣고 중강불에서 달군다. 여기에 머스터드 씨를 넣고 씨가 톡톡 터지면서 향이 날 때까지 30~45초간 볶는다.
7. 불에서 내린 기름과 볶은 머스터드 씨를 작은 볼에 옮겨 담는다. 이 볼에 남은 올리브유, 셰리 와인 식초, 피시 소스, 꿀, 붉은 고추 플레이크, 후추를 넣어 에멀전이 될 때까지 거품기로 잘 휘젓는다.
8. 맛을 보고 소금으로 간을 조절해서 완성한 드레싱을 큰 볼에 담긴 채소 위에 붓는다. 손의 스냅을 이용해 볼째 몇 차례 위로 던졌다 받기를 반복해 골고루 잘 버무려서 바로 상에 낸다.

구운 가지 라이타

Roasted Eggplant Raita

구운 채소나 과일을 라이타에 넣으면 풍미가 확 살아나기 때문에 나는 이런 방식을 누구보다도 환영한다. 지금 소개하는 라이타는 사이드 디시로 내도 되고, 메인 요리로 내도 손색없는 요리다.

재료(4인분 기준)

가지(중) 1개 (370g)
엑스트라 버진 올리브유 1큰술
훈제 천일염 또는 고운 천일염
샬롯(양파) 3개(총무게 180g), 다져서
녹색 고추 1개, 다져서
고수 2큰술, 큼직하게 다져서
생 민트 2큰술, 큼직하게 다져서
흑후추 가루 1/2작은술
무가당 그릭 요거트 1컵(240g), 냉장해서
물 1/4컵(60ml), 냉장해서
갓 짠 라임 즙 1작은술
포도씨유 또는 튀는 향이 없는 기름 2큰술
검은색 또는 갈색 머스터드 씨 1작은술
쿠민 씨 1작은술
붉은 고추 플레이크 1작은술(알레포 추천)

풍미 내는 방법

훈제 천일염은 구운 가지에서 훈제 느낌을 더 잘 살려준다.

기름에 향신료 풍미를 우려낼 때 매콤함을 더하고 싶다면 포도씨유 대신 머스터드 오일을 써보라. 포도씨유나 머스터드 오일 같은 기름은 기 버터나 코코넛 오일과 달리, 낮은 온도에서도 액체 상태로 있으므로 요거트에 넣어도 굳지 않는다.

타드카를 만들 때 뜨거운 기름에 향신료를 넣으면 향신료의 풍미 분자가 우러나는 효과도 있지만, 덤으로 우려낸 향신료 알갱이가 씹혀서 아삭한 식감도 낼 수 있다.

1. 오븐을 218℃로 예열한다.
2. 가지를 세로로 길게 반으로 잘라 솔로 올리브유를 바른 뒤, 베이킹 그릇이나 로스팅팬에 자른 단면이 위를 향하게 가지런히 올려 황갈색이나 살짝 탄 느낌이 나고 속까지 완전히 익을 때까지 45분간 굽는다.
3. 오븐에서 꺼낸 가지 위로 알루미늄 포일을 덮어 완전히 식힌다. 다 식으면 껍질을 벗겨내고 살만 큼직하게 다져서 큰 볼에 넣고 소금으로 간을 한다.
4. 가지가 담긴 볼에 샬롯(양파), 고추, 고수, 민트, 후추를 넣는다.
5. 다른 볼에 요거트, 물, 라임 즙을 넣고 거품기로 잘 섞은 뒤, 볼에 담긴 채소 위에 부어 잘 버무린다. 맛을 보고 소금으로 간을 한다.
6. 타드카를 만들려면, 작은 소스팬에 포도씨유를 넣고 중강불에서 달궈 뜨거워진 기름에 머스터드 씨와 쿠민 씨를 넣고 30~45초간 볶는다.
7. 쿠민 씨가 갈색으로 바뀌면서 향이 올라오면 팬을 불에서 내린 뒤, 붉은 고추 플레이크를 넣고 팬을 휘휘 돌려 내용물이 잘 섞이게 한다.
8. 향신료가 섞인 뜨거운 기름을 라이타 위에 뿌려서 상에 낸다.

코코넛을 올린 양배추 찜

Braised Cabbage with Coconut

나는 어릴 때 다양한 채소를 골고루 먹는 어린이는 아니었고, 먹는다 해도 고작 감자나 양배추 정도였다. 이런 편식을 답답해하시던 부모님이 어떻게든 내게 조금이라도 채소를 더 먹여보려 애쓰시는 모습을 보고 일주일에 한 번 정도는 양배추 푸가스Foogath를 해달라고 부탁했다. 푸가스란 얇게 채 썬 양배추를 볶아서 자작하게 빠져 나온 수분에 찐 다음, 부드러운 생 코코넛을 넉넉하게 올려서 먹는 음식이다. (푸가스는 고아 지방의 공용어인 콘카니 말로 자작하게 찌거나 조리는 방식인 브레이징braising을 뜻한다. 고아 지역은 오래전 포르투갈의 지배를 받은 역사가 있다 보니 음식에서도 포르투갈의 영향을 엿볼 수 있는데, 이 요리의 포르투갈어 명칭은 푸가드 드 헤폴류Fugad de repolho다.) 이 요리는 밥이나 빵, 따뜻한 스튜나 커리에 곁들여 먹으면 좋다. 향을 더 내고 싶다면 향신료를 볶을 때 커리 잎을 몇 개 넣으면 좋다.

재료(4~6인분 기준)

- 양배추 910g, 채 썰어서
- 포도씨유 또는 튀는 향이 없는 기름 2큰술
- 갈은색 머스터드 씨 1작은술
- 붉은 고추 플레이크 1작은술
- 양파(중) 1개(260g), 얇게 썰어서
- 마늘 2쪽, 다져서
- 흑후추 가루 1/2작은술
- 고운 천일염
- 무가당 코코넛 3큰술, 신선하거나 해동한 상태로 채 썰어서(가니시용)
- 고수 2큰술, 큼직하게 다져서(가니시용)
- 녹색 고추 또는 붉은 고추 1개, 가늘게 썰어서(가니시용)

풍미 내는 방법

양배추의 녹색 부분은 양배추가 익으면 더 선명해지는데, 이는 잎의 세포가 파괴되면서 숨어 있던 녹색 색소가 더 도드라지기 때문이다.

양배추의 세포에 갇혀 있던 물이 채소 찌는 데 필요한 수분을 제공한다. 다만, 되도록 잎이 두껍고 단단한 양배추를 쓰는 것이 좋다. 얇은 잎은 찌는 과정에서 수분이 너무 많이 빠져나와 으스러지면서 곤죽이 되기 십상이다.

생 코코넛의 부드러운 질감은 부드럽게 찐 양배추와 잘 어울린다.

코코넛은 튀기거나 굽는 대신, 요리 마지막에 가니시용으로 쓴다. 이 요리에는 신선한 코코넛 또는 냉동했다가 해동한 코코넛을 쓰는 것이 좋다. 말린 코코넛의 까슬까슬한 질감은 잘 어울리지 않는다.

1. 양배추를 씻은 다음, 키친타올로 살살 두드리거나 채소 탈수기로 물기를 제거한다.
2. 큰 소스팬에 기름을 두르고 중강불에서 달군다. 기름이 충분히 뜨거워지면 머스터드 씨, 붉은 고추 플레이크를 넣고 20~30초간 볶는다. 씨가 탁탁 터지면서 지글지글 소리가 나기 시작하면 양파를 넣고 4~5분간 볶는다.
3. 볶은 양파가 투명해지기 시작하면 마늘을 넣고 1분간 더 볶다가 양배추와 후추를 넣고 소금으로 간을 한다. 이어서 불을 중약으로 줄인 뒤 뚜껑을 닫아 이따금 저으면서 양배추 잎이 너무 으스러지지 않을 정도로 푹 익을 때까지 10~12분간 익힌다.
4. 불에서 내린 양배추의 맛을 보고 소금으로 간을 조절하면 완성이다.
5. 코코넛, 고수, 고추로 가니시해서 식기 전에 상에 낸다.

달 막카니

Dal Makhani

인도에서 달은 꽤 포괄적인 의미를 지닌 단어로, 요리는 물론 렌틸콩이나 다른 콩 종류까지 아우르는 말이다. 달은 전 세계 어느 인도 가정을 가도 주식으로 삼는 식재료이며, 만들기 쉽고, 뱃속과 마음을 따뜻하게 채워주면서 단백질도 제공하는 음식이다. 내가 달을 좋아하는 이유 중 하나는 렌틸콩을 비롯해 콩 종류에 상관없이 다양한 풍미를 낼 수 있는 하얀 도화지 같다는 점이다. 여기서 소개하는 간단한 풍미 가이드로 다양한 결의 풍미를 만들어볼 수 있으니 여기에 자신만의 색깔을 입힌 풍미 조합을 시도해보길 바란다. 흔히 검은 렌틸콩인 우랏 달Urad dal●은 사실 렌틸콩이 아니라 검은 녹두이며, 블랙 그램Black gram으로 불리기도 한다. 우랏 달을 쓴다면 불리는 시간까지 감안해서 하루를 더 잡는 것이 좋다.

재료(4~6인분 기준)

- 우랏 달 또는 일반 렌틸콩 1컵(200g), 껍질을 벗기지 않고
- 강낭콩 1/2컵(60g) (생략 가능)
- 베이킹소다 1/8작은술
- 양파(중) 1개(260g)
- 마늘 6쪽
- 생강 2쪽(길이 5cm), 껍질을 벗긴 뒤 반으로 잘라서
- 기 버터 또는 무염 버터 1/4컵(55g)
- 가람 마살라 1작은술(312쪽 참조)
- 강황 가루 1/2작은술
- 토마토 페이스트 1/4컵(55g)
- 카옌고추 가루 1/4작은술
- 고운 천일염
- 생크림 또는 크렘 프레슈 2큰술
- 고수 잎 2큰술, 큼직하게 다져서(가니시용, 생략 가능)

풍미 내는 방법

콩을 미리 불리면 여러 가지 이점이 생긴다. 콩이 부드러워지면서 부피가 2배로 커지고 화학적 구성도 바뀌면서 당과 전분 양이 감소하여 조리가 더 잘되고, 맛과 소화력도 좋아진다.

콩을 조리할 때 베이킹소다를 넣으면 세포벽을 구성하는 펙틴과 헤미셀룰로오스가 해체되면서 섬유질이 부드러워지고 몇 시간 걸리는 조리 시간을 30~45분으로 단축할 수 있다. 센물(경수)이 나오는 곳에서는 정수된 물을 쓰는 것이 좋다. 센물을 쓰면 조리 시간이 더 걸릴 수 있다.

달 막카니는 달 요리 중에서도 가장 크리미한 질감이 나는데, 혀에 감기는 진한 식감은 크림과 버터가 만들어내기도 하지만 부드러운 콩도 여기에 한몫한다. 더 진한 풍미를 내고 싶다면, 가니시하기 전에 가염 버터를 몇 조각 올리면 좋다.

이 컴포트 푸드에 곁들이는 쌀밥이나 파라타는 달 막카니의 강렬한 풍미를 정반대의 미덕으로 보완해준다. 사이드 디시로 곁들이는 요거트나 라이타 역시 시원함으로 달 요리의 매콤함을 달래주는 효과가 있다.

이 달 요리의 특별함은 아낌없이 들어가는 마늘과 생강의 독특한 알싸함에서 온다. 좀 더 순한 맛을 내고 싶다면 레시피 양을 반으로 줄인다. 요리에 조금 들어가는 카옌고추 가루 역시 또 다른 매콤함을 선사한다.

둥가르 훈연법은 기름에서 나는 연기를 작은 밀폐 공간에 가둬서 음식에 훈제 향을 입히는 기법이다.

STAUB

1000 mL
±5%
900
800
700
600
500
400
300
200
100

1. 콩에 흙이나 돌 같은 불순물이 있으면 잘 골라내고 중간 크기 볼에 담아 흐르는 물에 잘 씻은 다음, 콩 위로 2.5cm 정도 올라오게 물을 부어 하룻밤 불린다.

2. 이튿날 불린 물은 버리고 콩을 중간 크기 소스팬이나 더치 오븐에 담아 물 4컵(960ml)과 베이킹소다를 넣고 강불에서 삶는다. 물이 팔팔 끓기 시작하면 약불로 줄이고 뚜껑을 닫아 콩이 익어 거의 뭉개질 때까지 30~45분간 뭉근하게 익힌다. 다 익으면 불에서 내려 삶은 물과 함께 큰 볼에 옮겨 담고, 사용했던 소스팬은 씻어서 물기를 깨끗이 닦아낸다.

3. 양파를 4등분해서 마늘과 함께 블렌더에 넣고 갈다가 생강 반쪽을 다져 넣어 부드러운 페이스트가 될 때까지 간다. 잘 갈리지 않으면 콩 삶은 물을 조금 넣고 간다.

4. 기 버터 2큰술을 소스팬에 넣고 중강불에서 녹인 다음, 가람 마살라와 강황 가루를 넣고 계속 저으면서 30~45초간 볶는다. 볶은 향신료에서 향이 올라오면 토마토 페이스트를 넣고 2~3분간 볶는다. 이어서 불을 중약으로 줄이고, 갈아놓은 향신채 조합을 넣고 이따금 저으면서 10~15분간 더 볶는다.

5. 페이스트의 수분이 거의 증발하고 기 버터가 분리되어 위에 뜨기 시작하면 콩 삶은 물과 콩, 카옌고추 가루를 넣고 잘 저어주다가 소금으로 간을 한다.

6. 이번에는 강불로 올려 한소끔 끓이는데, 이때 콩이 바닥에 들러붙지 않게 한 번씩 저어야 한다. 끓기 시작하면 약불로 줄이고 크림을 넣어 저어준 다음, 불에서 내린다.

7. 이제 타드카를 만들어야 하는데, 먼저 남은 기 버터를 작은 소스팬에 넣고 중강불로 달군다. 남은 생강을 성냥개비 모양으로 채 썰어서 달군 기 버터에 약 1분간 볶다가 황갈색이 나면 볶은 생강과 기 버터 모두 콩 요리 위에 뿌린다.

8. 고수를 쓴다면 마지막으로 가니시해서 식기 전에 상에 낸다.

●

우랏 달은 온라인에서 '우라드 달 콩' 혹은 '블랙 그램'으로 검색하면 구입할 수 있다.

맛있는 옵션

둥가르 훈연법

달이나 다른 음식에 훈제 향을 입히고 싶을 때 이 방법을 활용해보라. 위에서 설명한 단계 중 달에 크림을 넣고 나서 생강으로 타드카를 만들기 직전에 먼저 이 방식으로 요리에 훈제 향을 입히면 된다. 이 작업을 진행할 때 불은 완전히 꺼야 한다는 점을 잊지 말아야 한다. 한편 달 요리는 걸쭉한 농도여서 기 버터를 담은 작은 그릇이나 양파가 밑으로 가라앉지 않는다.

깊지 않은 작은 금속 볼, 혹은 가운뎃부분을 빼내 작은 그릇처럼 쓸 수 있는 양파

숯 1~2개(길이 2.5~5cm)

기 버터 1큰술

금속 볼이나 양파를 팬에 있는 달 요리 한 가운데에 올린다. 숯을 집게로 잡고 불 위에서 빨갛게 달군 다음, 조심스럽게 금속 볼이나 양파로 옮긴다. 이어서 뜨거운 숯에 기 버터를 바로 떨어뜨린다. 숯에 기 버터가 닿으면서 연기가 나기 시작하면 빠져나가지 못하게 소스팬의 뚜껑을 닫는다. 5분 후에 뚜껑을 열어 그릇이나 양파를 들어내고, 그 안에 있던 숯도 안전하게 제거한다. 이 작업이 끝난 뒤, 레시피대로 기 버터에 생강을 볶는다.

플레인 파라타와 마살라 파라타

Parathas + Masala Parathas

파라타는 내가 인도에서 살 때 집에서 늘 만들어 먹던 플랫브레드다. 아침에는 버터를 살짝 바른 파라타에 마멀레이드를 잔뜩 올려서 먹었고, 저녁에는 다양한 감칠맛 요리를 파라타로 떠 먹었다. 파라타는 이스트를 넣지 않고 반죽하는데, 부드럽고 겹겹이 켜가 있으며 부풀지 않은 납작한 빵이다. 사실 퍼프 페이스트리puff pastry와 같은 원리대로 납작하게 민 도를 여러 번 접는데, 이때 겹과 겹 사이가 붙지 않게 기 버터와 같은 지방을 추가한다. 도가 익는 과정에서 도와 지방에 포함된 수분이 증발하면서 빵에 바삭한 켜가 겹겹이 생겨난다.
파라타의 모양을 내는 방법은 몇 가지 있는데, 내가 여기서 소개하는 것은 러차Lachha 파라타다. 이 파라타는 도 반죽을 납작하게 민 다음, 리본 모양으로 접고 이를 다시 나선 모양으로 돌돌 감은 뒤, 원형이 되도록 밀대로 납작하게 펴서 만든다. 이렇게 하면 빵에 여러 겹의 켜가 생긴다. 기 버터는 실온에서 굳기 때문에 파라타 역시 식으면 딱딱해진다. 먹기 전에 뜨겁게 달군 프라이팬이나 스킬릿에 데우거나, 한 번에 4~5장씩 종이 포일로 싸고 다시 알루미늄 포일로 감싸 149℃로 예열한 오븐에서 6~8분간 데우면 부드러워진다.

재료(8개 분량)

- 아타 밀가루 2컵(320g) 또는 중력분 밀가루 1과 1/2컵(210g)에 통밀 가루 1/2컵(70g) 섞은 것
- 고운 천일염 1작은술
- 기 버터 1/2컵(100g) 녹여서, 여분으로 2큰술
- 따뜻한 물(71℃) 1컵(240ml)

풍미 내는 방법

인도에서 파라타나 로티Roti처럼 부풀리지 않은 통밀 빵에는 맷돌로 갈아서 쓰는 아타Atta라는 밀가루를 쓴다. 미국산 통밀 가루는 몇 가지 이유로 아타와 같은 질감이 나오지 않는다. 밀은 크게 보아 경질밀과 연질밀, 두 가지 종류가 있다. 이는 가루를 낼 때 밀의 배젖 조직을 파쇄하는 데 힘이 강하게 들어가는지 아닌지에 따라 나누는 방식이다. 경질밀은 단백질과 전분이 단단하게 결합되어 있어서 가루로 만들려면 압력을 더 세게 가해야 한다.

밀을 분쇄할 때 밀알은 제분기에서 깨져 롤러를 통과한 뒤에 고운 가루가 되어 나오는데, 이 과정에서 곡물에 들어 있던 전분 알갱이가 부서지고 '손상'을 입는다. 전분이 많이 손상될수록 물이 잘 흡수되고 다루기가 더 쉬운 도 반죽을 만들 수 있으며, 전분의 젤라틴화가 잘 일어난다.

미국산 통밀 가루는 아주 곱게 분쇄되지 않아 인도의 아타 밀가루보다 전분이 훨씬 덜 손상되어 있다. 경질밀을 분쇄해서 만든 아타 밀가루의 전분 손상 정도가 13~18%라면, 미국산 연질밀은 1~4%, 일반 경질밀은 6~12%다. 또한 아타 밀가루는 다른 밀가루보다 단백질 함량이 높다.

미국산 통밀 가루는 아타 밀가루보다 밀기울 조각이 더 큰 편인데, 이 조각들이 칼날 노릇을 해서 도 반죽을 만들 때 생기는 글루텐 가닥을 끊어놓는다. 인도 빵에 쓰이는 아타 밀가루와 비슷한 질감을 내고자 할 때 나는 미국산 통밀 가루에 중력분을 섞고 반죽 시간을 짧게 잡는다. 내 개인적으로는 기 버터의 진한 풍미를 더 선호하지만, 카놀라유나 포도씨유를 사용해도 무방하다.

1. 아타 밀가루에 소금을 넣고 스탠드 반죽기 볼 위에서 고운 체로 한 번 내린다. 여기에 기 버터 2큰술을 넣고 손으로 마사지하듯 잘 섞는다.

2. 플랫 비터 액세서리를 끼운 반죽기를 먼저 저속으로 돌리다가 미지근한 물을 한 번에 2큰술씩 나누어 천천히 넣는다. 정량을 꼭 지키지 않아도 되니 도 반죽이 잘 됐다 싶으면 물은 그만 넣어도 된다.

3. 도가 완성되면 비터 액세서리에 묻은 반죽을 긁어내고, 이번에는 반죽 훅 액세서리로 갈아 끼워 저속으로 10분간 반죽한다. 중력분과 통밀 가루 조합으로 도를 만들 때는 5분만 반죽하면 된다. 도가 볼 바닥에 붙으면 잠시 멈췄다가 스크레이퍼로 벽에 붙은 것을 긁어내 나머지 도에 합해서 다시 반죽을 시작한다.

4. 도가 부드럽고 다루기 쉬운 상태로 완성되면 밀가루를 살짝 흩뿌린 마른 바닥으로 옮겨 손으로 1분간 반죽하면서 둥글게 모양을 만든다. 이 둥근 도에 볼을 뒤집어 씌우거나, 젖은 키친타올을 덮어서 30분 이상 숙성한다. 바로 쓰지 않는다면 도를 잘 싸서 밀폐 용기에 넣어 냉장 보관하면 최장 일주일까지 보관할 수 있다. 냉장한 도는 쓰기 전에 30~45분간 실온에 두어 찬 기운을 뺀 뒤에 파라타 만드는 작업을 진행한다.

5. 파라타를 만들려면, 먼저 숙성된 도를 같은 무게로 8등분한 다음, 손으로 굴려 둥근 모양을 만든다. 둥근 도 하나를 집어 밀가루를 살짝 뿌린 마른 바닥에 놓고 손바닥으로 납작하게 누른 뒤, 밀대로 밀어서 지름이 15cm짜리 원형을 만든다. 이어서 1작은술 정도의 기 버터를 도에 펴서 바른다.

6. 이제 도의 한쪽 끝에서 시작해 마지막까지 아코디언처럼 접어 주름을 만든다. 접은 도가 두껍고 긴 리본 모양이 되도록 눌러 끝에서부터 돌돌 말고, 위에서 봤을 때 소용돌이무늬가 보이게 눕힌 뒤, 다시 손바닥으로 살살 눌러 납작한 원형이 되게 한다.

7. 납작한 소용돌이무늬 위에 밀가루를 살짝 뿌리고 밀대로 밀어, 다시 지름 15cm 원형이 되게 편다. 나머지도 같은 방법으로 만든다.

8. 파라타를 구우려면, 큰 프라이팬이나 스킬릿을 중약불에서 달구다가 충분히 뜨거워지면 도를 올리고 그 위에 기 버터를 조금 펴 바른 다음, 황갈색이 되고 기포가 생길 때까지 앞뒤로 2~3분씩 굽는다.

마살라 파라타

샬롯(양파) 1개(60g), 잘게 다져서

가람 마살라 1작은술(312쪽 참조)

녹색 고추 또는 붉은 고추 1개, 가늘게 썰어서

고수 잎 2큰술, 잘게 다져서

민트 가루 2작은술

암추르 1작은술

모든 재료를 아주 잘게 다져야만 파라타 도를 밀대로 밀 때 찢어지지 않는다.

모든 재료를 잘 섞은 다음, 위의 레시피대로, 처음에 아타 밀가루에 기 버터를 넣고 손으로 반죽할 때 이 재료들을 넣고 동일한 방법으로 나머지 작업을 진행한다.

칼딘(고아식 노란 생선 커리)

Caldine(Goan Yellow Fish Curry)

이 고아식 생선 요리는 맛이 순해서 아이들에게 인기가 많을뿐더러 손쉽게 뚝딱 만들 수 있다. 매운맛이 거의 없는 녹색 고추를 쓰거나 빼도 되고, 빵이나 밥에 신선한 샐러드나 피클과 함께 곁들여 먹으면 좋다. 흰살 생선이나 새우와도 잘 어울리지만, 연어는 커리 요리에 잘 어울리지 않으니 되도록이면 쓰지 않는 편이 좋다.

재료(4인분 기준)

마늘 4쪽

생강 1쪽(길이 2.5cm), 껍질을 벗긴 뒤 다져서

녹색 고추 1개

흑후추 가루 1/2작은술

쿠민 씨 1/2작은술

코리앤더 씨 1/2작은술

코코넛 오일, 기 버터 또는 엑스트라 버진 올리브유 2큰술

양파(중) 1개(260g), 잘게 깍둑썰기 해서

강황 가루 1/2작은술

지방 100% 무가당 코코넛 밀크 1캔(400ml)

흰살 생선 455g, 가로세로 2.5cm로 깍둑썰기 해서(대구 추천)

타마린드 페이스트 1큰술(67쪽 참조)

고운 천일염

고수 잎 2큰술(가니시용)

풍미 내는 방법

지방이 풍부한 코코넛 밀크는 이 커리 요리에서 크리미한 식감을 담당한다.

코코넛 밀크는 물, 지방, 단백질로 이루어진 에멀전이어서 산이 포함된 타마린드를 넣고 열을 가하는 데다 열심히 젓기까지 하면 코코넛 단백질이 분리되어 덩어리가 생긴다. 이런 현상을 피하려면 살살 저어야 하고, 타마린드는 생선이 완전히 익은 뒤에 거의 마무리 단계에 넣어야 한다.

1. 블렌더에 마늘, 생강, 녹색 고추, 후추, 쿠민 씨, 코리앤더 씨를 넣고 부드러운 페이스트가 될 때까지 간다. 퍽퍽해서 잘 갈리지 않으면 물을 몇 큰술 넣고 돌린다.
2. 중간 크기 소스팬에 코코넛 오일을 두르고 중강불에서 달군다. 오일이 충분히 뜨거워지면 양파를 넣고 약간 투명해질 때까지 4~5분간 볶는다. 미리 만들어놓은 페이스트와 강황 가루를 넣고 이따금 저으면서 4~8분간 끓인다.
3. 수분이 거의 증발하고 지방이 분리되기 시작하면 약불로 줄이고 코코넛 밀크를 넣어 잘 저은 후 뭉근하게 끓인다. 이어서 생선을 넣고 3~4분간 더 끓인다.
4. 생선살이 불투명해지면서 쉽게 부서지는 상태가 되면 타마린드를 넣고 1분간 뭉근하게 더 끓이다가 맛을 보고 소금으로 간을 하면 완성이다.
5. 고수로 가니시해서 식기 전에 상에 낸다.

코코넛을 넣은 닭고기 커리

Chicken Coconut Curry

할아버지가 장에서 코코넛을 사 들고 오실 때마다 할머니는 잘 익은 코코넛을 좀 더 오래 두고 먹을 수 있도록 살을 발라내 햇볕에 말리곤 했다. 완전히 말린 코코넛은 쓰기 직전에 가루를 내서, 지금 소개하는 커리 요리에 자주 활용했다. 여기서 소개하는 치킨 커리는 따뜻한 밥 위에 올려서 내거나, 풍미 가득한 이 국물을 남김없이 빨아들이는 사워도 빵을 두껍게 썰어서 곁들여도 좋다.

재료(4인분 기준)

무가당 코코넛 1컵(115g), 신선하거나 냉동한 것, 또는 슈레디드 코코넛

정향 4개

흑후추 1작은술

코리앤더 가루 1작은술

쿠민 가루 1/2작은술

마늘 6쪽

생강 1쪽(길이 2.5cm), 껍질을 벗긴 뒤 다져서

녹색 고추 1개

코코넛 오일, 기 버터 또는 튀는 향이 없는 기름 2큰술

양파(대) 1개(400g), 반으로 자른 뒤 얇게 썰어서

강황 가루 1작은술

붉은 고추 가루 1/2작은술(카슈미르 추천)

뼈 있는 닭 넓적다리살과 닭다리살을 섞어서 1.4kg

사과 식초 2큰술

고운 천일염

고수 2큰술, 큼직하게 다져서(가니시용)

풍미 내는 방법

코코넛은 칼딘과 '흑후추 닭 볶음'처럼 이 요리에서도 가장 기본이 되는, 지방의 풍부한 질감을 만들어내는 요소다.

잘게 채 썬 코코넛을 살짝 굽거나 기름 없이 볶으면 향이 더 진해져 커리에서 더 깊고 진한 풍미가 난다. 나는 냉동한 코코넛이나 신선한 코코넛을 선호하지만, 말려서 채 썬 것을 써도 좋다. 다만, 말린 코코넛을 사용할 때는 블렌더에서 완벽하게 갈렸는지 잘 확인해야 한다.

식초는 요리 거의 마무리 단계에 넣어야 코코넛 밀크의 에멀전 상태가 풀어져서 분리되는 불상사가 일어나지 않는다.

1. 큰 소스팬을 중약불에서 달구어 코코넛을 넣고 이따금 저으면서 황갈색을 띨 때까지 5~6분간 볶는다. 여기에 정향, 흑후추, 코리앤더 가루, 쿠민 가루를 넣고 향이 올라올 때까지 30~45초간 더 볶는다.
2. 불을 끄고 재료를 전부 블렌더에 담는다. 여기에 마늘, 생강, 고추, 끓는 물 1컵(240ml)을 더해 부드러운 페이스트가 될 때까지 펄스 모드로 간다.
3. 코코넛과 향신료를 볶았던 팬에 코코넛 오일을 두르고 중강불에서 달구다가 얇게 썬 양파를 넣고 황갈색을 띨 때까지 8~15분간 볶고, 이어서 강황 가루를 넣어 30초간 더 볶는다.
4. 여기에 블렌더로 갈아놓은 코코넛과 향신료 페이스트, 고춧가루도 넣어서 2분간 더 볶다가 닭고기를 넣고 4~5분간 지진다.
5. 닭고기의 겉껍질에 갈색이 돌기 시작하면 저으면서 팬에 물 1컵(240ml)을 붓고 보글보글 끓어오르면 약불로 줄여 30~45분간 뭉근하게 졸인다.
6. 닭고기가 완전히 익으면 식초를 넣고 잘 저어서 맛을 보고 소금으로 간을 한 뒤, 1분간 더 끓인다.
7. 요리가 완성되면 불에서 내려 큼직하게 다진 고수로 가니시해서 뜨거울 때, 또는 약간 식혀서 상에 낸다.

병아리콩과 시금치와 감자가 들어간 '사모사 파이'

Chickpea, Spinach + Potato "Samosa Pie"

사모사는 크러스트 안에 맛있는 필링이 들어 있는, 손에 쥐고 먹을 수 있는 크기의 파이다. 필링 종류는 무궁무진한데, 가장 인기 있는 종류는 향신료를 넣은 감자, 향신료를 넣은 병아리콩, 파니르, 다진 양고기다. 저녁으로 사모사의 풍미와 식감을 내고 싶지만 시간에 쫓길 때면 나는 지금 소개하는 '사모사 파이'란 이름을 붙인, 크기가 좀 더 큰 파이를 만든다. 일반적으로 쓰는 사모사 페이스트리 피 대신 시판되는 필로 도•를 쓰는데, 부서지기 쉬운 종이처럼 얇은 질감 때문에 씹을 때마다 바삭 하는 소리를 내며 입안에서 으스러지는 느낌이 매력적이다.

재료(4인분 기준)

필링

고운 천일염

감자(중) 2개(총무게 440g), 껍질 벗기고 깍둑썰기 해서

엑스트라 버진 올리브유 2큰술

양파(중) 1개(260g), 깍둑썰기 해서

생강 1쪽(길이 2.5cm), 껍질 벗긴 뒤 성냥개비 모양으로 채 썰어서

가람 마살라 1작은술(312쪽 참조)

흑후추 가루 1작은술

강황 가루 1/2작은술

붉은 고추 가루 1/2작은술

햇 시금치 140g, 큼직하게 다져서

병아리콩 2캔(총무게 890g), 씻은 뒤에 물기를 빼서

암추르 1작은술

고수 2큰술, 큼직하게 다져서

녹색 고추 또는 붉은 고추 1개, 다져서

필로 크러스트

무염 버터 1/4컵(55g), 녹여서

엑스트라 버진 올리브유 1/4컵(60ml)

필로 도 10장, 냉동 상태인 경우 해동해서

쿠민 씨 1작은술

니겔라 씨 1작은술

풍미 내는 방법

버터와 올리브유를 섞어서 쓰면 필로 도가 촉촉해지고 오븐에서 구웠을 때 바삭한 식감이 생긴다.

가람 마살라에 들어간 후추, 고추, 생강, 향신료는 이 요리에서 매콤한 맛은 물론 매력적인 풍미와 향을 담당한다.

니겔라 씨와 쿠민 씨는 페이스트리에 풍미와 아삭한 식감을 더한다.

1. 오븐의 와이어 랙을 제일 아랫단에 설치하고, 오븐을 177℃로 예열한다.
2. 큰 솥에 물과 소금을 넣고 중강불로 끓이다가 깍둑썰기 한 감자를 넣고 모양이 잘 유지된 채 부드럽게 익을 때까지 4~5분간 삶은 다음, 체에 담아 물기를 완전히 뺀다.
3. 중간 크기 소스팬에 올리브유를 넣고 중강불로 달군다. 기름이 뜨거워지면 양파를 넣고 4~5분간 볶는다. 양파가 약간 투명해지면 불을 중약으로 줄여 생강, 가람 마살라, 후추, 강황, 고추 가루를 넣고 향이 날 때까지 30~45초간 볶는다. 여기에 삶은 감자를 넣고 2분간 더 볶아 속까지 잘 익으면 시금치를 넣고 2~3분간 볶다가 숨이 죽고 수분이 많이 빠지면 병아리콩과 암추르를 넣고 실리콘 주걱으로 살살 젓거나 폴딩한다. 이어 소금으로 간을 하고 1분간 더 볶는다.
4. 팬을 불에서 내려 다진 고수와 고추를 넣고 잘 섞은 다음, 맛을 보고 소금으로 간을 한다.
5. 필로 크러스트를 준비하려면, 먼저 작은 볼에 녹인 버터와 올리브유 섞은 것을 23×30.5×5cm 직사각 베이킹팬에 잘 바른 다음, 종이처럼 얇은 필로 도를 5장씩 깐다. 이때 한 장씩 깔 때마다 버터와 올리브유 섞은 것을 솔로 잘 발라야 한다. 밖으로 삐져나온 필로 도에도 마찬가지로 잘 발라야 한다.
6. 만들어놓은 필링을 팬에 깔아놓은 필로 도 위에 올려서 실리콘 주걱으로 수평이 되게 잘 편다. 남은 필로 도 역시 같은 방법으로 한 장씩 기름칠한 다음, 살짝 구겨서 필링 위에 얹어준다.
7. 이 과정이 모두 끝나면 쿠민 씨와 니겔라 씨를 그 위에 뿌리고, 밖으로 삐져나온 필로 도를 안으로 잘 접어 가장자리를 따라 집어넣는다.
8. 예열한 오븐에 넣어 크러스트가 황갈색을 띨 때까지 30~45분간 굽는다. 시간이 절반 정도 지나면 골고루 잘 익을 수 있도록 팬을 한 번 돌려준다.
9. 상에 내기 전, 음식이 베이킹팬 안에 든 채로 5분간 식힌다. 이 파이는 만든 그날 먹는 것이 가장 맛있다.

•

필로 도(phyllo(filo) dough)는 중동 요리나 지중해 요리에서 많이 쓰는 반죽으로, 아주 얇게 민 도에 기름칠을 하고 여러 겹 겹쳐서 구워 바삭하게 바스라지는 식감을 낸다. 파이나 페이스트리 요리에 많이 쓰이는데, 생지를 온라인에서 구입할 수 있다.

코코넛 밀크 케이크

Coconut Milk Cake

이 코코넛 케이크는 완전히 다른 두 종류의 케이크 덕분에 탄생했다. 고아 요리에서 코코넛은 빠져서는 안 되는 재료이다 보니 집집마다 코코넛과 세몰리나 밀가루가 들어가는 향기로운 케이크인 바스를 만들어 먹는다. 이 요리에 영감을 준 또 다른 케이크는 멕시코의 트레스 레체스Tres Leches다. 이 케이크는 우유가 만들어내는 부드럽고 진한 식감 때문에 1년 내내 언제 먹어도 위안이 되는 멋진 디저트다. 이 케이크를 만들 때는 가미한 코코넛 밀크를 부어 충분히 스며들게 해서 촉촉하게 만들면 좋고, 손님들에게 대접할 때는 기호에 따라 더 넣을 수 있도록 따로 그릇에 담아서 내면 좋다.

재료(가로세로 23cm 사각형 케이크 1개 분량)

케이크

코코넛 1컵(115g), 채 썬 신선한 코코넛 또는 슈레디드 코코넛

무염 버터 1/2컵(110g), 깍둑썰기 해서 실온에 둔 것, 팬에 바를 여분도 준비

세몰리나 밀가루 2컵(320g), 고운 가루로

베이킹파우더 1/2작은술

고운 천일염 1/4작은술

지방 100% 무가당 코코넛 밀크 400ml

무가당 코코넛 크림 160ml

설탕 2컵(280g)

달걀(대) 4개, 실온에 둔 것

로즈 워터 1과 1/2작은술

코코넛-카다멈 밀크

지방 100% 무가당 코코넛 밀크 2캔(전체 800ml)

설탕 1/2컵(50g)

그린 카다멈 가루 1/2작은술

풍미 내는 방법

이 케이크를 만들 때 코코넛은 여러 단계에 걸쳐 들어간다. 살짝 구운 코코넛은 이 케이크의 고소한 열대 향을 더 강렬하게 올려준다.

코코넛 밀크와 코코넛 크림은 요리에 다른 결의 풍미를 낼 뿐만 아니라 버터, 달걀과 함께 케이크 구조에 꼭 필요한 지방을 제공한다.

로즈 워터와 카다멈은 케이크의 달콤한 풍미를 한층 더 끌어올린다.

1. 오븐을 149℃로 예열한다.
2. 넓적한 베이킹팬에 종이 포일을 깐 다음, 코코넛을 잘 펴서 오븐에서 5~8분간 굽는다. 코코넛이 연한 황갈색을 띠면 오븐에서 꺼내 완전히 식힌다.
3. 오븐 온도를 180℃로 올리고, 23×23×5cm 사각형 베이킹팬에 버터를 잘 바른다.
4. 큰 볼에 세몰리나 밀가루, 베이킹파우더, 소금을 넣고 잘 섞는다.
5. 작은 볼에 코코넛 밀크와 코코넛 크림을 넣고 섞는다.
6. 스탠드 반죽기에 플랫비터 액세서리를 끼우고 반죽기 볼에 버터와 설탕을 넣어 가볍고 폭신한 크림 상태가 될 때까지 중-상 속도로 4~5분간 돌린다.
7. 반죽기를 멈추고 볼 벽에 묻은 크림을 주걱으로 긁어내려 반죽과 합친다. 다음은 달걀을 넣어야 하는데, 하나씩 깨서 넣을 때마다 반죽기를 돌리다가 멈추어 볼 벽에 묻은 재료를 주걱으로 긁어내리는 작업을 반복한다.
8. 달걀 섞는 작업이 끝나면 반죽기 속도를 중-하로 줄여 마른 재료를 반만 넣고 1분에서 1분 30초 동안 돌린다.
9. 이어서 코코넛 밀크와 코코넛 크림 섞은 것, 로즈 워터를 넣어 섞다가 남은 마른 재료를 마저 넣고 완전히 섞일 때까지 반죽기를 돌려 반죽을 완성한다.
10. 완성된 반죽을 준비한 팬에 옮긴다. 팬에 담은 반죽을 오븐에서 60~75분간 굽는데, 시간이 반 정도 지나면 골고루 잘 익을 수 있도록 팬을 한 번 돌린다. 케이크가 황갈색을 띠고, 눌러봤을 때 가운뎃부분이 다시 올라오거나 혹은 꼬챙이를 꽂았다 뺐을 때 반죽이 묻어나지 않으면 완성이다.
11. 코코넛-카다멈 밀크를 만들려면, 코코넛 밀크에 설탕, 카다멈 가루를 넣고 설탕이 완전히 녹을 때까지 잘 젓다가 냉장 보관한다.
12. 케이크팬을 와이어 랙에 올려 10분간 식힌 다음, 케이크가 잘 빠지도록 팬과 케이크 사이의 가장자리를 칼로 한번 훑는다.
13. 꼬챙이로 케이크에 구멍을 몇 개 내서 미리 만들어놓은 코코넛-카다멈 밀크를 그 위에 붓고, 플라스틱 랩으로 케이크를 덮어 4시간에서 2일 동안 냉장 보관한다.
14. 케이크와 남은 코코넛-카다멈 밀크는 먹기 전에 데워서 상에 낸다.

부엌에 두고 쓰면 좋은 기본 재료들

쌀밥

집에서 밥을 지을 때 내가 주로 쓰는 쌀은 바스마티다. 바스마티는 길쭉한 모양에 특유의 향이 있는데, 나는 단골 인도 식료품 가게에서 바스마티를 구입할 때마다 습관적으로 1년 이내에 도정한 쌀인지를 꼭 확인한다. 그래야만 향이 진한 밥을 지을 수 있기 때문이다.

일반 쌀밥이나 풀라오, 비리야니를 만들 때 나는 언제나 다음 세 가지 규칙을 따른다.

1. 물 붓고 밥을 짓기 시작하면 절대 쌀을 휘젓거나 섞지 않는다.
2. 바스마티 쌀 본연의 향을 잃을 수 있으니 쌀밥 지을 때 소금이나 기름을 넣지 않는다.
3. 색을 내려면 사프란 가루 조금, 비트 즙 몇 방울, 혹은 강황 가루를 쓴다.

2인분, 570g

바스마티 1컵(200g)
물 4컵(960ml)

쌀에서 돌이나 불순물을 잘 골라낸 뒤, 고운 체에 담아 흐르는 물에 씻는다. 씻어도 더는 탁한 물이 나오지 않으면 쌀을 중간 크기 볼에 담고 물 2컵(480ml)을 붓거나 쌀 위로 물이 최소한 2.5cm 올라오게 부어 30분간 불린다. 다 불린 뒤, 물을 전부 따라내고 쌀을 중간 크기 소스팬이나 뚜껑 있는 작은 더치 오븐에 담고 남은 물 2컵(480ml)을 붓거나, 쌀 위로 최소한 2.5cm 올라오게 물을 부어 중강불에 올린다. 물이 팔팔 끓기 시작하면 약불로 줄이고 뚜껑을 닫아 수분이 거의 날아갈 때까지 10~12분간 익힌다. 팬을 불에서 내리고 뚜껑을 닫은 채 5분간 뜸을 들인 뒤, 상에 내기 직전에 포크로 살살 뒤적여서 부풀린다.

밥가루

빵가루나 세몰리나 밀가루는 베이킹이나 튀김 요리에서 표면을 바삭하게 해주거나, 미트볼 또는 미트로프meatloaf(다진 쇠고기와 빵가루, 다진 채소와 향신료 등을 넣어 긴 빵 모양으로 만든 다음, 위쪽에 케찹을 발라 구운, 미국식 컴포트 푸드.—옮긴이) 만들 때 재료들끼리 잘 엉기게 하는 데 쓰이기 때문에 언제나 부엌에 쟁여두는 재료다. 나는 최근에 빵가루 대신 쌀로 이런 효과를 내보려고 시도하고 있다. 지금 소개하는 밥가루는 빵가루를 대신할 훌륭한 대안일 뿐만

아니라 남은 밥을 처리하고 싶을 때 만들면 좋다. 일단 한번 만들어보면 여기저기 쓰임새가 좋아 잔뜩 만들어놓고 싶어질 거라고 장담한다.

약 90g 분량

남은 바스마티 쌀밥 2컵(340g)

오븐을 120℃로 예열한다.

넓적한 베이킹팬에 종이 포일을 깔고 밥을 올려 잘 펼친다. 덩어리 진 밥은 손으로 눌러가며 쌀알을 잘 떨어뜨린다. 그런 뒤 오븐에서 수분이 완전히 날아갈 때까지 45~60분간 굽는다. 밥이 황갈색으로 변하지 않는지 잘 지켜봐야 하고, 만일 색이 바뀌었다면 오븐 온도가 너무 높다는 뜻이니 온도를 줄여야 한다. 밥을 완전히 건조하는 시간은 오븐에 따라 다를 수 있고, 경우에 따라 레시피에서 언급한 시간보다 30분 정도 더 걸릴 수도 있다.

밥이 다 구워지면 팬을 오븐에서 꺼내 완전히 식힌다. 이어서 향신료 그라인더나 커피 그라인더에 넣고 약간 거친 입자가 될 때까지 분쇄한다. 분쇄 정도는 자신의 선호도에 따라 조절하면 된다. 밀폐 용기에 담아 서늘하고 어두운 장소에 두면 최장 1개월까지 보관할 수 있다.

향신료 믹스

여러 향신료를 섞은 향신료 믹스와 마살라(종류에 상관없이 일반적인 향신료 믹스를 일컫는 힌두어 단어)는 부엌에 두고 쓰기 좋은 훌륭한 재료다. 최고의 풍미를 잃지 않은 상태로 오래 보관하고 싶다면 조금씩 만들어 어두운 색 밀폐 용기에 담아, 햇빛이 들지 않는 서늘한 곳에 보관하는 것이 좋다.

풍미 내는 방법

+ 향신료를 쓰기 전에 살짝 굽거나 기름 없이 볶으면 보관 과정에서 향신료에 흡수된 수분을 날릴 수 있다.
+ 향신료에 열을 가했을 때 생기는 또 다른 장점은 씨의 풍미 분자를 밖으로 끌어내 풍미를 더 진하게 느낄 수 있다는 점, 특히 화학 구조가 바뀌면서 풍미도 달라져 맛이 더 좋아지기도 한다는 점이다.
+ 통 향신료를 가루로 분쇄하면 잘게 쪼개진 면 때문에 노출되는 면적이 커진다. 따라서 더 작은 입자로 분쇄한 향신료일수록 풍미 분자를 더 효과적으로 끌어낼 수 있고, 요리에 넣으면 통째로 말리고 분쇄하지 않은 상태의 향신료를 쓸 때보다 풍미와 색소가 더 많이 나온다.

가람 마살라

내가 집에서 요리할 때 쓰는 두 가지 종류의 가람 마살라를 소개하고자 한다. 이 책에서 소개한 레시피에서는 둘 중에 무엇을 쓰든 상관없다. 향신료를 분쇄하기 전에 향신료 믹스를 충분히 식혀야 분쇄할 때 수분 때문에 덩어리지는 일을 막을 수 있다.

나만의 특별한 샤히 가람 마살라

정통 가람 마살라와는 좀 다른 이 샤히shahi(인도와 파키스탄에서 쓰는 힌두스탄어인 우르두어로 '왕족의'라는 뜻이다) 버전은 상당히 향이 진해서 특별한 날 밥, 렌틸콩, 고기 요리, 채소 요리에 풍미를 내고 싶을 때 쓴다. 하지만 굳이 특별한 날을 기다릴 것 없이 나는 그냥 쓰고 싶을 때 요리에 넣는다!

말린 식용 장미 잎 1큰술을 볶은 향신료 믹스를 분쇄할 때 넣으면 강한 꽃향기가 나는 향기로운 샤히 가람 마살라를 만들 수 있는데, 이 마살라는 특히 고기 요리와 잘 어울린다.

1/2컵, 40g 분량

- 쿠민 씨 2큰술
- 코리앤더 씨 2큰술
- 펜넬 씨 2큰술
- 흑후추 1큰술
- 월계수 잎 2장
- 시나몬 스틱 1개(길이 5cm)
- 정향(홀) 12개
- 그린 카다멈(홀) 8개
- 블랙 카다멈(홀) 1개
- 팔각(홀) 1개
- 너트맥 가루 1작은술(바로 갈아서 쓰기를 권함)

작은 스테인리스나 무쇠 프라이팬 또는 스킬릿을 중강불에서 달구다가 중약불로 줄인 다음, 쿠민 씨, 코리앤더 씨, 펜넬 씨, 통 흑후추, 월계수 잎, 시나몬 스틱, 정향, 그린 카다멈과 블랙 카다멈, 팔각을 넣고 팬을 휘휘 돌리면서 기름 없이 볶다가 향이 올라오면 불에서 내린다. 약 30~45초 정도 걸리는 이 작업을 할 때 향신료가 타지 않게 주의해야 하고, 만약 탔다면 전부 버리고 다시 시작해야 한다.

볶은 향신료를 작은 접시에 옮겨 담고 완전히 식힌 다음, 절구나 향신료 그라인더에서 방금 갈아낸 너트맥 가루와 함께 넣고 분쇄한다. 분쇄한 향신료 믹스는 밀폐 용기에 담아 서늘하고 어두운 곳에 두면 최장 6개월까지 보관할 수 있다.

나만의 특별한 가람 마살라

내가 주로 사용하는 이 가람 마살라는 기존 버전에서 향이 좀 진한 향신료인 펜넬은 빼고 그린 카다멈은 양을 줄인 것이다.

1/4컵, 25g 분량

- 쿠민 씨 2큰술
- 코리앤더 씨 2큰술
- 흑후추 1큰술
- 월계수 잎 2장
- 시나몬 스틱(길이 5cm) 1개
- 정향(홀) 12개
- 블랙 카다멈(홀) 1개
- 그린 카다멈(홀) 3~4개
- 너트맥 가루 1작은술(바로 갈아서 쓰기를 권함)

앞에서 다룬 샤히 가람 마살라와 같은 방법으로 만든다.

나만의 특별한 '건파우더' 너트 마살라

강렬한 매운맛이 특징인 인도 남부의 정통 '건파우더' 마살라는 여러 종류의 렌틸콩이 들어가는데, 주로 다양한 요리 위에 뿌려 먹는 양념으로 쓰인다. 지금 소개하는 버전은 원래 들어가야 하는 렌틸콩 종류가 마침 없어서 그 대신 견과를 넣어서 만들게 되었다. 냉동실 맨 뒤쪽에 방치된 견과나 씨앗을 처리할 수 있는 아주 좋은 방법이다.

달 요리처럼 감칠맛 나는 음식, 채소 요리, 샐러드 위에 뿌리면 좋다.

2컵, 210g 분량

- 볶지 않은 캐슈너트 100g
- 볶지 않은 호박씨 1/2컵(35g)
- 말린 붉은 고추 30g
- 생 커리 잎 20~25장
- 참깨 또는 검은깨 2큰술
- 아사페티다 1/2작은술

작은 프라이팬이나 스킬릿을 중불에서 달군 다음, 캐슈너트, 호박씨, 고추, 커리 잎, 참깨를 넣고 4~5분간 기름 없이 볶다가 씨가 갈색을 띠고 커리 잎이 안으로 조금 말리기 시작하면 중간 크기 볼에 옮겨 담고 실온에서 식힌다. 완전히 식은 향신료 믹스에 아사페티다를 섞고, 푸드 프로세서나 블렌더에 전체를 넣어 취향에 따라 고운 입자나 거친 입자로 분쇄한다. 가루는 밀폐 용기에 담으면 최장 2주까지 냉장 보관할 수 있다.

염장 달걀 노른자

염장 달걀 노른자는 매력적인 감칠맛이 난다. 특히 얇게 포를 뜨거나 갈아서 쓰면 곱게 간 파르메산 치즈 맛이 난다. 파스타 위에 뿌리거나, 요리에 약간의 짠맛이나 감칠맛을 얹고 싶을 때 가니시용으로 활용하면 좋다. 만드는 데 시간이 조금 걸리니 요리에 쓰고 싶다면 며칠 전에 미리 만들어놓아야 한다.

달걀 노른자 2개 분량

- 고운 천일염 1과 1/2컵(450g)
- 설탕 1/2컵(50g)
- 달걀(대) 2개
- 오일 스프레이(카놀라유 추천)

풍미 내는 방법

+ 소금과 설탕은 삼투압에 의해 노른자의 수분을 밖으로 꺼내는 역할을 한다. 수분이 빠져나간 노른자는 더 오래 보관할 수 있다.
+ 노른자에 들어 있는 글루타민산은 염장 과정을 거치면서 노른자를 더 진하게 농축시켜 훨씬 풍부한 감칠맛이 나게 해준다.
+ 칼라 나마크를 넣고 만든 염장 달걀은 진한 감칠맛 외에도 유황 향이 난다.

높이가 낮은 작은 용기나 그릇에 소금을 반 정도 채워서 잘 펴준 다음, 가운데에 달걀 크기의 웅덩이 2개를 눌러서 만든다.

달걀 2개를 차례대로 노른자와 흰자를 분리해 흰자는 다른 용도로 쓰고, 노른자는 미리 만들어놓은 소금 웅덩이에 살포시 얹는다. 남은 소금으로 노른자를 덮고, 용기 뚜껑을 느슨하게 닫아 일주일간 냉장 보관한다.

일주일 뒤 오븐 중간 칸에 와이어 랙을 설치하고 93℃로 예열한다. 냉장고에서 염장 중인 달걀 노른자를 조심스럽게 꺼낸다. 노른자는 굳긴 해도 만지면 약간 끈적끈적한 상태일 테니 조심스럽게 꺼내야 한다. 솔로 노른자에 붙은 소금을 털어낸 다음, 재빨리 흐르는 물에 씻어서 키친타올로 살살 두드려 물기를 제거한다. 넓적한 베이킹팬 위에 와이어 랙을 얹고 오일 스프레이로 기름을 뿌린 다음, 그 위에 염장한 노른자를 올려 오븐에서 완전히 건조한다. 약 45분에서 1시간 정도 지나 오븐에서 말린 노른자를 꺼내 완전히 식힌다. 밀폐용기에 담으면 최장 2주까지 냉장 보관할 수 있고, 냉동할 경우 최장 한 달까지 보관할 수 있다.

사용할 때는 제스터나 강판에 갈아서 쓰면 된다. 경성(하드) 치즈를 사용하듯, 샐러드나 수프, 그 밖의 다양한 요리 위에 토핑하거나 가니시용으로 쓸 수 있다.

응용 좀 더 강한 유황 풍미를 내고 싶다면 소금과 설탕을 섞을 때 칼라 나마크도 같이 넣으면 된다.

고운 천일염 1컵(300g) + 칼라 나마크 1/4컵(50g) + 설탕 1/2컵(100g)

딥과 스프레드

손님 대접용으로 딥과 스프레드는 최고의 요리다. 살짝 구운 빵, 혹은 아삭하게 씹히는 화사한 형형색색의 생채소에 곁들이면 좋다.

살짝 태운 샬롯 딥

약 1과 1/2컵, 350g 분량

- 샬롯(양파) 2개(총무게 120g)
- 포도씨유 또는 튀는 향이 없는 기름 1큰술
- 무가당 플레인 그릭 요거트 1컵(240g)
- 갓 짠 레몬 즙 1큰술
- 레몬 제스트 1작은술
- 흑후추 가루 1/2작은술
- 고운 천일염
- 엑스트라 버진 올리브유 1큰술
- 니겔라 씨 1작은술
- 차이브(실파) 1큰술, 큼직하게 다져서(가니시용)

샬롯(양파)은 잘 다듬어서 길게 반으로 잘라 포도씨유를 골고루 바른다.

작은 프라이팬이나 스킬릿을 강불에 올려 충분히 달궈지면 샬롯을 앞뒤로 3~4분가량 지진다. 살짝 태우는 정도면 된다. 샬롯을 볼에 담아 손으로 만질 수 있을 정도로 식힌 다음, 다져서 요거트, 레몬 즙, 레몬 제스트, 후추를 넣은 볼에 함께 넣고 잘 섞어서 소금으로 간을 한다. 다시 살살 섞다가 맛을 보고 간을 조절한다.

사용하던 프라이팬이나 스킬릿에 올리브유를 두르고 중강불에서 충분히 달군 다음, 니겔라 씨를 넣고 30~45초 동안 볶는다. 향이 올라오면 뜨겁게 볶은 니겔라 씨와 풍미를 우려낸 기름까지 바로 전에 만들어놓은 딥 위에 붓고 차이브로 가니시해서 상에 낸다.

선드라이드 토마토와 붉은 파프리카 스프레드

화사한 붉은색에 달콤하고 진한 풍미를 가진 이 스프레드는 다양한 채소를 찍어 먹는 딥으로, 혹은 샌드위치 스프레드로 활용할 수 있다(특히 그릴드 치즈 샌드위치에 잘 어울리고, 딥처럼 이 샌드위치를 찍어 먹을 수 있도록 따로 그릇에 담아 곁들여도 좋다). 마늘 풍미를 더 내고 싶다면 3쪽 더 넣는다.

약 2와 1/2컵, 590g 분량

- 붉은 파프리카(중) 1개(200g)
- 올리브유에 절인 선드라이드 토마토 240g
- 파 6대
- 마늘 2쪽
- 갓 짠 레몬 즙 2큰술
- 코리앤더 씨 1작은술
- 니겔라 씨 1작은술
- 붉은 고추 플레이크 1작은술
- 고운 천일염 1작은술

파프리카의 꼭지 부분과 씨를 제거한 다음, 듬성듬성 썰어서 블렌더에 넣고, 선드라이드 토마토가 들어 있던 올리브유 1/4컵(60ml)도 넣는다. 남은 올리브유는 토마토, 향신료 등의 풍미 분자가 들어 있으니 보관했다가 볶음이나 샐러드 드레싱, 디핑용 등 다른 용도로 쓴다. 이어서 파, 마늘, 레몬 즙, 코리앤더 씨와 니겔라 씨, 붉은 고추 플레이크, 소금을 넣고 고속으로 몇 번 돌려 부드러운 페이스트로 만든다. 잘 갈리지 않을 때는 물을 1~2큰술 더 넣어서 갈면 된다. 맛을 보고 간을 조절한다.

디핑 오일

에피타이저로 큰 접시에 담겨서 나온 따뜻한 포카치아와 디핑 오일, 발사믹 식초 등 내가 처음 접한 이탈리아 요리는 소박해도 무척 인상적이었다. 이 레시피 역시 아주 간단하다.

[향신료 + 허브 + 질 좋은 기름] + 질 좋은 식초 + 소금 플레이크(천일염) + 따뜻한 빵 = 행복

이 공식을 좀 더 재미있게 응용하려면, 오일에 발사믹 식초, 무화과 식초, 자두 식초 또는 셰리 와인 식초처럼 질 좋은 과일 풍미의 식초나 달콤한 식초 1~2큰술을 넣는 방법도 있다.

풍미 지도

기본 레시피는 지금 소개하는 재료와 용량이 가장 기본적인 공식이니, 이것을 기준으로 삼아 기호대로 조절한다.

오일 1/2컵(120ml) + 향신료와(또는) 고추 가루 1/2작은술 + 신선한 허브 1작은술 또는 허브 가루 1/2작은술 + 산(식초) 2~3큰술 + 소금과 후추

에멀전

기름과 물로 만든 에멀전을 안정화하는 유화제 두 가지를 소개한다. 투움은 마늘의 펙틴이, 마요네즈는 머스터드와 달걀 노른자의 레시틴이 소스의 진한 질감을 유지시키는 유화제 역할을 한다.

투움

투움Toum을 꼭 디핑 소스로 한정할 필요는 없다. 한번 만들어놓으면 오래 두고 먹을 수 있으니 다양한 요리에 손쉽게 마늘 풍미를 내고 싶을 때 활용하면 좋다. 부드러운 염소 치즈에 한두 수저 넣고 살살 섞어서 크로스티니Crostini에 곁들이거나, '오븐에 구워 건파우더를 뿌린 감자튀김'(144쪽), '양갈비 구이'(162쪽), '염소 치즈 딥'(144쪽)과 함께, 혹은 소스나 샌드위치 딥으로 활용하면 좋다.

960ml 분량

- 통마늘(대) 1개(120g), 껍질을 까서
- 갓 짠 레몬 즙 1/4컵(60ml)
- 얼음물 1/2컵(120ml)
- 포도씨유 또는 매운맛을 뺀 엑스트라 버진 올리브유 3컵(720ml)
- 고운 천일염

푸드 프로세서에 껍질을 까서 손질한 통마늘, 레몬 즙, 물을 넣고 펄스 모드로 갈다가 멈추기를 반복한다. 완전히 갈리면 천천히 포도씨유를 아주 조금씩 부어가며 확실히 에멀전이 일어나 부드러운 소스 형태가 될 때까지 계속 같은 모드로 돌린다. 다 되면 맛을 보고 소금으로 간을 한다.

완성된 투움은 밀폐 용기에 담으면 최장 한 달까지 냉장 보관할 수 있다.

커리 잎과 머스터드 오일 마요네즈

황금색 머스터드 오일의 고추냉이처럼 확 쏘는 매콤함과 커리 잎 향의 조합은 이 마요네즈에서 강렬한 풍미를 만들어내는 요소다. 일반 마요네즈처럼 프렌치프라이를 찍어 먹거나, 나처럼 바삭하게 튀긴 커리 잎을 넣은 여름 토마토 샌드위치를 만들 때 스프레드로 활용해도 좋다.

약 1컵, 150g 분량

- 매운맛을 뺀 머스터드 오일 또는 엑스트라 버진 올리브유 1/2컵(120ml)
- 생 커리 잎 12~15장
- 달걀 노른자(대) 1개, 실온에 둔 것
- 갓 짠 라임 즙 또는 현미 식초 2큰술
- 옐로 머스터드 1큰술
- 꿀 2작은술
- 붉은 고추 가루 1/2작은술
- 흑후추 가루 1/2작은술
- 고운 천일염

풍미 내는 방법

+ 에멀전을 만들면 머스터드 오일에 들어 있는 매운맛 물질이 존재감을 드러낸다.
+ 옐로 머스터드는 선택 사항이다. 달걀 노른자에 들어 있는 레시틴과 꿀이 마요네즈를 엉기게 하는 1차 유화제라면, 옐로 머스터드는 이를 도와주는 2차 유화제 역할을 한다.

작은 스테인리스 소스팬에 기름을 두르고 중강불에서 달군다. 기름을 데우는 동안 커리 잎을 흐르는 찬물에 씻은 후 키친타올로 살살 두드려 물기를 제거한다. 기름이 충분히 뜨거워지면 커리 잎을 넣고 소스팬 뚜껑을 닫아 팬을 불에서 내린다. 기름이 실온 정도로 식으면 작은 용기에 옮겨 담고, 튀긴 커리 잎은 키친타올을 깔아놓은 작은 접시로 옮겨서 기름을 뺀 뒤 가니시용으로 쓸 수 있게 따로 보관한다.

달걀 노른자, 라임 즙, 옐로 머스터드, 꿀, 고추 가루, 후추 가루를 중간 크기의 볼에 담고 부드러운 질감이 나올 때까지 거품기로 잘 휘젓는다. 여기에 커리 잎 풍미를 우려낸 머스터드 오일을 한가운데로 천천히 부으면서 거품기로 계속 휘젓는다. 질감이 점점 걸쭉해지면서 기름이 완전히 섞이면 맛을 보고 소금으로 간을 해서 완성한다. 이렇게 만든 마요네즈는 밀폐 용기에 담으면 최장 3~4일까지 냉장 보관할 수 있다.

응용 좀 더 매운맛을 내고 싶다면 일반 고추 가루 대신 카옌고추 가루를 쓴다. 마요네즈에 진한 노란색을 내고 싶다면 달걀 노른자에 강황 가루를 1/4작은술 넣고 섞는다.

뚝딱 만드는 나만의 특별한 마리나라

당장 피자에 쓸 마리나라 소스가 없을 때, 지금 알려주는 이 방법은 일반적이지는 않으나 대안으로서 손색이 없다. 꼭 질 좋은 토마토 페이스트를 쓰라고 당부하고 싶은데, 나는 튜브형을 많이 쓴다. (보존제로 캔 통조림형은 구연산을, 튜브형은 소금을 쓰므로 튜브형이 조금 더 간이 되어 있다. 주로 미국에서 가공되는 캔 통조림형은 높은 온도에서 작업이 진행되어 토마토의 당이 캐러멜화하고, 농도를 걸쭉하게 만들어주는 펙틴을 분해하는 효소가 비활성화하여 색이 더 진하고 진득한 질감이 난다. 반면 주로 이탈리아에서 가공되는 튜브형은 낮은 온도에서 작업이 진행되어서 좀 더 부드럽고 연한 색이며, 더 묽고 신선한 풍미가 있다. 기호에 맞게 선택하면 되고, 튜브형은 온라인으로 구입 가능하다.—옮긴이) 기호에 따라 안초비를 절인 올리브유 또는 엑스트라 버진 올리브유를 사용한다.

작은 소스팬에 기름을 두르고 중약불에서 달군다. 기름이 충분히 뜨거워지면 니겔라 씨와 마늘을 넣고 향이 올라올 때까지 15초간 볶는다. 이때 마늘이 타지 않게 잘 지켜봐야 한다. 이어서 오레가노 가루를 넣고 10초간 더 볶다가 후추, 토마토 페이스트, 안초비, 물 1/2컵(120ml)을 넣고 거품기로 잘 섞는다. 이 액체를 중강불에 올려 끓기 시작하면 약불로 줄이고 5분간 뭉근하게 끓인다. 맛을 보고 소금과 설탕으로 간을 조절한다. 완성된 소스는 밀폐 용기에 담아 냉장 보관하고, 될 수 있으면 일주일 이내에 사용하는 것이 좋다.

약 1컵, 200g 분량

무염 버터 또는 엑스트라 버진 올리브유 2큰술
니겔라 씨 1작은술
마늘 1쪽, 곱게 갈아서
오레가노 가루 1/2작은술
흑후추 가루 1/2작은술
토마토 페이스트 130g
올리브유에 절인 안초비 2개, 기름을 빼서
천일염
설탕

풍미 내는 방법

+ 여기서 안초비와 토마토는 감칠맛을 담당하는데, 안초비는 조리 과정에서 완전히 녹아버린다.
+ 니겔라 씨는 종종 양파 씨나 블랙 쿠민 씨로 오해를 받는데 사실 이것들과 아무런 관련이 없다. 니겔라 씨를 조리하면 양파와 비슷한 향이 나는데, 특히 뜨거운 기름에 들어가면 이런 향이 더 진해진다.

인도식 중국 소스

많은 인도식 중국 요리에서 매운맛은 중요한 역할을 한다. 인도의 중국 요리 레스토랑에 가면 지금 소개하는 두 가지 소스가 항상 음식에 곁들여서 나오는데, 포장해 갈 때면 으레 더 달라고 할 정도로 맛있다.

풍미 내는 방법

+ 식초는 두 소스에서 산미를 내는 재료다.
+ 인도식 쓰촨 소스(318쪽)에서 식초는 고추, 마늘과 더불어 방부제 기능이 있다.

고추-간장-식초 소스

이 소스는 일반적으로 간장을 넣지 않고 만드는데, 우연히 식초와 고추에 간장까지 넣어봤더니 더 진하고 입체적인 맛이 나서 그 이후로 나는 늘 간장을 넣어서 만든다. 손쉽게, 후다닥 만들 수 있고 산미와 감칠맛과 매운맛이 잘 어우러진 이 소스는 맛의 종합 선물 세트와 같다. '만차우 수프'(255쪽)나 국수 요리에 몇 방울만 떨어뜨려도 풍미가 확 살아난다.

1/2컵, 120ml 분량

현미 식초 1/4컵(60ml)
간장 1/4컵(60ml)
녹색 고추 1개, 가늘게 썰어서(세라노, 새눈고추, 청양고추 등 매운 고추 추천)
고운 천일염

식초, 간장, 고추를 작은 볼에 담고 소금으로 간을 해서 1시간 정도 절였다가 쓰면 된다.

밀폐 용기에 담으면 최장 2일까지 냉장 보관할 수 있다.

인도식 쓰촨 소스

이 소스의 이름은 오해의 소지가 조금 있다. 쓰촨 후추가 들어가는 것은 전혀 아니고 중국 하카족의 영향으로 생긴 이름이다. 인도에서는 중국 음식을 먹을 때 같이 나오는 소스이지만, 나는 모든 음식을 찍어 먹을 수 있는 디핑 소스로 활용하거나, 심지어 달걀 프라이에도 올려 먹는다. 고추의 화사한 색감이 녹아 들어간 기름 덕분에 완성된 소스는 화사한 붉은색을 띤다. 카슈미르 고추는 정신이 번쩍 들 정도로 매운맛은 없지만, 이것조차 맵다면 고추씨를 반 정도 제거하고 레시피대로 조리하라.

3컵 혹은 3과 1/2컵, 570g 분량

- 말린 카슈미르 통고추 40g, 꼭지를 제거해서
- 끓는 물 1컵(240ml)
- 포도씨유 또는 튀는 향이 없는 기름 1/2컵(120ml)
- 샬롯 또는 적양파 2큰술, 다져서
- 마늘 90g, 다져서
- 생강 65g, 껍질을 벗긴 뒤 다져서
- 토마토 페이스트 1/4컵(55g)
- 사과 식초 1/2컵(120ml)
- 간장 2큰술
- 설탕 1/2작은술
- 고운 천일염

중간 크기 컵이나 볼에 고추를 담고 잠길 정도로 끓는 물을 붓는다. 고추가 물에 충분히 잠기도록 뭔가로 눌러놓고 부드러워질 때까지 30분간 불린다.

불린 고추와 불린 물 절반 정도를 블레더에 함께 넣고 거친 페이스트 질감이 나올 때까지 몇 초간 짧게 펄스 모드로 돌린다. 남은 고추 불린 물은 나중에 써야 하니 남겨둔다.

중간 크기 소스팬에 기름을 두르고 중불에서 달구다가 충분히 뜨거워지면 고추 페이스트를 넣고 계속 저으면서 1분간 볶다가 샬롯(양파)을 넣고 1분간, 이어서 마늘, 생강, 토마토 페이스트를 넣고 2분간 더 볶는다. 약불로 줄여서 식초, 간장, 설탕, 남은 고추 불린 물을 넣고 팬 뚜껑을 닫은 채 25~30분간 뭉근하게 끓인다.

끓이는 동안 이따금 뚜껑을 열어서 젓다가 생강이 속까지 완전히 익고, 수분이 거의 다 날아간 상태로 위에 기름이 떠 있으면 맛을 보고 소금으로 간을 해서 완성한다.

완성된 소스는 밀폐 용기에 담으면 최장 한 달까지 냉장 보관할 수 있다.

절인 레몬 만드는 두 가지 방법

서양에서는 절인 레몬을 쉽게 마트에서 찾을 수 있지만, 그래도 직접 만들어보고 싶다면 2가지 방법을 소개하겠다. 나는 껍질이 얇은 메이어 레몬을 가장 선호하지만 어떤 종류를 쓰든 상관없다. 요리에 쓰기 전에 절인 레몬을 흐르는 물에 한 번 씻은 뒤, 과육은 긁어내서 제거하고 껍질을 썰어서 쓴다. 마요네즈 만들 때 같이 섞어도 좋고, 소스나 샐러드 드레싱에 넣어도 좋다.

풍미 내는 방법

+ 소금은 레몬의 쓴맛을 숨기는 기능을 한다.
+ 소금에 산(구연산)을 섞은 조합은 레몬의 세포 구조를 부드럽게 만들면서 더 효과적으로 절일 수 있게 해준다.

기본 레몬 절임

나는 절인 레몬 만드는 방법을 전설적인 작가 클로디아 로덴Claudia Roden의 저서 《아라베스크—모로코, 튀르키예, 레바논의 맛Arabesque: A Taste of Morocco, Turkey, and Lebanon》에서 처음 배웠다. 소금과 레몬의 산을 섞은 조합은 과일을 부드럽게 만들어주고, 특히 소금은 레몬 껍질에 붙어 있는 흰 부분의 쓴맛을 완화해준다. 만일 절인 껍질에 흰 곰팡이가 생겼다면 잘 씻어내면 된다. 전통적인 방법은 레몬을 완전히 자르지 않고 위아래 끝부분은 남겨둔 채 십자 모양으로 칼집을 깊게 내는 방식이다. 그런데 내가 몇 번 다르게 해본 결과, 맛에는 전혀 영향이 없었으니 편한 대로 레몬에 칼집을 내거나 썰어서 만들어도 된다.

1과 1/2컵, 약 450g 분량

- 레몬 4개(총무게 280g)
- 고운 천일염 1/4컵(50g)
- 갓 짠 레몬 즙 1/2컵(120ml), 레몬 4개 정도 분량

미지근한 흐르는 물에서 솔로 레몬을 잘 닦은 뒤 4등분하고 씨를 제거한다. 레몬 조각을 소금으로 문지른 다음, 소독한 병에 소금과 함께 담고 국자로 꾹꾹 누른 뒤 따로 준비한 레몬 즙을 그 위에

붓는다. 병을 잘 밀봉해서 어둡고 서늘한 곳에 두고 적어도 한 달 정도 숙성한 뒤에 사용한다. 냉장 보관하면 정해진 기한 없이 병에 절인 레몬이 바닥날 때까지 사용할 수 있다.

간단히 만드는 레몬 절임

이번엔 기본 레몬 절임이 바닥났을 때 쓸 수 있는 손쉬운 방법이다. 먼저 레몬을 끓는 물에 데쳐서 부드럽게 만든 뒤, 좀 더 작은 조각으로 썰면 소금과 산이 닿는 면적이 넓어져서 과육에 빠르게 스며든다.

1과 1/2컵, 약 450g 분량

- 레몬 4개(총무게 약 280g)
- 고운 천일염 1/4컵(50g)
- 갓 짠 레몬 즙 1/2컵(120ml), 레몬 4개 정도 분량

미지근한 흐르는 물에서 솔로 레몬을 잘 닦은 뒤 4등분하고 등분한 조각을 다시 반으로 자른다. 씨를 제거한 레몬 조각에 소금을 반만 넣어 문지른 뒤 작은 볼에 넣고 2시간 동안 절인다. 이어서 절인 레몬 조각을 흐르는 찬물에 씻고 절이는 과정에서 빠져나온 액체는 버린다. 레몬 조각을 작은 소스팬에 담고 나머지 소금, 레몬 즙, 물 1/2컵(120ml)도 함께 넣어 중강불에 올려 끓인다. 끓어오르면 약불로 줄이고 액체가 반 정도로 졸아들어 걸쭉한 시럽이 될 때까지 25~30분간 뭉근하게 끓인다. 끓인 레몬과 액체는 산에 반응하지 않는 소독한 유리나 플라스틱 재질 밀폐 용기에 담아 하룻밤 냉장 보관한다. 이렇게 만든 절인 레몬은 그다음 날부터 사용할 수 있다.

민트와 고추를 넣고 간단히 절인 천도복숭아

이 레시피는 달콤하게 잘 익은 천도복숭아로 만드는 피클이다. 같은 방법으로 복숭아 피클도 만들 수 있다.

캡사이신은 지방이나 알코올에 쉽게 녹고 물에는 아주 살짝 녹기 때문에 이 피클의 매운맛은 대부분 고추에 집중된다. 그래서 피클 자체보다는 썰어서 들어간 고추 조각을 씹을 때 갑자기 확 치고 들어오는 매콤함을 느낄 수 있다. 크리미한 부라타 같은 소프트 치즈나 샐러드, 혹은 구운 육류와 해산물 요리에도 잘 어울리는 피클이다.

4인분 기준

코리앤더 씨 1작은술
천도복숭아 2개(총무게 440g), 잘 익었지만 단단한 것
생 민트 잎 1/4컵(5g)
녹색 고추 1개, 가늘게 썰어서(세라노 추천)
갓 짠 라임 즙 1/4컵(60ml)
대추야자 시럽 2~3큰술(324쪽 참조)
흑후추 가루 1/2작은술
고운 천일염

풍미 내는 방법

+ 캡사이신은 물에 잘 녹지 않으므로 이 피클을 먹을 때 각기 다른 강도의 매콤함을 느낄 수 있다. 피클 즙보다는 고추가 더 맵게 느껴지는 것도 이런 이유 때문이다.
+ 시간이 지나면서 산이 세포를 파괴하는데, 이 과정에서 캡사이신이 밖으로 빠져나와 절임액 속으로 퍼진다. 막 담은 피클보다 숙성된 것이 더 통일성 있는 매운맛이 나는 것도 이런 이유 때문이다.

작은 프라이팬이나 스킬릿을 중강불에서 달구다가 코리앤더 씨를 넣고 향이 올라올 때까지 약 30초 정도 기름 없이 볶는다. 코리앤더를 절구에 넣어 거친 입자의 가루로 빻은 후 작은 볼에 옮겨 담는다.

천도복숭아는 반으로 잘라 씨를 제거하고, 과육을 얇게 썰어 뚜껑 있는 큰 볼에 담는다. 여기에 민트 잎을 손으로 찢어서 얇게 썬 고추와 함께 넣는다. 라임 즙, 대추야자 시럽, 후추를 코리앤더가 담긴 볼에 넣고 수저로 잘 섞은 다음, 천도복숭아가 담긴 볼에 넣고 소금으로 간을 한다. 복숭아 조합이 뭉개지지 않게 실리콘 주걱으로 살살 젓거나 굴리듯 버무리다가 볼 뚜껑을 덮어 실온에 30분간 둔 뒤, 그대로 내거나 차갑게 해서 상에 낸다. 이 피클은 하루 정도 보관할 수 있다.

콜리플라워 아차르(피클)

내 지인들은 두 가지 유형으로 나뉘는데, 지금 소개하는 콜리플라워 피클을 약간 달콤하게 먹는 것을 좋아하는 부류와 매콤하게 먹는 것을 좋아하는 부류다. 그러니 이 콜리플라워 피클에 재거리나 설탕을 더 넣을지 말지는 전적으로 여러분이 기호에 맞게 판단하면 될 것 같다.

머스터드 오일은 인도식 피클인 이 아차르를 만들 때 일반적으로 사용하는 재료인데 특유의 확 쏘는 맛이 있다. 머스터드 오일 대신 엑스트라 버진 올리브유, 참기름 혹은 포도씨유처럼 튀는 향이 없는 기름을 써도 좋다. 나는 피클을 시각적으로 좀 더 재미있게 만들고 싶어서 검은색과 노란색 머스터드 씨를 반반씩 넣기도 한다. 이 레시피에는 마늘, 양파, 파와 같은 파속 식물 대신 비슷한 풍미를 가진 아사페티다가 들어간다. 다른 피클처럼 오래 보관하기 위한 고온 살균 처리는 하지 않아도 된다.

요리에 이 아차르를 조금 곁들여 내거나, 샌드위치의 식감과 풍미를 좀 더 재미있게 살리고 싶을 때 듬뿍 올려보라. 피클을 다 먹고 남은 기름과 식초는 빵 찍어 먹는 딥으로 활용하면 좋다.

약 910g 분량

콜리플라워 910g, 한입 크기로 조각 내서(조각을 낸 뒤의 총무게는 약 760g)
머스터드 오일, 엑스트라 버진 올리브유, 참기름 또는 포도씨유 1컵(240ml)
검은색 또는 노란색 머스터드 씨 1/4컵(36g), 둘을 섞어도 됨.
쿠민 씨 2큰술
붉은 고추 가루 1큰술

강황 가루 2작은술
아사페티다 1작은술
고운 천일염 2큰술
재거리 또는 흑설탕 2큰술(생략 가능)
사과 식초 또는 맥아 식초 3/4컵(180ml)

병조림할 수 있는 2.8리터짜리 병을 씻어서 소독한 뒤 완전히 말린다.

한입 크기로 자른 콜리플라워 조각을 씻어서 키친타올 위에 올려 물기를 뺀다. 채소 탈수기도 물기 제거에 효과적이다.

큰 소스팬에 기름을 넣고 중불에서 달구는 동안 머스터드 씨와 쿠민 씨를 절구에 살짝 빻아서 충분히 뜨거워진 기름에 넣어 향이 날 때까지 30초간 우린다. 불에서 내린 팬에 붉은 고추 가루, 강황 가루, 아사페티다, 콜리플라워를 넣고 양념이 콜리플라워에 골고루 묻도록 실리콘 주걱으로 살살 버무린다. 잘 버무려지면 준비한 병에 콜리플라워와 향신료 우린 기름을 모두 담는다.

중간 크기 볼에 식초, 소금, 재거리를 넣고 완전히 녹을 때까지 젓다가 병에 담은 콜리플라워 위에 붓고 뚜껑을 닫는다. 병뚜껑을 꽉 잠근 뒤 모든 양념이 콜리플라워에 잘 묻도록 병을 흔든 다음, 하룻밤 실온에 둔다. 이렇게 하루 절인 아차르는 그다음 날부터 먹을 수 있고, 남은 것은 최장 한 달까지 냉장 보관할 수 있다.

처트니

감칠맛과 달콤함을 모두 가진 처트니는 아예 따로 빼서 더 길게 설명하고 싶을 정도로 감미롭고 멋진 음식이다. 처트니는 복합적인 풍미를 자랑하는 소스로, 조금만 써도 그 효과가 크다. 간식에 곁들이거나 본 식사에 올려서 먹는 소스로 활용하면 좋다.

청사과 처트니

지금 소개하는 레시피는 돌아가신 내 외할머니의 레시피 메모장에 있던 사과 처트니를 참고해서 만든 것이다. 외할머니는 해마다 이 처트니를 여러 병 만들어 쟁여두셨고, 나는 뜨거운 밥, 외할머니의 양배추 푸가스나 칼딘에 이것을 곁들여 먹곤 했다. 이 처트니는 특히 구운 폭찹과 잘 어울린다. 입구가 크고 넓은 프라이팬이나 스킬릿은 표면적이 넓어서 수분이 잘 증발되는 장점이 있으니 이 레시피의 사과 조리용으로 추천한다. 붉은 고추 플레이크 양은 기호에 따라 조절하면 된다.

985g 분량

- 새콤한 맛이 강한 청사과 910g, 껍질 벗기고 씨 있는 가운뎃부분 제거해서(그래니 스미스Granny Smith 추천)
- 건포도 또는 단맛을 가미한 크랜베리 1/2컵(70g)
- 생강 1쪽(길이 5cm), 껍질을 벗긴 뒤 길이 2.5cm 성냥개비 모양으로 채 썰어서
- 붉은 고추 플레이크 2작은술에서 1큰술(알레포 추천)
- 황설탕 1컵(200g)
- 사과 식초 또는 맥아 식초 1컵(240ml)
- 고운 천일염 1작은술

병조림 가능한 250ml 유리병 4개를 준비한다.

구멍이 큰 강판이나 푸드 프로세서에서 사과를 갈아 건포도, 생강, 고추 플레이크, 물 1/4컵(60ml)과 함께 산에 반응하지 않는 깊은 스테인리스 프라이팬이나 스킬릿에 담고 중강불에서 끓인다. 끓어오르면 약불로 줄이고 뚜껑을 닫아 사과가 부드러워질 때까지 이따금 뚜껑을 열고 실리콘 주걱으로 저어가며 10~12분간 뭉근하게 끓인다. 여기에 설탕, 식초, 소금을 섞고 이번에는 뚜껑을 연 채 한 번씩 저으면서 30~40분간 졸인다. 팬의 내용물이 걸쭉해지고 수분이 거의 증발하면 불에서 내려 소독한 병에 담는다. 이 처트니는 한 달 이내에 먹는 것이 좋다.

타마린드-대추야자 시럽 처트니

이 처트니는 대추야자 시럽으로 달콤한 맛을, 타마린드로 새콤한 맛을 낸 소스다. 말린 생강 가루는 매콤한 맛을 더해주고, 칼라 나마크는 특별한 짠맛을 얹어준다. 사모사와 같은 튀긴 간식류에 곁들이기도 하는 이 처트니는 인도 길거리 음식인 차트의 일종이다. 잘 익은 생과일이나 석쇠에 구운 과일 위에 뿌리거나, 단맛이 가미된 크렘 프레슈에 올려서 디저트로 먹어도 좋다.

1컵, 280g 분량

- 쿠민 가루 1/2작은술
- 대추야자 시럽 1/2컵(120ml)(324쪽 참조)
- 타마린드 페이스트 2큰술(67쪽 참조)
- 분쇄한 재거리 또는 흑설탕 2큰술
- 암추르 1작은술
- 생강 가루 1작은술
- 붉은 고추 플레이크 1/2작은술(알레포나 마라슈 추천)
- 칼라 나마크 1/2작은술, 여분도 준비

작은 소스팬에 쿠민 가루를 넣고 향이 올라올 때까지 중불에서 30~45초간 기름 없이 볶는다. 여기에 대추야자 시럽, 물 1/2컵(120ml), 타마린드, 재거리, 암추르, 생강, 붉은 고추 플레이크를 넣고 잘 섞어서 강불로 끓인다. 끓어오르면 약불로 줄이고 수분이 증발해 1컵(240ml) 정도로 졸아들 때까지 5~8분간 뭉근하게 끓인다. 이때 소스팬 벽에 묻은 재료를 계속해서 긁어내려야 눌어붙지 않는다. 팬을 불에서 내리고 칼라 나마크를 넣어 맛을 보고 간을 조절한다. 상에는 미지근하거나 차가운 상태로 낸다. 밀폐 용기에 담으면 최장 2주까지 냉장 보관할 수 있다.

민트 처트니

이 정통 처트니는 느끼함을 눌러주는 미덕이 있어서 사모사나 파코라 같은 튀긴 인도 간식에 자주 곁들이는 소스다. 민트의 시원한 효과와 녹색 고추의 매콤함이 이 처트니의 최대 장점이다. 라임 즙과 식초의 산은 새콤함도 내지만 폴리페놀의 산화 효소 활성화를 막아 민트 잎이 갈변되지 않고 녹색 클로로필 색소를 유지할 수 있게 해준다.

이 처트니는 랩에 잘 어울리고, 특히 구운 채소에 곁들이면 좋다.

1컵, 240g 분량

고수 1단(75g)
민트 1단(55g)
녹색 고추 2개(세라노 추천)
생강 1쪽(길이 2.5cm), 껍질을 벗긴 뒤 큼직하게 다져서
갓 짠 라임 즙 1/4컵(60ml)
현미 식초 3큰술
고운 천일염

고수, 민트, 고추, 생강, 라임 즙, 식초를 블렌더 또는 푸드 프로세서에 넣고 재료가 완전히 갈려 페이스트 상태가 될 때까지 펄스 모드로 몇 차례 돌린다. 이따금 기계를 멈추고 실리콘 주걱으로 블렌더나 푸드 프로세서 벽에 묻은 재료를 긁어내리는 작업도 여러 번 해야 골고루 잘 갈린 페이스트를 만들 수 있다. 충분히 갈리면 맛을 보고 소금으로 간을 한다. 완성된 소스는 밀폐 용기에 담아 최장 3~4일간 냉장 보관할 수 있다.

호박씨 처트니

이 처트니는 필요에 의해 탄생한 것이다. 나는 몇 년 전에 발효한 쌀과 콩이 들어가는 도사와 이들리 만드는 법을 배웠다. 이 요리에 들어가는 대다수 재료는 비교적 쉽게 구할 수 있었지만 신선한 코코넛과 냉동 코코넛을 구할 수 없어서 난항을 겪다가 결국 호박씨와 올리브유로 비슷한 질감과 풍미를 냈다. 민트 처트니처럼 이 음식 역시 라임 즙이 신맛을 내면서도 폴리페놀 산화 효소를 불활성화해 녹색 클로로필 색소의 갈변을 막아준다. 올리브유는 이런 현상을 이중으로 차단해준다. 기름에 잘 녹는 성질 덕분에 기름 보호막이 생긴 클로로필은 산화 효소 활성화에 필요한 산소를 만날 기회가 줄어 색을 그대로 유지할 수 있다. 따라서 허브를 먼저 올리브유에 넣고 갈면 갈변화가 일어나지 않는다. 이 처트니는 민트 처트니보다 훨씬 더 화사한 녹색을 자랑한다.

2컵, 380g 분량

호박씨 1컵(130g)
고수 1단(75g)
생 민트 1/2컵(6g)
갓 짠 라임 즙 1/4컵(60ml)
엑스트라 버진 올리브유 1/4컵(60ml)
흑후추 12개
마늘 2쪽
녹색 고추 2개(세라노 추천)
생강 1쪽(길이 2.5cm), 껍질 벗겨서
쿠민 씨 1/2작은술
고운 천일염

호박씨, 고수, 민트, 라임 즙을 블렌더나 푸드 프로세서에 넣고 거친 페이스트가 될 때까지 펄스 모드로 몇 초 동안 돌리다 멈추기를 몇 번 반복하며 간다. 이어서 올리브유, 흑후추, 마늘, 고추, 생강, 쿠민 씨를 넣고 역시 펄스 모드로 몇 번 반복하며 완전히 고운 페이스트가 될 때까지 간 뒤에 맛을 보고 소금으로 간을 한다. 밀폐 용기에 옮겨 담은 처트니는 공기 접촉을 되도록 차단할 수 있도록 플라스틱 랩을 표면에 완전히 밀착되게 씌운 뒤 뚜껑을 덮는다. 이렇게 하면 최장 일주일까지 냉장 보관할 수 있다.

카다멈 토피 소스

나는 이 소스를 꽤 다양한 용도로 활용한다. 케이크 또는 새콤하고 아삭한 사과 조각 위에 솔솔 뿌리는 등 어디든 곁들이는 소스다. 토피는 황설탕에 들어 있는 당밀 성분 때문에 진한 풍미가 있다.

풍미 내는 방법

+ 황설탕을 가열하면 캐러멜화가 일어난다.
+ 크림 오브 타르타르는 설탕의 재결정화를 막는다. 크림 오브 타르타르 때문에 '전화한' 자당은 포도당과 과당으로 가수 분해되어 결정이 생기지 않는다.
+ 카다멈은 소스가 따뜻한 정도로 식은 거의 마지막 단계에 넣어야 타지 않은 상태로 풍미를 유지할 수 있다.

1과 1/2컵, 360ml 분량

흑설탕 1컵(200g)
고운 천일염 1/4작은술
크림 오브 타르타르 1/8작은술
생크림 1/2컵(120ml)
무염 버터 2큰술, 깍둑썰기 해서
그린 카다멈 가루 1/2작은술

설탕, 물 1/4컵(60ml), 소금, 크림 오브 타르타르를 중간 크기의 바닥이 두꺼운 소스팬에 넣고 중강불에서 끓인다. 계속 저으면서

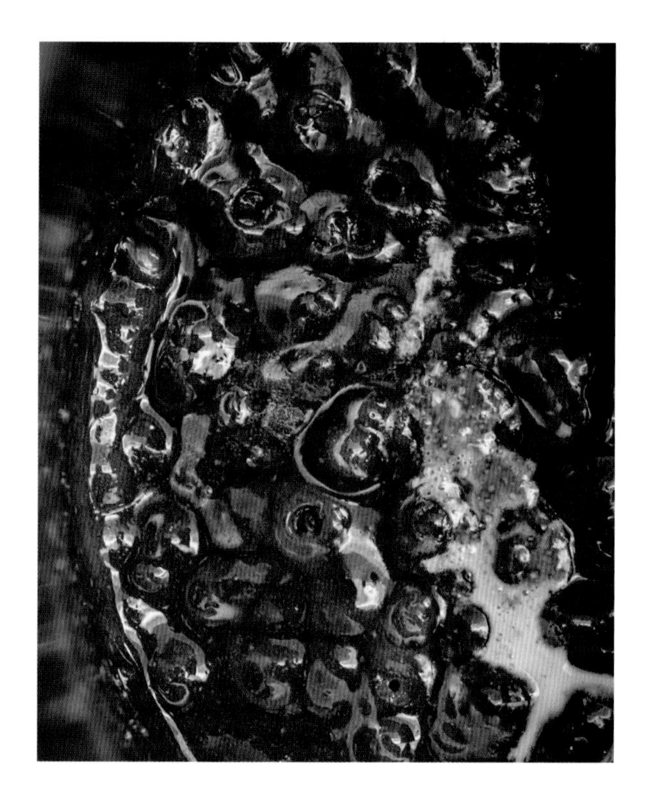

설탕이 완전히 녹아 캐러멜화하고 진한 호박색을 띠면 불에서 내려 천천히 생크림을 넣고 젓는다. 이어서 버터를 넣고 재료가 완전히 부드럽게 섞일 때까지 젓는다. 완성된 소스를 내열 유리 용기에 옮겨 담아 식힌다. 병을 만졌을 때 약간 따뜻한 정도가 되면 카다멈을 넣고 저어준 다음, 뚜껑을 닫아서 완전히 식힌다. 완성된 토피 소스는 최장 한 달까지 냉장 보관할 수 있다.

수제 대추야자 시럽

집에서 직접 대추야자 시럽을 만들고 싶은 분들에게 이 레시피를 권한다.

다만, 이 시럽은 준비 시간이 상당히 걸린다는 것, 그리고 말린 대추야자는 만지면 찐득하면서도 부드러운 질감이지만 시럽 만들 때 적당한 질감 내기가 어렵다는 점 역시 감안해야 한다. 대추야자는 무게당 0.5~3.9%의 펙틴을 함유하고 있는데, 이 펙틴이야말로 원하는 시럽의 질감을 내기 어렵게 만드는 요인이다. 이 문제를 해결하려면 약간의 베이킹소다, 열, 고속 블렌더와 같은 강력한 기계적 힘이 필요하다. 대추야자 퓌레의 색과 질감이 눈앞에서 변하는 것은 꽤 신기한 광경이다. 끈적한 캐러멜색 액체였던 것이 부드러운 적갈색 시럽으로 바뀌어간다.

시럽을 너무 오래 졸이면 농도가 점점 더 걸쭉해지다가 식으면서 딱딱해질 수 있으니 유의해야 한다. 식어서 딱딱해진 시럽은 끓는 물 몇 큰술 넣고 희석하거나 약하게 끓는 물에 병째 몇 분 동안 담가서 살짝 녹인다.

1컵, 240ml 안 되는 분량

- 대추야자 455g(메줄Medjool 추천)
- 베이킹소다 1/2작은술
- 정수한 따뜻한 물(35℃) 4컵(960ml)
- 레몬 즙 또는 현미 식초 1작은술
- 고운 천일염(생략 가능)

풍미 내는 방법

+ 베이킹소다는 말린 대추야자의 펙틴을 녹이는 역할을 한다.
+ 열과 블렌더 날로 가하는 기계적 힘이 대추야자를 훨씬 더 잘게 분쇄해 베이킹소다에 노출되는 면적을 더 넓힌다.
+ 말린 대추야자에는 생 대추야자에 비해 일반적으로 pH에 민감한 안토시아닌 색소가 아주 적게 들어 있다. 그럼에도 이 시럽을 만드는 과정에서 색과 pH는 단계별로 여러 번 바뀐다. 잔류한 안토시아닌이나 기타 색소가 활성화되기 때문이다. 베이킹소다 때문에 pH가 올라간 대추야자는 연한 캐러멜색으로 바뀐다. 이것을 퓌레로 만들어 열을 가해 온도가 80℃가 되면 베이킹소다가 분해되어 일반 베이킹소다보다 알칼리성이 더 강한 탄산나트륨이 생성된다. 알칼리성 pH로 바뀐 대추야자에 다시 열을 가하면 캐러멜화와 마야르 반응이 일어나 색이 차례대로 진한 갈색에서 짙은 보라색으로 바뀐다. 여기에 산(레몬 즙이나 식초)을 추가하면 pH가 떨어져 이번에는 시럽이 짙은 와인색으로 바뀐다. 정수한 물을 권하는 이유는 수돗물과 비교해 물속에 녹아 있는 물질이 상대적으로 적어서 베이킹소다의 작용을 방해하는 요소도 그만큼 적기 때문이다. 이 모든 과정을 거쳐 탄생한 대추야자 시럽에서는 고소하고 달콤한 향이 난다.

가운데에 있는 씨를 발라낸 대추야자를 굵직하게 다져 중간 크기 볼에 담고 그 위에 베이킹소다를 뿌려 골고루 잘 묻도록 포크로 살살 버무린다. 이어서 따뜻한 물을 부어 포크로 대추야자를 으깬 다음, 볼에 뚜껑을 덮어 30분간 그대로 둔다. 기다리는 동안 대추야자를 한 번씩 포크로 젓는 것이 좋다.

30분간 불린 대추야자는 걸쭉한 죽 상태가 되는데, 이것을 실리콘 주걱으로 블렌더나 블렌더 날 액세서리를 끼운 푸드 프로세서로

옮겨 담은 뒤, 부드러운 캐러멜색 퓌레가 될 때까지 몇 차례 펄스 모드로 간다. 이 과정이 끝나면 중간 크기의 깊은 소스팬에 옮겨 담는다. 뚜껑을 살짝 연 채 팬을 중강불에서 가열하다가 끓기 시작하면 약불로 줄여 짙은 적갈색의 걸쭉한 상태가 될 때까지 이따금 저으면서 30분간 졸인다. 이때 재료가 타지 않게 주걱으로 팬 바닥을 한 번씩 긁어주어야 한다. 충분히 졸여지면 레몬 즙을 넣고 불에서 내린다.

병이나 중간 크기 볼에 깔때기를 얹고 그 위에 면포를 깐 고운 체를 올린 다음, 몇 번에 나누어서 대추야자 시럽을 모두 내린다. 이어서 면포째 대추야자를 싸서 남은 한 방울까지 꼭 짜고 찌꺼기를 버린다. 이렇게 하면 약 2와 1/2컵(600ml) 정도의 시럽이 나온다.

이 시럽을 입구가 넓은 중간 크기 소스팬에 넣고 중강불에서 가열하다가 끓기 시작하면 중불로 줄여 수분이 약 1컵(240ml) 정도로 줄어들 때까지 뭉근하게 졸인다. 찐득한 농도가 된 듯하면 시럽을 볼록한 수저 뒷면이나 접시에 묻혀서 손가락으로 가운뎃부분을 위에서 아래로 선을 그어본다. 양쪽으로 갈라진 시럽이 다시 합쳐지지 않고 그 상태 그대로 있다면 완성이다. 이렇게 걸러진 대추야자 시럽을 졸이는 작업은 약 25~30분 걸린다. 시럽이 식어서 너무 굳은 것 같으면 끓는 물을 몇 큰술 넣어 살짝 희석하면 된다. 소독한 병에 시럽을 옮겨 담고 잘 밀봉해놓으면 최장 3~4주 동안 냉장 보관할 수 있다.

풍미 반응

요리를 하면 다양한 풍미 반응이 일어나면서 풍미 분자가 생성된다. 풍미 반응이 일어나려면 효소가 필요한 경우도 있고, 그렇지 않은 경우도 있다.

효소는 세포 내에서 반응을 일으키는 촉매 역할을 하는 단백질 분자로, 프로테이스(단백질 분해 효소)처럼 주로 '-에이스'라는 접미사가 붙는다. 파파야, 파인애플, 키위, 패션프루트, 망고 같은 생과일에 들어 있는 프로테이스는 연육 작용이나 치즈의 쓴맛을 눌러줄 때 쓴다. 프로테이스는 고기의 육질을 부드럽게 만들면서 맛있는 풍미를 더하는 펩타이드라는 물질을 생성한다.

이 책에서 소개하는 모든 감각은 효소 반응의 영향을 받는다. 어떤 효소는 과일이 익어갈 때 산을 당으로 변환시켜 단맛을 더하는 역할을 한다. 라이페이스는 지방 분자를 분해하거나, 케이크 또는 식빵 내부의 크럼crumb(빵의 기공 모양과 크기.—옮긴이)에 영향을 미치는 효소다. 젖산균과 효모균에 들어간 효소들은 신맛을 더 강화하는 역할을 한다. 예를 들면 버터밀크, 케피르, 발효 버터, 요거트, 김치, 식초, 사워도 빵이 그렇다.

효소는 갈변도 일으킨다. 복숭아를 썰거나 민트 잎을 짓이기면 조직 세포가 터지면서 폴리페놀 산화 효소를 배출하는데, 이 효소는 주변의 산소를 이용해 갈색 색소를 생성한다. 원치 않는 갈변을 줄이거나 피하려면 산소 접촉을 막거나 활성 효소를 죽여야 한다.

- 시트러스 계열의 과일에 들어 있는 구연산과 아스코르브산은 일시적으로 갈변을 막을 수 있고, 식초나 파인애플 즙처럼 pH가 낮은 산성 재료를 활용하는 방법도 있다.
- 산소 접촉을 차단하려면 당분이 들어간 시럽을 과일에 바르거나, 과일을 아예 찬물에 완전히 담그는 방법이 있다. 다만, 냉동이나 냉장은 일시적 방편일 뿐, 실온에 두면 다시 갈변이 진행된다.
- 열로 효소를 파괴할 수 있는데, 100℃에서 데치면 활성 효소가 죽는다.

하지만 홍차, 커피, 코코아처럼 생산 과정에서 이런 갈변이 환영받는 경우도 있다. 예를 들면 찻잎을 찧어 효소를 활성화해서 일부러 갈변을 유도하는 작업이 그렇다.

이제 요리 과정에서 일어나는 가장 일반적인 풍미 생성 반응을 좀 더 자세히 살펴보자.

지방의 산화

지방이 공기 중의 산소에 노출되면, 요리하는 사람들이 원하거나 원치 않는, 몇 가지 화학적 변화가 일어난다. 예를 들면 이 과정을 통해 가금류나 육류에 맛있는 풍미 분자가 생긴다. 레드 미트 종류를 몇 개월간 저온에서 숙성하면 지방이 산소에 반응해 사람들이 좋아하는 풍미가 생성된다. 이렇게 숙성된 쇠고기에는 마블링된 지방과 근육 조직의 인지질이 만들어내는 익숙한 '육향'이 나고, 단백질과 당분과 비타민 덕분에 단맛과 신맛과 씁쓸한 맛이 생겨난다. 열을 가하는 조리법 역시 산화가 잘 일어날 수 있게 한다. 돼지고기를 100℃보다 낮은 온도로 오븐에서 구우면 지질에서 나오는 분자 수가 증가하면서 고기를 좋아하는 사람들이 그토록 사랑하는 고기 특유의 향이 난다. 고기를 기름에 튀기면 질감과 풍미에 몇 가지 변화가 일어나는데 여기서 가장 크게 기여하는 것 역시 산화 작용이다.

온도

음식을 가열하면 분자가 에너지를 얻으면서 더 빠르게 진동하고 움직임도 빨라진다. 이때 향 분자는 증발하면서 공기 중에서 이동하는 속도가 상대적으로 훨씬 빠른 특징이 있다면, 활성화된 다른 분자들은 또 다른 분자들과 충돌하면서 음식의 형태와 풍미에 영향을 미치는 변화를 일으킨다. 조리 과정에서 따뜻한 온도는 지질의 산화를 통해 새로운 향 분자와 맛 분자가 생성될 수 있게 한다. 예를 들면 쇠고기 같은 육류에 열을 가하면 비타민 B1(티아민)이 다양한 풍미 분자를 생성해 고기 특유의 풍미를 낸다.

열은 또한 캐러멜화와 마야르 반응을 일으켜 효소의 도움 없이도 다양한 풍미 분자를 생성하면서 갈변을 일으키는 데에도 관여한다.

캐러멜화

설탕을 가열하면 설탕 결정은 기존의 구조가 해체되어 액화되며, 지속적으로 가열하면 분해되어 갈색으로 변한다. 이런 현상을 캐러멜화라고 하는데, 열을 얼마나 가하느냐에 따라 각 단계마다 다른 캐러멜 색과 특유의 맛이 생성된다. 테이블 슈거 또는 자당을 가열하면 처음에는 포도당과 과당으로 분리된 다음, 세 가지 갈색 분자(캐러멜린caramelin, 캐러멜렌caramelen, 캐러멜런caramelan), 그리고 버터스카치 맛(디아세틸diacetyl), 고소한 맛(푸란furan), 과일 맛(에틸 아세테이트ethyl acetate), 구운 맛(말톨maltol) 같은 다양한 맛을 지닌 복합적인 풍미 분자 집합체를 구성한다. 또 캐러멜은 산성인데, 이는 식초의 핵심 성분인 초산이 캐러멜화 과정에서 일어나는 화학 반응으로 생성되기 때문이다(포름산 또는 개미산도 초산과 함께 생성된다).

캐러멜 색이 짙을수록 더 많은 양의 당이 분해되면서 단맛이 약해지는 대신 쓴맛이 강해진다. 당은 더 다양한 온도에서 캐러멜화될 수 있고, 반드시 설탕 결정이 먼저 액화되어야 하는 것도 아니다. 테이블 슈거(자당)를 가열하면 고체 결정이 액체 상태로 바뀌기 시작하지만 동시에 결정 속 일부 당 분자가 분해되면서 캐러멜이 된다. 캐러멜화는 설탕 결정이 분해되기 한참 전 단계에서도 일어나지만, 온도가 낮을수록 유색 안료와 캐러멜 풍미 분자가 생성되는 시간이 오래 걸린다. 베이킹소다 같은 재료를 넣으면 pH가 올라가 반응이 좀 더 빠르게 나타난다. 반면 산은 캐러멜화에는 관여하지 않는다.

마야르 반응

당근을 오븐에서 구울 때 생기는 복합적인 풍미, 달걀물을 빵에 발라서 구울 때 생기는 윤기 나는 갈색 코팅, 그리고 케이크를 구우면 맛있는 황갈색으로 바뀌는 표면, 이 모든 현상은 루이카미유 마야르Louis-Camille Maillard가 발견한 마야르 반응 때문이다. 캐러멜화처럼 당과 열이 관여한다는 점에서 캐러멜화와 비슷하지만, 마야르 반응은 뚜렷하게 차별화되는 점이 있는데, 바로 단백질 속의 아미노산이라는 새로운 주자가 등판한다는 것이다. 마야르 반응에서는 포도당, 과당, 엿당, 젖당 같은 환원당이라는 특수한 당이 단백질에 들어 있는 라이신 같은 아미노산에 반응하면서 복합적인 풍미 물질을 생성하는 연속적 변화가 일어난다.

180℃에서 케이크를 구우면 케이크에 들어간 재료의 분자들이 활동하기 시작하면서 서로 부딪친다. 반죽을 오븐에 넣어 반죽 온도가 140℃까지 올라가면 환원당에 반응하는 아미노산이 연쇄 작용을 일으켜 다양한 향과 맛 분자는 물론 멜라노이딘melanoidin이라는 갈색 색소를 생성해 우리가 익히 아는 케이크의 풍미와 황갈색 색감을 만들어낸다.

캐러멜화와 마야르 반응은 한 요리 안에서 동시에 일어날 수 있지만, 같은 현상이 아니기 때문에 혼용해서 쓸 수 없다. 단백질이나 아미노산이 들어 있지 않은 실탕을 난녹으로 가열하거나 물을 약간 넣고 끓일 때 일어나는 현상은 캐러멜화다. 캐러멜화로 갈변되는 중인 설탕에 생크림을 넣어 캐러멜 소스를 만든다면, 여기서는 마야르 반응이 관여하는 것이다. 생크림의 유단백질이 이런 반응에 필요한 아미노산을 제공하면서 맛있는 색과 풍미가 생기는 연쇄 반응을 일으키는 것이다. 마야르 반응은 초콜릿, 커피, 메이플 시럽, 홍차 등의 색과 풍미를 낼 때 필수적인 역할을 한다. 식품업체들은 음식 제조 및 가공 과정에서 이런 원리를 적극적으로 활용해 수익을 창출한다.

이 책에서 소개한 '석류 시럽과 양귀비 씨를 넣은 닭날개 구이'(94쪽 참조)를 만들 때 나는 닭 껍질에 베이킹소다를 발랐는데, 이렇게 하면 알칼리성(pH 9.0) 성분이 마야르 반응을 촉진시켜서 닭 껍질이 갈색으로 바뀌게 한다. 이 원리는 베이글이나 프레첼처럼, 오븐에 굽기 전에 물에 가성소다 또는 베이킹소다(둘 다 알칼리성이다)를 섞어서 만든 용액을 성형한 반죽에 미리 뿌리거나 끓고 있는 용액에 잠깐 데치는 작업을 통해 진한 갈색 겉면을 만드는 빵 종류에도 역시 적용된다. 산은 마야르 반응에는 관여하지 않는다.

마야르 반응은 아주 높은 온도에서 일어나는 것은 아니며, 물의 끓는점에 못 미치거나 심지어 실온처럼 낮은 온도에서도 당과 아미노산만 충분히 있다면 일어날 수 있다. 다만, 120℃ 정도는 되어야 훨씬 더 도드라진 풍미와 색깔을 얻을 수 있다.

마야르 반응이 일어나려면 물이 있어야 하는데, 소량으로 충분하다. 기 버터(278쪽 참조)를 만들 때 물은 마야르 반응이 일어나면서 불쾌한 풍미가 생기는 것을 막는 역할을 한다. 마야르 반응은 적절히 조절해야 하는 작업이다. 온도와 시간은 이전에 언급한 여러 요소 외에도 조리 과정에서 마야르성 색소와 풍미가 얼마나 생길 수 있을지 결정하는 데 일조한다. 예컨대 케이크를 낮은 온도에서 구워도 높은 온도에서 구울 때처럼 겉면이 황갈색을 띨 수는 있지만, 시간이 더 걸린다는 차이가 있다.

부록

풍미 과학의 기본 지식

요리는 본질적으로 시행착오를 거친 발견이고, 우리의 감정과 깊이 연결되어 있으며, 반복을 통해 계속해서 향상된, 상당히 사려 깊은 과학적 접근이다. 나에게 요리는 기쁨과 충족감을 가져다줄 것이라는 기대감 때문에 계속 시도해보는 실험과 같다.

유리잔에 담긴 물, 아침 식사용 토스트에 바르는 버터, 샐러드 위에 뿌리는 라임 즙, 혹은 밥에 향과 색을 내기 위해 갈아서 뿌리는 사프란 등 우리가 음식에 쓰는 재료를 현미경으로 보듯 아주 가까이서 들여다보면 음식을 어떻게 생각하고, 바라보고, 선택하고, 요리하고, 향과 맛을 느끼는지 등을 비롯해 음식을 대할 때 일어나는 모든 현상에 영향을 미치는 분자로 이루어져 있음을 알 수 있다. 막 튀겨져 나온 피시앤드칩스 위에 맥아 식초를 뿌리면 식초의 산 분자 때문에 신맛이 더 강해진다. 군고구마가 생고구마보다 단맛이 더 강한 이유는 고구마 전분이 단맛을 지닌 당 분자로 변환되어서이고, 세라노 고추를 베어 먹었을 때 확 치고 올라오는 매콤함은 신경을 자극하는 분자 때문이며, 요거트의 크리미하고 아주 부드러운 질감은 요거트의 풍미와 형태를 만들어내는 지방, 단백질, 당, 산, 특히 수분이 복합적으로 작용한 결과다.

우리가 음식이나 환경과 교감한다는 것은 사실 재료들의 색과 모양과 향과 맛 분자뿐만 아니라 동반되는 소리와 교감하는 것을 의미한다. 우리의 뇌는 이런 교감을 해석해서 그에 반응하고, 여기서 발생하는 감정과 생각이 행동으로 이어진다. 이처럼 요리하면서 일어나는 가장 간단한 행동조차 수많은 감각과 연결되어 있다.

파이용 페이스트리 반죽을 밀 때 우리는 밀가루와 버터에서 나오는 향 분자를 감지한다. 그런 다음, 지방과 수분 때문에 밀가루가 작은 부스러기처럼 변했다가 부드러운 도 반죽으로 모양이 잡히고 이것을 밀대로 밀어서 파이 팬에 얹는 과정을 본다. 이어서 파이가 구워지면 곡물과 지방과 당이 만들어내는 고소한 향을 맡으며, 바삭하고도 은근히 달콤하면서 살짝 짠맛이 도는, 켜가 생긴 크러스트를 맛본다. 만약 가족과 함께 파이 만드는 법을 배운 적이 있다면, 이 모든 과정이 향수를 불러일으킬 것이다. 내가 학교 기숙사에서 누구의 도움도 없이 만들었던 첫 파이는 그야말로 총체적 난국이었고, 그 기억은 언제나 나를 히죽 웃게 만든다.

각각의 분자는 좀 더 작은 입자인 원자로 구성된다. 원자들이 결합되는 다양한 조합 방식에 따라 분자는 계속해서 새로운 모습을 보여준다. 항상 의식하지는 않더라도 우리는 이런 점을 어느 정도 요리에 활용하며, 때로는 원하는 효과를 내기 위해 새로운 접근을 시도하기도 한다.

지방이나 기름이 실온에서 왜 고형 상태이거나 액체 상태인지, 혹은 그래니 스미스 청사과는 어떻게 해서 신맛과 단맛을 동시에 가질 수 있는지 등, 요리에 쓰이는 재료에 실제로 무엇이 들었는지 알면 그 재료의 장점을 더 잘 이해하는 통찰력이 생긴다. 이처럼 음식을 구성하는 분자의 반응을 꿰고 있으면 요리할 때 새로운 풍미를 만들어낼 가능성이 생기고, 기존의 친숙한 풍미를 더 맛있게 끌어낼 수도 있다.

이제 요리할 때 가장 기본적으로 쓰는 재료들을 좀 더 자세히 살펴볼까 한다. 먼저 물부터 시작해보자.

물

물은 우리의 생존과 삶을 위해 없어서는 안 될 필수 요소로, 지구 표면의 70% 이상을 차지하고 우리 인간 체질량의 약 60%를 차지한다. 물 분자는 수소 원자 2개와 산소 원자 1개가 결합되어 있다. 물은 몇 개의 아바타를 가지고 있는데, 대기 중의 물리적 조건을 계산할 때 적용하는 '해수면 기준Sea-level Standard, SLS'으로 실온일 때는 액체 상태이고, 얼 정도의 낮은 온도에서는 고체 상태이며, 매우 높은 온도에서는 가스로 변한다. 이는 모두 분자 배열의 변화로 일어나는 현상이다. 분자들이 얼마나 느슨하게, 혹은 촘촘하게 배열되어 있는지에 따라 물리적 상태가 달라진다. 물은 다른 어떤 액체보다 많은 재료가 녹을 수 있는 매개체여서 보편 용액으로 불린다. 바꾸어 말하면, 자연 상태에서 순수한 물을 찾기는 거의 불가능하다는 뜻이다. 이 점을 직접 확인해보려면 수돗물 몇 방울을 유리 표면에 떨어뜨려서 마를 때까지 두라. 물의 상태에 따라 정도의 차이는 있겠지만, 희미한 회백색 가루 흔적부터 걸쭉한 침전물까지 뭔가가 남을 것이다. 이런 가루는 물이 여러분의 집 수도꼭지로 오기까지 긴 여행을 하는 동안 그 속에 녹아 들어간 다양한 미네랄과 염분이다.

내가 북인도의 마투라에 살고 계시는 할머니 댁에 가서 물을 쓸 때면 봄베이 집에서만큼 비누 거품이 잘 일어나지 않았다. 마투라의 물은 땅속에서 퍼낸 센물이다. 센물이란 바위틈이나 천연 광물이 묻힌 광산의 토양, 깊은 지하의 토양을 지나오면서 다량의 염분과 미네랄이 녹아 들어간 물을 말한다. 센물에 들어 있는 칼슘 이온과 마그네슘 이온은 비누 거품이 일어나지 못하게 막는가 하면, 주전자나 냄비, 팬 바닥을 오래 쓰면 쌓여서 딱딱하게 굳는 소금층이 생기는 원인이 되기도 한다(식초와 같은 산으로 이를 제거할 수 있다). 센물로 요리하면 음식의 맛과 질감이 영향을 받을 수 있다. 특히 치즈의 질에 영향을 미치거나, 베이킹 혹은 발효 요리를 할 때 이스트의 활성화를 방해하기도 한다.

사는 곳에 따라 조금씩 다르기는 하지만, 일반적으로 우리는 시나 마을의 정수 시설에서 공급하는 물을 쓴다. 이런 정수 시설은 대부분의 미네랄과 염분을(그리고 납을 비롯한 유해한 물질까지) 걸러내 물을 단물로 바꿔놓는다. 우리가 주로 요리에 쓰는 물은 이 같은 단물이다. 완전히 정수한 순수한 물은 물 이외에 다른 물질은 들어 있지 않다.

내가 일했던 연구실에서는 언제나 순도 높게 정화된 증류수를 사용했다. 아주 미세한 양의 화학 물질이나 염분도 측정할 때 연구 결과에 영향을 미칠 수 있기 때문이다. 증류수는 정수한 물을 커다란 용기에 끓인 뒤, 증기가 위로 올라올 때 다른 용기를 이용해 냉각시켜서 얻는다(대다수 연구실에서는 상당히 순도 높은 물을 얻기 위해 이 과정을 두 번 정도 반복하는데, 이를 재증류수라고 한다). 집에서 요리할 때는 굳이 이런 증류수를 쓸 필요는 없다. 일반적인 요리에서는 그 정도 순도일 필요가 없고, 더구나 연구실에서처럼 물을 타고 들어온 아주 작은 물질도 제거하기 위해 모든 조리 도구를 증류수로 세척해야 하는 불편을 감수할 이유도 없기 때문이다.

정수한 단물은 이스트로 발효할 때, 그리고 또 다른 재료에 쓰면 좋다. 센물에 들어 있는 칼슘과 마그네슘염은 마른 콩 같은 채소 종류를 조리할 때 조리 시간, 색, 질감 등에 영향을 미친다. 콩에는 칼슘과 마그네슘이 포함된 펙틴이라는 섬유질이 있어서 쉽게 익지 않는 성질이 있는데, 조리할 때 염분 없는 정수한 물을 쓰면 시간을 단축할 수 있다(292쪽 '달 막카니'와 144쪽 '감자튀김' 참조).

물에 각종 물질이 녹을 수 있는 것은 물이 다른 분자들 사이에 끼어들 수 있는 묘한 능력을 지닌 덕분이다. 물 분자는 극성 공유 결합에 의해 산소 원자 1개당 수소 원자 2개가 들러붙는다. 수소와 산소는 공유한 전자에 대한 친화도가 각기 달라서 불균형을 일으킨다. 산소 원자 근처에는 부분적 음전하가 있고, 수소 원자 근처에는 부분적 양전하가 있다. 게다가 물이 액체 상태일 때 물 분자 1개를 구성하는 부분적 음전하를 가진 수소 원자들은 약간의 양전하를 가진 다른 물 분자의 산소 원자에 이끌려 약한 수소 결합을 이룬다.

물에 소금을 타면, 물의 공유 결합이 소금의 이온 결합보다 훨씬 강해서 나트륨과 염소 원자를 각기 다른 방향으로 끌어당겨 이 두 원자를 붙어 있게 했던 약한 이온 결합을 깨뜨린다. 양전하를 띤 나트륨이 물의 음전하 산소 원자에 둘러싸이는 동안 음전하를 띤 염소 원자는 물의 수소 원자에 둘러싸이게 된다. 그 결과, 물이 나트륨과 염소 이온 사이에 끼어들고 소금이 물에 녹는다. 다른 분자를 끌어당겨서 결합을 깨뜨리는 물의 능력이 너무 강해서 설탕이나 식초(아세트산)를 포함한 다수의 물질이 물에 들어가서 녹는 것이다. 맛 분자가 침의 수분 속으로 녹아들어 우리의 미각 수용기에 도달할 수 있는 것도 이런 원리 덕분이다.

설탕과 달걀 흰자의 단백질처럼, 물에 잘 녹는 재료를 친수성hydrophilic(물을 좋아하는 성질) 물질이라 하고, 이때 물을 극성 용매極性溶媒라고 한다. 반대로 물에 녹지 않는 올리브유나 버터 같은 재료는 소수성hydrophobic(물을 싫어하는 성질) 물질이라고 한다. 이런 재료들은 유화를 그리는 데 쓰이는 테레빈유처럼 비극성非極性 용매에 녹는데, 이 용매는 물과 섞이지 않고 분리된 상태로 존재한다. 비네그레트를 만들 때 식초와 기름을 섞어놓아도 결국 따로 분리되어 기름은 위에 뜨고 식초는 아래로 가라앉는 것도 같은 원리다.

많은 요리 관련 작업은 무언가를 측정할 때 물을 기준으로 삼는다. 예를 들면 집에서 쓰는 요리용 저울의 정확도를 대략 점검하고 싶을 때면, 나는 연구실에서 배운 다음과 같은 두 가지 요령을 따른다. 우선 저울을 표면이 평평한 곳에 놓은 뒤에 한쪽으로 기울어지지 않고 수평을 제대로 이루는지 확인해야 한다(목수들이 많이 쓰는 기포 수평계가 있다면 이것을 써보는 것도 좋다). 그런 다음, 작은 100g짜리 저울추를 올려 정확히 100g으로 표시되는지 확인한 뒤, 순수하게 정수한 물 또는 증류수 100ml의 무게를 달아보라. 저울이 정확하다면 대략 100g으로 나올 것이다(아무리 좋은 저울일지라도 연구실에서 쓰는 정도로 정확하기는 어려우니 약간의 오차는 감안해야 한다).

많은 요리 기술에서 물의 끓는점(100℃)은 매우 중요한데, 이 점은 채소를 부드럽게 찌거나 달걀을 완숙으로 삶는 데에도 활용된다. 자신이 가진 요리 온도계의 정확도를 점검하려면 다음 방법을 이용해보라. 물이 팔팔 끓기 시작할 때 온도를 재어 해수면 기준으로 온도계에 100℃가 표시되면 정상이다. 물이 끓을 때 처음 생기는 작은 물방울들은 증기로 변한 물로, 아직 수면까지 치고 올라가 날아갈 정도의 에너지는 가지고 있지 않다. 하지만 물을 계속 가열하면 이 물방울들은 에너지를 더 많이 공급받아

요리할 때 알아두면 좋은 순수한 물에 대한 상식

끓는점(비등점)	해수면 기준 100℃
어는점(빙점)	해수면 기준 0℃,
무게	1ml의 무게는 1g
순수한 물의 pH	25℃에서 7.0

지속적이고 활발한 속도로 수면까지 올라가 증발한다. 양파를 갈색이 될 때까지 오븐에서 굽다 보면 갈변이 더 빨리 진행되어 얼룩처럼 보이는 부분이 보인다. 이런 얼룩이 생기는 이유는 다른 부분보다 수분이 더 일찍 빠져나가서 마른 상태이기 때문이다. 양파를 썰 때 두께가 더 얇은 끝부분, 오븐 안에서 온도가 가장 높은 곳에 노출된 부분은 열을 더 빨리 받고 수분도 제일 먼저 빠져나간다.

다른 물질과 비교했을 때 물은 좀 특이한 특성이 있는데, 온도를 1℃ 올리는 데도 상당히 많은 에너지가 필요하다는 점이다. 어떤 물질 1g의 온도를 1℃ 올리는 데 필요한 열량을 비열比熱이라 하는데, 물은 비열이 가장 높은 물질이다. 물 1g의 온도를 1℃ 올리는 데에는 1칼로리의 열이 필요하다. 이런 특성 덕분에 물은 조리 과정에서 열의 형태로 많은 에너지를 흡수할 수 있다. 물은 양이 많을 때는 열에너지를 최대한 많이 흡수하면서 (육수나 수프 만들 때처럼) 재료들이 계속 끓는점 상태를 유지하게 한다. 하지만 수분이 증발하면서 물의 양이 줄어들면 물속에서 끓고 있던 재료의 온도가 올라간다.

우리가 사는 장소도 물의 끓는점에 영향을 미친다. 해발 고도 3000피트(914.4미터) 이상인 곳은 기압이 떨어지기 시작하고 물의 끓는점도 떨어진다. 해발 고도가 500피트(152.4미터)씩 올라갈 때마다 물의 끓는점은 17.2℃씩 떨어진다.

같은 논리로, 고도가 높은 곳은 공기가 희박해서 기압이 낮으며, 따라서 물을 누르는 압력도 해수면 기준보다 훨씬 낮다. 그 결과, 물은 더 낮은 온도에서 끓는다. 한 가지 참고할 점은, 이렇게 낮은 끓는점은 유해한 미생물을 죽이거나 원하는 질감으로 음식을 조리하기에는 충분치 않다는 것이다. 고도가 높은 곳에서 병조림을 만들거나 조리할 때는 조리 시간을 더 길게 잡아야 하는 것도 이런 이유 때문이다. 높은 고도에서는 습도도 낮아서 음식이 빨리 말라버린다. 이 문제를 해결하려면 밀폐된 용기 안에서 계속 높은 압력을 가하는 압력솥 같은 장치를 사용해야 한다.

소금과 설탕은 물이 끓기 시작하는 온도(물에 소금이나 설탕을 더 넣을수록 끓는점이 올라간다)와 어는 온도(물에 소금이나 설탕을 더 넣을수록 어는점이 내려간다)에 영향을 미친다. 이 원리는 아이스크림이나 소르베를 만들 때 이용된다. 옛날에는 얼음과 소금으로 채운 커다란 용기 안에 아이스크림 커스터드를 담은 용기를 넣어서 아이스크림을 만들었다. 이때 소금은 커스터드가 얼어서 굳을 정도로 물의 어는점을 떨어뜨리는 역할을 했다. 아이스크림과 소르베에는 어는점을 떨어뜨리는 소금과 설탕 외에도 여러 재료가 들어가므로 바깥을 둘러싼 용기의 온도가 충분히 낮아야 재료가 언다. 또 집에서 사탕이나 캐러멜을 만들 때 약간의 물에 설탕을 많이 넣고 졸이는데, 이때 설탕물 온도가 물의 끓는점보다 더 올라가는 것을 볼 수 있다.

나의 할머니는 육수를 낼 때 큰 솥에 물을 넣고 고기와 육류의 뼈, 마늘, 양파, 허브와 향신료를 넣고 뭉근하게 끓였는데, 물이 끓으면서 각각의 재료로부터 단백질, 당분, 염분 등 다양한 분자가 나와 육수 특유의 맛있는 풍미가 생겼다. 앞서 설명한 대로, 물은 다른 어떤 액체보다 다양한 종류의 분자를 비교적 쉽게 녹일 수 있어서 보편 용액 역할을 한다. 맛은 음식 속 분자가 우리 침 속의 수분에 녹는 성질에 크게 의존한다. 우리가 블루베리의 단맛이나 얇게 썬 연어 절임에 올린 케이퍼의 짠맛이란 정보를 전달받을 수 있는 것도 다 물의 이런 특별한 능력 덕분이다.

탄소

설탕이 담긴 숟가락을 불 위에 직접 올려서 가열하면 설탕의 하얀 고체 결정이 진한 갈색 액체가 되었다가 완전히 타서 딱딱하고 검은 덩어리로 바뀌는 과정을 볼 수 있다. 이렇게 마지막에 남은 것이 탄소다. 인류에서 동물, 식물에 이르기까지 지구상에 있는 모든 존재는 탄소 기반의 분자들로 이루어져 있다. 탄소는, 학창 시절에 학교에서 가장 인기 있고, 거의 모든 사람과 친구가 되고, 모든 사람이 친구로 삼고 싶어 하는 동기생 같은 존재다. 탄소는 다른 원소들, 심지어 탄소 자신과도 결합할 수 있는 '친화력'이 있어서 다양한 길이의 사슬과 고리를 만들 수 있는데, 이를 '연쇄결합concatenation'이라고 한다.

하나의 탄소 원자는 또 다른 탄소 원자 혹은 산소, 수소, 질소, 황 같은 다른 원소들과 연결되어 네 개의 결합을 형성해야 안정화된다. 이렇게 연결되어야 살아 있는 유기체의 기관을 이루는 다양한 분자를 형성할 수 있다. 요컨대 물, 칼슘이나 마그네슘 같은 미네랄을 제외한 우리가 먹는 거의 대다수 음식은 탄소를 기반으로 한다. 이 같은 탄소 기반의 분자를 연구하는 과학의 분과 학문으로 유기 화학organic chemistry과 생화학biochemistry이 있다. 독자 여러분도 아마 일부 요리 재료에서 유기organic라는 단어가 들어가는 종류를 접한 적이 있을 것이다. 예를 들면 요리할 때 쓰는 식초나 레몬 즙 같은 산을 유기산organic acids이라고 한다.

우리가 먹는 음식은 다양한 유형의 탄소 기반 분자로 이루어져 있다. 곡물류, 과일, 전분을 함유한 채소 속의 탄수화물, 아보카도·견과·씨앗·유제품·육류에 들어 있는 지방과 기름(이 둘을 묶어서 지질이라 부른다), 콩류·달걀·유제품·육류·해산물에 들어 있는 단백질 모두가 여기에 속한다. 우리 몸의 기능이 제대로 작동하려면 탄수화물, 지방과 기름, 단백질 등 많은 양의 대량 영양소macronutrient를 섭취해야 한다. 황, 철분, 칼슘, 나트륨 같은 미네랄 종류가 속한 미량 영양소micronutrient, 비타민 B그룹과 비타민 C(아스코르브산)를 비롯한 비타민 종류 역시 음식 섭취를 통해 얻을 수 있지만, 이것들은 아주 적은 양만 필요하다.

이들 영양소 그룹은 우리에게 에너지를 제공하고, 매일 반복되는 신체 기능과 몸에 필요한 활동이 제대로 돌아갈 수 있게 하는 역할도 하지만, 풍미 공식에도 어떤 방식으로든 기여한다. 식물에 있는 녹색 클로로필 색소의 일부를 이루는 마그네슘 같은 일부 비타민이나 미네랄은 우리가 먹는 음식에 색을, 탄수화물은 꿀이나 메이플 시럽 같은 당을 통해 음식에 단맛을, 그리고 전분은 매시드 포테이토 같은 음식에 질감을 제공하고 과일 및 채소의 섬유소를 제공한다.

단백질은 다양한 맛을 내는데, 그중에서 글루타메이트는 감칠맛을 낸다. 지방과 기름은 음식을 볶거나 튀길 수 있게 해주고, 요거트는 풍부한 부드러움을 선사한다. 우리가 샐러드를 먹으면서 입에 닿는 느낌과 완성된 모양과 색을 인지하고 케이크의 향이나 맛을 음미할 수 있는 것은 우리의 코, 입, 눈, 귀, 피부의 표면을 덮고 있는 수용기라는 특수한 세포들이 화학 물질을 통해 우리 뇌와 정보를 공유하기 때문이다. 앞에서 언급한 유기산뿐만 아니라 핵산 역시 우리가 신맛과 감칠맛을 감지하는 데 중요한 역할을 한다. 알코올은 또 다른 특수한 유기 분자 그룹에 속하는데, 우리가 섭취하는 것은 오로지 알코올에 들어 있는 에탄올이다.

탄수화물과 당

신선한 제철 과일과 가장 좋아하는 음식 중 하나인 아이스크림을 비롯해 탄수화물이 충만한 달콤한 음식을 몹시 좋아하는 취향 때문에 나는 이미 탄수화물과 남다른 관계를 맺고 있다. 탄수화물과 당류는 당이라 부르는 분자로 구성되어 있고, 당은 탄소, 수소, 산소 같은 원자로 구성되어 있다. 탄수화물에는 단당도 있고, 전분과 같은 복합당도 있다. 우리 신체의 활동에는 에너지가 필요한데, 차가 굴러가려면 가스나 전기를 필요로 하듯, 당은 우리 몸의 가장 기본적인 연료원이다.

당에는 꿀의 과당처럼 당 분자가 하나인 단당류, 우유의 젖산처럼 2개의 단당류로 이루어진 이당류, 아니면 여러 개의 당 분자가 붙어 있는 전분 같은 다당류가 있다. 이렇게 당 분자가 2개 이상 붙어 있을 수 있는 것은 글리코시드 결합glyosidic bond 때문이다.

잘 알려졌다시피, 당의 맛은 일반적으로 달콤하지만, 전분처럼 바로 먹었을 땐 단맛이 없다가 우리의 침 속에 들어 있는 아밀레이스 효소에 의해 분해되었을 때 단맛이 나는 종류도 있다. 식물이 가진 전분과 같은 다당류, 동물이 가진 글리코겐glycogen은 에너지 저장소 역할을 해서 몸의 연료가 떨어졌다는 신호가 나타나면 소환된다. 구조를 견고하게 만들어주는 다당류도 있다. 식물과 일부 동물이 지닌 셀룰로오스(채소와 과일에 있는 식이성 섬유소), 게를 비롯한 갑각류의 껍데기를 이루는 키틴chitin이라는 분자가 여기에 포함된다.

당은 디저트에서 단맛을 내는 용도 외에도 캐러멜화와 마야르 반응을 일으켜 풍미 화합물과 색소를 만들어내거나, 어떤 음식의 특징적인 질감을 내는 데 도움을 준다. 케이크를 구우면 생겨나는 맛있는 갈색 겉껍질이나 아이스크림의 부드러운 질감을 떠올려보라. 당이 박테리아와 이스트를 만나 발효를 일으키면 알코올과 식초가 생성된다. 또 대부분이 갈락토오스 분자로 구성된 한천 같은 해조류에서 유래한 다당류는 음식을 걸쭉하게 만들어 굳히는 용도로 쓰인다. 다당류 펙틴이 들어 있는 사과나 오렌지 같은 과일은 마멀레이드, 잼, 젤리, 혹은 파이 필링을 걸쭉하게 만들 때 쓰이거나 유화제로 활용된다(315쪽 '투움' 참조).

아미노산 풍미표

우리가 사용하는 22개의 아미노산 중 DNA에서 암호화되는 20개 아미노산 각각의 맛 프로필을 요약했다.

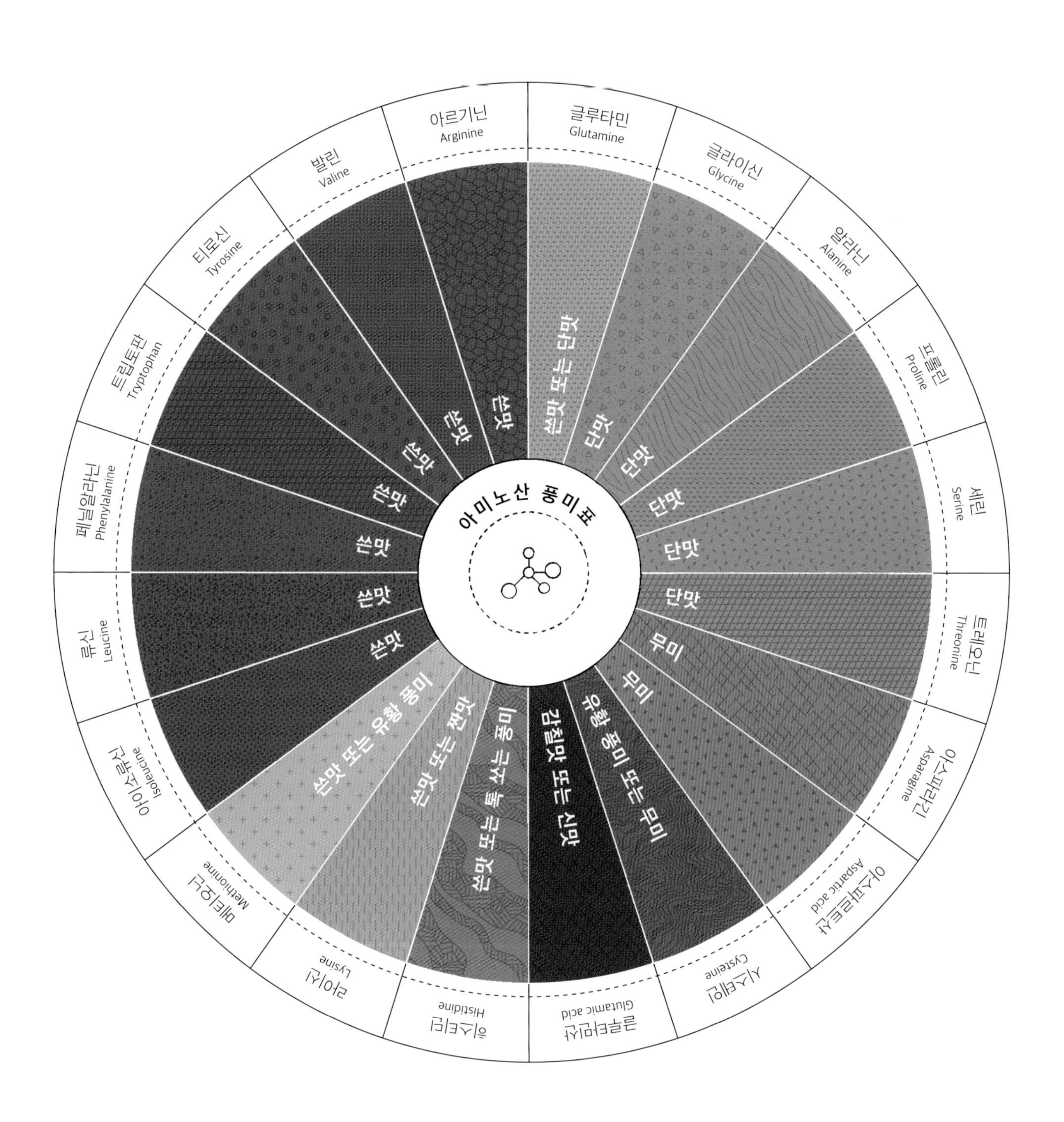

아미노산, 펩타이드, 단백질

겨울이면 언제나 생각나는 음식은 내가 오클랜드에 살 때 집 근처 레스토랑에서 팔던 뜨거운 라멘이다. 국물을 떠먹을 때마다 감칠맛과 짭조름한 맛과 은근한 단맛의 환상적인 조합에다 졸인 삼겹살로 만든 차슈와 라멘의 매끄러운 질감까지 정말 맛있는 음식인데, 특히 국물의 감칠맛 나는 풍미에는 아미노산의 지분이 꽤 컸다.

아미노산

아미노산은 단백질 분자를 구성하는 요소다. 아미노산은 아민기(-NH_2)와 카복실기(-COOH) 형태의 질소로 구성되는데, 이 두 질소가 중심 탄소 원자를 기준으로 어떻게 배열되느냐에 따라 L형과 D형으로 나뉜다. 일반적으로 L형이 지배적이지만, 박테리아의 도움으로 D형으로 합성되는 아미노산도 일부 있다. 인류는 오직 L형의 아미노산만을 합성해서 쓸 수 있다.

자연 상태에 존재하는 아미노산은 아마도 500종류가 넘을 텐데, 우리가 쓸 수 있는 것은 오직 22개다. 우리 몸에서 합성할 수 있는 아미노산은 비필수 아미노산이라고 하고, 우리 몸에서 합성하지는 못하지만 음식을 통해 꼭 얻어야 하는 아미노산 10개를 필수 아미노산이라고 한다. 아미노산은 또 탄소나 수소 원자를 통해 분자에 붙어 있는 화학 그룹인 'R기R Group'에 무엇이 오느냐에 따라 분류된다(예를 들면 알라닌 아미노산은 아미노산 분자의 일반적 구조에 수소가 붙어 있다).

R기의 특성에 따라 아미노산은 비극성, 극성, 염기성(R기가 양전하를 띠는), 혹은 산성(R기에 카복실기가 더 있어서 음전하를 띠는)으로 나뉜다. 이 R기의 유형에 따라 단백질의 접힘과 그 성질이 달라진다. 비극성 아미노산은 물을 싫어하고(소수성), 극성 아미노산은 물을 좋아한다(친수성). 산성과 염기성 아미노산은 어떤 pH의 환경이냐에 따라 다르게 반응한다.

우리의 미각 수용기는 뱀처럼 기다란 단백질로 이루어졌는데, 단백질 표면에 소수성 아미노산이 더 많이 모인 부위는 세포막의 지질 안에 깊숙이 박혀 있다. 한편 친수성 아미노산이 더 많이 모인 부위는 물과 만나는 세포막 바깥쪽으로 노출되어 있다. 오직 시스테인cysteine과 메티오닌methionine이라는 두 종류의 아미노산만이 황을 보유한다. 시스테인은 마늘과 양파, 그 밖의 파속 식물의 풍미와 향 화합물을 구성하는 가장 기본적인 요소다. 메티오닌은 세포에서 펩타이드나 단백질을 생성할 때 가장 먼저 만들어지는 아미노산이다.

유리 아미노산은 맛, 특히 육류나 치즈처럼 단백질이 풍부한 음식의 맛을 형성한다. 글루타메이트는 감칠맛을 책임지는 아미노산이다. 글라이신glycine과 알라닌alanine은 단맛이 나지만, 트립토판tryptophan과 티로신tyrosine은 쓴맛이 난다. 열을 이용한 조리 과정에서 마야르 반응이 일어날 때 가장 중요한 역할을 하는 것은 라이신인데, 당과 단백질이 섞인 음식에서 라이신은 포도당·과당 같은 환원당에 반응해 복합적인 풍미뿐만 아니라 갈색 색소를 생성한다. 케이크를 구울 때 겉껍질이 황갈색으로 바뀐다든지, 센 불에 올린 뜨거운 팬에서 스테이크를 구울 때 표면이 갈색으로 바뀌는 현상을 떠올려보라.

참고 필수 아미노산은 우리 몸에서는 합성할 수 없으므로 음식을 섭취해서 얻어야 하지만, 비필수 아미노산은 우리 몸에서 만들어낼 수 있다. 건강에 이상이 생기면 몸에서 합성되지 못하는 비필수 아미노산도 있는데, 이를 반필수(조건적) 아미노산이라고 한다.

펩타이드

아미노산은 아민기와 카복실기를 화학적으로 결합하는 펩타이드 결합을 통해 펩타이드라는 다양한 길이의 사슬을 형성한다. 펩타이드에는 올리고펩타이드처럼 2~20개의 아미노산으로 이루어지고 길이가 짧은 유형이 있는가 하면, 폴리펩타이드처럼 20개 이상의 아미노산으로 이루어져 길이가 긴 유형도 있다. 시스테인, 글라이신, 글루타메이트, 이 세 가지 아미노산만으로 구성된 짧은 올리고펩타이드인 글루타치온은 감칠맛과 짠맛, 그리고 풍부한 맛을 뜻하는 '코쿠미'가 잘 어우러진 맛을 더 끌어올린다고 알려져 있다.

단백질

단백질은 펩타이드보다 길이가 훨씬 더 긴 큰 분자로, 긴 폴리펩타이드들 혹은 아미노산의 유황 원자들 간의 화학적 결합인 이황화 결합을 하는 여러 개의 폴리펩타이드로 형성된다. 단백질은 효소의 형태로 생물학적 반응을 일으키는 촉매 역할을 한다. 예를 들어 우리의 침 속에 있는 아밀레이스는 전분을 분해하고, 이스트에 들어 있는 알코올 탈수소 효소는 포도당에서 알코올이 생성되게 한다. 육류 근육 조직의 단단한 질감을 만들어주는 액틴actin이나 미오신처럼 세포와 조직의 구조를 견고하게 만들어주는 단백질도 있다. 또 다른 종류는 뇌와 소통하기까지 상당히 복잡한 통로를 거쳐 빛, 소리, 향, 맛과 통증을 느끼게 하는 수용기를 구성한다.

우리가 차가운 레모네이드를 한 잔 마시면 혀 표면에 있는 특정 세포의 수용기가 음료에 들어간 산과 당을 묶어서 우리에게 얼마나 시고 달콤한지를 알려준다. 한편 다른 수용기는 음료의

사례 연구: 단백질 변성과 치즈 만들기

인도의 전형적인 무염 리코타 치즈인 파니르는 동물 젖에 열과 산을 더해 만든다. 이 과정을 통해 유단백질은 완전히 다른 모습으로 변성되어 희고 부서지는 덩어리와 희미한 녹색을 띠는 희멀건한 액체인 유청으로 분리된다. 대다수 수제 파니르는 잘게 부수어 샐러드 위에 솔솔 뿌리거나 잘라 먹을 수 있는 사각형 덩어리로 만들지만, 사각형 파니르도 자르면 역시 바스러진다. 파니르는 세상에서 가장 손쉽게 만들 수 있는 치즈이고 나도 꽤 근사하게 만들 수는 있지만, 시판되는 세품처럼 케밥용으로 썰어서 쓸 수 있을 만큼 단단하게는 만들지는 못한다.

도대체 왜 단단하게 만들 수 없는지 많은 연구 끝에 내가 얻은 해답은 젖의 종류와 각각의 화학적 차이에 있었다. 우유는 물소 젖보다 칼슘 함량이 적은데 우유로 파니르를 만들면 이런 점이 영향을 미친다. 단단한 파니르를 만들려면 칼슘의 양을 늘리면 되는데, 이때 산성 칼슘염인 식용 염화칼슘(수소 이온 형태)으로 pH를 낮추면 단백질 변성이 일어난다(염화칼슘은 온라인으로 구입할 수 있다). ('식품첨가물 염화칼슘'로 표기된 것만 식용으로 쓸 수 있으며, 제설용으로 사용되는 것은 절대 식용으로 쓸 수 없다.—옮긴이)

인도에서 보편적으로 쓰이는 물소 젖에는 칼슘이 0.19% 들어 있고, 상업용으로 생산되는 파니르의 권장 가열 온도는 95~118℃이다. 우유의 경우, 칼슘이 0.12% 들어 있고 상업용으로 생산되는 파니르의 권장 가열 온도는 80~85℃이다.

파니르

단단한 파니르

전유whole milk(지방을 전혀 제거하지 않은 우유) 1.9리터에 식용 염화칼슘 1/2작은술(2g)을 넣고 중불에서 가열하다가 우유 온도가 85℃가 되면 불에서 내려 레몬 즙을 2큰술 넣고 젓는다. 유단백질이 응고되면 면포를 깐 고운 체에서 내려주고, 면포째 응고된 유단백질을 꼭 짜서 치즈에 남은 수분을 최대한 뺀 다음, 남은 수분이 완전히 빠지도록 치즈가 담긴 면포를 볼 위에 매달아둔 상태로 1시간 정도 실온에 둔다. 그런 후 치즈를 내려 무거운 냄비 같은 것으로 누른 채 1시간 정도 그대로 둔다. 수분이 충분히 빠지면 파니르를 면포에서 꺼내 용도에 맞게 잘라서 쓴다. 밀폐 용기에 담으면 최장 3일까지 냉장 보관할 수 있고, 냉동칸에서는 최장 3주까지 보관할 수 있다. 이 레시피로 280g 정도의 파니르를 얻을 수 있다.

부드러운 파니르

우유 1.9리터에 식용 염화칼슘 대신 레몬 즙을 1/2컵(120ml) 넣고 위의 방법대로 파니르를 만들면 된다. 약 250g 정도의 파니르를 얻을 수 있다.

온도를 감지한다. 단백질에 관한 상식 한 가지. 오래 굶은 상태에서 몸에 저장해둔 탄수화물과 지방이 완전히 바닥나 에너지를 공급할 수 없는 상태가 되면 마지막 보루로 단백질(우리의 근육 조직)을 데운다.

단백질은 까다로워서 분자의 모양에 생기는 작은 변화도 그 반응과 기능에 큰 영향을 미칠 수 있다. 온도 변화, 식초처럼 낮은 pH, 지나친 염분, 자외선, 심지어 기계적 힘도 단백질을 변형할 수 있다. 이런 현상을 변성denaturation이라 부르는데, 마치 코일이나 용수철을 잡아당기면 늘어나는 것과 유사하다. 우리는 요리할 때 단백질의 이런 성질을 최대한 이용한다. 예컨대 머랭을 만들 때 달걀 흰자에 설탕을 넣고 빠르게 휘젓는 기계적 힘을 가하면 달걀 단백질이 늘어나 가볍고 포슬포슬한 구조가 생긴다(196쪽 '페퍼민트 마시멜로' 참조). 또 다른 변성 사례도 있다. 끓는 육수를 저으면서 살짝 푼 달걀을 부으면 달걀 단백질이 재빨리 변성되어 실 모양으로 바뀌어, 이 수프만의 특징적인 질감이 생겨난다(254쪽 '만차우 수프' 참조).

여러분은 아마도 육류의 연육 작용을 돕는 무화과, 파인애플, 파파야, 망고와 같은 생과일을 써보라는 레시피를 접한 적이 있을 것이다(망고 가루인 암추르도 쓸 수 있다. 158쪽 '향신료를 입혀 석쇠에 구운 치킨 샐러드와 암추르' 참조). 이런 과일류에 들어 있는 프로테이스라는 효소는 고기 조직을 이루는 단백질의 펩타이드 결합을 끊어놓아 고기를 훨씬 먹기 좋게 해주고 맛도 좋게 해준다. 참고로, 효소는 열에 파괴되니 생과일만 쓰고 통조림으로 가공된 파인애플은 피해야 한다.

지질

나는 바삭하게 튀긴 감자를 마요네즈에 찍어 먹는 것을 좋아한다. 마요네즈의 크리미한 질감이 감자튀김의 질감뿐만 아니라 풍미와 충돌하면서 더 맛있게 해주기 때문이다. 튀김과 마요네즈는 둘 다 지질이라는 특별한 다량 영양소 그룹에 속하는 지방 덕분에 저마다 독특한 질감을 띤다. 지질에는 지방과 기름, 비타민E처럼 지방에 녹는 비타민 종류, 베타카로틴 같은 색소, 콜레스테롤과 왁스까지 포함된다. 여기서는 지방과 기름에 초점을 맞추겠다.

먼저 지방의 구조를 살펴보자. 지방이 어떻게 반응하는지 알아야 요리에서 어떻게 활용할지 판단할 수 있다. 예를 들면 버터는 고형으로, 참기름은 액체 상태로 결정하는 것은 지방의 분자 구조다.

트리글리세라이드라고 불리는 지방 또는 기름은 다음 2개 분자로 이루어져 있다. 하나는 유기산을 형성하는 같은 화학 그룹인 카복실기에 붙어 있는 C원자와 H원자의 긴 사슬로 구성된 3개의 지방산, 다른 하나는 친수성 알코올 작용기를 가진 글리세롤이다. 길게 연결된 지방산은 물에 녹지 않는 성질이 있는데, 이를 소수성 또는 지방 친화성lipophilic이라고 부른다.

지방산의 다양한 형태와 크기는 지방과 기름의 반응 및 그 특성에 영향을 미친다. 지방산 사슬의 탄소 원자가 전부 수소 원자로 채워지면 포화 지방산이 되고, 지방산 사슬에 있는 1개 이상의 탄소 원자가 수소 원자로 채워지지 않으면 옆에 있던 탄소와 '이중 결합'을 형성해 불포화 지방산이 된다. 포화 지방산은 안정적이며, 일반적으로 공기와 물과 햇빛에 쉽게 반응하지 않는다.

불포화 지방산은 상대적으로 반응을 잘하는 편이고 안정적이지 않은데, 특히 탄소 이중 결합으로 인해 쉽게 산패한다. 그래서 불포화 지방산이 풍부한 기름은 햇빛을 피해 어두운 곳에서, 공기 차단이 잘 되는 용기에 담아 밀봉해서 보관해야 한다. 곡물 가루, 견과와 씨앗 모두 기름이 풍부하게 들어 있으니 맛이 변하지 않게 오래 보관하려면 냉동 보관해야 한다. 지방은 포화 지방산이 풍부하고 불포화 지방산이 약간 있거나 아예 없어서 실온에서는 고형이다. 반면 기름은 불포화 지방산이 다량 들어 있어서 실온에서는 액체 형태다.

지방산 사슬에서 불포화 결합이 단 하나만 있으면 단일불포화 지방산MUFA이라 하고, 불포화 결합이 하나 이상이면 다가불포화 지방산PUFA이라고 한다. 이런 불포화 이중 결합은 직선 형태의 지방산 분자 사슬을 구부러지게 하고 분자를 접히게 만들어, 올리브유나 참기름처럼 실온에서 액체처럼 반응하게 한다. 탄소 이중 결합 사슬의 양끝이 같은 방향을 향하는 것은 시스 불포화 지방산, 서로 다른 방향을 향하는 것을 트랜스 불포화 지방산이라고 한다. 우리 몸에는 주로 시스 불포화 지방산이 들어 있으며, 유일하게 우리 몸에 존재하는 트랜스 불포화 지방산은 눈에 있는 레티노산이다.

요리에 쓰는 종류를 비롯해 대다수 지방과 기름에는 포화 지방산과 단일불포화 지방산과 다가불포화 지방산이 다채롭게 섞여 있다. 결과적으로 올리브유나 카놀라유, 호두 기름과 같은 식물성 지방은 불포화 지방산의 비율이 좀 더 높기 때문에 실온에서 액체 형태다. 그리고 버터와 라드를 비롯한 대다수 동물성 지방과 코코넛 오일 같은 일부 식물성 지방에는 포화 지방산이 상당량 들어 있어서 실온에서 고체 형태다. 실온 또는 더 낮은 온도에서도 액체 형태인 올리브유나 호두 기름 같은 지방 종류는 버터나 기 버터처럼 차가운 재료가 닿아도 성가시게 굳지 않으면서 혀에 닿는 느낌이 부드러워서 비네그레트를 비롯한 샐러드 드레싱용으로 좋다.

화학자들은 포화 지방산이 오래 보관할 수 있고 불포화 지방산처럼 빨리 변질되지 않는다는 점에 착안해 불포화 지방산이 쉽게 변하지 않도록 보호하는 수화hydrogenation 방식을 개발했다. 전제는 아주 간단하다. 지방산 분자의 이중 결합을 수소로 채워서 포화시키는데, 다만 이 과정에서 일부 시스 불포화 지방산은 포화되는 대신 트랜스 형태로 바뀌기도 한다. 만약 어떤 지방 제품에 "부분적으로 수화된 지방을 포함하고 있다"라는 문구가 적혀 있다면 시스 불포화 지방산과 트랜스 불포화 지방산 모두 포함되었다는 뜻으로 이해하면 된다. 시스 불포화 지방산은 이중 결합을 둘러싼 구조 때문에 압착 과정에서 잘 결합되지 않아 액체 형태가 된다. 반면 트랜스 지방의 구조는 딱딱하다. 트랜스 지방으로도 불리는 트랜스 포화 지방산이 건강에 좋지 않다고 여겨지는 이유는, 우리의 세포막에는 시스 불포화 지방산이 들어 있는데, 만일 트랜스 지방산이 이를 대체하면 세포막이 유동성을 상실하면서 붕괴하기 때문이다.

직접 합성하느냐, 아니면 음식 섭취를 통해 얻은 것이냐에 따라 필수와 비필수로 분류되는 아미노산처럼, 우리 몸에서는 포화 지방산과 일부 단일 불포화 지방산을 합성할 수 있다. 다만, 리놀렌과 알파리놀렌 지방산ALA이 필요로 하는 시스 이중 결합을 만드는 특정 효소는 가지고 있지 않으므로 반드시 음식 섭취를 통해 얻어야 한다.

일부 지방과 기름은 독특한 맛이 나서, 튀김이나 토핑용으로 무엇을 선택하느냐에 따라 음식의 풍미가 확 달라질 수 있다. 올리브유와 머스터드 오일처럼 요리에 썼을 때 확실하게 존재감을 드러내는 종류가 있는가 하면, 튀는 맛이나 향이 없어서 별다른 풍미가 없는 포도씨유 같은 종류도 있다. 대부분의 불포화 지방산은 물에 기름이 들어가는 에멀전에 활용하면 쓴맛이 나거나 톡 쏘는 맛을 낸다.

기름에 음식을 볶거나 튀길 때는 지방의 녹는점도 알아야 하지만, 지방이 분해되면서 타기 시작하는 온도인 발연점도 알아야 한다. 발연점 이상의 온도에서 지방을 계속 가열하는 것은 위험할 뿐만 아니라(불이 붙을 위험이 있다), 조리한 음식을 화학 물질로 분해시켜 불쾌한 맛이 난다.

지방은 중요한 에너지원으로 탄수화물의 2배가 넘는 칼로리를 낸다. 우리 몸에서 보유한 당이 모두 소진되면 에너지를 공급하기 위해 지방을 태우기 시작한다. 지방과 기름 모두 음식에 부드러운 질감을 내고, 인도 요리에서 쓰는 확 쏘는 맛의 머스터드 오일 또는 지중해 지역과 중동의 지역 요리에서 쓰는 과일 풍미의 올리브유처럼 다양한 풍미가 있다. 지방과 기름은 물보다 밀도가 낮아서, 올리브유처럼 비네그레트에 넣으면 (수성인) 식초와 분리되어 위에 뜬다(25℃에서). 물의 밀도는 1.0g/cm^{3}이지만, 올리브유는 이보다 가벼운 0.91g/cm^{3}이어서 그렇다.

지질은 아마도 비단결처럼 부드럽거나 바삭한 질감처럼, 우리의 입안에서 가장 만족스러운 느낌을 경험하게 해줄 것이다. 그뿐만 아니라 몇 가지 맛, 풍미 분자를 녹일 수 있는 기능도 한다. 육류에 들어 있는 지질은 닭 육수나 돼지고기 요리에서 다양한 풍미 분자를 형성하는 데 중요한 요소로 작용하고, 당근과 달걀 노른자에 들어 있는 카로티노이드처럼 식물성 색소도 제공한다(닭을 포함한 동물은 채식 위주의 음식을 통해 카로티노이드를 섭취하는데, 달걀 노른자가 노란색을 띠는 것도 그래서다).

지질이 부유한 또 다른 음식 분자에는 세포막의 주요 성분인 인지질燐脂質, phospholipid이 있다. 친수성인 인산기 '머리'에 2개의 소수성 지방산 분자인 '꼬리'가 붙은 형태다. 우리에게 가장 잘 알려진 인지질은 달걀 노른자와 대두에 들어 있는 레시틴이다. 레시틴은 지방과 물 분자의 결합 상태를 매개해 안정적으로 유지해주며 에멀전이 일어날 수 있게 해준다. 이것이 마요네즈를 만드는 기본 원리다.

핵산

우리의 세포 깊숙한 곳에는 핵산이라는 긴 사슬이 있다. 이 사슬은 유전 정보를 전달하면서 단백질 생성에 관여하기 때문에 상당히 중요하다(곧이어 핵산이 풍미에 어떻게 기여하는지 설명하겠다). 핵산은 뉴클레오티드라는 수많은 단위체로 이루어진 중합체다. 각각의 뉴클레오티드는 당(오탄당pentose, 즉 다섯 개의 탄소 원자를 가진 당), 인산기와 질소 염기에 붙어 있다.

우리의 세포에는 DNA와 RNA라는 두 가지 유형의 약간 다른 핵산이 있다. DNA에 있는 디옥시리보스deoxyribose라는 당은 하이드록실기(-OH)를 가지고 있지 않다는 점이 RNA에 있는 리보스ribose와 다르다. 이 두 핵산을 구분하기 위해 디옥시리보스가 있는 DNA에는 'd'를 붙이고, 이 글자가 빠진 것은 리보스가 있는 RNA다. 질소 염기는 아데닌(A), 시토신(C), 티민(T), 구아닌(G), 유라실(U), 이렇게 다섯 가지가 있는데, DNA는 A, C, T, G를, RNA는 A, C, U, G를 가지고 있다. 때로는 개별적인 뉴클레오티드들을 RNA에서는 아데닐레이트adenylate(AMP) 또는 아데노신 일인산adenosine 5'-monophosphate DNA에서는 디옥시아데닐레이트deoxyadenylate(dAMP) 또는 디옥시리보스 아데노신 일인산deoxyribose adenosine 5'-monophosphate이라 부른다.

우리의 유전자는 질소 염기가 DNA에 어떤 식으로 배열되었는지에 따라 결정되기 때문에 질소 염기는 매우 중요하다. RNA는 다른 단백질 시스템과 더불어 DNA 가닥을 가로지르면서 정보를 읽고 기록해 마침내 단백질 생성에 관여한다. 이렇게 만들어진 단백질은 우리 몸에 있는 세포로 전해져 눈에서 빛을

요리용 지방 및 기름의 발연점과 물리적·화학적 변화

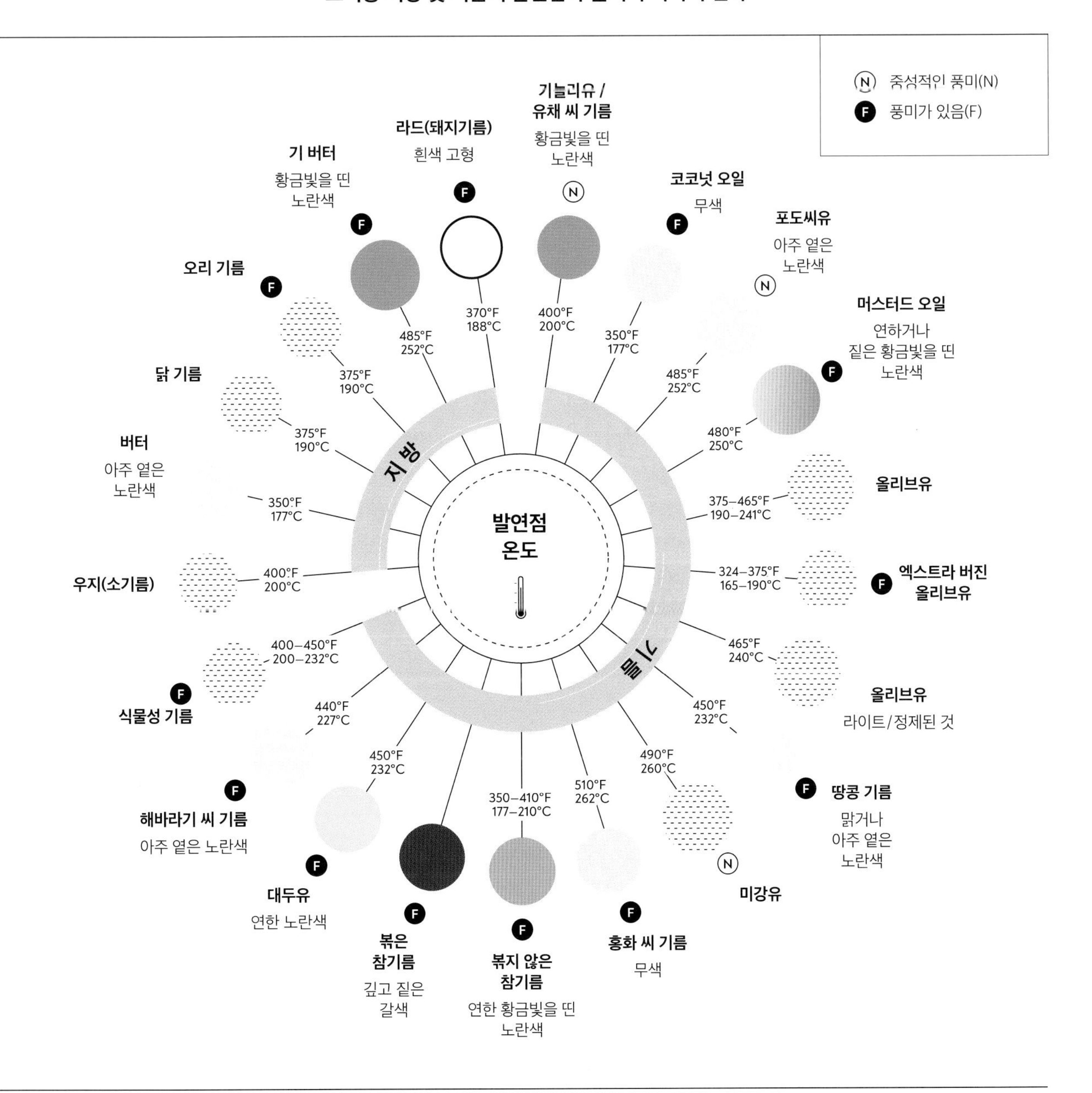

튀김 요리할 때 시간 경과에 따라 지방과 기름에 생기는 물리적·화학적 변화

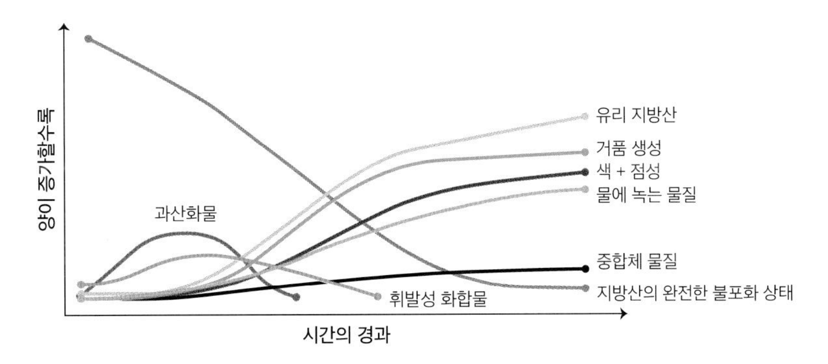

느끼고, 코에서 향기를, 혀에서 맛을, 그리고 음식의 촉감과 식감을 느끼게 하는 수용기를 생성한다. 효소와 같은 다른 단백질 종류는 음식을 소화할 수 있게 해준다. 핵산은 아미노산이나 단백질, 그리고 풍미를 만들어내는 효소도 만들지만, 핵산이 직접 감칠맛에 중요한 역할을 하는 맛 분자 역할도 한다.

핵산이 어떻게 맛 분자로 작용하는지 이해하기 위해 우선 표고버섯을 가지고 감칠맛을 살펴보겠다. 감칠맛은 유리 글루타메이트와 RNA에 존재하는 세 가지 다른 뉴클레오티드인 아데닐레이트AMP, 구아닐레이트GMP, 이노시네이트IMP에 의해 만들어진다. 이노시네이트는 핵산에 존재하지는 않지만, RNA를 만드는 데 필요한 AMP와 GMP를 생성한다. 육가공 업체들은 고기에 감칠맛과 풍미를 더하기 위해 이노시네이트를 사용한다. 신선한 표고버섯은 글루타메이트와 구아닐레이트 함량이 상당히 낮지만, 말리면 둘 다 함량이 현저히 올라간다. 버섯을 건조하면 수분이 세포에서 빠져나가면서 버섯 전체가 쪼그라든다. 이렇게 세포 구조가 무너진 틈을 타 리보뉴클레이스ribo-nuclease라는 효소가 활성화되면서 RNA를 분해하는데, 이때 생성된 구아닐레이트로 감칠맛 분자가 급속히 증가한다. 말린 표고버섯이 생 표고버섯보다 감칠맛이 훨씬 좋은 것은 이런 이유 때문이다. 음식의 감칠맛을 끌어올리고 싶을 때 말린 표고가 더 효과적인 이유도 이것이다.

AMP, GMP, IMP는 가다랑어포, 멸치, 가리비, 오징어 같은 재료에도 들어 있다. 요리에 글루타메이트와 이 세 가지 뉴클레오티드가 들어가면 시너지가 생겨서 감칠맛이 훨씬 좋아진다. 요리에 더 깊은 감칠맛을 내고 싶다면 글루타메이트가 풍부한 재료와 세 가지 뉴클레오티드 중 한 가지 이상을 함께 써보라.

풍미 생물학에 대한 짧은 안내

어떤 요리책이든 거기에 실린 레시피는 요리할 때 단계별로 어떤 변화가 일어나고 어떤 느낌이 드는지 죽 따라갈 수 있게 독자들을 안내한다는 것을 알 수 있다. 요리 쇼 프로그램을 보노라면 당신은 흥미진진하고 감탄스러운 세계로 빠져들고, 레스토랑에서 식사할 때면 주변에서 나는 소리, 그곳의 분위기와 음식, 그리고 아마도 같은 테이블에 앉아 있는 사람들에게 관심이 쏠릴 것이다. 요리하고 먹는 행위에서 매우 핵심적인 역할을 담당하는 생물학은 풍미와 관련된 모든 논의에서도 왜, 어떻게 작동하는가 하는 질문에 대한 해답을 찾아 나갈 때 그것을 뒷받침할 근거를 제공한다.

우리는 종종 잊고 지내지만, 먹는 음식에서 다양한 감각을 감지할 수 있다는 것은 우리 몸이 지닌 가장 대단한 능력이다. 농부 장터에 도착하는 순간, 우리는 부산한 움직임과 소음 속에서 다양하고도 경이로운 감각을 경험한다. 상자에 담긴 여러 가지 색과 향의 오렌지, 막 구워서 진열장에 잔뜩 쌓아놓은 참깨와 양귀비 씨가 콕콕 박힌 빵, 딤섬 가판대의 웍에서 볶고 있는 파와 생강의 내음. 이런 것들에 우리의 감각은 깨어나면서 동시다발로 재빠르게 외부 환경에서 보내는 정보를 신호로 바꿔서 뇌로 보내고, 뇌는 이런 신호가 어떤 의미이고 우리가 어떻게 반응해야 할지 알려준다. 이 복잡한 시스템을 구성하는 여러 부분과 요소는 말초 신경계의 한 갈래인 체성 신경계의 일부다.

우리 몸은 작은 수용기로 뒤덮인 특수한 감각 기관을 가지고 있다. 이 기관은 소리, 빛, 질감, 음식 속의 향과 맛 분자 등을 비롯해 우리를 둘러싼 환경 속에서 일어나는 물리적·화학적 변화를 '자극stimuli'이라는 이름으로 감지한다. 이 수용기 세포들은 작은데도 상당히 강력해서 환경이나 음식에서 감지한 물리적·화학적 자극을 바로 전기화학 신호로 변환한다. 마치 키보드와 연결된 회로가 노트북 전체에 망을 이루어서 마이크로 칩으로 정보를 보내듯, 이런 여러 수용기가 우리 몸 전체에서 망을 이루어 뇌와 직접 연결된 신경에 붙어 있다.

뇌는 신경에서 보낸 전기화학 신호들을 처리해서 우리에게 해당 자극이 무엇인지 알려주면서 감정까지 움직이게 해, 그 자극을 좋아해야 할지 싫어해야 할지까지 알려준다. 이렇게 모인 정보는 기억의 형태로 뇌에 저장된다. 그래서 어떤 음식을 접했을 때 어떤 기억이 환기되기도 하고, 우리에게 유해한 자극을 피하고 유익한 자극은 환영하기도 한다.

일반적인 요리용 전분(유형 순)과 각각의 특성

용도에 맞는 요리용 전분을 찾아 농도가 걸쭉해지기 시작하는 온도일 때 액체에 넣어라.

전분 종류	유형	걸쭉해지는 온도 (시작 온도~종료 온도)	아밀로스(%)	용도
옥수수 전분	곡물류	62~70℃	28	액체의 농도를 걸쭉하게 만들거나 튀김옷을 입힐 때
쌀	길이가 짧은 쌀 (찰기가 있음)	55~65℃	1	쌀에 있는 전분으로 액체 농도를 걸쭉하게 만들 때
	길이가 긴 쌀 (전분기 있음) 예: 바스마티, 재스민 쌀	60~80℃	73.24	
	찹쌀		거의 0%	
귀리	곡물류	56~62℃	27	액체의 농도를 걸쭉하게 만들 때
밀	곡물류	53~65℃	26~31	가루 형태로 액체의 농도를 걸쭉하게 만들 때
칡	뿌리류	63.94℃	25.6~21.9	액체의 농도를 걸쭉하게 만들 때
고구마	뿌리류	60~75℃	18	당면
타피오카* (카사바)	뿌리류	52~64℃	17	액체의 농도를 걸쭉하게 만들거나, 버블티(보바), 푸딩 종류를 만들 때
감자 전분	덩이줄기류	58~66℃	23	액체의 농도를 걸쭉하게 만들 때
얌	덩이줄기류	74~77℃	22	가루 형태로 액체의 농도를 걸쭉하게 만들 때
병아리콩 가루	콩류	65~70℃	30	액체의 농도를 걸쭉하게 만들 때
녹두 전분	콩류	71~74℃	40	녹두면
완두콩	콩류	70℃	30	액체의 농도를 걸쭉하게 만들 때

주: 여기에 표시된 수치는 아밀로스와 아밀로펙틴 비율을 판단하는 방법, 그리고 뿌리류 또는 곡물류의 원산지와 종류에 따라 달라질 수 있다.

* 사고(sago)는 타피오카를 다르게 부르는 이름이기도 하고 야자나무 열매에서 추출한 전분을 가리키기도 한다.

곡물 전분과 뿌리 또는 찰기 있는 전분의 차이

	곡물 전분	뿌리 또는 찰기 있는 전분
사례	밀가루, 옥수수 가루, 쌀가루	칡, 감자, 타피오카
내용물	아밀로스 다량 함유	아밀로펙틴 다량 함유
외형	식으면 불투명해짐.	식으면 투명해지고 윤이 남.
걸쭉해지는 온도	물의 끓는점에 거의 도달했을 때 걸쭉해지기 시작하고, 100℃에서 안정화됨. 식으면 더 걸쭉해져서 묵처럼 자를 수 있음.	낮은 온도(75℃)에서 걸쭉해지기 시작하고, 너무 오래 가열하면 묽어지기도 함. 식으면서 살짝 묽어짐.

전분 관련 문제 해결 방법

	문제점	해결 방법
걸쭉해진 뒤에 저을 때	묽어짐.	소스가 걸쭉해지기 전에 풍미 재료를 넣어 젓는 횟수를 최대한 줄인다.
다시 데울 때	묽어지지 않음.	걸쭉하게 만들려는 소스에 곡물과 뿌리/찰기 있는 전분을 섞은 혼합 전분을 넣는다.
냉동했다가 해동할 때	전분과 수분이 분리됨.	걸쭉하게 만들려는 소스에 곡물과 뿌리/찰기 있는 전분을 섞은 혼합 전분을 넣는다.
공기에 노출되었을 때	식으면서 막이 생길 수 있음.	유산지 또는 플라스틱 랩을 소스 표면에 밀착시켜서 막의 생성을 막는다.

*조리할 때 다양하게 들어가는 재료가 소스를 걸쭉하게 만드는 전분의 효능에 영향을 끼칠 수 있다.

출처: Shirley O. Corriher, *Cookwise* (William Morrow and Company, 1997).

전분을 걸쭉하게 하는 소스의 농도에 영향을 미치는 재료

종류	세부 사항	문제점	해결 방법
소금류	테이블 솔트(염화나트륨), 베이킹소다, 베이킹파우더, 뼈(사골 육수), 과일과 채소 본연의 염분	염화나트륨은 들어가는 양에 따라 전분으로 걸쭉해지는 온도를 살짝 내릴 수도 있다.	수돗물을 비롯해 거의 모든 재료에는 염분이 들어 있어서 통제하기가 어렵다. 되도록 조리 거의 마지막 단계에 소스가 원하는 농도만큼 걸쭉해진 다음에 넣는 것이 좋다.
당류	테이블 슈거(자당) 같은 천연 감미료 종류, 젓당 같은 음식 본연의 당	당류는 물 분자가 전분 알갱이와 만나지 못하게 한다. 걸쭉해지는 온도를 상승시킨다.	차츰 걸쭉해지는 단계에서는 설탕을 적게 넣고, 걸쭉해진 다음에는 남은 설탕을 약간의 물에 녹여서 살살 섞어야 한다.
산 종류	과일 본연의 산 또는 조리 과정에서 들어가는 식초	산은 전분 알갱이를 깨트려 걸쭉하게 만드는 힘을 떨어뜨린다.	원하는 농도로 걸쭉해진 다음, 조리 거의 마지막 단계에 넣는 것이 좋다.
아밀레이스류 (효소라는 특수한 유형의 단백질 분자)	생과일, 채소, 곡물, 이스트, 맥주 같은 발효 음식, 달걀과 동물 조직	아밀레이스는 전분 분자를 찢어서 걸쭉해지지 못하게 한다.	액체를 물의 끓는점에 가까운 온도로 1분 정도 가열하면 효소가 파괴되어 묽어지는 현상을 피할 수 있다. 달걀이 들어가는 커스터드의 농도를 걸쭉하게 만들기 위해 옥수수 전분을 넣으라는 레시피도 있다. 음식을 코팅할 정도의 농도로 만들려면 특별히 주의해서 액체를 85℃로 1분 정도 가열해야 한다. 이 온도에 도달하면 달걀 단백질은 액체를 걸쭉하게 만들 정도로 모양이 변형되고, 아밀레이스도 더는 활동하지 못한다.

자주 쓰는 재료의 감칠맛 물질 함량

• ND = 발견되지 않음 • 빈칸 = 아직 측정된 적 없음

재료		글루타메이트	IMP	GMP	AMP	테아닌
육류와 가금류	쇠고기	0.01	0.07	0.004	0.008	
	돼지고기	0.009	0.2	0.002	0.009	
	염장 숙성 햄	0.34				
	닭고기	0.022	0.201	0.005	0.013	
	달걀 노른자	0.05				
해산물	참치		0.286	ND	0.006	
	스노 크랩		0.005	0.004	0.032	
	가리비		ND	ND	0.172	
	꽃게	0.043				
	알래스카 킹크랩	0.072				
	새우	0.02				
	멸치	0.63~1.44				
	가다랑어포		0.47~0.80			
	말린 정어리					
해조류	김	1.383				
	다시마	1.608				
	미역	0.009				
채소과 과일	당근	0.04~0.08				
	양배추	0.05				
	토마토	0.246	ND	ND	0.021	
	마늘	0.11				
	완두콩	0.106	ND		0.002	
	양파	0.02~0.05				
	생 표고버섯	0.071	ND	0.016~0.045		
	말린 표고버섯	1.06	ND	0.15		
	아보카도	0.018	ND			
피시 소스(액젓)	중국	0.828				
	일본	1.383				
	베트남	1.37				
간장	중국	0.926				
	일본	0.782				
	한국	1.262				
치즈	에멘탈	0.308				
	파미지아노-레지아노	1.68				
	체더	0.182				
젖	우유	0.001				
발효 콩	로커스트 콩Locust Beans	1.7				
	대두(담두지)	0.476				
차	녹차	0.22~0.67				1.78
	다르질링 블랙					1.45
	아쌈					1.05

출처: Yamaguchi S., Ninomiya K. "Umami and food palatability." *Journal of Nutrition* 130, 4S (2000).

가다랑어포

황설탕

입자가 굵은 소금

하와이의 검은 소금

재거리

칼라 나마크(인도의 검은 소금)

몰던 소금

입자가 고운 설탕

식초 효모

출처

도서

Achaya, K. T. *A Historical Dictionary of Indian Food*. Oxford: Oxford University Press, 2002.

Barham, Peter. *The Science of Cooking*. Berlin: Springer, 1950.

Belitz, H. D., W. Grosch, and P. Schieberle. *Food Chemistry, 3rd ed*. Translated by M. M. Burghagen. Berlin: Springer, 2004

Corriher, Shirley O. *Bakewise*. New York: Scribner, 2008.

The Culinary Institute of America. *Baking and Pastry, 3rd ed*. New York: John Wiley &
Sons, 2016.

Davidson, Alan. *The Oxford Companion to Food, 3rd ed*. Edited by Tom Jaine. Oxford: Oxford University Press, 2014.

Editors at America's Test Kitchen. *Cooks Illustrated: Cook's Science*. Brookline, MA: America's Test Kitchen, 2016.

Friberg, Bo. *The Professional Pastry Chef, 3rd ed*. New York: John Wiley & Sons, 1995.

Grigson, Jane. *Jane Grigson's Fruit Book*. Lincoln, Nebraska: University of Nebraska Press, 2007.

Kapoor, Sybil. *Sight, Sound, Touch, Taste, Sound: A New Way to Cook*. London: Pavilion, 2018.

Kho, Kian Lam. *Phoenix Claws and Jade Trees*. New York: Clarkson Potter, 2015

Lawson, Nigella. *How to Eat*. New York: John Wiley & Sons, 2000.

Lett, Travis. *Gjelina: Cooking From Venice, California*. San Francisco: Chronicle Books, 2015.

Lopez-Alt, J. Kenji. *The Food Lab*. New York: W. W. Norton & Company, 2015.

McGee, Harold. *On Food and Cooking, Rev. ed*. New York: Scribner, 2004.

Migoya, Francis and The Culinary Institute of America. *The Elements of Dessert*. New York: John Wiley & Sons, 2012.

Nostrat, Samin. *Salt, Fat, Acid, Heat*. New York: Simon & Schuster, 2017.

Parks, Stella. *Bravetart*. New York: W. W. Norton & Company, 2017.

Roden, Claudia. *Arabesque—A Taste of Morocco, Turkey, and Lebanon*. New York: Alfred A. Knopf, 2006.

Roden, Claudia. *A Book of Middle Eastern Food*. New York: Alfred A. Knopf, 1972.

Spence, Charles. *Gastrophysics: The Science of Eating*. New York: Viking, 2017.

This, Hervé. *Molecular Gastronomy: Exploring the Science of Flavor*. Translated by Malcolm DeBevoise. New York: Columbia University Press, 2008.

서론

Ahn, Yong-Yeol, Sebastian E. Ahnert, James P. Bagrow and Albert-László Barabási. "Flavor network and the principles of food pairing." *Scientific Reports* 1, (January 2011). https://doi.org/10.1038
/srep00196.

감정

Eskine, Kendall J., Natalie A. Kacinik,
and Jesse J. Prinz. "A Bad Taste in the Mouth: Gustatory Disgust Influences Moral Judgment." *Psychological Science* 22, no. 3 (March 2011): 295–99. https://
doi.
org/10.1177/0956797611398497.

Katz, DB and BF Sadacca. "Taste." *Neurobiology of Sensation and Reward,* edited by JA Gottfried, Chapter 6. Boca Raton (FL): CRC Press/Taylor & Francis, 2011. https://www.ncbi.nlm.nih.gov/books
/NBK92789/.

Noel, Corinna and Robin Dando. "The
effect of emotional state on taste perception." *Appetite* 95 (December 2015): 89-95. https://doi.org/10.1016/j.appet.
2015.06.003.

Wang, Qian Janice, Sheila Wang, and Charles Spence. "'Turn Up the Taste': Assessing the Role of Taste Intensity
and Emotion in Mediating Crossmodal Correspondences between Basic Tastes and Pitch." *Chemical Senses* 14, No. 4
(May 2016): 345-356. https://doi.org
/10.1093/chemse/bjw007.

Yamamoto, Takashi. "Central mechanisms of taste: Cognition, emotion and taste-elicited behaviors." *Japanese Dental Science Review* 44, No. 2 (October 2008): 91-99. https://doi.org/10.1016/j.jdsr.2008.07.003.

비주얼

Gambino, Megan. "Do Our Brains Find Certain Shapes More Attractive Than Others?" *Smithsonian Magazine*, November 14, 2013. https://www.smithsonian-mag
.com/science-nature/do-our-brains-find-certain-shapes-more-attractive-than
-others-180947692/.

Spence, Charles and Mary Kim Ngo. "Assessing the shape symbolism of the taste, flavour, and texture of foods and beverages." *Flavour* 1 (July 2012). https://doi.org/10.1186/2044-7248-1-12.

Spence, Charles. "On the psychological impact of food colour." *Flavour* 4 (April 2015). https://doi.org/10.1186/s13411-015
-0031-3.

Spence, Charles, Qian Jance Wang, and Jozef Youssef. "Pairing flavours and the temporal order of tasting." *Flavour* 6 (March 2017). https://doi.org/10.1186/s13411-017-0053-0.

소리

BBC News. "Music to enhance taste of the sea." BBC News, April 17, 2007. http://news.bbc.co.uk/2/hi/uk_news/england/berkshire/6562519.stm.

Spence, Charles, Charles Michel, and Barry Smith. "Airplane noise and the taste of umami." *Flavour* 3, (February 2014). https://doi.org/10.1186/2044-7248-3-2.

식감

American Egg Board. "Coagulation/Thickening" *Egg Functionality*. Accessed January 6, 2020. https://www.aeb.org/food-manufacturers/egg-functionality/coagulation-thickening.

Ho, Thao and Athapol Noomhorm. "Physiochemical Properties of Sweet Potato and Mung Bean Starch and Their Blends for Noodle Production." *Journal of Food Processing & Technology* (2011).

Jeltema, Melissa, Jacqueline Beckley, and Jennifer Vahalik. "Model for understanding consumer textural food choice." *Food Science & Nutrition* 3, No. 3 (May 2015): 202-212. https://doi.org/10.1002/fsn3.205.

Nadia, Lula, M. Aman Wirakartakusumah, Nuri Andarwulan, Eko Hari Purnomo, Hiroshi Koaze, and Takahiro Noda. "Characterization of Physicochemical and Functional Properties of Starch from Five Yam (Dioscorea Alata) Cultivars in Indonesia." *International Journal of Chemical Engineering and Applications* 5, No. 6 (December 2014): 489–96. https://pdfs.semanticscholar.org/f5f5/c144eee8dbff570da8dce6018fe07d1323aa.pdf.

향

Aprotosoaie, Ana Clara, Simon Vlad Luca, and Anca Miron. "Flavor Chemistry of Cocoa and Cocoa Products—An Overview." *Comprehensive Reviews in Food Science and Food Safety* 15 (November 2015): 73-91. https://doi.org/10.1111/1541-4337.12180.

Baritaux, O., H. Richard, J. Touche, and M. Derbesy. "Effects of drying and storage of herbs and spices on the essential oil. Part I. Basil, ocimum basilicum L." *Flavour and Fragrance Journal* 7, No. 5 (October 1992): 267-271. https://doi.org/10.1002/ffj.2730070507.

Hammer, Michaela and Peter Schieberle. "Model Studies on the Key Aroma Compounds Formed by an Oxidative Degradation of ω-3 Fatty Acids Initiated by either Copper(II) Ions or Lipoxygenase." *Journal of Agricultural and Food Chemistry* 61, No. 46 (November 2013): 10891-10900. https://doi.org/10.1021/jf403827p

Tocmo, Restituto, Dong Liang, Yi Lin and Dejian Huang. "Chemical and biochemical mechanisms underlying the cardioprotective roles of dietary organopolysulfides" *Frontiers in Nutrition* 2, (February 2015). https://doi.org/10.3389/fnut.2015.00001.

맛

Achatz, Grant. "Grant Achatz: The Chef Who Lost His Sense of Taste." Interviewed by Terry Gross. *Fresh Air*, NPR, March 3, 2011. Audio. https://www.npr.org/2011/03/03/134195812/grant-achatz-the-chef-who-lost-his-sense-of-taste.

Bachmanov, Alexander A., Natalia P. Bosak, Cailu Lin, Ichiro Matsumoto, Makoto Ohmoto, Danielle R. Reed, and Theodore M. Nelson. "Genetics of Taste Receptors." *Current Pharmaceutical Design* 20, No 16 (2014): 2669 – 2683. https://doi.org/10.2174/13816128113199990566.

Beauchamp, GK and JA Mennella. "Flavor perception in human infants: development and functional significance." *Digestion 83, Suppl* (March 2011): 1-6. https://doi.org/10.1159/000323397.

Breslin, Paul A.S. "An evolutionary perspective on food and human taste." *Current Biology* 23, No. 9 (May 2013): 409-418. https://doi.org/10.1016/j.cub.2013.04.010.

Chamoun, Elie, David M. Mutch, Emma Allen-Vercoe, Andrea C. Buchholz, Alison M. Duncan, Lawrence L. Spriet, Jess Haines and David W. L. Ma on behalf of the Guelph Family Health Study. "A review of the associations between single nucleotide polymorphisms in taste receptors, eating behaviors, and health." *Critical Reviews in Food Science and Nutrition* 58, No. 2 (2018): 194-207. https://doi.org/10.1080/10408398.2016.1152229.

Keast, Russell S.J and Paul A.S Breslin. "An overview of binary taste–taste interactions." *Food Quality and Preference* 14, No. 2 (March 2003): 111-124. https://doi.org/10.1016/S0950-3293(02)00110-6.

Mojet, Jos, Johannes Heidema, and Elly Christ-Hazelhof,. "Effect of Concentration on Taste-Taste Interactions in Foods for Elderly and Young Subjects." *Chemical Senses* 29, No. 8 (October 2004): 671-81. https://doi.org/10.1093/chemse/bjh070

풍미 반응

음식 효소

Raveendran, Sindhu, Binod Parameswaran, Sabeela Beevi Ummalyma, Amith Abraham, Anil Kuruvilla Mathew, Aravind Madhavan, Sharrel Rebello and Ashok Pandey. "Applications of Microbial Enzymes in Food Industry." *Food Technology and Biotechnology* 56, No. 1 (March 2018): 16–30. https://doi.org/10.17113/ftb.56.01.18.5491.

지방의 산화

Stephen, N.M., R. Jeya Shakila, G. Jeyasekaran, and D. Sukumar. "Effect of different types of heat processing on chemical changes in tuna." *Journal of Food Science and Technology* 47, No. 2 (March 2010): 174–81. https://doi.org/10.1007/s13197-010-0024-2.

Sucan, Mathias K. and Deepthi K. Weerasinghe. "Process and Reaction Flavors: An Overview" *ACS Symposium Series* 905, (July 2005): 1–23. https://doi.org/10.1021/bk-2005-0905.ch001.

캐러멜화와 마야르 반응

Ajandouz, E., Tchiakpe, L., Ore, F.D., Benajiba, A., and Puigserver, A. "Effects of pH on Caramelization and Maillard Reaction Kinetics in Fructose-Lysine Model Systems." *Journal of Food Science* 66 (2001): 926–31. https://doi.org/10.1111/j.1365-2621.2001.tb08213.x.

Jackson, Scott F., C.O. Chichester, and
M.A. Joslyn. "The Browning of Ascorbic Acid." *Journal of Food Science* 25, No.4 (July 1960): 484–90. https://doi.org/10.1111
/j.1365-2621.1960.tb00358.x.

Van Boekel, MA. "Formation of flavour compounds in the Maillard Reaction." *Biotechnology Advances* 24, No. 2 (Mar-Apr 2006): 230–33. https://doi.org/10.1016
/j.biotechadv.2005.11.004.

온도와 맛

Lipscomb, Keri, James Rieck, and Paul Dawson. "Effect of temperature on the intensity of basic tastes: Sweet, Salty, and Sour." *Journal of Food Research* 5, No. 4 (2016). http://dx.doi.org/10.5539/jfr.v5n4p1.

화사한 신맛

Berger, Dan. "Acid, pH, wine and food." *Napa Valley Register*, January 30, 2015. https://napavalleyregister.com/wine
/columnists/dan-berger/acid-ph-wine
-and-food/article_f0637ece-f631-52b5-adb7
-05cd3270f8d0.html.

Brandt, Laura M., Melissa A. Jeltema, Mary E. Zabik, and Brian D. Jeltema. "Effects of Cooking in Solutions of Varying pH on the Dietary Fiber Components of Vegetables." *Journal of Food Science* 49, No. 3 (May 1984): 900-904. https://doi.org/10.1111/j.1365
-2621.1984.tb13237.x.

Krueger, D. A. "Composition of pomegranate juice." *Journal of AOAC International* 95, No. 1 (Jan–Feb 2001): 163–68. https://doi.org/10.5740/jaoacint.11-178.

Mazaheri Tehrani M, MA Hesarinejad, MA Razavi Seyed, R Mohammadian, and S Poorkian. "Comparing physicochemical properties and antioxidant potential of sumac from Iran and Turkey." *MOJ Food Processing & Technology* 5, No. 2 (2017): 288–94.
https://pdfs.semanticscholar.org/209d
/1e69140050fa9641a5de5cf0719f75bfc408.pdf.

McGee, Harold. "For Old-Fashioned Flavor, Bake the Baking Soda." *New York Times*, September 14, 2010. https://www.nytimes.com/2010/09/15/dining/15curious.html.

쌉싸름한 쓴맛

Cutraro, Jennifer. "Coffee's Bitter Mystery." *Science Magazine*, August 21, 2007. https://www.sciencemag.org/news/2007
/08/coffees-bitter-mystery.

Drewnowski, Adam and Carmen Gomez-
Carneros. "Bitter taste, phytonutrients, and the consumer: a review." *American Journal of Clinical Nutrition* 72, No. 6 (December 2000): 1424–1435. https://ucanr.edu
/datastoreFiles/608-47.pdf.

John Martin's Brewery. "Where does the bitterness in beer come from?" Accessed on January 7, 2020. https://anthonymartin.be
/en/news/where-does-the-bitterness-of
-beer-come-from/#.

Keast, Russell, Thomas M. Canty, and Paul A.S. Breslin. "The Influence of Sodium Salts on Binary Mixtures of Bitter-tasting Compounds." *Chemical Senses* 29, No. 5 (2004): 431–9. https://doi.org/10.1093/chemse
/bjh045.

짭조름한 짠맛

Algers, Ann. "Low salt pig-meat products and novel formulations: Effect of salt content on chemical and physical properties and implications for organoleptic properties.", Accessed January 7, 2020. http://qpc.adm
.slu.se/Low_salt_pig-meat_products
/page_23.htm.

달콤한 단맛

Ajandouz, E.H., L.S. Tchiakpe, F. Dalle Ore, A. Benajiba, and A. Puigserver. "Effects of pH on Caramelization and Maillard Reaction Kinetics in Fructose-Lysine Model Systems." *Journal of Food Science* 66, No. 7 (September 2001): 926–31. https://doi.org
/10.1111/j.1365-2621.2001.tb08213.x.

Beck, Tove K., Sidsel Jensen, Gitte K. Bjoern, and Ulla Kidmose. "The Masking Effect of Sucrose on Perception of Bitter Compounds in Brassica Vegetables." *Journal of Sensory Studies* 29, No. 3 (June 2014): 190-200. https://doi.org/10.1111/joss.12094.

DuBois, Grant E., D. Eric Walters, Susan S. Schiffman, Zoe S. Warwick, Barbara J. Booth, Suzanne D. Pecore, Kernon Gibes, B. Thomas Carr, and Linda M. Brands. "Concentration—Response Relationships of Sweeteners." *ACS Symposium Series* 450 (December 1991): 261–76. https://doi.org
/10.1021/bk-1991-0450.ch020.

Shimizua, Seishi. "Caffeine dimerization: effects of sugar, salts, and water structure." *Food & Function* 5 (2015): 3228–3235.
https://doi.org/10.1039/C5FO00610D.

기분 좋은 감칠맛

Kurihara, Kenzo. " Umami the Fifth Basic Taste: History of Studies on Receptor Mechanisms and Role as a Food Flavor." *BioMed Research International* (June 9, 2015).
http://dx.doi.org/10.1155/2015/189402

매콤한 매운맛

Block, Eric. "The Chemistry of Garlic and
Onions." *Scientific American* 252, No. 3
(March 1985): 114–9. https://doi.org/10.1038/scientificamerican0385-114.

Bosland, Paul W. and Stephanie J. Walker. "Measuring Chile Pepper Heat." New Mexico
State University, Distributed February 2010. https://aces.nmsu.edu/pubs/_h/H237
/welcome.html.

Cicerale, Sara, Xavier A. Conlan, Neil W. Barnett, Andrew J. Sinclair, and Russell S. J. Keast. "Influence of Heat on Biological Activity and Concentration of Oleocanthal—
a Natural Anti-inflammatory Agent in Virgin Olive Oil." *Journal of Agricultural and Food Chemistry* 57, No. 4 (January 2009):
1326-1330. https://doi.org/10.1021/jf803154w.

Green, Barry G. "Heat as a Factor in the Perception of Taste, Smell, and Oral Sensation." Institute of Medicine (US) Committee on Military Nutrition Research, edited by BM Marriott. National Academies Press 9, (1993). https://www.ncbi.nlm.nih.gov
/books/NBK236241/.

Lim, T. K. *Edible Medicinal and Non-Medicinal Plants: Volume 4, Fruits*. Berlin: Springer, 2012. https://www.springer.com
/gp/book/9789400740525.

풍부한 지방맛

Keast, R.S. and A. Costanzo. "Is fat the sixth taste primary? Evidence and implications." *Flavour* 4, (2015). https://doi.org/10.1186/2044-7248-4-5.

Wiktorowska-Owczarek, Anna, Małgorzata Berezińska, and Jerzy Z. Nowak. "PUFAs: Structures, Metabolism and Functions." *Advances in Clinical and Experimental Medicine* 24, No. 6 (2015): 931-941. https://doi.org/10.17219/acem/31243.

Toschi, Tullia Gallina, Giovanni Lercker, and Lorenzo Cerretani. "The scientific truth on cooking with extra virgin olive oil." *Teatro Naturale International* (April 2010). http://www.teatronaturale.com/technical-area/olive-and-oil/1769-the-scientific-truth-on-cooking-with-extra-virgin-olive-oil.htm.

Tangsuphoom, N., and J.N. Coupland. "Effect of pH and Ionic Strength on the Physicochemical Properties of Coconut Milk Emulsions." *Journal of Food Science* 73, No. 6 (August 2008): E274-E280. https://doi.org/10.1111/j.1750-3841.2008.00819.x.

풍미 과학의 기본 지식

Bernard, Rudy A. and Bruce P. Halpern. "Taste Changes in Vitamin A Deficiency." *Journal of General Physiology* 52, No. 3 (September 1968): 444-464. https://doi.org/10.1085/jgp.52.3.444.

Henkin, R.I and J.D Hoetker. "Deficient dietary intake of vitamin E in patients with taste and smell dysfunctions: is vitamin E a cofactor in taste bud and olfactory epithelium apoptosis and in stem cell maturation and development?" *Nutrition* 19, No. 11–12 (November–December 2003): 1013-1021. https://doi.org/10.1016/j.nut.2003.08.006.

Tamura, Takayuki, Kiyoshi Taniguchi, Yumiko Suzuki, Toshiyuki Okubo, Ryoji Takata, and Tomonori Konno. "Iron Is an Essential Cause of Fishy Aftertaste Formation in Wine and Seafood Pairing." *Journal of Agricultural and Food Chemistry* 57, No. 18 (August 2009): 8550-8556. https://doi.org/10.1021/jf901656k.

감사의 말

이 책이 나올 수 있었던 것은 이 여정을 함께해준 분들의 지지와 응원 덕분이다. 수년간 내가 여러 실험 연구실과 주방을 거치는 동안 만난 많은 이들이 내가 탐구하는 요리인으로 발전할 수 있도록 자극을 주었고 그 결과가 이 책에 고스란히 담겨 있다. 이 책을 위해 연구조사하는 과정에서 생긴 많은 질문과 거기에 대한 해답을 찾을 수 있도록 지식을 나눠주고 옳은 방향으로 인도해준 분들(Alice Medrich, Amy Guittard, Andrew Janjigian, Arielle Johnson, Bee Wilson, Cenk Sönmezsoy, David Lebovitz, Edd Kimber, Elizabeth Vecchiarelli, Grant Achatz, Helen Goh, Helen Rosner, Jeff Yankellow, Kayoko Akabori, Kenji López-Alt, Kian Lam Kho, Lisa Vega, Melissa Clark, Nigella Lawson, Samin Nosrat, Stella Parks, Tucker Shaw)에게 감사한 마음을 전한다.

Diana Henry와 John Birdsall은 불가능은 없으며, 나 자신을 믿어야 한다는 사실을 상기해주었다.

Will Butler는 자신의 경험을 공유해주었을 뿐만 아니라 시력 상실이 감각에 어떠한 영향을 미치는지, 그 결과 요리를 어떻게 새롭게 대할 수 있는지를 알려주었다.

이 책의 여러 구성 요소에서 아주 특별한 도움을 준 친구들(Tina Antolini, Bryant Terry, Emma Bajaj, Charlotte Druckman, Perry Lucina, Ben Mims, Farideh Sadeghin, Khushbu Shah, Mayukh Sen, Michaele Manigrasso, Qin Xu, Phi Tran), 그들이 내게 보내준 에너지와 사랑에 감사를 전한다.

Julie Sahni, Harold McGee, Shirley O. Corriher, 《쿡스 일러스트레이티드Cook's Illustrated》(격월로 발행되는 요리 잡지) 구성원들의 선구적 작업은 내가 과학이라는 멋지고 학구적인 렌즈로 요리를 바라볼 수 있게 해주었다.

자신만의 풍미 지도로 이 책의 풍미 지도를 만드는 데 영감을 준 뛰어난 능력자 Anna Jones도 특별히 언급하고 싶다.

여러 해 동안 나만의 문체를 찾을 수 있도록 도와주고, 나를 믿어주고, 나의 작업물을 다른 이들과 나눌 수 있도록 새로운 기회를 열어준 편집자들(Allan Jenkins, Anna Hezel, Brian Hart Hoffman, Brooke Bell, Christopher Kimball, Daniel Gritzer, Eric Kim, Emma Laperruque, Janine Ratcliffe, Josh Miller, Adam Bush, Joe Yonan, Kat Kinsman, Karen Barnes, Matt Rodbard, Kristen Miglore, Molly Tait-Hyland, Paolo Lucchesi, Sho Spaeth, Emily Weinstein, Tara Duggan)에게 감사하다.

내가 만든 레시피에 신중하게 의견을 말해주고 든든한 레시피 감시자 역할을 해준 사람들(Abby Parsons, Abby Prossol, Abraham Scott, Akshay Mehta, Andrea David, Angie Lee, Anikah Shaokat, Anuradha Srinivasan, Ariadne Yulo, Becky Crowder, Ben Kantor, Calla-Marie Norman, Catherine Tierney, Chandra Ram, Cheryl M. Gomes, Christina C. Hanson, Clare Christoph, Constantinos Megalemos, Danielle Wayada, Deirdre de Wijze, Diella Lee, Donecia Collins, Eric Ritskes, Gene-Lyn Ngian, Ginny Bonifacino, Giverny Tattersfield, Gwen Krosnick, Harriet Arnold McEwen, Jacquelyn Scott, Jaime Woo, James Ekstrom, James Jones, Jasmine Lukuku, Jennifer Bigio, Jenny Louisa Esquivel, Jessica Jones, John Wilburn, Jordan Wellin, Judson Kniffen, Kara Weinstein, Katie Brigham, Maren Ellingboe, Margaret Eby, Matt Golowczynski, Matt Sartwell, Meleyna Nomura, Melissa de Castro, Monique Llamas, Myles Tucker, Neelesh Varde, Neyat Daniel, Nick Stanzione, Nicole Washington, Nina Fogel, Noé Suruy, Pippa Robe, Rachael Krishna, Ranchel Garg, Renée Alvi, Robin Pridgen, Rukhsana Uddin, Safira Adam, Sally Dexter, Sarah Corrigan, Shailini Vijayan, Shantini Gamage, Sharon Hern, Sheela Lal, Sreeparna Banerjee, Stacey Ballis, Steven Pungdumri, Suchi Modi, Sukesh Miryala, Susan Pinette, Susan R. Jensen, Tacia Coleman, Tiffany Chiu, Tiffany Langston, Tina Ujlaki, Todd Emerson, Tom Beamont, Tom Natan, Vallery Lomas), 정말 다들 최고이고, 고맙다.

이 책은 풍미의 과학에 초점이 맞춰져 있으므로 인도에서 미국에 이르기까지 나에게 가르침을 준 교수님들, 훈련의 기회와 직장을 제공한 실험 연구실의 모든 분을 언급하지 않을 수 없다. 이들 덕분에 세상은 탐구할 가치가 충분한 멋진 곳임을 깨달았고, 더 깊이 사고하고 다른 시각으로 대상에 대한 질문을 던질 수 있었다. 오하이오주의 신시내티 의과 대학, 워싱턴 D.C.의 조지타운 대학교 교수님들과 동료들에게서는 내게 필요한 실험을 설계하고 아이디어를 구성하고 그 유효성을 시험하는 방법을 배웠고, 나만의 해답을 찾아갈 때 이런 배움이 큰 도움이 되었다. 요리할 때 이런 접근 방법이 얼마나 중요한 역할을 할지 그때는 미처 알지 못했다.
이 책을 쓸 때 꼭 하고 싶었던 일 중 하나가 음식을 미시적으로 보여주는 사진을 넣는 것이었다. 자신들이 쓰던 현미경과 시설을 빌려줌으로써 이런 생각을 현실화하는 데 도움을 준 Steven Ruzin 박사, 캘리포니아 대학교(버클리)의 Biological Imaging Facility도 언급하지 않을 수 없다.
California Olive Ranch의 아름다운 사람들, 연구 조사, 재료 구입, 이 책에 소개한 주방 기구 일부를 제공해준 Dandelion Chocolate, King Arthur Flour, the Guittard Chocolate Company, Miyabi USA, Oaktown Spice Shop, Staub USA, Yandilla, Market Hall Foods에도 깊이 감사한 마음을 전한다.
이 책의 기본 주제는 참으로 오랜 시간 동안 생각에만 머물러 있었는데, 이런 추상적인 아이디어가 손에 쥐고 펼쳐 보일 수 있는 책으로 구현되도록 도와준 나의 출판 에이전트이자 투사, 언제나 조언을 아끼지 않는 소중한 친구, Maria Ribas에게 정말 감사하다. 도움이 필요할 때마다 항상 내 곁을 지켜준 Stonesong의 모든 팀원과 Alison Fargis 역시 고마운 사람들이다.
이 책은 너무나 많은 조각이 잘 맞물려야 하는 작업이었는데, 이 점에서 내게 최고의 드림팀이 되어주고 때로는 말이 안 되는 듯한 아이디어조차 잘 들어준 Chronicle Books의 모든 분에게도 고마운 마음뿐이다. 상당한 압박 속에서도 당황하지 않고 여유롭게 이 책의 수많은 요소가 하나로 잘 모이도록 열성적으로 임해준 나의 편집자 Sarah Billingsley 씨에게 너무 고맙다. 이 책의 디자인을 맡은 Lizzie Vaughan, 그의 인내와 디테일에 대한 예술적인 노력에 정말 감사하다. 전혀 빈틈이 보이지 않게 책을 아름답게 꾸며주어서 그저 경이롭다. 내가 하는 모든 작업을 열정적으로 응원하면서, 언제나 내 고민을 들어주고 상담해주면서 우정을 나눠준 Christina Loff, Cynthia Shannon, Joyce Lin, 당신들은 내게 최고의 친구들이다.
너무나 감사하다. 특히 내 책에 깊은 애정을 가지고 홍보해준 해외 홍보 마케팅 팀원들, Cora Siedlecka, Sally Oliphant, Jennie Brockie에게 정말 고맙다. 멋진 삽화를 통해 이 책에서 소개하는 과학적인 설명을 재미있게 보여준 Matteo Riva의 예술성이 이 책을 완성했다.
이 책을 쓰는 동안 나의 가족, 특히 나의 어머니, 이모님들과 고모님들(Anu Sharma, Zane Futardo, Joy Futardo)이 내게 베풀어준 도움과 응원에 무한한 감사를 표한다.
마지막으로, 요리해서 먹는 일, 삶 속에서 겪을 수 있는 온갖 모험을 기꺼이 함께해주는 나의 남편 마이클에게 진심을 담아 고마운 마음을 전하며, 당신에게 제일 먼저 이 책을 바칠 것을 약속한다!

—닉

옮긴이의 말

나는 먹는 것을 좋아하긴 했지만, 본격적으로 요리하기 시작하고, 음식이 주는 위안과 내가 한 요리를 사람들과 나누는 의미를 이해하고, 무엇보다 요리의 재미를 느끼기 시작한 것은 외국 유학 시절이다. 그전까지는 요리해본 경험이 별로 없었는데 외국의 높은 물가와 비싼 외식비 부담 때문에 음식을 스스로 해 먹기 시작했고, 작성해야 할 수업 과제물이 잘 풀리지 않을 때마다 '푸드 네트워크'에서 방영되는 수많은 음식 프로그램을 보며 위안을 얻으면서 음식과 요리의 즐거움이 조금씩 커졌던 것 같다. 그러면서 솜씨 좋은 어머니의 맛있는 음식들, 내가 그동안 먹어온 음식들을 다시 떠올려보기도 했고, 다른 문화권의 다양한 요리를 접하면서 따라해보거나 새롭고 다양한 풍미를 실험해보기도 했다. 나아가 관련 방송 프로그램이나 요리 관련 정보를 접하면서 배운 원리를 적용해 좀 더 효과적인 요리 기술을 시도해보았고, 마침내 나만의 요리를 만들어나갔다.
음식, 그리고 요리하는 행위는 상당히 감각적이고 물리적이고 생물학적이다. 기억, 감정, 사회, 정치, 문화, 특히 다른 문화권을 경험하는 것이자 과거와 현재와 미래를 연결하는 매개체이기도 하다.
이 책의 저자 닉 샤르마는 인도에서 태어나고 자라 분자생물학을 공부하기 위해 미국으로 유학 왔다가 음식과 요리가 너무 좋아서 요리 연구가, 작가, 사진가, 칼럼니스트의 길을 과감하게 선택한 인물이다. 나는 그가 영국 일간지 《가디언》에 기고한 요리 칼럼을 접하면서 알게 되었는데, 음식과 요리에 대한 그의 과학적이고 이론적인 접근, 고향 인도 음식과 제2의 고향이 된 미국 음식 등 다양한 문화권의 음식에 대한 비교문화적 시각, 그리고 무엇보다 요리의 즐거움을 소개하는 방식이 인상적이었다. 이렇게 시작된 만남이 마침내 그의 책 《풍미의 법칙》을 번역하기에 이르렀다. 닉 샤르마가 이 책에서 주장하는 바는 우리가 무심결에, 혹은 관습적으로 대했던 음식과 요리에는 과학적 원리가 숨어 있고, 감정적이고 문화적인 인과성이 녹아 있는 총체적인 것이라는 것, 다양한 요소를 아우르는 풍미의 법칙을 이해할 때 음식과 요리가 더 즐거운 경험이 될 수 있다는 것이다.

이 책에는 풍미의 여러 구성 요소, 풍미의 종류, 각각의 풍미가 잘 드러나는 100가지가 넘는 레시피, 음식을 만들 때 부엌에 두고 쓰면 좋은 재료, 그리고 과학적 원리를 더 궁금해하는 독자들에게 참고가 되는 풍미 과학의 기본 지식이 들어 있다. 또한 각각의 레시피마다 관련된 저자의 개인적 일화, 요리 사진가로서의 경험을 잘 살린 사진, 일목요연하게 정리된 도표와 일러스트를 통해 더 맛있는 요리를 만드는 방법을 독자들이 이해하기 쉽게 구성되어 있다.
여기에 더해 나는 한국 독자들이 실제 요리에서 응용하는 데 도움이 되도록 낯선 식재료나 조리 도구에 대한 부연 설명, 그런 식재료를 구입할 수 있는 방법, 혹은 대체용품이나 대체 식재료를 옮긴이 주로 풍부하게 보완했다. 부디 이 책으로 음식과 요리가 쉽고도 재미있는 작업이 되는 데 도움이 될 수 있었으면 하는 바람이다.

마지막으로, 이 책을 번역하는 데 도움을 주신 분들에게 감사의 말을 전하고 싶다. 이 방대한 작업을 진행하는 동안 곁에서 늘 용기를 북돋아준 송종희 감독님, 고주미 선배님, 이미연 감독님, 남인영 교수님, 안은희 님, 조창민 교수님, 이장은 님, 황영옥 님, 홍재희 님, 김인수 님, 권은정 님, 김태우 님, 이현곤 선배님, 손성호 선배님, 김병남 작가님, 김연선 님, 박선주 님, 김지훈 님, 조미옥 님, 이경묵 님, In-Ah Lee 피디님, 신다영 님, 송용운 피디님, 오은실 피디님, 이주영 감독님, 양지웅 님, 최춘화 님, 이혜숙 님, 홍원기 감독님, 김영주 선배님, 이상건 선배님, 신호균 선배님, 양인순

님, 이은주 님, 김상희 님, 김민아 님, 김선아 님, 양승혜 님, 장은미 님, 조은정 님, 박지예 님, 김정영 감독님, 박해영 작가님, 예지원 님, 강지연 님, 나주리 교수님, 이정은 님, 김상희 님, 김경숙 님, 김성국 님, 오기민 대표님, 김은영 교수님, Jane Park 님, 김소정 님, 전진우 님, 박은영 님, 김유선 님, 홍수영 님, 손보영 님, 전도연 님, 정우정 님, 김영 피디님, 강지이 감독님, 목포 게스트하우스 '오래뜰' 사장님, 김선주 선생님, 이효빈 님, 김경완 선생님, 조애순 님, 한선희 님. 특히 번역하기 어려웠던 과학 이론에 대한 내 질문에 인내심을 가지고 설명과 도움을 준 조윤정 님, 음식과 요리와 관련해 전반적으로 조언을 아끼지 않은 정한진 교수님. 식재료와 식품, 요리 관련 정보에 도움을 준 오해원 대표님(콩플레), 이인자 선생님(소금누룩익는마을), 박혜정 대표님(제주레몬팜), 장명아 대표님(㈜씨드밀), 조상필 대표님(하늘빛소금), 하나진 님, 이기연 님, 김진아 피디님, 박준모 박사님, 손재호 님, 설수안 감독님, 이름 밝히기를 사양한 전북 임실에서 치즈 만드는 선생님과 서울대학교병원의 교수님, 그리고 Kyoko Dan 님, Maxine Williamson 님, Roger Garcia 님, Prima Rusdi 님, Thomas Bertacche 님, Sabrina Baracetti 님, Federica Dini 님, Helen Lee 감독님, Andreas Timmer 님, 송지윤 님. 첫 번역서인데도 출판 기회를 준 나비클럽 이영은 대표님, 나의 어색한 글을 잘 다듬어준 김현경 편집 이사님, 꼼꼼한 질문을 통해 복기하고 좋은 대안을 찾을 수 있게 해주고 어려운 글을 다듬어준 문해순 편집자님, 과학적 부문을 더 정확하게 풀어내고 다듬을 수 있게 감수해준 정우현 교수님, 모든 분께 진심으로 고마운 마음 전하고 싶다. 그리고 누구보다 나에게 요리의 기쁨을 알려주고 경험하게 해주고 창의적 시도의 토대를 다져준 나의 어머니, 고(故) 안귀희 님께 감사하고, 그리운 마음을 전하고 싶다.

—이한나

풍미의 법칙

초판 1쇄 펴냄 2023년 8월 31일

지은이 닉 샤르마
일러스트 마테오 리바
옮긴이 이한나
감수 정우현

펴낸이 이영은
편집 문해순
디자인 여상우
홍보마케팅 김소망
제작 제이오

펴낸곳 나비클럽
출판등록 2017.7.4.(제25100-2017-0000054호)
주소 서울특별시 마포구 동교로 22길 49 2층
전화 070-7722-3751 | 팩스 02-6008-3745
메일 nabiclub17@gmail.com
홈페이지 www.nabiclub.com
페이스북 @nabiclub
인스타그램 @nabiclub

ISBN 979-11-91029-78-9 13590

옮긴이 **이한나**

서강대학교에서 신문방송학을 전공하고 미국 뉴욕내 대학원에서 영화 이론을 공부했다. 제1회 부천국제판타스틱영화제의 기획팀장, 미국 영화제 매체인 《버라이어티Variety》와 《헐리우드 리포터Hollywood Reporter》의 통신원을 거쳐 영화진흥위원회 해외진흥부, 이탈리아 우디네 극동영화제 프로그래밍 및 코디네이터로 일했다. 홍상수의 〈생활의 발견〉과 〈여자는 남자의 미래다〉, 이창동의 〈밀양〉 등의 영화 프로듀서로 일했고 〈8월의 크리스마스〉, 〈여자는 남자의 미래다〉, 〈시〉 등 한국 영화 40여 편의 영문 자막과 시나리오 20여 편을 영문 번역했다. 오랫동안 품고 있던 요리에 대한 열정을 실현하고 싶어서 서양 가정식 쿠킹 스튜디오 '스프레드 17'을 운영하며 요리와 영화, 문화의 접점을 찾는 작업을 하고 있다.

spread_seventeen

감수자 **정우현**

서울대학교 미생물학과에서 학사와 석사 학위를, 같은 대학원 생명과학부에서 박사 학위를 받았으며, 미국 MD앤더슨 암센터와 베일러 의과 대학에서 암 생물학과 분자유전학을 연구했다. 유전체 손상을 복구하고 불안정성을 제어할 수 있는 여러 유전학적 기전을 밝혀 그 결과를 《셀》 《네이처》 등의 국제 저널에 발표했다. 현재 덕성여자대학교 약학과에 재직하면서 약품생화학, 분자생물학, 신경과학 등을 가르치고 있다. 지은 책으로 《생명을 묻다》가 있다.

romanc_grey

지은이 **닉 샤르마 Nik Sharma**

분자생물학자이자 음식 작가, 음식 사진가, 레시피 개발자.
인도에서 태어나 성장했으며 대학에서 분자생물학을 공부했다. 미국으로 건너와 신시내티 약학대학원에서 분자유전학을, 조지타운 대학에서 보건계량경제학 공공정책 석사 과정을 거쳐 조지타운 대학에서 연구원을 지냈고 이후 제약 회사에서 일했다.
어릴 적부터 품어온 요리에 대한 과학적·미학적 호기심을 발전시켜 요리 블로그 '브라운 테이블(A Brown Table)'을 시작했다. 또한 각종 매체에 요리 칼럼을 쓰고 음식 사진가로도 활동했다. 그의 블로그는 미국의 저명한 음식 잡지 《사버Saveur》와 《퍼레이드Parade》, 라이프스타일 잡지 《베터 홈스 앤드 가든스Better Homes & Gardens》, 국제 요리 전문가 협회(International Association of Culinary Professionals)에서 선정한 최고의 요리 블로그로 손꼽힌다. 2018년에 펴낸 첫 요리책 《시즌Season》은 《뉴욕 타임스》, 《워싱턴 포스트》 등에서 그해 최고의 요리책으로 선정되었다. 현재 미국 캘리포니아주 로스앤젤레스에서 살고 있다.

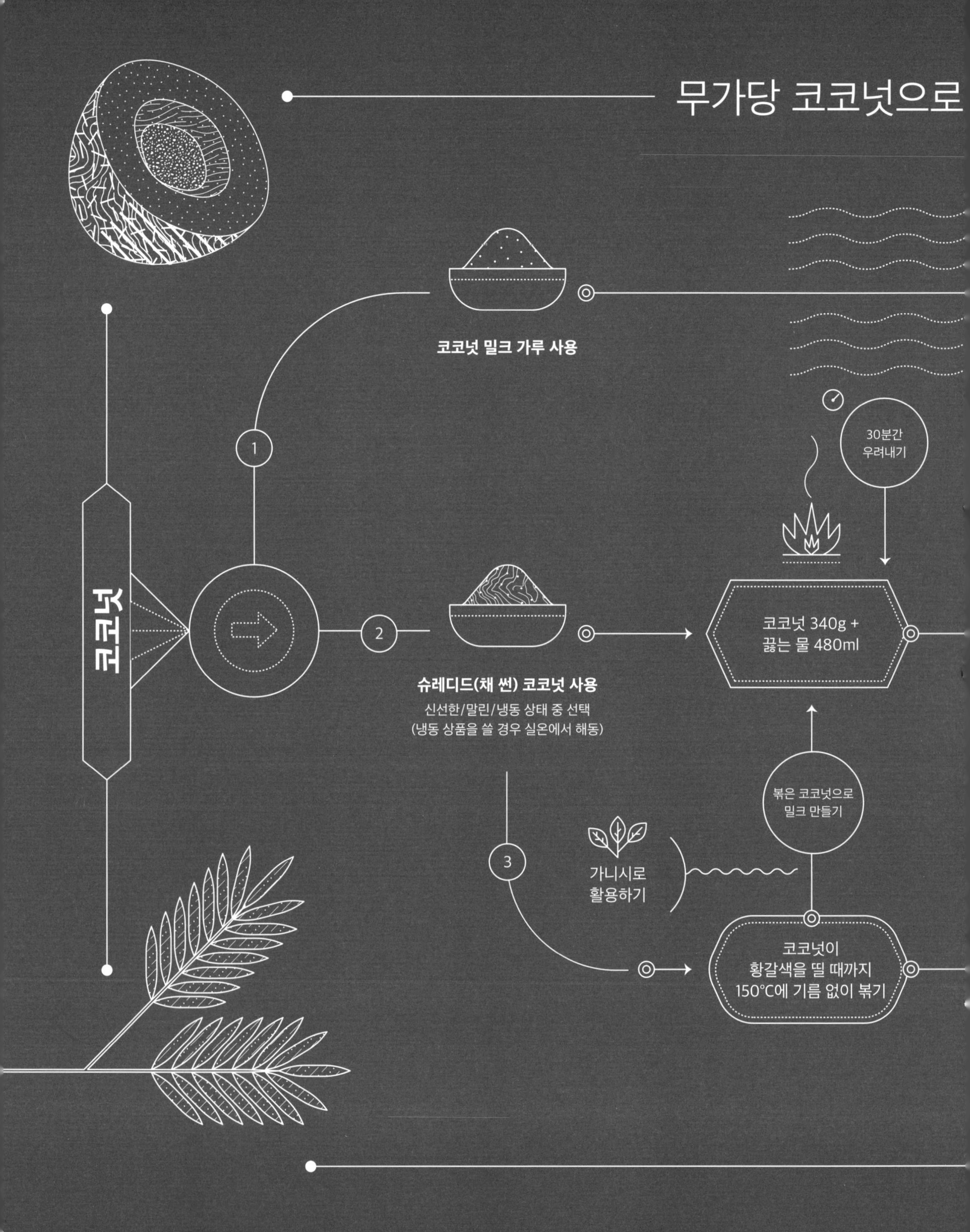
무가당 코코넛으로
코코넛
코코넛 밀크 가루 사용
30분간
우려내기
코코넛 340g +
끓는 물 480ml
슈레디드(채 썬) 코코넛 사용
신선한/말린/냉동 상태 중 선택
(냉동 상품을 쓸 경우 실온에서 해동)
볶은 코코넛으로
밀크 만들기
가니시로
활용하기
코코넛이
황갈색을 띨 때까지
150°C에 기름 없이 볶기